高等学校规划教材·机械工程

JIXIE SHEJI JIAOCHENG

机械设计教程

(第3版)

西北工业大学机械原理及机械零件教研室 编

吴立言　刘光磊　主编

西北工业大学出版社

【内容简介】 本书是在西北工业大学濮良贵、陈庚梅主编的《机械设计教程》(1994年修订本)的基础上,为适应近年来我国机械设计的发展对教学提出的新要求,经全面修订重新编写而成的。

本书除绪论外,包括机械设计总论、机械连接(轴毂、螺纹、铆、焊、胶)、机械传动(螺旋、带、链、齿轮、蜗杆)、轴系零部件(轴承、联轴器、离合器、轴),以及其他零部件(弹簧、减速器、变速器、机械零件结构设计、润滑剂)共五部分。

本书主要用作高等学校近机械类专业机械设计课程(40～50学时)的教材,也可作为某些近机械类专业开设机械设计基础课程中机械设计部分的教材,同时,还可供有关专业教师及工程技术人员参考。

图书在版编目(CIP)数据

机械设计教程/吴立言,刘光磊主编;西北工业大学机械原理及机械零件教研室编.—西安:西北工业大学出版社,2012.1(2019.3重印)

高等学校规划教材.机械工程

ISBN 978-7-5612-3311-5

Ⅰ.①机… Ⅱ.①吴…②刘…③西… Ⅲ.①机械设计-高等学校-教材 Ⅳ.①TH122

中国版本图书馆CIP数据核字(2012)第011394号

出版发行:西北工业大学出版社
通信地址:西安市友谊西路127号　　邮编:710072
电　　话:(029)88493844　88491757
网　　址:www.nwpup.com
印 刷 者:兴平市博闻印务有限公司
开　　本:787 mm×1 092 mm　1/16
印　　张:15.875
字　　数:413千字
版　　次:1988年4月第1版　2012年1月第3版　2019年3月第3次印刷
定　　价:48.00元

前　言

本书是在《机械设计教程》(1994年修订版)的基础上，为适应机械设计的发展对教学提出的新要求，经全面修订重新编写而成的。

本次修订的指导思想和具体内容包括：

(1)精选内容，突出重点，充实习题的类型和数量。

(2)适应1994年以来国家标准的变动情况，更新了相关术语、计算方法、插图、表格及设计数据。

(3)改进了部分不够清晰或表达不够准确的插图。

(4)更正或改进了本书前一版中的一些疏漏和错误。

1988年，濮良贵先生为满足近机械类专业机械设计的教学需求，规划并主编了本书的第一版。1994年，濮先生又与陈庚梅一起完成了对本书的修订。在问世以来的23年中，本书为近机械类专业机械设计课程的教学起到了十分重要的作用。从2009年开始，我们怀着对先生的崇敬之心，重新开始本教材的修订工作，经过近两年的不懈努力终于完成。

参加本次修订工作的有吴立言(第1,2,16章)、李育锡(第3,15章)、李建华(第4,8章)、袁茹(第5,7章)、刘光磊(第6,11章)、宁方立(第9,13章)、陈国定(第10章)、谷文韬(第12章)、李洲洋(第14章)，由吴立言、刘光磊担任主编。

由于水平所限，难免有错漏之处。我们在此诚挚地希望读者将发现的问题，通过下面的联系方式告诉我们，我们将及时改正。

通信地址：陕西省西安市友谊西路127号西北工业大学178信箱(邮政编码710072)。

电子邮箱：wuliyan@nwpu.edu.cn;liuguang@npwu.edu.cn。

编　者

2011年9月

目　录

第1章　绪论 …… 1

1.1　引言 …… 1

1.2　机器的组成 …… 1

1.3　本课程的内容、性质与任务 …… 2

第2章　机械设计概论 …… 3

2.1　机械设计的一般过程和主要内容 …… 3

2.2　机器应满足的基本要求 …… 4

2.3　机械零件应满足的基本要求 …… 6

2.4　机械零件的强度 …… 9

2.5　机械制造常用的材料及其选择原则 …… 13

第3章　轴毂连接 …… 16

3.1　键连接 …… 16

3.2　花键连接 …… 20

3.3　无键连接 …… 22

3.4　销连接 …… 23

3.5　过盈连接 …… 24

习题 …… 25

第4章　铆接、焊接和胶接 …… 27

4.1　铆接 …… 27

4.2　焊接 …… 28

4.3　胶接 …… 31

第5章　螺纹连接和螺旋传动 …… 34

5.1　螺纹 …… 34

5.2　螺纹连接的基本类型和螺纹紧固件 …… 36

5.3　螺栓(螺柱、螺钉)组的结构设计 …… 39

5.4　螺纹连接的预紧和防松 …… 40

5.5　螺栓连接的强度计算 …… 44

5.6 螺纹紧固件的性能等级与许用应力 …… 49
5.7 提高螺栓连接强度的措施 …… 51
5.8 螺旋传动 …… 54
5.9 滚动螺旋传动简介 …… 59
习题 …… 60

第 6 章 带传动 …… 63

6.1 概述 …… 63
6.2 带传动工作情况分析 …… 66
6.3 普通 V 带传动的设计计算 …… 69
6.4 V 带轮的设计 …… 76
6.5 V 带传动的张紧、安装与防护 …… 78
习题 …… 81

第 7 章 链传动 …… 82

7.1 概述 …… 82
7.2 传动链、链轮及几何计算 …… 82
7.3 链传动的运动分析 …… 86
7.4 链传动的主要参数及其选择 …… 87
7.5 链传动的设计计算 …… 89
习题 …… 94

第 8 章 齿轮传动 …… 96

8.1 齿轮传动装置形式 …… 96
8.2 齿轮传动的失效及设计准则 …… 96
8.3 齿轮材料及热处理 …… 99
8.4 标准直齿圆柱齿轮传动强度计算 …… 100
8.5 标准斜齿圆柱齿轮传动强度计算 …… 103
8.6 标准直齿锥齿轮传动强度计算 …… 105
8.7 齿轮传动的设计参数、许用应力、齿轮精度及计算说明 …… 107
8.8 齿轮结构设计 …… 110
8.9 齿轮设计实例 …… 112
习题 …… 120

第 9 章 蜗杆传动 …… 123

9.1 蜗杆传动的类型和特点 …… 123
9.2 蜗杆传动的基本参数和主要几何尺寸 …… 124

9.3　蜗杆传动的承载能力计算 …… 127
9.4　蜗杆传动的效率、润滑和热平衡计算 …… 132
9.5　蜗杆和蜗轮的结构设计 …… 134
9.6　几种类型蜗杆传动的比较 …… 135
习题 …… 138

第 10 章　轴承 …… 140

10.1　滚动轴承的结构、类型和代号 …… 140
10.2　滚动轴承的类型选择 …… 145
10.3　滚动轴承的尺寸选择 …… 147
10.4　滚动轴承装置设计 …… 154
10.5　滑动轴承及其润滑状态 …… 160
10.6　滑动轴承的结构、材料与润滑 …… 164
10.7　不完全液体润滑滑动轴承的设计 …… 169
10.8　滚动轴承与滑动轴承的比较 …… 172
习题 …… 173

第 11 章　联轴器和离合器 …… 175

11.1　联轴器的种类和特性 …… 175
11.2　离合器 …… 181
11.3　特殊功用的联轴器和离合器 …… 184
习题 …… 187

第 12 章　轴 …… 188

12.1　概述 …… 188
12.2　轴的结构设计 …… 191
12.3　轴的强度验算 …… 197
12.4　轴的刚度验算 …… 200
习题 …… 206

第 13 章　弹簧 …… 207

13.1　概述 …… 207
13.2　圆柱螺旋弹簧的结构、材料及制造 …… 207
13.3　圆柱螺旋压缩(拉伸)弹簧的设计计算 …… 212
13.4　圆柱螺旋扭转弹簧的设计计算 …… 218
13.5　其他形式弹簧简介 …… 220
习题 …… 221

第 14 章　减速器和变速器 …………………………………………………… 223

14.1　减速器…………………………………………………………………… 223

14.2　变速器…………………………………………………………………… 226

第 15 章　机械零件结构设计简介 ……………………………………………… 230

15.1　概述……………………………………………………………………… 230

15.2　机械零件结构设计要点………………………………………………… 230

第 16 章　润滑剂 ………………………………………………………………… 237

16.1　润滑油…………………………………………………………………… 237

16.2　润滑脂…………………………………………………………………… 241

16.3　固体润滑剂……………………………………………………………… 243

附录　常用量的名称、单位、符号及换算关系表…………………………………… 244

参考文献…………………………………………………………………………… 245

第1章 绪　　论

1.1 引　　言

机器是代替人们体力和部分脑力劳动的工具。机器通过将能量、物料和信息等进行传递或转换来为人类做各种有用功。机器既能承担人力所不能或不便进行的工作，又能更好地保障产品的质量，特别是能够大大提高劳动生产率和改善劳动条件。在国民经济的绝大多数部门中，都要利用机器来完成其生产过程。机械工业已经成为国民经济发展的主要基础，肩负着为各个部门提供机械装备和促进技术改造的重任。

人类社会的进步源于人们不断地创新，设计活动则是各项创新的策划、起点和关键环节。机器的发明、使用和发展是推动社会发展的一个重要创新过程。在这一过程中，人们总结出了进行机械设计的理论与方法，从而为更高层次的创新与设计奠定了基础。

现代的机器，正在朝着自动化、智能化、性能更高以及更加与人和谐的方向发展。现代的机械设计理论与方法正在不断与自动化技术、信息技术、管理科学、生命科学以及艺术学等学科交融。现代机械的设计，除了依靠专业的机械设计师外，更加需要掌握了不同专门技术人才的团队协作。因此，从事各类生产、研究的技术人员，都应该掌握一定的机械设计知识。只有这样，才能设计出更多更好的机器。

1.2 机器的组成

机器一般都包含：一个（或几个）用来接受外界能源的原动部分（如电动机、内燃机和蒸汽机等）；实现机器生产职能的执行部分（如机床中的刀具、汽车中的车厢与车轮）；把原动机的运动和动力传递给执行部分的传动部分（如机床中的齿轮与螺旋传动机构、汽车中的离合器与变速器）；保障机器中的各部分协调工作的检测与控制系统（如机床中的数控系统、汽车中的自动变速系统）。所以，机器的主体一般是由原动部分、传动部分、执行部分和测控部分组成的。

如果把机器进一步分解，最后得到的总是一些各式各样的零件。所以，机器的基本组成要素就是机械零件。

机械零件可以概括地划分为两大类：一类是在各种机器中经常都要用到的零件，例如螺钉、齿轮、轴、轴承等，称为通用零件；另一类则是在一定类型的机器中才会用到的零件，例如飞机的螺旋桨、内燃机的活塞和军械的枪栓等，称为专用零件。此外，还常把一些协同工作的零件所组成的零件组合体称为部件或组件，例如滚动轴承、减速器、联轴器等。

各式各样自由分散的零件，一旦装配到机器上，它们就要为实现机器的职能分担各自的责任，发挥各自的作用。因此，一些主要零件的性能或者某些关键零件的综合性能，就在很大程度上决定了机器的性能。由此可知，设计或选择任何零件时，都必须以机器对它的要求为依据。同理,设计、维修与管理机器时,都要对机器的总体有个基本的了解,并对各种零件的设计与选择掌握一定的知识与技能。为此,本书除了简要介绍机器设计的基本要求、主要内容和设计步骤等概论性知识外,将分章重点论述通用机械零件的工作原理与特点、设计原则与方法。需要提醒的是,虽然是分章学习一种一种的零件,而且只能从中选择极少数典型的结构来学,但是不应把它们视为分散孤立的个体,因为在具体应用时,它们都是作为一定的要素在机器的总体中按照预定的要求有机地联系在一起的。此外,还得注意联系实际,勤于实践;通过典型,掌握一般。这样才能通过学习通用零件的具体设计方法,掌握基本的机械知识与设计技能。

1.3 本课程的内容、性质与任务

本课程的主要内容是讲述机械设计的一般要求和过程,讲述通用零件设计的基本知识、基本理论和基本方法。它主要包括机械设计的基本要求、主要内容和步骤;一般尺寸和参数的通用零件(巨型、微型以及在高速、高压、高温、低温条件下工作的通用零件不在此列)的工作原理与特点、设计原则与方法等。

本书讲述的主要内容可分为概论部分、连接部分、传动部分、轴系零部件部分和其他部分等五个部分。具体内容是:

1)概论部分包括机器的组成,机械设计的一般步骤、主要内容和应满足的基本要求,机械零件的工作能力和设计准则,常用材料及其选择原则等;

2)连接部分包括键、花键、无键、销及过盈连接,螺纹连接,焊接及胶接等;

3)传动部分包括带传动、链传动、齿轮传动、蜗杆传动、螺旋传动等;

4)轴系零部件部分包括轴、滑动轴承与滚动轴承、联轴器与离合器等;

5)其他部分包括弹簧、减速器与变速器、润滑剂等。

由上述可知,本课程的性质是以机械设计为“轮廓”,并以一般通用零部件的设计为“实体”的设计性课程,而且是论述它们的基本设计理论和方法的技术基础课程。

本课程的主要目的是:

1)培养学生掌握通用机械零件的工作原理、特点、应用、维护和设计计算的基本知识,并初步具有设计机械装置的能力。

2)培养学生具有运用标准、规范、手册、图册等有关技术资料的能力。

当然,上述任务是通过本课程的课堂讲授、实验验证、设计作业和课程设计等各教学环节的综合培养来完成的。因此,学习本课程时,不仅要努力掌握书本知识,而且要积极主动联系实际,认真加强设计技能的基本锻炼,切实提高自己的实践能力,真正达到并力争超过上述的培养要求。

第 2 章　机械设计概论

2.1　机械设计的一般过程和主要内容

一台新的机器是根据设计任务书的要求进行设计的。任务书中必须明确规定：机器的用途、主要性能参数范围、工作环境条件、有关特殊要求、生产批量、预期成本范围、环境保护要求、设计完成期限，以及承制单位生产条件等。在全面明确上述要求后，设计人员应在调查研究、分析资料、研究措施、拟定计划的基础上，按下述步骤进行设计。

1. 机器工作原理的选择

工作原理是机器实现预期职能的基本依据。例如设计生产螺钉的机器时，可以用车床将预定的毛坯车制成螺钉，也可以用滚丝机将毛坯滚压成螺钉；又如采煤，可以用风镐开采，也可用高压水柱冲击煤层开采，还可用联合割煤机开采；再如挖泥，可以用挖泥机来实现，也可预先注水把泥混成泥浆，然后用泵汲出。所以实现同样的预期职能，可以有多种不同的工作原理。机器的工作原理是随着科学技术的发展而不断发展的。不断探讨与创造更先进的工作原理是设计人员的一项重要任务。研制新的机器时，应结合具体情况研究提出多种不同的工作原理、经过全面分析对比后，从中选择最满意的一种。机器工作原理的选择属于专业机械设计的范围，这里不作详述。

2. 机器的运动设计

运动设计是根据机器工作原理的要求，确定机器执行部分的运动规律。例如牛头刨床的刨刀，要求前进刨削工件时运行慢些，而在后退的空程时运行快些，即要求传动机构具有急回作用。所以运动设计就是要考虑适当选取原动机的类型与运动特性，妥善选择与设计机器的传动部分，把原动机的运动转变为机器执行部分所需的机械动作，并考虑在某些运动参数范围内灵活调整的必要性与可能性。这些工作可运用机械原理知识来完成。

3. 机器的动力设计

动力设计是在初步确定机器的传动部分和执行部分后，根据机器的运转特性、执行部分的工作阻力与工作速度、传动部分的总效率等，算出机器所需的驱动功率。再结合机器的具体工作情况，选定一部（或按各个传动系统的需要分别选定几部）合适的原动机进行驱动。同时应考虑在适当范围内进行调节与控制的必要性与可能性。这方面的工作可运用机械原理及与原动机相关的知识来完成。

4. 机器零部件的工作能力设计

机器零部件的工作能力，可以根据原动机的功率和机器的运转特性进行设计，也可以根据零部件的实际工作载荷进行设计。不过对于一般的机器，通常是采用前一方法，并结合各个零部件的具体工作情况，计算出各零部件所受的载荷。进而从机器的总体出发，考虑各个零部件所需的工作能力（强度、刚度、寿命等）及技术经济性等一系列问题，设计或选择出各个零部件。

如果从图纸设计方面来看，上述设计过程在机器工作原理选定后，大体可分为下面的三个阶段：

1. 总体设计阶段

机器的总体设计，就是根据工作原理的要求，本着简单、实用、经济、环保、美观等原则，设计出一套能够实现预期职能的装置。为了拟定机器的总体布置，分析比较各种可能的传动方案，以及进行具体机构的选择和设计，就需要把机器各部分之间的运动和动力关系，以及各个机构和主要零件在机器中的大体位置，用规定的简单符号清晰而简明地表示在图纸上。这就形成了机器的机构运动简图。有了机构运动简图，机器的图形便有了"骨架"。这是图纸设计的第一阶段——从工作原理到运动简图阶段，常叫做总体设计（或方案拟定）阶段。

2. 结构设计阶段

由于运动简图并没有确定机器的形态，所以还要把运动简图中的符号变成具体的零、部件。这就需要考虑与决定各个部件的相对位置及连接方法，主要零件的具体形状、材料、尺寸、制造、安装、配合等一系列问题。通过类比、选择和必要的计算与实验等，把运动简图变成具体的装配图（或结构图）。这样便描绘出了机器的形态。这是图纸设计的第二阶段——从运动简图到装配图的阶段，常叫做结构设计阶段。

3. 零件设计阶段

由于装配图只是初步确定了机器的总体尺寸及各个零、部件间的相对位置关系、配合要求等，并未反映出各个零件的全部尺寸、结构要素（如圆角半径、倒角尺寸）及加工要求（如尺寸公差、表面粗糙度等），因而装配图还是不能作为加工的依据。为了把零件制造出来，还得根据装配图设计出各个零件的工作图。设计零件（工作）图时，要从机器的总体要求出发，综合考虑零件的强度、刚度、寿命、工艺性，以及质量、体积、成本的限制等，来具体确定零件的材料、尺寸、结构要素、制造精度等，并规定出适当的技术条件（如材料的热处理方法及表面硬度等），从而绘制出零件图。这是图纸设计的第三阶段——从装配图到零件图的阶段，常叫做零件设计阶段。

当然，设计工作的各个局部都是与总体密切联系着的，所以上述三个阶段不可能是截然划分的，而是要相互牵连、相互影响、相互交叉地反复进行的。

还应指出，在一套完整的机器图纸和文件中，除应有机器的机构运动简图、总装配图、部件装配图及零件图外，还应包括各种明细表、各种系统图以及设计说明书和使用说明书等。

还需强调指出，实践是检验真理的唯一标准。在全套图纸设计绘制完毕后，整个设计是否能够完全符合客观外界的规律性，是否能够完全达到预想的设计目的，还得经过制造、装配、试车、生产等一系列实践的检验。因此，设计人员还应了解或参加制造、装配、试车、生产等全过程，及时发现问题，采取改进措施，总结设计经验，以便进一步提高产品质量与设计水平。

2.2 机器应满足的基本要求

2.2.1 使用性要求

机器的使用性要求，首先是按照规定的技术条件，对机器有效且顺利地实现各项预定功能的要求。这主要靠正确选择机器的工作原理及正确设计能够全面实现工作原理的机构组合来保证。再者就是对机器在预定寿命期间正常工作的要求。这里包括机器在预期的使用过程中，不发生破坏；不因过度磨损或过度变形而导致机器的失效；也不因机器的运转不够准确，以及强烈的冲击和振动等而损害到机器的正常工作质量。所有这些，都要靠正确设计和选择机器的零、部件来保证。

2.2.2　经济性要求

机器的经济性是一个综合指标，它表现在设计、制造和使用的整个过程中，即在设计、制造上，要求成本低，生产周期短；在使用上，要求生产率高，效率高，适用范围大，燃料和辅助材料消耗少，照管方便，维护费用低廉等。

1. 提高设计及制造经济性的主要途径

1）力求做到产品系列化、部件通用化和零件标准化。这样将大大有利于开展专业协作，组织产品配套，缩短设计、制造周期，降低成本。例如标准减速器由于采用了产品系列化，大大缩短了设计及制造周朝，大幅度地降低了生产成本。再如组合机床由于部件通用化程度高达80％以上，它既能起到专用机床的作用，又能弥补专用机床不易改装的缺点，使设计、制造及改装的成本显著降低。至于零件标准化，这在保证质量、降低成本、便利设计及保证互换性等方面，对机器的设计、制造、使用与维护等都有着极为重要的意义。

2）合理运用现代设计理论和制造方法，尽量采用新技术、新材料、新结构、新工艺。例如采用优化设计、可靠性设计、计算机辅助设计与制造、设计方法学、现代摩擦学、有限元素法、并行设计方法等现代理论与方法，进行机械设计及制造。这些对改进产品性能，提高产品质量、缩短产品研发周期，进而取得经济效益等，均有十分积极的意义。

3）认真做好设计及制造的组织工作，实行科学管理，千方百计地降低材料用量及制造工时，以及提高机器的制造和装配工艺性等，亦可在不同程度上提高设计及制造的经济性。

2. 提高使用经济性的主要途径

1）提高机器的自动化和智能化水平，以提高劳动生产率及减少管理、维护费用。

2）选用效率高的传动系统及支撑装置，以提高机械效率，减少动力或燃料消耗。

3）采用适当的防护（如闭式传动、表面喷涂）和润滑装置，以延长机器工作寿命及降低维护费用。

4）采用可靠的密封装置，防止漏油、漏气等损耗。

2.2.3　劳动保护性要求

劳动保护是设计机器时必须特别重视的要求。它可概括为三个方面：

1. 极力保证技术安全

对机器中易于造成危害工人安全的部分，均应加装隔离或保护设施；一切传动机构均应尽可能设计成闭式的；易与工人接触的外露部位不应有锋利的棱角或灼热的介质等。采用各种可靠的安全保险装置和信号报警系统，例如在可能超过温升限制的地方，安装限温报警器，一旦该部位的工作温度高达报警温度时，信号系统立即报警，以防止发生人身或设备事故。

2. 力争减小工人操作时的体力及脑力消耗

注意减小机器所需的操作力；力求简化操作过程，并适当利用自动化操纵装置（如轿车上采用的自动变速器）；尽量减少操纵手柄的数目，并集中于适宜的位置，操作效果应符合人们的习惯；仪表及信号等指示装置亦应布置适中。

尽量降低操作者的精神负担，避免操作者因精神紧张导致不良的操作。例如，可以在具有集中润滑的大型设备中，采用联锁装置。即在油路中接入一个压力继电器，以保证在未接通油泵电机的电源及油压未达到预定的指标时，不可能开动机器。这既实现了机器自动避免摩擦副在润滑不良情况下启动引发过度磨损，又可减轻了操作者的精神负担。

3. 努力改善操作者的工作环境

力争降低机器的噪声；有效地净化或排除操作时产生的废气、废液及灰尘等；保持工作环境通风流畅，使温度和湿度适中；适当美化机器的外形及表面，例如适当协调壳体、机架的外形，以及进行电镀或喷涂适当颜色的油漆等。

2.2.4 工艺性要求

机器的不同设计方案，将直接影响到后续的制造过程。若设计的产品是便于制造和装配的，则称该产品具有良好的工艺性。在不影响工作性能的条件下，应使机器的结构尽可能简化，力求用最简单的机构和装置取代非必需的复杂装置去完成同样的预期职能。为此，应全面分析对比各种机构组合方案，尽量采用标准零、部件，力求制造及装配的劳动量少，装拆维修方便。

2.2.5 环境保护要求

地球是人类生存和发展的环境，保护环境是全社会的责任。产品的设计应该尽量追求“绿色产品”的目标。所谓“绿色产品”，是指能够在生产、使用和回收等环节中不产生污染物，产品本身不对环境产生危害，并且尽量少地消耗资源的产品。

为了达到“绿色产品”的目标，应该从产品设计开始，把改善环境影响的努力贯彻在产品设计中。产品设计的环境保护要求主要有降低物料消耗、降低能耗、减少废料产生以及尽量做到可生态降解。

在产品设计中努力实现环境保护要求，不仅可以减少产品对环境的影响，还能因产品具有较高的环保质量而提高产品的市场竞争力。

2.2.6 其他特殊的要求

有些机器还各自具有其特殊的要求。例如，飞机的构件有质量小的要求；机床有长期保持精确度的要求；经常搬动的机器（如建筑起重机、钻探机等）有便于安装、拆卸和运输的要求；食品、纺织、造纸机械有不得污染产品的要求等。

2.3 机械零件应满足的基本要求

设计机械零件时，应根据它在机器中的作用及具体工作情况，满足强度、刚度、寿命、工艺性、经济性、可靠性以及某些特殊要求等的一部分或全部。

2.3.1 强度要求

强度是指零件在工作时不发生断裂或不产生超过容许限度的塑性变形的能力。显然，这是机器正常运转和安全生产最基本的要求。在机械设计中，除了那些受力很小不需进行强度计算，或结构形状较为复杂不易进行强度计算的零件，常按经验规范或工艺要求进行设计外，大多数重要的零件都是用强度条件式来判断是否满足要求的。

对于剖面面积为 A 的简单拉杆，当承受拉力 F 时，其强度条件式为

1)
$$\sigma=\frac{F}{A}\leqslant[\sigma] \tag{2.1a}$$

其含义为零件的工作应力 σ 不应超过其许用应力 $[\sigma]$。此式是用来校核零件的初定剖面面积 A 是否满足强度要求的，所以叫做校核计算。又因零件的许用应力是由其材料的极限应力 σ_{lim} 除以设计安全系数 S 而求得的，所以式(2.1a) 又可写成

$$\sigma=\frac{F}{A}\leqslant\frac{\sigma_{\mathrm{lim}}}{S} \tag{2.1b}$$

2)
$$A\geqslant\frac{F}{[\sigma]}=\frac{F}{\sigma_{\mathrm{lim}}/S} \tag{2.2}$$

此式由式(2.1b) 变换而来，其含义为零件的剖面面积 A 不应小于其所受载荷 F 除以许用应力 $[\sigma]$。这是用来设计零件剖面尺寸 A 的公式，所以叫做设计计算。

3)
$$F\leqslant\frac{A\sigma_{\mathrm{lim}}}{S}=\frac{F_{\mathrm{lim}}}{S} \tag{2.3}$$

此式是由式(2.2) 换算而得到的，并引入零件的极限载荷 $F_{\mathrm{lim}}=A\sigma_{\mathrm{lim}}$。其含义是零件的载荷 F 不应超过零件的极限载荷 F_{lim} 除以设计安全系数 S。显然，这是校核零件的承载能力，也是一种校核计算。

4)
$$S_{\mathrm{ca}}=\frac{\sigma_{\mathrm{lim}}}{\sigma_{\mathrm{ca}}}\geqslant S \tag{2.4}$$

式中的 $\sigma_{\mathrm{lim}}/\sigma_{\mathrm{ca}}$ 表征了根据材料的极限应力 σ_{lim} 与零件的计算应力 σ_{ca} 对比而计算出的安全系数，所以把 $S_{\mathrm{ca}}(=\sigma_{\mathrm{lim}}/\sigma_{\mathrm{ca}})$ 叫做计算安全系数。式(2.4) 的含义是零件的计算安全系数 S_{ca} 应当大于或等于其设计安全系数 S。这也是一种校核计算。

顺便说明，当零件剖面上承受的 F 是剪切载荷时，应当用 τ，$[\tau]$ 和 τ_{lim} 分别取代式(2.1a) ～ 式(2.4) 中的 σ，$[\sigma]$ 和 σ_{lim}。

显然，尽管上述四种强度条件式的形式各异，但从本质上说，都是把对零件起损伤作用的一方（如载荷和应力）与零件对损伤起抵抗作用的一方（如材料强度和剖面尺寸）进行对比来判断零件的强度的。

提高零件强度的原则措施有：① 增大零件危险剖面的尺寸，合理设计剖面形状，以增大剖面面积的惯性矩；② 采用高强度材料，对材料进行提高强度及降低内应力的热处理，控制加工工艺以减小或消除微观缺陷等；③ 力求降低零件上的载荷，例如，减小轴的支撑跨距以降低作用弯矩，采用减振结构以降低冲击载荷等；④ 妥善设计零件的结构以降低应力集中程度等。

2.3.2　刚度要求

刚度是指零件工作时不产生超过规定限度的弹性变形的能力。这个要求只是对那些由于弹性变形过大就要降低机器工作性能的零件提出的。这类零件除了要作强度计算外，还必须进行刚度计算。

零件是否满足刚度要求，也是用刚度条件式来判断的。设以 y 及 θ 分别代表零件弯曲变形

时的挠度和偏转角，φ 代表扭转变形时的扭转角，并以$[y]$,$[\theta]$及$[\varphi]$分别代表对应于 y,θ 及 φ 的许用量，则弯曲及扭转刚度条件式可分别表示为

$$y \leqslant [y] \quad 或 \quad \theta \leqslant [\theta] \tag{2.5}$$

$$\varphi \leqslant [\varphi] \tag{2.6}$$

上面讲的都属于零件的体积刚度。对于那些在压力下相接触且相对位置有严格要求的零件，还有表面接触刚度的要求。因为如果两个零件的接触面积较小或表面较为粗糙，则在大的压力作用下，接触表面的微观凸峰将被压平，就会引起两零件的相对位置发生超过容许限度的变化，这就不能满足接触刚度的要求。

提高零件整体刚度的原则措施有：适当增大零件的剖面尺寸，合理设计零件的剖面形状，合理添置加强肋，采用多支点结构等。提高零件接触刚度的原则措施有：提高接触表面加工精度或经适当跑合，以降低表面粗糙度；适当增大接触面积，以降低单位压力等。

2.3.3 寿命要求

寿命要求就是要求零件在预定的工作期间保持正常工作而不致报废。这个要求主要是对那些在变应力下工作和工作时受到磨损或腐蚀的零件提出的。这些零件可能在开始时能够正常工作，但经历一段时间后，却会由于疲劳、过度磨损或严重腐蚀而丧失其强度、刚度或精度以致报废。

由于影响零件材料疲劳极限的主要因素是应力集中、尺寸大小、表面质量和环境条件，所以提高零件寿命的主要措施有：① 妥善设计零件结构以降低应力集中程度；② 采用精加工或表面强化处理以提高零件工作表面质量；③ 合理选择摩擦副配对材料、润滑剂与润滑方法以提高零件抗磨损能力；④ 选用耐腐蚀材料制造在腐蚀性介质中工作的零件；⑤ 利用热处理提高零件材料的机械性能，或利用滚辗、喷丸等工艺使零件表面产生有利的残余预应力等。

2.3.4 工艺性要求

零件的工艺性要求就是在给定的工艺条件和生产水平下，能用较少的成本和劳动量把零件制造出来，并便于进行装配。这要从生产批量、材料、毛坯制作、加工方法、装配过程、使用要求等各方面考虑，合理设计零件的结构。这项工作在整个设计工作中居于很重要的地位，并占有很大的比重，初学设计的人员必须给予特别的重视。

2.3.5 经济性要求

零件的经济性要求就是要用较低的成本和较少的工时制造出满足技术要求的零件。这与零件的工艺性有着密切的关系，并在很大程度上影响着机器的经济性。

力求降低材料消耗，采用少余量或无余量的毛坯；以廉价材料替代昂贵的材料，只在零件的关键部位使用优质贵重的材料；尽量采用标准零件等措施，对提高零件的经济性都有一定的作用。

除上述几点外，随着零件的容许空间、质量限制、重要程度、工作情况等的不同，还会提出体积、质量、可靠性、振动稳定性、噪声等各种不同的要求，设计者应结合具体情况予以区别对待。

2.4　机械零件的强度

根据上一节提出的强度要求，在具体应用到零件的强度计算时，还需作下述进一步的理解。

2.4.1　机械零件强度计算中的载荷与应力

1. 公称载荷与公称应力

在设计一个零件时，当然最好能够根据它所承受的实际载荷，计算出它的危险剖面上的实际应力。然而对于每一个具体的零件，它所承受的实际载荷可能是千变万化的。例如，在车床上车削零件时，由于材料品种、毛坯制作方法、热处理情况、切削用量、刀具磨损及刃磨等一系列情况不同，车床的各个零件上的载荷都要发生变动；再如汽车，由于每次装载量不等、行驶路面或速度不同，它的各个零件承受的载荷也是随时变化的，零件中的实际应力自然也要随时变化。由于零件的实际载荷和实际应力都是随机变量，所以具体设计零件时，可以根据机器原动机的额定功率或完成机械功时的工作阻力（如起重机提升的物体所受的重力）等原始数据，计算出零件上的载荷。这个载荷叫做公称载荷（或名义载荷）。按此载荷计算出的应力叫做公称应力（或名义应力）。

2. 计算载荷与计算应力

既然零件上的实际载荷时时变化，显然不便用它来计算零件的应力。公称载荷虽是一个常量，但它没有考虑机器及零件的具体工作情况对载荷变化的影响，也不宜用来计算零件的应力。为此，在实际的设计计算中，引入一个考虑上述影响的大于 1 的系数 K，用这个系数 K 乘上公称载荷 F_n 而计算出的载荷叫做计算载荷，用 F_{ca} 表示，即

$$F_{ca} = KF_n \tag{2.7}$$

式中的系数 K 叫做计算载荷系数①。载荷系数考虑了实际载荷可能经常性超过额定载荷的范围，通常可根据统计的、经验的或类比的方法确定，或按某种理论通过实验求得。在通常的设计中，可由设计手册或设计规范查得。

根据计算载荷 F_{ca} 算出的应力叫做计算应力 σ_{ca}。在实际设计零件时，应该用计算载荷 F_{ca} 和计算应力 σ_{ca} 分别代入式（2.1a）～式（2.4）中的 F 和 σ 来检验零件的强度条件。

3. 机械零件应力的分类

按照零件工作时应力的大小是否随时间变化，可将零件中的应力分为：不随时间变化的静应力；随时间变化的变应力。但是前已指出，机械零件的实际应力是个随机变量，所以实际上零件通常是在变应力下工作。不过为了简化，常把那些变化缓慢或重复作用次数不多（一般指小于 10^3 次）或变动幅度与其平均值相比甚小的变应力近似地当作静应力看待。

4. 设计安全系数与许用应力

设计安全系数 S 是为了考虑一系列不定因素而取定的一个大于 1 的常数。不定因素包括载荷及应力计算的不精确性、材料机械性能的不稳定性、零件的重要性等。如果考虑这些因素分别取定大于 1 的安全系数 $S_1, S_2, S_3, \cdots$，则设计安全系数为 $S = S_1 S_2 S_3 \cdots > 1$。

---

① 在以后有些章里，也称为工作情况系数（简称工况系数），以 K_A 表示。

对于一般通用零件，设计安全系数 S（或许用应力$[\sigma]$）大多已根据实践经验的积累在设计规范中给出，可以直接查表选定。这种方法叫做表值法。表值法虽然使用起来简单、方便、可靠，但是必须注意，表中列出的安全系数（或许用应力）的使用条件都已在设计规范中作了明确的规定，如果工作条件变动，决不能生搬硬套。

当缺少设计规范或有关资料时，一般可取 S 为 1.25 ～ 4 或参考表 2.1 选择。

表 2.1　一般情况下设计安全系数 S 的选择

S	选择依据		
	材料机械性能	零件工作条件	载荷及应力计算
1.25 ～ 1.5	特别可靠	完全可以控制	精确
＞1.5 ～ 2	充分掌握	稳定不变	较为准确
＞2 ～ 2.5	质量中等	一般	基本准确
＞2.5 ～ 3	未经充分试验或脆性	中等	较为近似
＞3 ～ 4	未经检验或检验粗糙	中等使用场合但较为重要	较为近似且载荷、应力不稳定

2.4.2　机械零件的静应力强度计算

作静应力的强度计算时，如果零件只承受单向静应力，则可将危险剖面上的最大计算应力直接代入强度条件式进行计算。

对于在复杂应力状态下工作的零件，需先按材料力学中阐明的某个强度理论求出等效计算应力 σ_{ca}，然后代入强度条件式。当某零件同时受有弯曲应力 σ_b 和扭转剪应力 τ_T 时，若为塑性材料，可用第三或第四强度理论。按第三强度理论（最大剪应力理论）计算时

$$\sigma_{ca} = \sqrt{\sigma_b^2 + 4\tau_T^2} \leqslant [\sigma] \tag{2.8}$$

按第四强度理论（最大形变能理论）计算时

$$\sigma_{ca} = \sqrt{\sigma_b^2 + 3\tau_T^2} \leqslant [\sigma] \tag{2.9}$$

究竟选用式(2.8)还是式(2.9)，设计时可根据有关推荐或使用经验选定。

在静应力强度计算中，零件材料的极限应力应根据材料的性质及零件的具体工作条件取定。例如，零件在常温下受正应力时，对于脆性材料，应取其强度极限 σ_B 作为极限应力 σ_{lim}；对于塑性材料，则应取其屈服极限 σ_s 作为 σ_{lim}。式(2.8)及式(2.9)中的许用应力$[\sigma]$，如无设计规范作为选择依据时，即可用这里取定的 σ_{lim} 除以由表 2.1 中选出的设计安全系数（简称安全系数）S，从而求得许用应力$[\sigma]$。

2.4.3　机械零件的变应力强度计算概要

1. 变应力及其基本变化规律

变应力的形式是千变万化的，但其最基本变化规律可用图 2.1 来描述。图中，σ_{max} 为变应力的最大应力；σ_{min} 为变应力的最小应力；σ_m 为平均应力；σ_a 为应力幅。这里所谓“最大”和“最小”均指绝对值而言。由图 2.1 可以明显看出，上述四个变量间存在式(2.10a) ～ 式(2.10d)的关系。

$$\sigma_{max} = \sigma_m + \sigma_a \tag{2.10a}$$

$$\sigma_{min} = \sigma_m - \sigma_a \tag{2.10b}$$

$$\sigma_m = \frac{\sigma_{max} + \sigma_{min}}{2} \tag{2.10c}$$

$$\sigma_a = \frac{\sigma_{max} - \sigma_{min}}{2} \tag{2.10d}$$

由于 σ_{min} 与 σ_{max} 的比值 r 反映了变应力的循环特性，因此，由式(2.10e)所定义的应力比 r 是描述交变应力的一个重要参数。

$$r = \frac{\sigma_{min}}{\sigma_{max}} \tag{2.10e}$$

分析中，对于 $\sigma_{max} = -\sigma_{min}$ 的变应力，称为对称循环应力。此时，$r=-1$，$\sigma_m=0$，$\sigma_a=\sigma_{max}$；对于 $\sigma_{min}=0$ 的变应力，称为脉动循环应力。此时，$r=0$，$\sigma_{max}=2\sigma_m=2\sigma_a$；对于 σ_{max} 与 σ_{min} 绝对值不相等的变应力，称为不对称循环应力。此时 $-1<r<1$，且 $r\neq 0$。显然，静应力亦可看作循环变应力的特例，其 $\sigma_{max}=\sigma_{min}=\sigma_m$，$r=1$，$\sigma_a=0$。

另外，上述各参数不随时间改变的变应力称为稳定变应力；参数随时间改变的变应力称为不稳定变应力。本书主要涉及对称循环和脉动循环的稳定变应力。

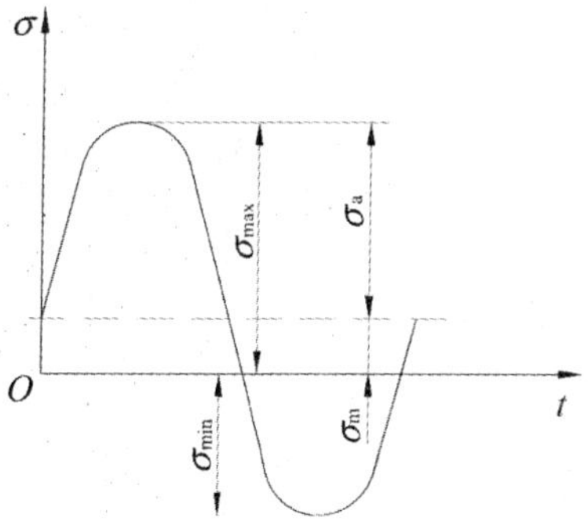

图 2.1　变应力的基本变化规律

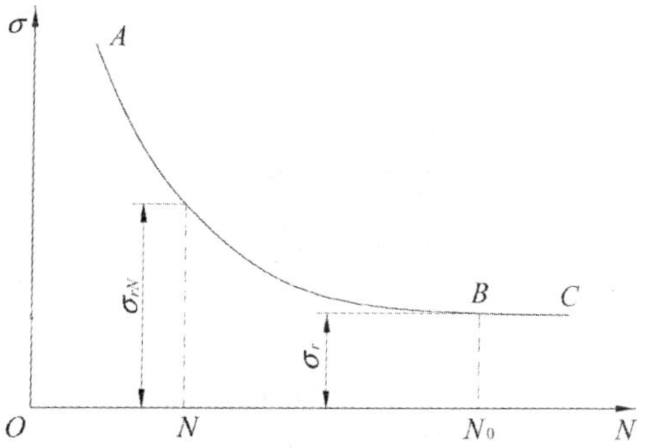

图 2.2　疲劳曲线

2. 疲劳曲线与极限应力

由材料力学可知，表示变应力 σ 与其循环次数 N 的关系曲线称为疲劳曲线，如图 2.2 所示。由图可见，变应力愈小，能经受的应力循环次数就愈多，亦即零件的寿命愈长。

由疲劳试验得知，大多数钢材的疲劳曲线有类似图 2.2 所示的形状。在应力循环次数 N 超过某一数值 N_0(称为循环基数)后，曲线右支 BC 段即趋于水平。这表明，如果零件中的变应力 σ 不超过 σ_r("r"表示变应力的应力比为 r)，即使应力无限次循环下去，零件亦不至于产生疲劳破坏。此时可谓零件具有无限寿命，并把 σ_r 叫做持久疲劳极限，或简称为疲劳极限。在具体计算中，当 $r=-1$ 时，σ_r 就是 σ_{-1}；当 $r=0$ 时，σ_r 就是 σ_0；其值可查相关设计手册。

曲线 AB 段所代表的 σ 与 N 的关系，可用下面的关系式来表示：

$$\sigma_{rN}^m N = \sigma_r^m N_0 = C \tag{2.11}$$

式中　σ_{rN} —— 应力比为 r，循环次数为 N 时的疲劳极限；

m，C —— 试验常数，由材料性质、试件形状、试验条件等确定，可查有关手册；

N_0 —— 循环基数，可查有关手册。

在缺少或无资料时，对于一般钢材，可大致取 $N_0 = 10^7$，$m = 9$。

当已知 σ_r，N_0，m 时，由式(2.11) 可求得对应于某一循环次数 N 时的极限应力为

$$\sigma_{rN} = \sigma_r \sqrt[m]{\frac{N_0}{N}} \tag{2.12}$$

式中，当 $N < N_0$(有限寿命) 时，$\sigma_{rN} > \sigma_r$，即有限寿命时的疲劳极限将有所提高；当 $N > N_0$(无限寿命) 时，不必用式(2.12) 计算疲劳极限，直接有 $\sigma_{rN} = \sigma_r$。

但应注意，对于轻合金一类材料，通常没有水平部分，即没有持久极限，这时可取 N_0 为 $(5 \sim 10) \times 10^7$。不过上述无限寿命极限应力的计算就不能成立了。

3. 许用应力与安全系数

应该说明，材料手册中所列的疲劳极限是由特定的试件试验而获得的。机械零件并不同于试件，它的应力集中程度、剖面尺寸及表面质量与试件均有一定的差别。所以在计算承受变应力零件的许用应力时，应在疲劳极限中计入上述因素的影响后，再除以安全系数。因此，作有限寿命计算时，零件的许用应力为

$$[\sigma_{rN}] = \frac{\sigma_{rN}}{K_\sigma S} \tag{2.13}$$

无限寿命时零件的许用应力为

$$[\sigma_r] = \frac{\sigma_r}{K_\sigma S} \tag{2.14}$$

式中 S—— 承受变应力零件的安全系数，可取 S 为 1.3 ～ 1.7，当材料组织不够均匀，计算不够精确时，应取 S 为 1.7 ～ 2.5；

K_σ——零件疲劳极限综合影响系数，可按式(2.15) 计算。

$$K_\sigma = \left(\frac{k_\sigma}{\varepsilon_\sigma} + \frac{1}{\beta_\sigma} - 1\right)\frac{1}{\beta_q} \tag{2.15}$$

式中 k_σ—— 零件的有效应力集中系数，零件的尺寸变化愈急促，系数 k_σ 的值愈大；

ε_σ—— 零件的尺寸系数，零件的绝对尺寸愈大，系数 ε_σ 的值愈小；

β_σ—— 零件的表面质量系数，零件的表面愈粗糙，系数 β_σ 的值愈小；

β_q—— 零件的强化系数，若对零件施加了强化处理，如表面淬火、喷丸等处理，系数 β_q 的值将增大。

上述各系数的具体数值可查阅有关手册或文献[1]。

4. 机械零件的变应力强度计算

对于承受对称循环应力的零件，其应力为 $\sigma = \sigma_{max} = \sigma_a$，材料的疲劳极限为 σ_{-1}。根据要求的工作寿命算得应力循环次数为 N 后，由式(2.12) 可求出其材料的极限应力 σ_{-1N}。在选定安全系数 S，并按零件的具体情况求得系数 K_σ 后，可由式(2.13) 和式(2.14) 算出其许用应力 $[\sigma_{-1N}]$ 和 $[\sigma_{-1}]$。若 $N < N_0$，则该零件的强度条件为

$$\sigma \leqslant [\sigma_{-1N}] \tag{2.16}$$

若 $N > N_0$，则强度条件为

$$\sigma \leqslant [\sigma_{-1}] \tag{2.17}$$

对于承受脉动循环应力的零件，其应力为 $\sigma = \sigma_{max} = 2\sigma_a$，疲劳极限以 σ_0 代 σ_r 即可。对于承受不对称循环应力的零件，强度计算方法可参看文献[1]。

当零件承受剪切变应力时，则以 τ_r 代 σ_r。相关计算系数的下标亦将 σ 换为 τ，如用 k_τ，ε_τ，β_τ

更换 k_σ，ε_σ，β_σ。

需要说明，以上计算的只是零件的体积强度，关于零件表面强度（包括平面接触的挤压强度、曲面初始线接触的接触强度等）的计算问题，在以后用到时另行讨论。

还需说明，按照前述方法确保零件满足强度要求的设计方法，称为理论设计；有些零件是根据经验或按经验公式计算来定出它们的尺寸，这种方法称为经验设计；对于特别重要或要求特别可靠的零件，还可试制出它的模型（或实物），通过试验来进行设计，这种方法称为模型试验设计。

2.5　机械制造常用的材料及其选择原则

2.5.1　机械制造常用的材料

机械制造常用的材料有黑色金属（钢及铸铁）、有色金属（铝合金及铜合金等）、非金属材料（橡胶、塑料等）以及复合材料，其中用量最大的是黑色金属。

1. 钢

钢的品种很多，按照化学成分，可分为碳素钢与合金钢；也可按含碳量分为高碳钢（含碳量为 0.6％～1.3％）、中碳钢（0.25％～0.6％）及低碳钢（＜0.25％）。含碳量高，则强度、硬度高，但塑性降低。还可按用途不同把钢分为结构钢（用于制造机械零件及工程结构的构件）、工具钢（用于制造工具、刀具、量具、模具等）及特殊性能钢（如不锈钢、耐酸钢、耐热钢等）。由于钢具有高的强度、韧性及塑性，且能通过热处理改善其机械性能和加工性能，还可用锻造、冲压、铸造、焊接等多种方法制取零件毛坯，故在机械制造中应用甚广。

1）普通碳素结构钢。这类钢按供应条件主要有甲、乙两类，机械制造中则用甲类。甲类钢只按机械性能供应，使用时不作热处理，主要用于制造一般机械零件和工程结构的构件。例如，Q235，Q275 等就是常用的普通碳素结构钢。

2）优质碳素结构钢。这类钢材具有较好的机械性能，又能用热处理在较大的范围内提高机械性能，故应用较广。常用于制造要求较高的螺栓、螺母、键、轴、齿轮、凸轮等。例如，20 钢、45 钢等就是常用的优质碳素结构钢。

3）合金结构钢。碳素结构钢的综合性能有时不能令人满意（例如强度较高时，韧性往往较低；韧性好时，强度又往往较低），也不能满足耐磨损、耐腐蚀或耐热等特殊要求。所以常在碳素钢中有针对性地加入锰（＞0.8％）、硅（＞0.5％）、镍、铬、钒、钼等元素，以提高某方面的性能。例如锰能提高钢的耐磨性、韧性、强度和硬度；镍能提高耐热性和强度又不致降低其韧性等。但应注意，只有碳素钢不能满足要求时才应选用合金结构钢，而且使用时要进行热处理，以便充分发挥其作用。例如，12CrMnTi，40Cr，65Mn 等就是常用的合金结构钢。

4）铸钢。铸钢主要用于铸造形状较复杂且强度要求较高的零件，如汽缸、飞轮、齿轮圈、蒸汽锤及重载机架等。例如，ZG340－640，ZG1Cr13 等就是常用的铸钢。

2. 铸铁

铸铁是含碳量高（＞2％）的铁碳合金。它的碳大部分以石墨的形式存在，因而强度、韧性及硬度都很低，但其耐磨性（借助于石墨的润滑作用）、减震性一般较好，而且价廉，所以应用很广。常用的主要是灰铸铁和球墨铸铁。

1)灰铸铁。普通灰铸铁中的石墨呈片状,属于脆性材料。但其液态流动性和易切削性均较良好,故常用以制造形状复杂或强度要求不高的零件。例如,HT200,HT350 等就是常用的铸铁。

2)球墨铸铁。在普通灰铸铁熔化后,加入墨化剂及球化剂,使其中的石墨成为球状,即成为球墨铸铁。球墨铸铁比普通灰铸铁显著提高了强度、塑性和冲击韧性。例如,QT450－10,QT700－2 等就是常用的球墨铸铁。

3. 铜合金

铜与铜合金有良好的耐蚀性、导热性、导电性、塑性和减摩性,但强度较低。在机械设计中多用铜合金。铜合金分为黄铜和青铜两种。

1)黄铜。黄铜是铜与锌的合金。它有很好的塑性和液态流动性,故可用压力加工和铸造来制作零件毛坯。为于提高黄铜的机械性能,还可加入铝、锰、硅、镍等元素。

2)青铜。青铜分为含锡的锡青铜和不含锡的无锡青铜两种。锡青铜的减摩性、耐磨性、耐蚀性以及切削加工与铸造性能都比黄铜好,常用铸造方法制造滑动轴承、蜗轮齿圈等。无锡青铜是铜与铝、锰、铁等元素的合金,常用以代替锡青铜以降低零件成本。

4. 非金属材料

非金属材料种类繁多,应用日益广泛。现略作以下介绍。

1)塑料。塑料发展很快,品种颇多,而且各具不同的物理及机械性能,常能满足零件的减振性、耐磨性、耐蚀性、绝缘性等特殊要求。塑料主要分热塑性、热固性两种。前者遇热后熔化或软化,冷却后又变得坚硬,如尼龙、聚氯乙烯等;后者质地坚硬,加热时不受影响,如酚醛、有机树脂等。

塑料的密度小,成本低,而且易于加工成形,常用以制作手轮、蜗轮、无声齿轮、仪表壳体和支座、摩擦片等。常用的工程塑料有尼龙 66,MC 尼龙,聚甲醛和聚碳酸酯等。

2)橡胶。橡胶易于加工成形,而且富于弹性,能吸收很大的冲击能量,常用于制造各种弹性元件、传动带、传送带、密封件、绝缘件及装置在水中的滑动轴承等。

另外,在机械制造中也常用到木材、皮革、石棉、有机玻璃、陶瓷等非金属材料。

5. 复合材料

复合材料是由两种或两种以上具有明显不同性能的材料复合制成的材料。不同的材料可分别作为基体材料和增强材料。这可以发挥各种材料的优点,克服单一材料的缺陷,扩大材料的应用范围。复合材料的基体材料有金属基体的铝、镁、铜、钛及其合金,非金属基体的合成树脂、橡胶、陶瓷、石墨、碳等。增强材料主要有玻璃纤维、碳纤维、硼纤维、碳化硅纤维、芳纶纤维、金属丝和硬质细粒等。

由于复合材料具有重量轻、强度高、弹性优良、耐腐蚀性和耐热性好等特点,已广泛应用于航空、航天、汽车、电子电气、建筑、健身器材等领域,在近些年更是得到了飞速发展。

2.5.2 材料的选择原则

设计机械零件时,细心地从品种繁多的材料中选择恰当的材料,是贯彻技术经济性的一个重要方面。零件材料的选择主要取决于下列因素:

1)零件受力的大小和性质,应力的大小、性质及分布情况;

2)零件的工作情况,如工作繁重性、有无较大的摩擦及磨损、工作环境条件及特点等;

3)零件的重要程度；

4)安装部位对零件尺寸和质量的限制；

5)零件尺寸的大小、形状的复杂程度、材料加工的可能性及生产批量；

6)材料的经济性与供应的可能性等。

上面前四个因素涉及零件的使用性；后两个因素则涉及工艺性和经济性。应该明确，为了满足使用性，并不一定是非用贵重材料不可，而是要充分发挥热处理和化学热处理的功能。例如低碳钢经过渗碳处理，就能显著提高其表面的硬度，以便用于制造要求耐磨损的零件。材料的经济性并非仅指材料本身的价格，而是指用它制造出零件的总价格。所以设计者要对常用材料的物理、化学及机械性能、加工工艺、价格等有充分的了解和较多的使用经验，才能选出相当合适的材料。

一般地说，按照综合指标和局部品质原则来选择材料，常能获得较好的结果。局部品质原则就是针对零件不同部位的要求分别选择不同的材料。例如水轮机的叶片既有一定的强度要求，又有耐腐蚀的要求。如果全用不锈钢制造叶片，那就成本很高。如能针对叶片只需表层耐腐蚀的情况，采用碳素钢制造叶片，仅在表面覆盖上一层不锈钢，这就既满足使用要求，又满足经济性要求了。再如金属切削用的硬质合金刀，只是把硬质合金的刀头焊在普通碳素钢制的刀杆上，也是这个道理。

还有，在同一个部件或机器上，合理地减少所用材料的品种，使之利于材料的供应和管理，也是选材时应该遵循的原则。

对于一般通用零件材料的选择，以后各章中还将作一些具体的说明。

第3章 轴毂连接

安装在轴上的零件，如齿轮、带轮、链轮等，其轮毂与轴的连接，简称轴毂连接。轴毂连接的主要类型有键连接、花键连接、无键连接、销连接和过盈连接等。

3.1 键 连 接

3.1.1 键连接的类型、特点和应用

键连接是应用最广的一种轴毂连接。这种连接结构简单，装拆方便，工作可靠。其主要类型有平键连接、半圆键连接、楔键连接和切向键连接。

1. 平键连接

平键连接的特点是：键的两侧面是工作面（见图 3.1(a)），工作时，靠键与键槽侧面的挤压来传递转矩；键的上表面与轮毂槽底面之间则留有间隙。平键连接不能承受轴向力，因而对轴上的零件不能起到轴向固定作用。常用的平键有普通平键和导向平键两种。平键连接具有结构简单，装拆方便，对中良好等优点，因而得到广泛的应用。

普通平键（见图 3.1）用于静连接。按端部形状不同分为 A 型（圆头）、B 型（平头）及 C 型（单圆头）三种形式。采用图 3.1(b)和图 3.1(d)所示的平键连接时，轴上的键槽用键槽铣刀铣出，键在槽中固定良好。采用图 3.1(c)所示的平键连接时，轴上的键槽用盘铣刀铣出。轮毂上的键槽一般用插刀或拉刀加工。

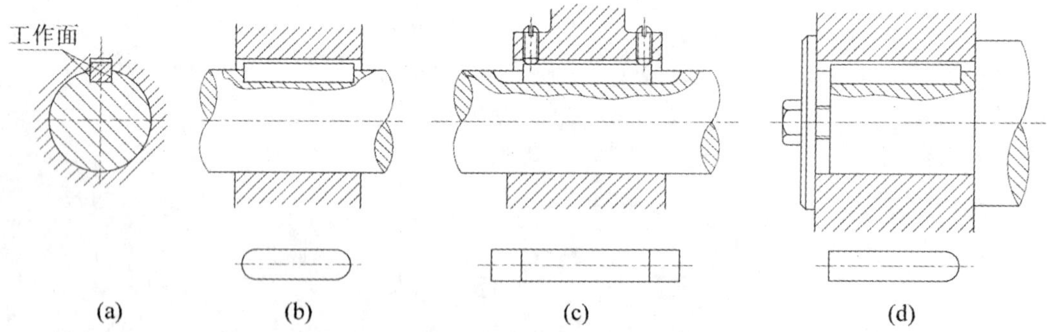

图 3.1 普通平键连接

(a) 平键连接； (b)A 型平键； (c)B 型平键； (d)C 型平键

导向平键（见图 3.2）用于动连接。按端部为圆头或平头分为 A 型和 B 型两种形式。其特点是键较长，键与轮毂的键槽采用间隙配合，故轮毂可沿键作轴向滑移（如变速箱中滑移齿轮与轴的动连接）。为了防止键松动，需用螺钉将键固定在轴上的键槽中。为了便于拆卸，键上制有起键螺孔。

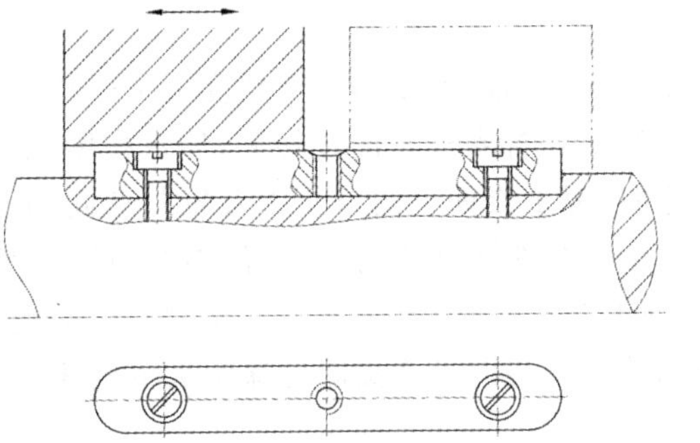

图 3.2　导向平键连接

2. 半圆键连接

半圆键连接如图 3.3 所示。轴上键槽用尺寸与半圆键相同的半圆键铣刀铣出，因而键在槽中能绕其几何中心摆动以适应毂上键槽的倾斜。半圆键用于静连接，键的两侧面是工作面。这种连接的优点是工艺性较好，缺点是轴上键槽较深，对轴的强度削弱较大，一般用于轻载情况的锥形轴端连接。

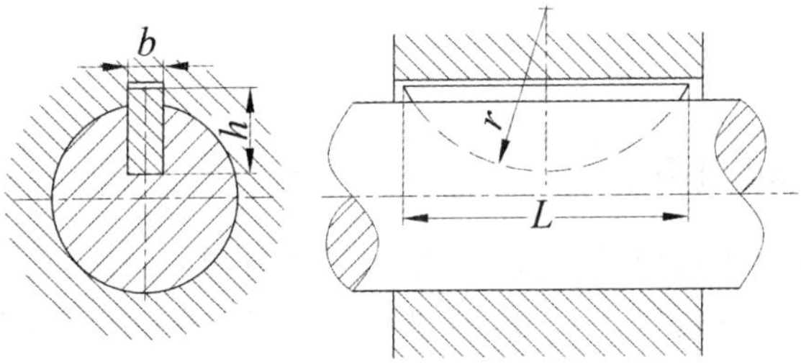

图 3.3　半圆键连接

3. 楔键连接

当采用楔键连接(见图 3.4)时，键的上、下两面是工作面，键的上表面和轮毂键槽底面各有 1∶100 的斜度。装配时，通常是先将轮毂装好后，再把键放入并打紧，使键楔紧在轴与毂的键槽中。工作时，主要靠键、轴和毂之间的摩擦力传递转矩，同时还可承受单向的轴向载荷，对轮毂起到单向的轴向固定作用。其缺点是楔紧后，轴和轮毂的配合产生偏心与偏斜。因此，主要用于定心精度要求不高和低速的场合。

楔键分为普通楔键(见图 3.4(a))和钩头楔键(见图 3.4(b))两种。普通楔键也有 A 型、B 型及 C 型三种形式。钩头楔键的钩头供拆卸用，如安装在外露的轴端时，应注意加装防护罩。

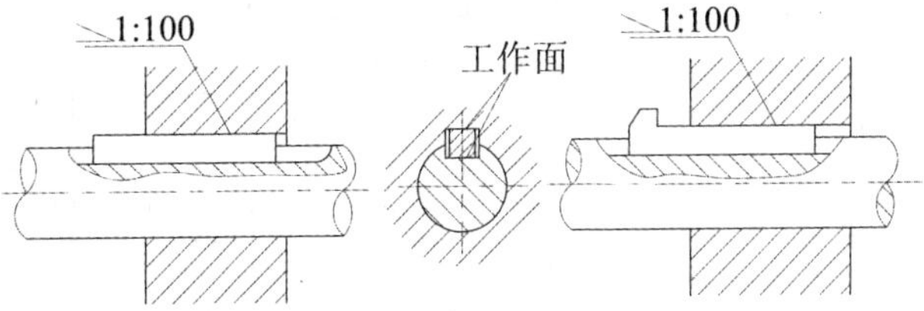

(a)　(b)

图 3.4　楔键连接

(a) 普通楔键；(b) 钩头楔键

4. 切向键连接

切向键连接如图 3.5 所示。切向键是由一对斜度为 1∶100 的楔键组成。装配时，先将轮毂装好，然后将两楔键从轮毂两端装入键槽并打紧，使键楔紧在轴与毂的键槽中。切向键的上、下两面为工作面，工作时，靠工作面上的挤压力及轴与毂间的摩擦力来传递转矩。用一个切向键时(见图 3.5(a))，只能传递单向转矩，当要传递双向转矩时，必须用两个切向键(见图 3.5(b))，两个切向键之间的夹角为 120°～135°。由于切向键的键槽对轴的削弱较大，因而只用于直径大于 100 mm 的轴上。切向键连接能传递很大的转矩，主要用于对中要求不高的重型机械中。

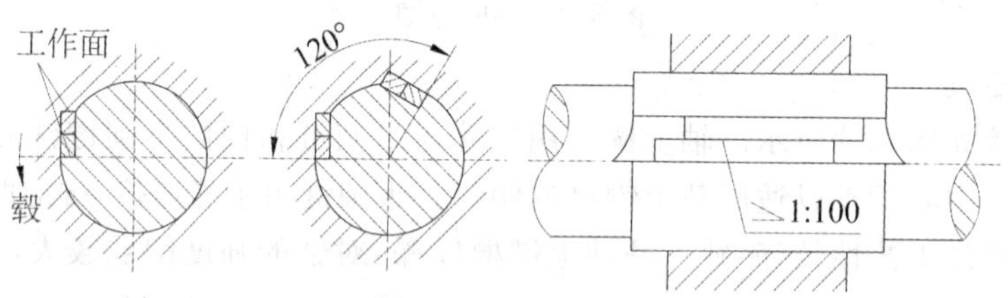

图 3.5　切向键连接

3.1.2　键连接的强度计算

在各种类型的键连接中，以平键连接应用最广，故这里只讨论平键连接的强度计算。

平键连接的设计是先确定键的尺寸，再进行强度校核。为此，首先应根据连接的结构特点、使用要求和工作条件来选择平键的类型；接着参考轴径的大小选取键的截面尺寸 $b \times h$(b 为键宽，h 为键高)；普通平键的长度 L 通常选的比轮毂稍短，导向平键的长度应满足轮毂沿轴向滑移距离的要求。通用机械的设计中，普通平键的截面尺寸及长度系列可按表 3.1 选取。

表 3.1　普通平键连接的尺寸　　单位：mm

轴径 d	键的尺寸			轴径 d	键的尺寸		
	键宽 b	键高 h	键长 L		键宽 b	键高 h	键长 L
6～8	2	2	6～20	>44～50	14	9	36～160
>8～10	3	3	6～36	>50～58	16	10	45～180
>10～12	4	4	8～45	>58～65	18	11	50～200
>12～17	5	5	10～56	>65～75	20	12	56～220
>17～22	6	6	14～70	>75～85	22	14	63～250
>22～30	8	7	18～90	>85～95	25	14	70～280
>30～38	10	8	22～110	>95～110	28	16	80～320
>38～44	12	8	28～140	>110～130	32	18	90～360
键长 L 系列	6,8,10,12,14,16,18,20,22,25,28,32,36,40,45,50,56,63,70,80,90,100,110,125,140,160,180,200,220,250,280,320,360…						

普通平键连接(静连接)的主要失效形式是工作面压溃。除非有严重过载,一般不会出现键的剪断(见图 3.6,沿 a-a 面剪断)。因此,普通平键连接通常只按工作面的挤压强度进行校核计算。导向平键连接为动连接,其主要失效形式是工作面的磨损。因此,通常按工作面上的压力进行条件性校核计算。

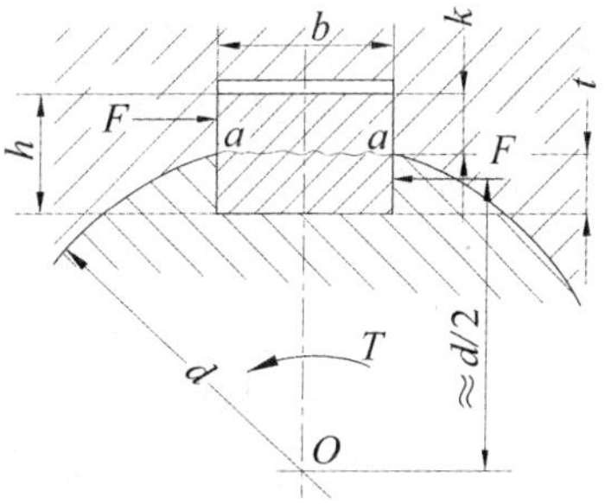

图 3.6　平键连接的受力情况

平键连接强度校核所采用的计算模型如图 3.6 所示,图中假定载荷在键的工作面上均匀分布。

普通平键连接的强度条件为

$$\sigma_{bs}=\frac{2\,000T}{kld}\approx\frac{4\,000T}{hld}\leqslant[\sigma_{bs}]\quad(\text{MPa})\tag{3.1}$$

导向平键连接的强度条件为

$$p=\frac{2\,000T}{kld}\approx\frac{4\,000T}{hld}\leqslant[p]\quad(\text{MPa})\tag{3.2}$$

式中　σ_{bs} —— 键连接中的挤压应力,MPa;

T—— 传递的转矩,N·m;

d—— 轴的直径,mm;

k—— 键与轮毂或轴上键槽的接触高度,mm,计算时,近似取 $k\approx0.5h$,h 为键的高度,mm;

l —— 键的工作长度,mm,它是键与键槽的实际接触长度,对于普通平键:A 型平键 $l=L-b$,B 型平键 $l=L$,C 型平键 $l=L-0.5b$,这里 L 为键的公称长度,mm,b 为键的宽度,mm;

$[\sigma_{bs}]$ —— 许用挤压应力,MPa,见表 3.2;

$[p]$—— 许用压力,MPa,见表 3.2。

表 3.2　键连接的许用挤压应力的许用压力　　单位:MPa

许用挤压应力和许用压力	连接工作方式	键、轮毂或轴的材料	载荷性质		
			静载荷	轻微冲击	冲击
$[\sigma_{bs}]$	静连接	钢	120～150	100～120	60～90
		铸铁	70～80	50～60	30～45
$[p]$	动连接	钢	50	40	30

注:① $[\sigma_{bs}]$,$[p]$ 应按连接中材料机械性能最弱的零件选取;

② 如与键有相对滑动的被连接件表面经过淬火,则动连接的许用压力$[p]$可提高 2～3 倍

键的材料采用抗拉强度不小于 600 MPa 的钢,通常为 45 钢。

在平键连接的强度校核计算中,若强度不足时,可采用双键,在轴上按相隔 180° 对称布置。考虑到双键连接载荷分配的不均匀性,在强度校核中仅按 1.5 个键计算。

【例题 3.1】　一铸铁圆柱齿轮与一钢轴采用普通平键连接,装齿轮处的轴径 $d=70$ mm,齿轮轮毂宽度为 100 mm,所需传递的转矩 $T=700$ N·m,载荷有轻微冲击。试选择平键连接

的尺寸并校核其连接强度。

解 (1) 选择平键的尺寸。

根据 $d=70$ mm 从表 3.1 中查得键的截面尺寸为：键宽 $b=20$ mm，键高 $h=12$ mm，由轮毂宽度并参考键的长度系列，取键长 $L=90$ mm（比轮毂宽度小一些）。选用圆头普通平键（A 型）。

(2) 校核键连接的强度。

连接中以轮毂材料最弱，所以应按铸铁材料由表 3.2 查取许用挤压应力。查得$[\sigma_{bs}]$为 50～60 MPa，一般可取其平均值，$[\sigma_{bs}]=55$ MPa。键的工作长度 $l=L-b=90-20=70$ mm，由式(3.1)得

$$\sigma_{bs}=\frac{4\,000T}{hld}=\frac{4\,000\times 700}{12\times 70\times 70}=47.6\ \text{MPa}\leqslant[\sigma_{bs}]=55\ \text{MPa}$$

该平键的连接强度是足够的。

键的标记为：键 20×90 GB/T 1096—2003（一般 A 型可不标出“A”，对于 B 型或 C 型，必须将“键”标为“键 B”或“键 C”）。

3.2 花键连接

3.2.1 花键连接的类型、特点和应用

由轴和轮毂孔周向均布的多个键齿构成的连接称为花键连接。齿的侧面是工作面，工作时，靠工作面的挤压传递转矩。由于是多齿传递载荷，所以花键连接与平键连接相比较，具有承载能力高，轴、毂受力均匀，对轴、毂削弱程度小，定心性和导向性好等优点。但加工需要专用设备和工具，成本较高。所以，花键连接适用于定心精度要求高、载荷大或经常滑移的连接。

花键连接可用于静连接或动连接。按其齿形的不同，可分为矩形花键和渐开线花键两类。

1. 矩形花键连接

矩形花键连接如图 3.7 所示。按齿高的不同，矩形花键的齿形尺寸在标准中规定了两个系列，即轻系列和中系列。轻系列用于载荷较小的静连接，中系列用于中等载荷的连接。

矩形花键连接的定心方式为小径定心。即外花键和内花键的小径为配合面，大径处有间隙。其特点是定心精度高，定心的稳定性好，能用磨削的方法消除热处理变形。

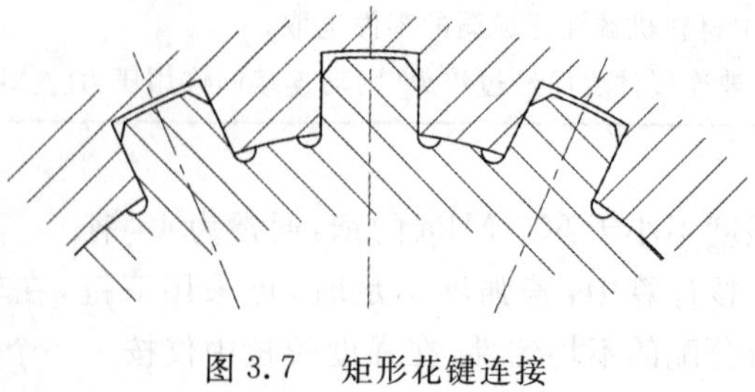

图 3.7 矩形花键连接

2. 渐开线花键连接

渐开线花键(见图 3.8)的齿廓为渐开线,可以用制造齿轮的方法来加工,工艺性较好,制造精度也较高。花键齿的根部强度高,应力集中小,易于定心,适用于载荷较大,定心精度要求较高以及尺寸较大的连接。

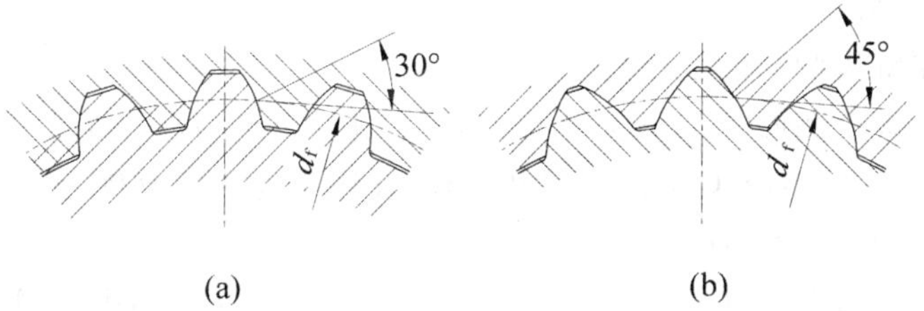

图 3.8　渐开线花键连接

(a) 压力角 $\alpha=30°$;(b) 压力角 $\alpha=45°$

渐开线花键的定心方式为齿形定心,内、外花键的齿顶和齿根处都留有间隙。当齿受载时,齿上的径向力能起到自动定心作用,有利于各齿均匀承载。

渐开线花键分度圆压力角有 30° 和 45° 两种,前者应用范围较广,后者的齿钝而短,适用于载荷较轻和直径较小的静连接,以及薄壁零件的轴毂连接。

3.2.2　花键连接的强度计算

花键连接的强度计算方法与平键连接相似,先根据连接的结构特点、使用要求和工作条件选定花键连接的类型,查出标准尺寸,然后进行必要的强度校核计算。花键连接的受力情况如图 3.9 所示,其主要失效形式是工作面压溃(静连接)或工作面磨损(动连接)。因此静连接通常按工作面上的挤压强度进行校核计算,动连接通常按工作面上的压力进行条件性的强度校核计算。

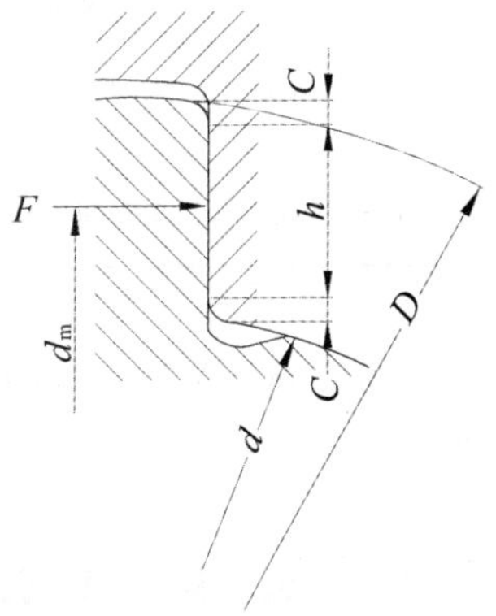

图 3.9　花键连接受力情况

假定载荷在齿的工作面上均匀分布,各齿面压力的合力作用在平均直径 d_m 处,并引入系数 ψ 来考虑载荷在各齿上分配不均的影响,于是花键连接的强度条件为

静连接
$$\sigma_{bs}=\frac{2\,000T}{\psi zhld_m}\leqslant[\sigma_{bs}]\quad(\mathrm{MPa})\tag{3.3}$$

动连接 $$p=\frac{2\,000T}{\psi zhld_{m}}\leqslant[p]\quad(\text{MPa})\tag{3.4}$$

式中 T —— 传递的转矩，N·m；

ψ —— 载荷分配不均匀系数，按花键齿数的多少取 ψ 为 0.7 ～ 0.8；

z —— 花键的齿数；

l —— 花键齿侧面的工作长度，mm；

h —— 花键齿侧面的工作高度，mm，矩形花键 $h=(D-d)/2-2C$，D 为外花键的大径，d 为小径，C 为倒角尺寸，当渐开线花键的压力角 $\alpha=30^{\circ}$ 时，$h=m$，当 $\alpha=45^{\circ}$ 时，$h=0.8m$，m 为模数；

d_m —— 花键的平均直径，mm，矩形花键 $d_m=(D+d)/2$，渐开线花键 $d_m=d_f$，d_f 为花键的分度圆直径，mm；

$[\sigma_{bs}]$ —— 许用挤压应力，MPa，见表 3.3；

$[p]$ —— 许用压力，MPa，见表 3.3。

表 3.3 花键连接的许用挤压应力和许用压力 单位：MPa

许用挤压应力和许用压力	连接工作方式	使用和制造情况	齿面未经热处理	齿面经热处理
$[\sigma_{bs}]$	静连接	不良	35 ～ 50	40 ～ 70
		中等	60 ～ 100	100 ～ 140
		良好	80 ～ 120	120 ～ 200
$[p]$	空载下移动的动连接	不良	15 ～ 20	20 ～ 35
		中等	20 ～ 30	30 ～ 60
		良好	25 ～ 40	40 ～ 70
	载荷作用下移动的动连接	不良	—	3 ～ 10
		中等	—	5 ～ 15
		良好	—	10 ～ 20

注：① 使用和制造情况不良系指受变载荷，有双向冲击，振动频率高和振幅大，润滑不良（对动连接），材料硬度不高或精度不高等；

② 在同一情况下，$[\sigma_{bs}]$ 或 $[p]$ 的较小值用于工作时间长和较重要的场合

花键连接的零件多用强度极限不低于 600 MPa 的钢制造，多数要经过热处理，特别是用于动连接时，以获得足够的硬度和耐磨性。

3.3 无键连接

轴和轮毂间不用键的连接，一般称为无键连接。下面介绍型面连接和胀套连接。

3.3.1 型面连接

型面连接是由光滑非圆截面的轴与相应的轮毂孔构成的连接（见图 3.10）。轴和轮毂孔可做成柱形（见图 3.10(a)）或锥形（见图 3.10(b)），通常用于静连接。其优点是：装拆方便，能保证良好的对中性；连接面上没有应力集中源造成的影响；能比平键连接传递更大的转矩。其

缺点是加工比较复杂，应用较少。

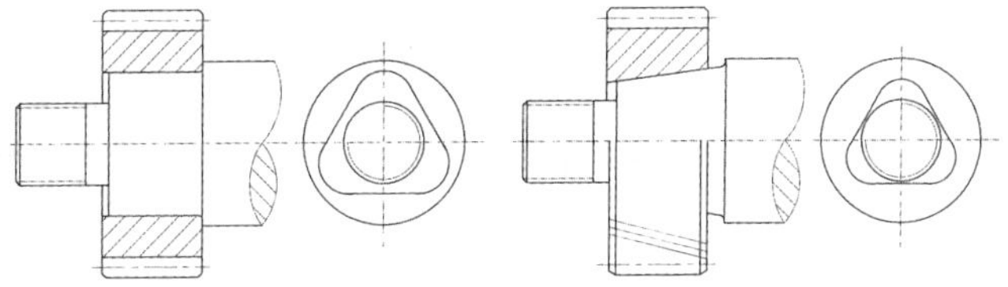

(a)　　　　(b)

图 3.10　型面连接

(a) 柱形型面连接；(b) 锥形型面连接

型面连接常用的型面曲线有摆线和等距曲线两种。此外也有采用方形、正六边形及带切口的圆形等剖面形状的，这些形状的型面连接有应力集中，而且定心精度不高。

3.3.2　胀套连接

胀套也称为胀紧连接套。根据结构形式的不同，标准中规定了五种形式，各用于不同的轴毂连接场合。本节只介绍 Z1 型胀套连接。

Z1 型胀套连接如图 3.11 所示。Z1 型胀套是由一个内胀套和一个外胀套组成的，轴与毂的连接段为光滑圆柱面。根据传递载荷大小的不同，可在轴与毂孔之间加装一个或几个胀套。当拧紧螺母时，在轴向力作用下，内、外胀套楔紧，内胀套缩小而箍紧轴，外胀套胀大而撑紧毂，使接触面间产生径向压力。工作时，利用此压力所引起的摩擦力来传递转矩或(和) 轴向力。

当采用几个胀套组合使用时，由于摩擦力的作用，轴向压紧力传到第二个胀套时会有所降低，致使第二个胀套传递的转矩比第一个胀套减小约 50%(见图 3.11(b))。因此，连接所用胀套数不宜过多，以不超过 3 ～ 4 个为宜。

胀套连接能传递相当大的转矩和轴向力，它没有应力集中源，定心性好，装拆方便，但由于要在轴与毂间安装胀套，它的应用有时受到结构上的限制。胀套连接的计算和选用可参考机械设计手册。

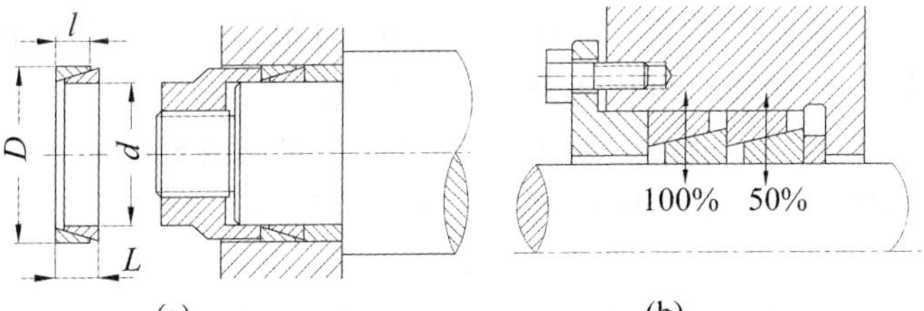

(a)　　　　(b)

图 3.11　Z1 型胀套连接

3.4　销　连　接

销主要用来固定零件之间的相对位置(见图 3.12)，也可用于连接(见图 3.13) 来传递不大的载荷，还可作为安全装置中的过载剪断元件(见图 3.14)。

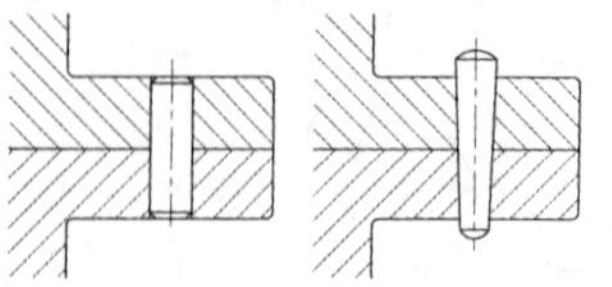
(a)　　(b)

图 3.12　定位销

(a) 圆柱销；(b) 圆锥销

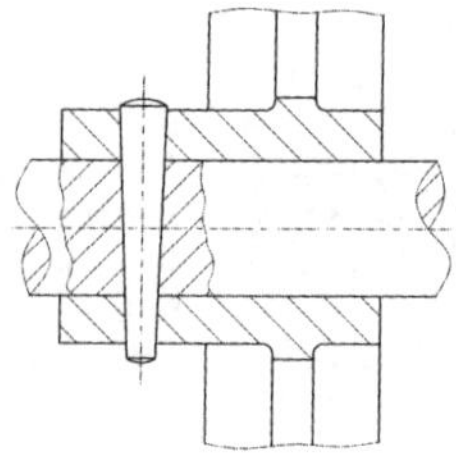
图 3.13　连接销

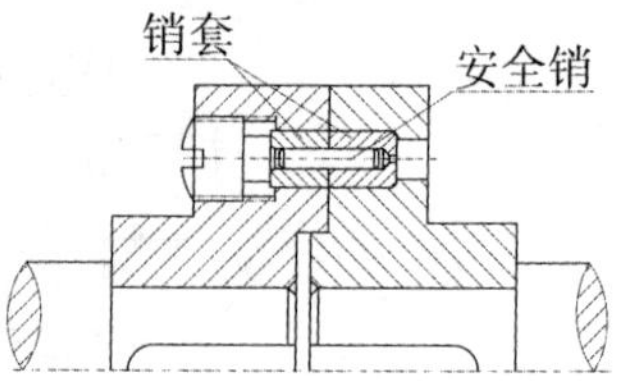

图 3.14　安全销

销的基本形式为圆柱销(见图 3.12(a))和圆锥销(见图 3.12(b)),销孔需经铰制。圆柱销靠过盈固定在孔中,经多次装拆会降低其定位精度和连接的可靠性。圆锥销有 1∶50 的锥度,在受横向力时可以自锁,与圆柱销相比,安装方便,定位精度高,可多次装拆而不影响定位精度。

销还有许多特殊形式。图 3.15 所示是端部带螺纹的圆锥销,可用于盲孔或拆卸困难的场合。图 3.16 所示是开尾圆锥销,适用于有冲击和振动的场合。图 3.17 所示是槽销,销上有三条压制的纵向沟槽。将槽销打入销孔后,由于材料的弹性使销挤紧在销孔中,不易松脱,能承受振动和变载荷。使用这种销连接,销孔不需要铰制,且可多次装拆。

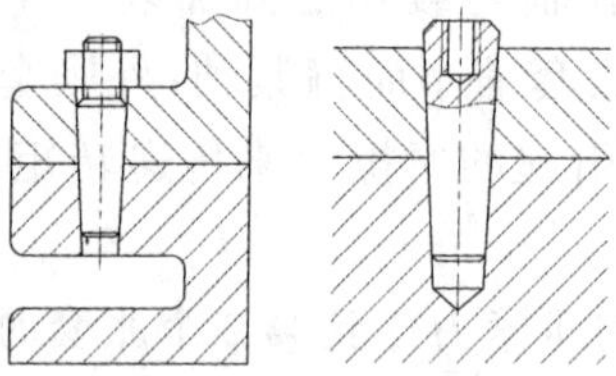
(a)　　(b)

图 3.15　端部带螺纹的圆锥销

(a) 螺尾圆锥销；(b) 内螺纹圆锥销

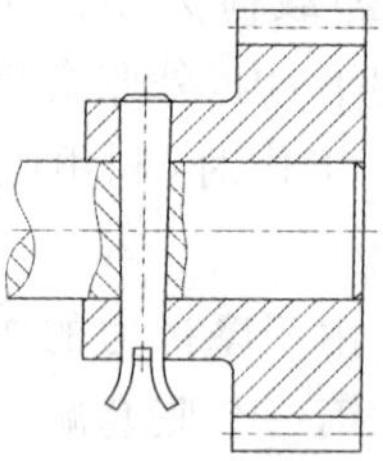
图 3.16　开尾圆锥销

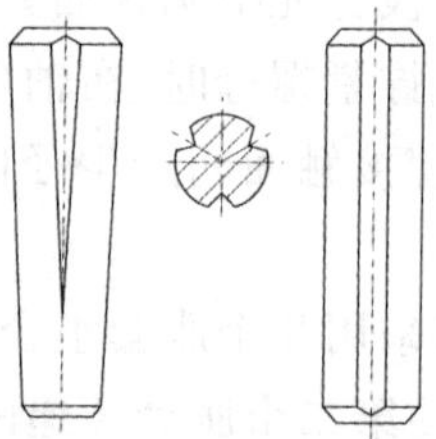
图 3.17　槽销

定位销通常不受载荷或只受很小的载荷,其尺寸可按结构确定,数目不得少于两个。

连接销在工作中通常受到挤压和剪切。设计时,可根据连接的结构特点和工作要求来选择销的类型、材料和尺寸,必要时再作适当的强度校核计算。

安全销在机器过载时应被剪断。因此,其尺寸须按过载时被剪断的条件决定。

销的材料为 35 钢、45 钢,许用剪切应力$[\tau]=80$ MPa,许用挤压应力$[\sigma_{bs}]$见表 3.2。

3.5　过盈连接

过盈连接是利用两个被连接件本身的过盈配合实现连接的。例如,蜗轮轮圈与轮心的连接、滚动轴承内圈与轴的连接通常采用过盈配合连接。过盈连接的配合面通常为圆柱面,也有为圆锥面的。装配后,包容件和被包容件的径向变形使配合面间产生很大的压力。工作时,靠压紧力产生的摩擦力来传递载荷。载荷通常为转矩、轴向力或两者的组合。配合面间的摩擦力也称为固持力。

过盈连接的装配方法通常有压入法和胀缩法两种。压入法是在常温下利用压力机将被包容件直接压入包容件中。这种方法简单易行，但由于过盈量的存在，在压入过程中，配合表面微观不平度峰尖不可避免地要受到擦伤或压平，因而降低了连接的紧固性。压入法一般用于过盈量不大的连接。过盈量较大或对连接质量要求较高时，应采用胀缩法（温差法）装配，即加热包容件或（和）冷却被包容件，以形成装配间隙。这样既便于装配，又可减小或避免损伤配合表面，而在常温下即达到牢固的连接。

为了便于装配，包容件的孔端和被包容件的进入端应制有引导段，例如引导锥面、过度锥面或间隙配合段等，如图 3.18 所示。设计时，应使引导段长度 $e \geqslant 0.01d + 2$ mm。在压入法中，为了便于压入，配合表面应进行润滑。

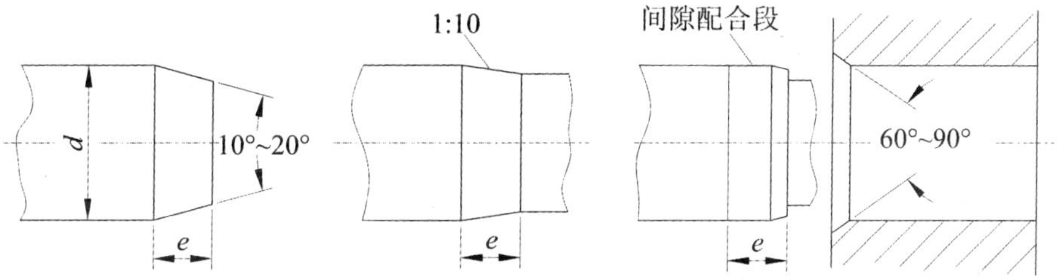

图 3.18　过盈连接压入端合理结构示例

过盈连接的过盈量不大时，允许拆卸，但是多次拆卸将影响连接的工作能力。当过盈量较大时，一般是不能拆卸的，否则将损坏被连接件的配合表面，甚至使整个零件损坏。如果连接需要有较大的过盈量而又需要拆卸时，为了保证装拆后的配合仍能具有良好的紧固性，多采用液压拆卸。即向配合面间注入高压油（压力可达 200 MPa 以上），以涨大包容件的内径，缩小被包容件的外径，从而使连接便于拆开，并减小配合面的擦伤。为了使高压油能进入配合表面间，需在包容件或（和）被包容件上制出油孔和油沟，如图 3.19 所示。

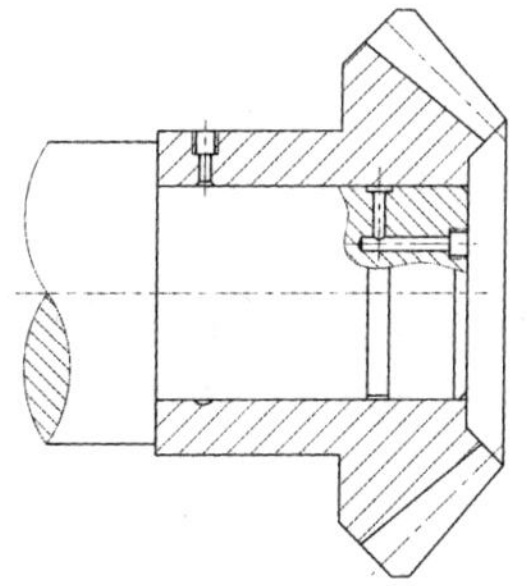

图 3.19　拆卸过盈连接用的注油孔和油沟

过盈连接的承载能力取决于连接的固持力和连接中各零件的强度。选择配合时，既要使连接具有足够的固持力以保证在载荷作用下不发生相对滑动，又要保证零件在装配应力下不致损坏。关于过盈连接的配合选择，过盈量计算以及零件的强度计算，可参看机械设计手册。

习　　题

3.1　图 3.20 所示为一直齿圆柱齿轮与轴用圆头平键连接，轴径 $d = 50$ mm。齿轮的材料为铸铁，轴为 45 钢。键长 $L = 60$ mm，键的截面尺寸为 $b \times h = 14 \times 9\ \text{mm}^2$，传递的转矩

T=200 N·m,有轻微冲击。试校核该平键连接的强度。

3.2　图3.21所示的凸缘联轴器,用普通圆头平键与轴连接。已知轴径 d=55 mm,毂长 L'=1.5d,联轴器为铸铁,轴为45钢,传递的转矩 T=300 N·m,载荷平稳无冲击。试选择键的尺寸并校核其连接强度。

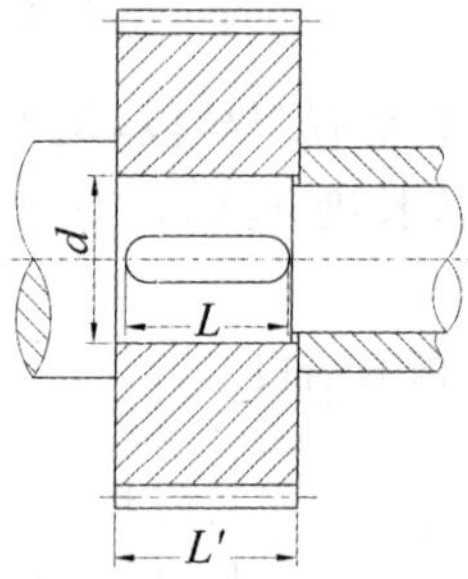

图3.20　题3.1图

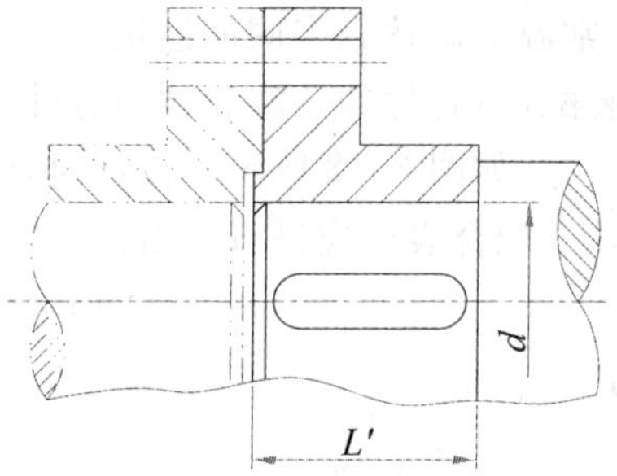

图3.21　题3.2图

3.3　图3.22所示为一牙嵌式离合器与轴用导向平键连接,轴径 d=40 mm,键长 L=125 mm(圆头键),其最小有效工作长度 l_{min}=65 mm,离合器与轴均为钢制,传递的转矩 T=150 N·m,有轻微冲击,要求选择键的截面尺寸并校核其连接强度。

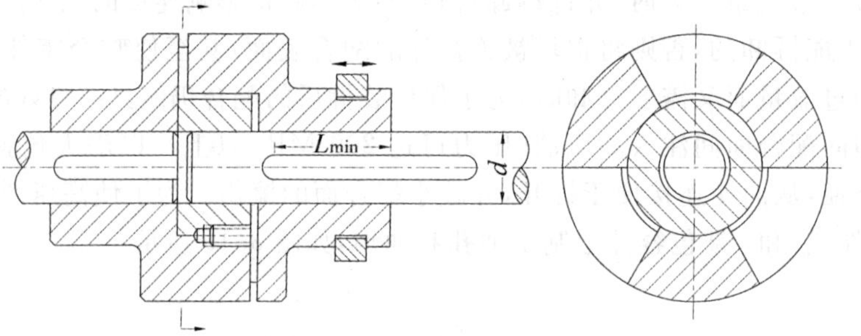

图3.22　题3.3图

3.4　若题3.3中的其他条件均不变,而将其改为轻系列的矩形花键连接,离合器在空载条件下接合,制造精度及润滑条件一般,齿面未经淬火处理。试校核该矩形花键的强度。

第 4 章　铆接、焊接和胶接

铆接、焊接和胶接是零(部)件间的常用连接方式。铆接、焊接和胶接均属于不可拆连接。

4.1　铆　　接

铆接是由连接件铆钉实现的一种连接,其典型结构如图 4.1 所示。它们由连接件铆钉 1,被连接件板 2,3 和辅助连接件盖板 4 所组成。连接结构上铆钉形成的连接部分称为铆接缝,简称铆缝。

4.1.1　铆缝的种类、特性及应用

铆缝按接头结构形式可分为搭接缝(见图 4.1(a))、单盖板对接缝(见图 4.1(b))和双盖板对接缝(见图 4.1(c))。按铆缝性能不同,又可分为强固铆缝、紧密铆缝和强密铆缝三种。

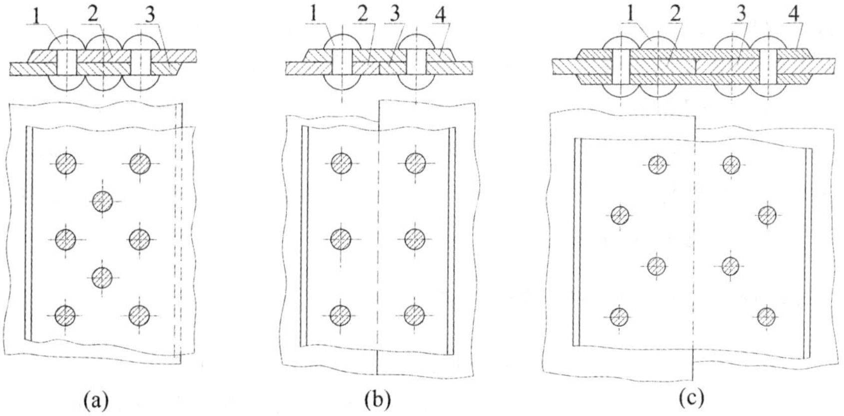

图 4.1　典型铆缝

(a) 搭接缝；(b)单盖板对接缝；(c) 双盖板对接缝

1—铆钉；2,3—被连接板；4—盖板

强固铆缝要求铆接具有足够可靠的连接强度,如飞机蒙皮与框架、起重设备的机架,以及建筑物的桁架等用的铆缝。

紧密铆缝要求铆接具有足够的紧密性,如油箱、水管和低压管道零件等用的铆缝。

强密铆缝要求铆接同时具有足够的强度和紧密性,如蒸汽锅炉、压缩空气储存器等用的铆缝。

铆接的工艺设备简单,铆缝具有连接可靠、耐冲击和传力均匀等优点。但铆接的结构一般较为笨重,由于被连接件上制有铆钉孔,使其强度受到较大的削弱。铆接时有较大的噪声,可

能影响工人健康。因此，目前除在桥梁、建筑、造船、重型机械及飞机制造等工业部门中仍常采用外，铆接的应用已渐减少，并为焊接、胶接所代替。

4.1.2 铆钉的主要类型

铆钉的类型是多种多样的，而且多已标准化。通用机械中常用铆钉在铆接后的形式如图4.2所示。它们的材料、结构尺寸等可查有关标准或设计手册。

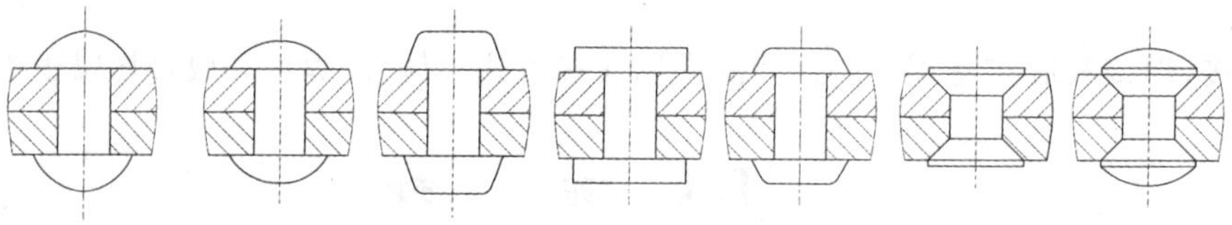

图 4.2 常用铆钉在铆接后的形式

4.2 焊 接

焊接就是通过加热或加压使同种或异种金属达到原子间的结合，形成永久性连接的工艺方法。焊接的方法很多，按照焊接过程中物理特点的不同，可将焊接方法分为熔融焊、压力焊和钎焊三大类。

机械制造业中常用的焊接是属于熔融焊的电焊、气焊与电渣焊，其中尤以电焊应用最广。电焊分为电阻焊与电弧焊两种。电阻焊是利用低压大电流通过被焊件时，在电阻最大的接头处（被焊接部位）引起强烈发热，使金属局部熔化，同时机械加压而形成的焊接；电弧焊则是利用电焊机的低压电流，通过电焊条（为一个电极）与被焊件（为另一个电极）间形成的电路，在两极间引起电弧来熔融被焊接部分的金属和焊条，使熔融的金属混合并填充接缝而形成焊缝。本节只概略介绍有关电弧焊的基本知识。

4.2.1 电弧焊缝的基本形式、特性及应用实例

被焊接件经焊接后形成的连接部分叫做焊缝。电弧焊缝常用的形式如图4.3所示。由图可见，除了受力较小和避免增大质量时采用图4.3(e)所示的塞焊缝外，其他焊缝大体上可分为对接焊缝与角焊缝两类。对接焊缝用于连接位于同一平面内的被焊件（见图4.3(c)），角焊缝用于连接不同平面内的被焊件（见图4.3(a)(b)(d)）。角焊缝可分为搭接角焊缝（见图4.3(b)）和正接角焊缝（见图4.3(a)）。

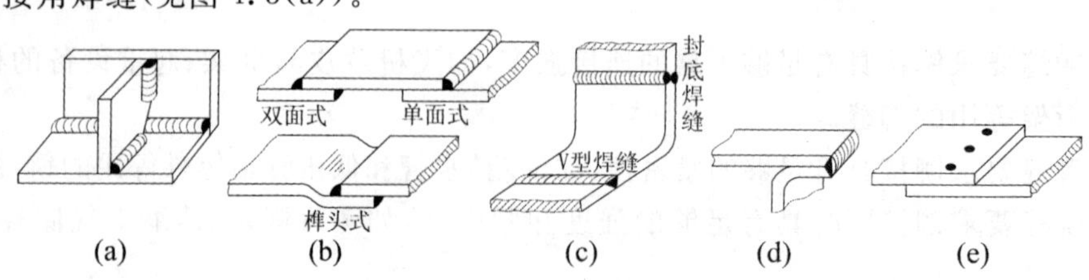

图 4.3 电弧焊缝常用的形式

(a) 正接角焊缝； (b)搭接角焊缝； (c)对接焊缝； (d)卷边焊缝； (e) 塞焊缝

与铆接相比，焊接具有强度高、工艺简单、由于连接而增加的质量小、工人劳动条件较好等优点。所以，焊接的应用日益广泛，新的焊接方法发展也很迅速。另外，以焊代铸可以大量节约金属；当制成不同材料的组合件时，还可以节约贵重或稀有金属。在技术改造、单件生产、新产品试制等情况下，采用焊接制造箱体、机架等，一般比较经济。

电弧焊的应用实例如图 4.4 所示。

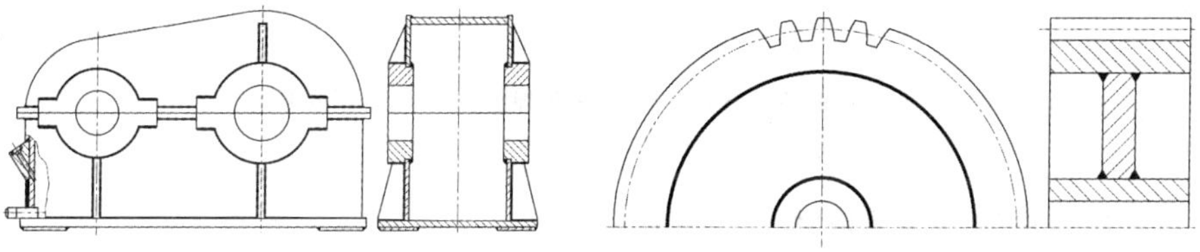

(a)　　(b)

图 4.4　焊接应用实例

(a) 焊接减速箱体；(b)焊接齿轮

4.2.2　焊接件常用材料及焊条

很多金属材料的结构都可以用来焊接，包括碳钢、合金钢、不锈钢、铸铁、铜及铜合金、铝及铝合金等。各种材料中，含碳量低的材料，其焊接性能较好，因此更为常用。各种焊接结构中，最常见的是各种型材、板材及管材。

焊条的种类也很多，国家标准将其分为 8 大类，包括碳钢焊条、低合金钢焊条、不锈钢焊条等等。选用焊条时，应使熔敷金属与焊接件金属有相同的化学成分。常用的碳钢焊条型号为 E4301，E4303，E5001 和 E5003 等。型号中的数字，前两位表示熔敷金属的最低抗拉强度极限(如 43 表示 $\sigma_B \geqslant 43\ \mathrm{kgf/mm^2} \approx 420\ \mathrm{MPa}$)，第三位“0”或“1”表示适用于各种位置的焊接(平焊、立焊、仰焊、横焊)，第四位表示焊条的药皮类型及焊接电源等。

4.2.3　焊缝的受力及破坏形式

对接焊缝主要用来承受作用于被焊件所在平面内的拉(压)力或弯矩(见图 4.5(a)(b))，其正常的破坏形式是沿焊缝断裂(见图 4.5(c))。

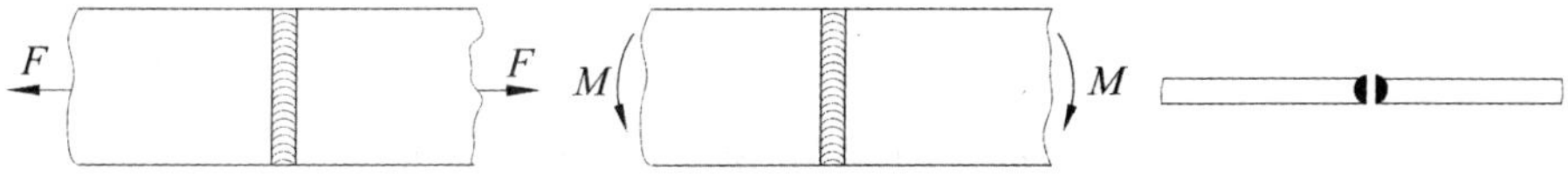

(a)　　(b)　　(c)

图 4.5　对接焊缝的受力及破坏形式

(a) 承受拉力；(b)承受弯矩；(c)焊缝断裂

焊缝与受力方向垂直的搭接角焊缝叫做正面角焊缝(见图 4.6(a))，正面角焊缝通常只用来承受拉力。侧面角焊缝(见图 4.6(b))及混合角焊缝(见图 4.6(c))可用来承受拉力或弯矩。实践证明，凡是角焊缝，它的正常破坏形式均如图 4.6 中的截面 $A-A$ 和 $B-B$ 所示，并认为是由于剪切而破坏的。角焊缝的横截面一般取为等腰直角三角形，并取其腰长 k 等于板厚 δ，则角焊缝的危险截面的宽度为 $k\sin45^\circ \approx 0.7k$。

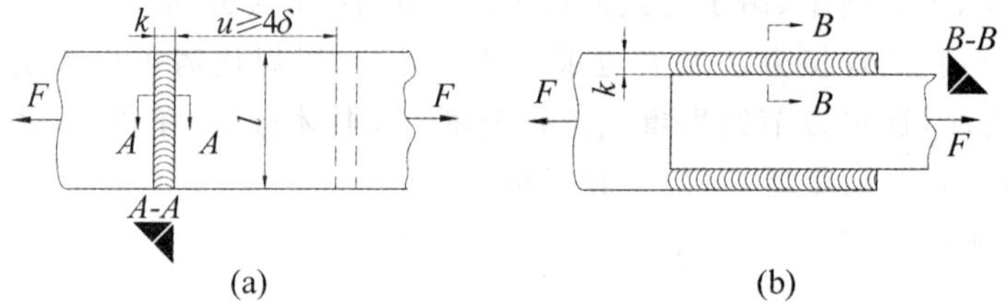

图 4.6　搭接角焊缝的受力及破坏形式

(a) 正面角焊缝；(b) 侧面角焊缝；(c) 混合角焊缝

4.2.4　焊接件的工艺及设计注意要点

焊接应尽量避免未焊透或缺焊现象，如图 4.7 所示。为了保证焊接的质量，应按被焊件的厚度，将焊接件在焊缝处预制成如图 4.8 所示的相应的坡口形式，或进行适当的倒棱修边处理。在焊接厚度不同的对接板件时，应将较厚的板件沿对接部位平滑辗薄或削薄到较薄板的厚度，以利焊缝金属匀称熔化和承载时的力流得以平滑过渡。

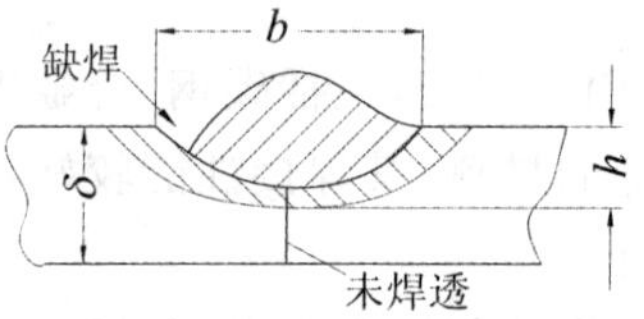

图 4.7　未焊透与缺焊现象

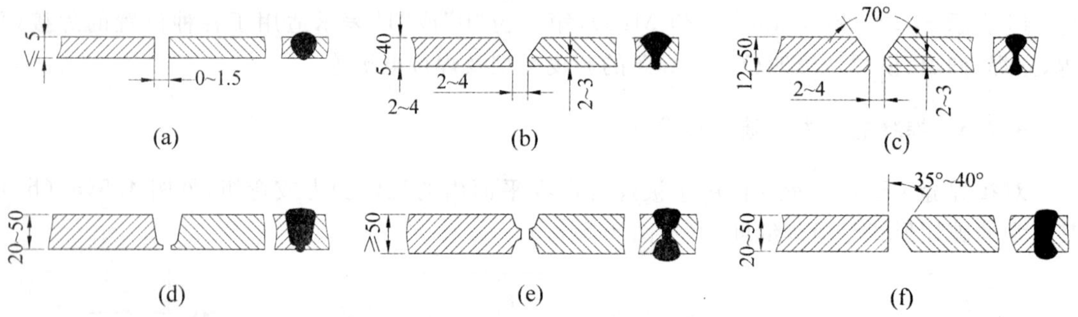

图 4.8　坡口形式及其适用的焊接件厚度(单位为 mm)

在设计焊接件时，还应注意：

1)合理布置焊缝及焊缝长度。在满足强度条件的情况下，焊缝的长度应按实际结构的情况尽可能取得短些或分段进行焊接，并应避免焊缝交叉。

2)正确安排焊接工艺，尽量避免施工不便及残余应力源。可在焊接工艺上采取措施，使构件在冷却时能有微小自由移动的可能。焊后应经热处理(如退火)，以消除残余应力。

3)对于那些有强度要求的重要焊缝，必须按照有关行业的强度规范进行焊缝尺寸的校核。

4.3 胶　　接

4.3.1 胶接及其应用

胶接是利用胶粘剂在一定条件下把预制的元件连接在一起，并具有一定的连接强度。胶接是人们早期就采用的一种不可拆连接，如木工利用聚醋酸乙烯乳液(乳胶)粘合木质构件就是一例。但在机械制造中对金属构件采用胶接，还是近几十年来发展出的工艺。胶接的机理涉及很多化学的与物理的因素，目前虽已有多种理论，但都不能作出圆满的解释，故尚在积极研究中。随着高分子化学，特别是石油化学工业的迅速发展，胶接的理论必将日臻完善。目前，胶接在机床、汽车、拖拉机、造船、化工、仪表、航空、航天等工业部门中的应用日渐广泛，其应用实例如图 4.9 所示。

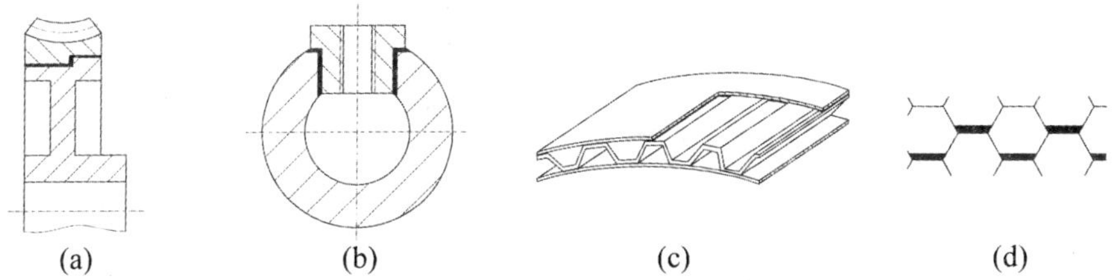

图 4.9　胶接应用实例

(a)胶接组合蜗轮；(b)螺纹接套与管件胶接；(c)蒙皮与型材胶接；(d)蜂窝结构填料

4.3.2 常用胶粘剂及其主要性能与选择原则

胶粘剂的品种繁多，可从不同的角度划分为很多类别，按使用目的可分以下三类。

1. 结构胶粘剂

这类胶粘剂在常温下的抗剪强度一般不低于 8 MPa，经受一般高、低温或化学的作用不降低其性能，胶接件能承受较大的载荷。这类胶粘剂有酚醛-缩醛-有机硅胶粘剂、环氧-酚醛胶粘剂和环氧-有机硅胶粘剂等。

2. 非结构胶粘剂

这类胶粘剂在正常使用时有一定的胶接强度，但在受到高温或重载时，性能迅速下降。这类胶粘剂有聚氨酯胶粘剂和酚醛-氯丁橡胶胶粘剂等。

3. 其他胶粘剂

这是一类具有特殊用途(如防锈、绝缘、导电、透明、超高温、超低温、耐酸、耐碱等)的胶粘剂，例如环氧导电胶粘剂和环氧超低温胶粘剂等。

在机械制造中，目前较为常用的是结构胶粘剂中的酚醛-缩醛-有机硅胶粘剂及环氧-酚醛胶粘剂等。胶粘剂的主要性能是胶接强度(耐热性、耐介质性、耐老化性)、固化条件(温度、压力、保持时间)、工艺性能(涂布性、流动性、有效储存期)，以及其他特殊性能(如防锈等)。胶粘剂的力学性能随着胶接件材料、环境温度、固化条件、胶层厚度、工作时间、工艺水平等的不同而异。例如可用于胶接各种碳钢、合金钢、铝、镁、钛等合金以及各种玻璃钢的酚醛-缩醛-有机硅耐高温胶粘剂(牌号为 204 胶)，胶接钢结构件时，温度的影响将使其剪切强度相差几倍之多。各种胶粘剂的性能数据可查阅有关设计手册。

胶粘剂的选择原则，主要是针对胶接件的使用要求及环境条件，从胶接强度、工作温度、固化条件等方面选取胶粘剂的品种，并兼顾产品的特殊要求(如防锈等)及工艺上的方便。此外，如对受有一般冲击、振动的产品，宜选用弹性模量小的胶粘剂；在变应力条件下工作的胶接件，应选膨胀系数与零件材料的膨胀系数相近的胶粘剂等。

4.3.3 胶接接头的结构形式、受力状况及设计要点

胶接接头的典型结构如图 4.10 所示。胶接接头的受力状况有拉伸、剪切、剥离与扯离等(见图 4.11)。实践证明，胶缝的抗剪切及抗拉伸能力强，而抗扯离及抗剥离能力弱。

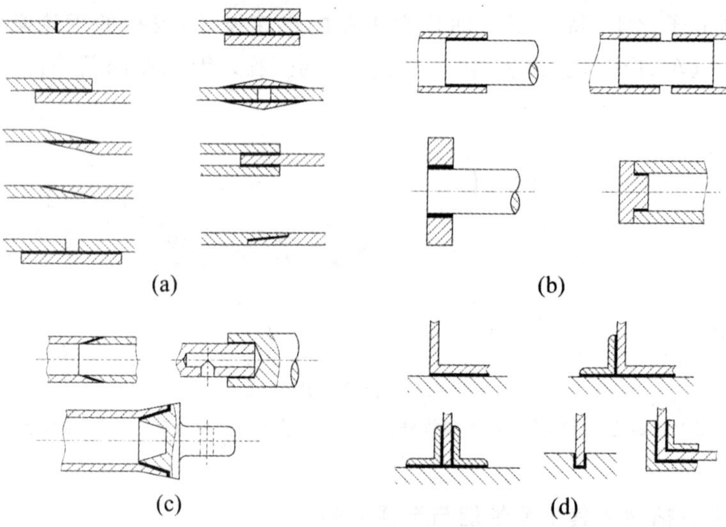

图 4.10 胶接接头典型结构

(a)板件接头； (b)圆柱形接头； (c)锥形及盲孔接头； (d)角接头

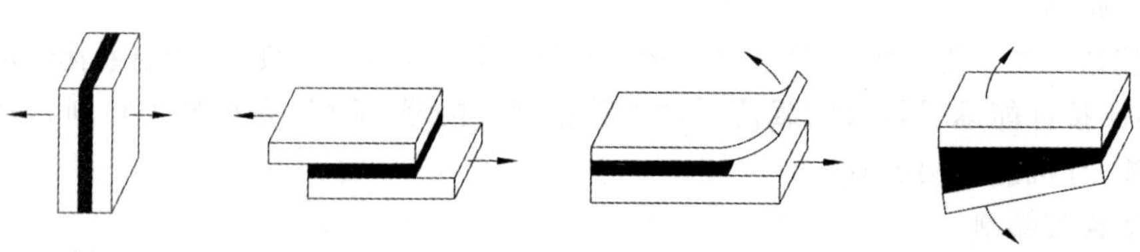

图 4.11 胶接接头的受力状况

(a)拉伸； (b)剪切； (c)剥离； (d)扯离

胶接接头的设计要点是：

1)针对胶接件的工作要求正确选择胶粘剂；

2)合理选择接头形式；

3)恰当选取工艺参数；

4)充分利用胶缝的承载特性，尽可能使胶缝承受剪切或拉伸载荷，而避免承受扯离，特别是对剥离载荷，不宜采用胶接接头；

5)从结构上适当采取防止剥离的措施，如加装紧固元件，在边缘采用卷边和加大胶接面积

等，以防止从边缘或拐角处脱缝；

6)尽量减小胶缝处的应力集中，如将胶缝处的板材端部切成斜角，或把胶粘剂和胶接件材料的膨胀系数选得很接近等；

7)当有较大的冲击、振动时，应在胶接面间增加玻璃布层等缓冲减振材料。

4.3.4　胶接与铆接、焊接的比较

胶接与铆接、焊接相比，其优点是：

1)质量较小(一般可小 20%左右)，材料的利用率较高；

2)不会使胶缝附近母体材料的金相组织改变，冷却时也不会产生翘曲和变形；

3)因为是全部贴合面间的胶粘连接，应力分布较为均匀，故耐疲劳、耐蠕变性能较好；

4)能使异形、复杂、微小或很薄的元件以及金属与非金属构件相互连接；

5)所需设备简单，操作方便，无噪声，劳动条件好，劳动生产率高，成本较低；

6)密封性比铆接可靠；

7)工作温度一般为－60～＋400 ℃，在有特殊要求时可达－200～＋1 000 ℃；

8)能满足防锈、绝缘、透明等特殊要求。

胶接与铆接、焊接相比，其缺点是：

1)工作温度过高时，胶接强度将随温度的增高而显著下降；

2)抗剥离、抗弯曲及抗冲击振动性能差；

3)耐老化、耐介质(如酸、碱等)性能较差，且不稳定；

4)有的胶粘剂(如酚醛-缩醛-有机硅耐高温胶粘剂)所需的胶接工艺较为复杂；

5)胶接件的缺陷有时不易发现，目前尚无完善可靠的无损检验方法。

第 5 章　螺纹连接和螺旋传动

螺纹连接是应用最广泛的一种连接形式，不但在工业设备中，甚至在日常生活中也普遍用到。螺纹既可用于连接，也可用于传动。对连接用螺纹主要要求其具有一定的强度和紧密性，一般多用普通螺纹；对传动用螺纹，除须满足强度要求外，还应有较高的传动精度、效率和良好的耐磨性，一般多用梯形螺纹。

螺纹和螺纹紧固件绝大多数均已标准化，设计的主要任务是正确选用，在特别重要的情况下还需要进行强度计算。

5.1　螺　　纹

5.1.1　螺纹的类型和应用

螺纹分为外螺纹和内螺纹。按使用特点可分为连接用螺纹和传动用螺纹，前者用于连接，后者用于传动。按螺旋线的旋向可分为右旋螺纹和左旋螺纹，常用的是右旋螺纹。按制定的标准不同又可分为米制螺纹和英制螺纹。英制螺纹以英寸为单位，螺距用每一英寸长度内的牙数表示。我国除管螺纹外，多采用米制螺纹。凡牙型、大径和螺距符合国家标准的螺纹称为标准螺纹。

常用螺纹按牙型可分为普通螺纹、管螺纹、矩形螺纹、梯形螺纹和锯齿形螺纹。前两种主要用于连接，后三种则用于传动，其中除矩形螺纹外均已标准化。上述各类螺纹的牙型、特点和应用见表 5.1 中的插图和有关说明。

除机械制造中常用的标准螺纹外，还有适用于某些特殊行业的专用螺纹标准，必要时可查有关设计手册。

表 5.1　常用螺纹的类型、特点和应用

螺纹类型		牙型图	特点和应用
连接螺纹	普通螺纹	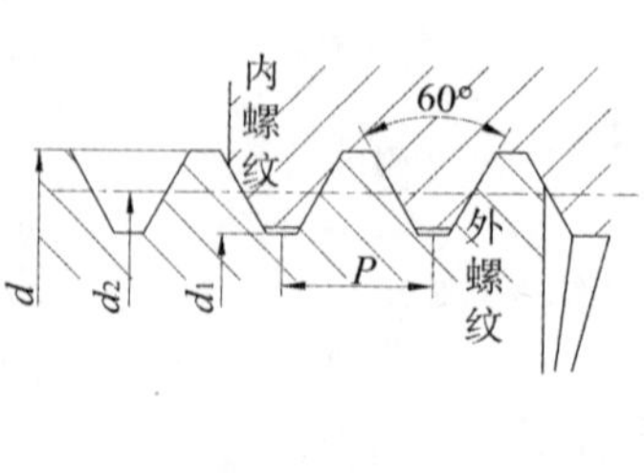	牙型为等边三角形，牙型角 $\alpha=60°$，内外螺纹旋合后留有径向间隙。同一公称直径按螺距大小，分为粗牙和细牙。一般连接多用粗牙螺纹。细牙螺纹的螺距小，升角小，自锁性较好，强度高，但不耐磨，容易滑扣。细牙螺纹常用于细小零件，薄壁管件或受冲击、振动和变载荷的连接中，也可作为微调机构的调整螺纹用

续 表

螺纹类型		牙型图	特点和应用
连接螺纹	圆柱管螺纹	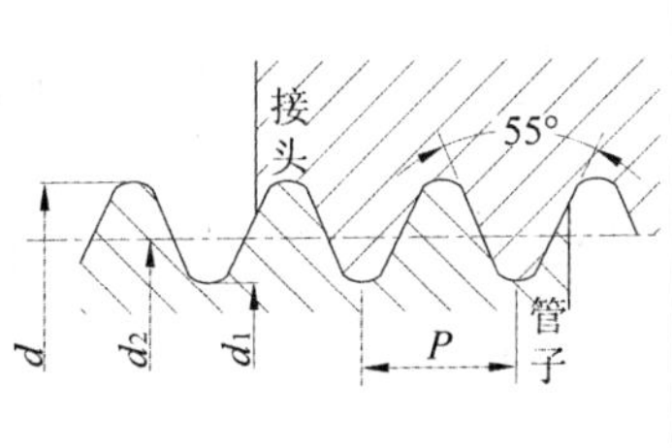	牙型为等腰三角形，牙型角 $\alpha=55°$，牙顶有较大的圆角，内、外螺纹旋合后无径向间隙。公称直径为管子的内径，螺纹副本身不具有密封性，要求连接后具有密封性时，可压紧被连接件螺纹副外的密封面，也可在密封面间添加密封物，适用于压力为 1.6 MPa 以下的水、煤气管路及润滑管路系统
	圆锥管螺纹	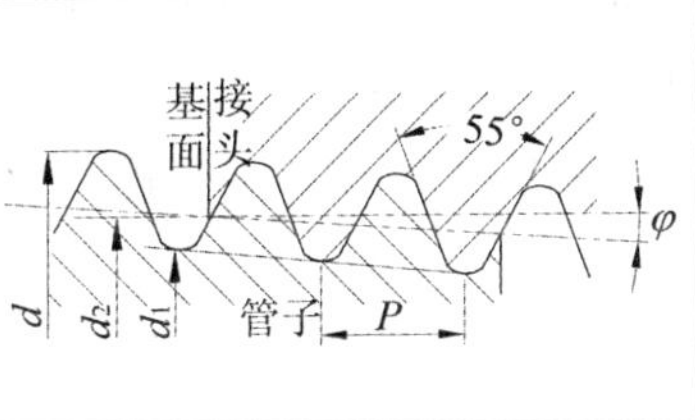	牙型为等腰三角形，牙型角 $\alpha=55°$，螺纹分布在锥度为 1∶16（$\varphi=14°7'24''$）的圆锥管壁上。螺纹旋合后，利用本身的变形就可以保证连接的紧密性，不需要任何填料，密封简单。适用于高温、高压或密封性要求高的管路系统
传动螺纹	矩形螺纹	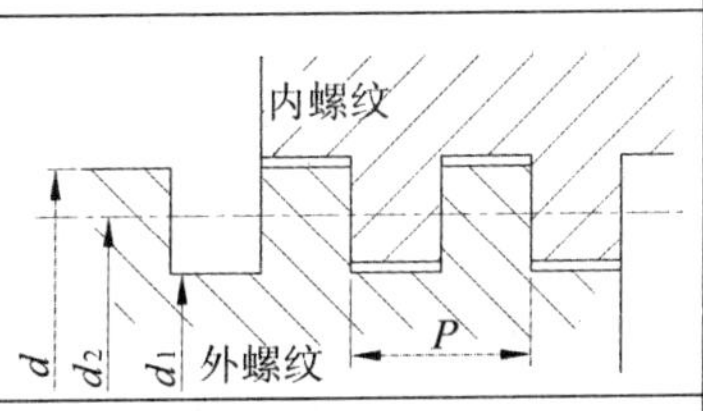	牙型为正方形，即牙型角 $\alpha=0°$。传动效率高，但牙根强度低，磨损后无法调整补偿。矩形螺纹尚未标准化，推荐尺寸关系为 $d=\frac{5}{4}d_1$，$P=\frac{1}{4}d_1$。目前已逐渐为梯形螺纹所代替
	梯形螺纹	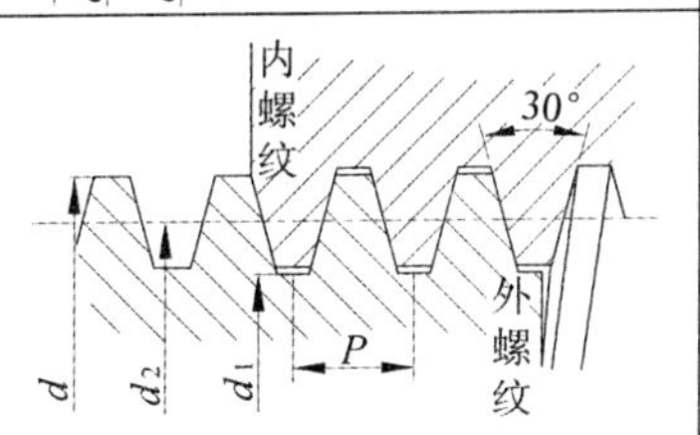	牙型为等腰梯形，牙型角 $\alpha=30°$，效率稍低于矩形螺纹，但牙根强度稍大，工艺性好。如用剖分螺母则可调整磨损后的间隙
	锯齿形螺纹	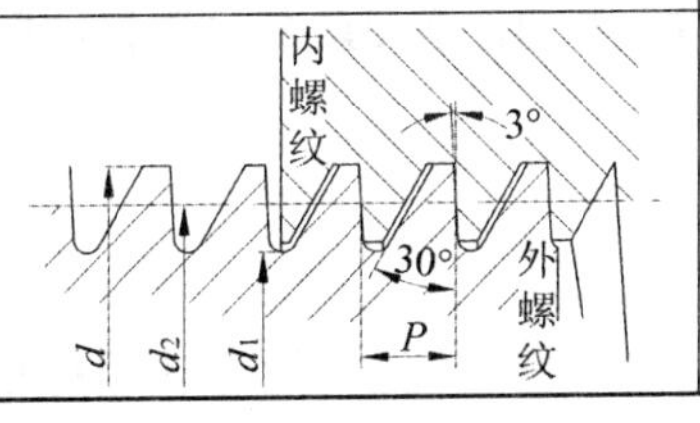	牙型为不等腰梯形，工作面牙型斜角为 3°，非工作面的牙型斜角为 30°，外螺纹牙根有较大的圆角，应力集中小，强度高，效率介于矩形螺纹和梯形螺纹之间，但只适用于单向传动

5.1.2　螺纹的主要几何参数

螺纹副是由外螺纹和内螺纹相互旋合组成的，如图 5.1 所示。现以普通螺纹为例，说明螺纹的主要几何参数。

1）大径 $d(D)$。大径是与外螺纹牙顶（或内螺纹牙底）相切的假想圆柱的直径，即螺纹的最大直径，在标准中定为公称直径。

2）小径 $d_1(D_1)$。小径是与外螺纹牙底（或内螺纹牙顶）相切的假想圆柱的直径，即螺纹的最小直径，在强度计算中常作为螺杆危险剖面的计算直径。

3）中径 $d_2(D_2)$。中径是通过螺纹轴向剖面内牙型上的沟槽和凸起宽度相等处的假想圆柱的直径，它是确定螺纹几何参数的直径。

4）螺距 P。螺距是螺纹相邻两牙在中径线上对应两点间的轴向距离。

5）线数 n。线数是螺纹的螺旋线数目，沿一条螺旋线形成的螺纹称为单线螺纹，沿两条或两条以上的等距螺旋线形成的螺纹称为多线螺纹。

6）导程 s。导程是同一条螺旋线上的相邻两牙在中径线上对应两点间的轴向距离。对单线螺纹，$s=P$；对多线螺纹，$s=nP$。

7）升角 ψ。升角是在中径圆柱上，螺旋线的切线与垂直于螺纹轴线的平面的夹角。

$$\psi=\arctan\frac{s}{\pi d_2}=\arctan\frac{nP}{\pi d_2}$$

8）牙型角 α。牙型角是螺纹轴向剖面内，螺纹牙型两侧边的夹角。螺纹牙型的侧边与螺纹轴线的垂直平面的夹角称为牙侧角。对称牙型的牙侧角 $\beta=\alpha/2$。

各种管螺纹的主要几何参数可查阅有关标准，其尺寸代号都不是螺纹大径，而近似等于管子的内径。

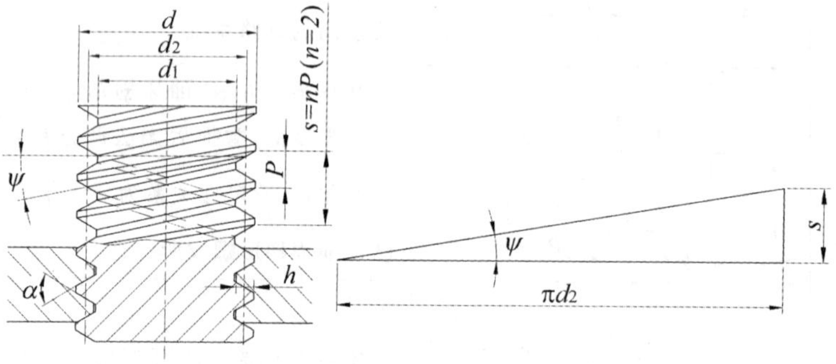

图 5.1　螺纹的主要几何参数

5.2　螺纹连接的基本类型和螺纹紧固件

5.2.1　螺纹连接的基本类型

根据所用紧固件的不同，可把螺纹连接分为普通螺栓连接、铰制孔用螺栓连接、双头螺柱连接和螺钉连接四种基本类型，如图 5.2 所示。

如图 5.2(a)所示为普通螺栓连接，其主要特点是被连接件上制有通孔，孔与螺栓杆之间留有间隙，作为补偿各孔之间几何位置误差之用。通孔的大小按照装配精度的要求不同可查机械设计手册决定。这种连接结构加工简单，装拆方便，应用最广。

图 5.2(b)所示为铰制孔用螺栓连接，其主要特点是螺栓杆与铰制孔为过渡配合，有定位作用，适用于承受横向(垂直于螺栓杆)载荷，但加工成本高。

图 5.2(c)所示为双头螺柱连接，其主要特点为一个被连接件上制有螺纹孔，其他被连接件上则为通孔(一般制有螺纹孔的被连接件较厚)。当一个被连接件由于厚度较大或受到空间限制，不便制出通孔时，即可采用这种连接方法。拆卸时只需将螺母拆下，即可将连接拆开，螺柱仍留在原位，以免因多次拆装使内螺纹磨损而失效。

图 5.2(d)所示为螺钉连接，其特点也是在一个被连接件上加工有螺纹孔，装配时螺钉直

接拧入螺纹孔中，不用螺母，但拆卸时必须先拆掉螺钉才能使连接拆开。这种连接适用于空间受到一定限制，但又不需经常拆卸的场合。

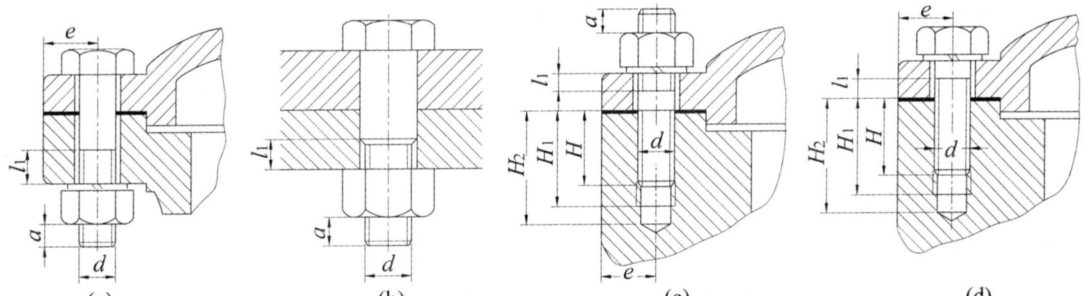

图5.2　螺纹连接基本类型

(a)普通螺栓连接；(b)铰制孔用螺栓连接；(c)双头螺柱连接；(d)螺钉连接

图5.2中，l_1 为螺纹余留长度。静载荷时，$l_1 \geqslant (0.3 \sim 0.5)d$；变载荷时，$l_1 \geqslant 0.75d$；冲击载荷或弯曲载荷时，$l_1 \geqslant d$；对于铰制孔用螺栓，$l_1$ 应尽可能小。

a 为螺纹伸出长度，$a = (0.2 \sim 0.3)d$。

e 为螺栓轴线到边缘的距离，$e = (3 \sim 6)$mm。

H 为底端拧入深度，根据螺纹孔的材料决定。钢或青铜 $H = d$；铸铁 $H = (1.25 \sim 1.5)d$；铝合金 $H = (1.5 \sim 2.5)d$。

H_1 为螺纹孔深度，$H_1 = H + (2 \sim 2.5)P$。

H_2 为钻孔深度，$H_2 = H_1 + (0.5 \sim 1)d$。

螺钉连接除了图5.2(d)所示的形式外，还有如图5.3所示的紧定螺钉连接。将紧定螺钉拧入一个被连接件的螺纹通孔中，并利用其末端压在另一被连接件的表面上，以此固定被连接件间的相对位置，也可以传递较小的力或转矩。

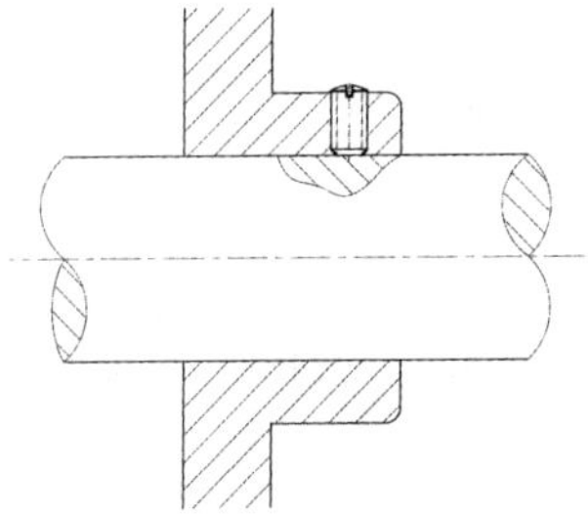

图5.3　紧定螺钉连接

5.2.2　螺纹紧固件

螺纹紧固件的品种很多，大都已标准化，在机械制造中常用的螺纹紧固件有以下几种。

1. 螺栓

螺栓的头部形状最常用的为标准六角头和小六角头，如图5.4所示。标准六角头应用最广。小六角头主要用于空间尺寸受到一定限制的场合，其缺点是螺栓头的支撑面较小，用于经常装拆时，螺栓头的棱角也易于磨圆。

2. 双头螺柱

双头螺柱的两端制有螺纹，一端用来旋入被连接件的螺纹孔中，另一端用来安装螺母，如图 5.5 所示。两端螺纹可以相同，也可以不相同。

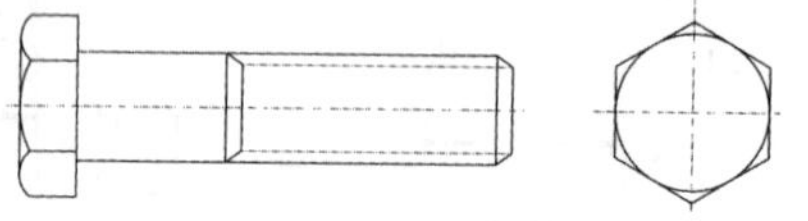

图 5.4 螺栓

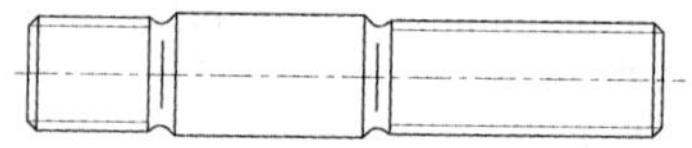

图 5.5 双头螺柱

3. 螺钉

螺钉的头部有各种形状，因此常以其头部的形状命名，如半圆头螺钉、圆柱头螺钉、沉头螺钉和内六角圆柱头螺钉等。六角头螺栓有时也称作螺钉，且在很多情况下螺栓可以作为螺钉使用。螺钉多用螺丝刀拧紧，承载能力一般较小，如图 5.6 所示。

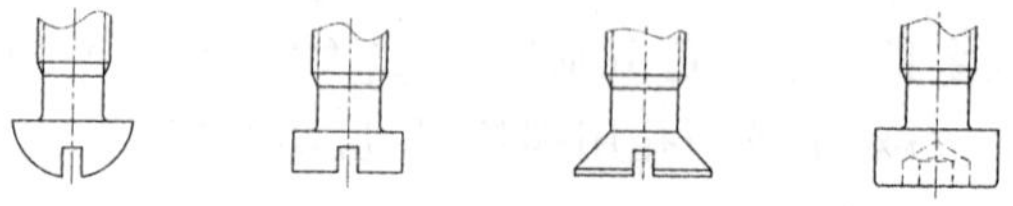

(a) (b) (c) (d)

图 5.6 螺钉

(a)半圆头；(b)圆柱头；(c)沉头；(d)内六角圆柱头

4. 紧定螺钉

紧定螺钉的末端有各种形状(见图 5.7)，故常以其末端的形状命名，如锥端紧定螺钉、平端紧定螺钉等。其工作面在末端，故重要的紧定螺钉末端要淬火硬化才能满足要求。

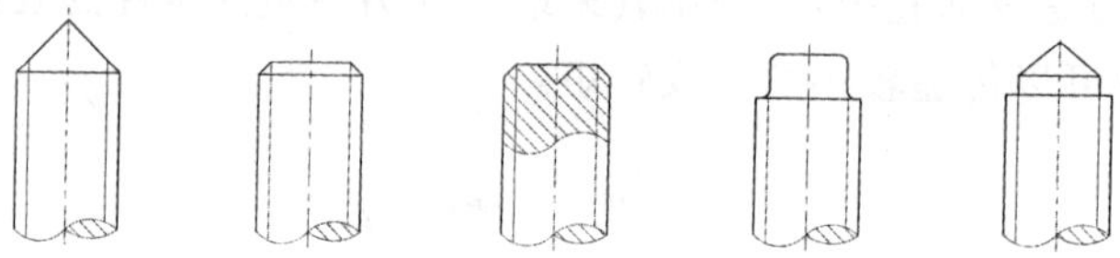

(a) (b) (c) (d) (e)

图 5.7 紧定螺钉

(a)锥端；(b)平端；(c)凹端；(d)圆柱端；(e)圆尖端

5. 螺母

螺母是螺栓的配套标准零件。螺母有六角形、圆形、方形和其他特殊形状。在机械制造中以六角形螺母应用最广。厚度有标准的、薄的和厚的，以标准厚度的应用最广，见图 5.8(a)。图 5.8(b)所示的圆螺母主要用于轴上零件的固定，且均为细牙螺纹。

6. 垫圈

垫圈也是标准配套零件，常用的有平垫圈和弹簧垫圈(见图 5.9)。平垫圈主要是为了增加支撑表面面积，也对支撑表面有防护作用，避免划伤。弹簧垫圈主要用于防止螺母和其他紧固件的自动松脱，凡有振动的地方又未采用其他防松方法时，原则上都应加装弹簧垫圈。此外，还有其他形状的垫圈，如各种形状的止动垫圈和用于型材表面的方斜垫圈等。

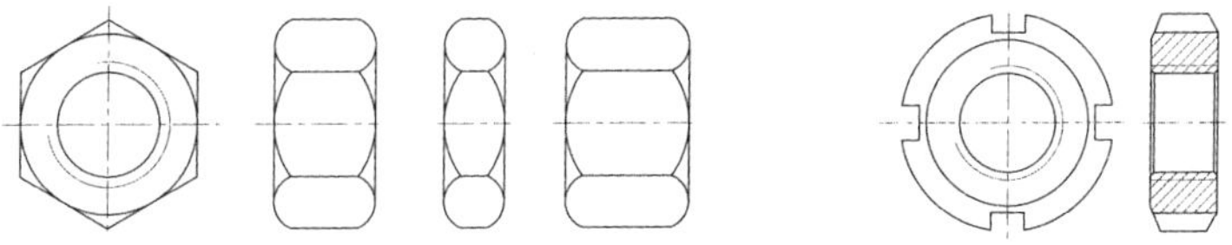

图 5.8　螺母

(a)六角螺母；（b)圆螺母

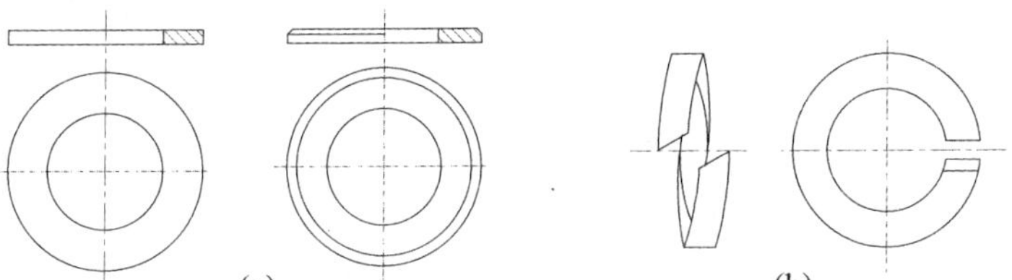

图 5.9　垫圈

(a)平垫圈；（b)弹簧垫圈

根据螺纹紧固件的产品质量和公差大小，GB3103.1—2002 将螺栓、螺钉和螺母分为三个精度等级，其代号为 A，B，C 级。A 级精度最高，公差小，用于要求配合精确、防止振动等重要零件的连接；B 级精度多用于受载较大且经常装拆、调整或承受变载荷的连接；C 级粗糙，多用于一般的连接。

5.3　螺栓(螺柱、螺钉)组的结构设计

螺栓或螺钉通常都是成组使用的，称为螺栓(螺钉)组。螺栓组结构设计的主要目的，在于合理地确定连接结合面的几何形状和螺栓布置形式，力求各螺栓和连接结合面间受力均匀，便于加工和装配。为此，设计时应从以下几方面综合考虑问题。

5.3.1　钉孔的布置

螺栓组的钉孔应合理地分布在几何形状简单的接合面上，如矩形、方形和圆形等。钉孔分布应与接合面的轴线对称。图 5.10(a)表示钉孔均匀地分布在一个圆周上，图 5.10(b)表示钉孔分布在一个矩形边框上。钉孔中心到结构件外壁间要留出足够的扳手或其他工具操作的空间，如图 5.10(b)中的尺寸 A 所示。钉距 t 要按照连接的使用特点和要求确定。A 和 t 可查机械设计手册选取。下面推荐的计算钉距的经验公式可作为一般设计时参考。

$t \leqslant 7d$，用于压力 $p \leqslant 1.6$ MPa 的压力容器；

$t \approx 4.5d$，用于压力 p 为 $1.6 \sim 10$ MPa 的压力容器；

$t \leqslant 10d$，用于接合面无特别要求的压力容器。

5.3.2　支撑面的要求

螺母和螺栓头的支撑面需经机械加工，保证其平整，并与螺栓轴线相垂直，以避免螺栓承受附加的偏心载荷。为减小加工面积，常将支撑面制成沉头座或凸台，如图 5.25 所示。

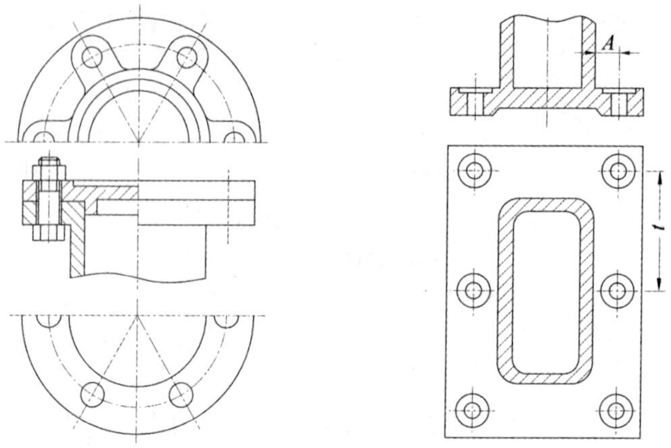

(a) (b)

图 5.10 螺栓组设计

(a)缸盖螺栓组； (b)机架螺栓组

5.3.3 螺栓直径的选择

尽管同一螺栓组中的各个螺栓受力大小有所不同，但为了简化结构及便于加工装配，各螺栓及其配套零件的规格和材料均应相同。螺栓直径在多数情况下都按经验或有关规范选取；对于受力较大的重要螺栓，还需进行强度验算，最后确定其材料和尺寸。

5.4 螺纹连接的预紧和防松

5.4.1 预紧

螺纹连接的预紧是指连接在装配过程中不只是拧上螺母或螺钉使各连接面贴合，而且必须拧紧，使连接在承受工作载荷前，各构件已预先受到了力的作用，这个预加的作用力称为预紧力。预紧的目的在于增强连接的紧密性、可靠性及防止受载后被连接件间出现缝隙或发生相对滑移。经验证明，适当选用较大的预紧力，对螺纹连接的可靠性和螺栓的疲劳强度都是有利的，但过大的预紧力会使紧固件在装配或偶然过载时断裂。因此，对重要的螺纹连接，装配时应控制预紧力。

通常规定，拧紧后螺纹紧固件危险剖面上的预紧应力不得超过其材料屈服极限 σ_s 的 80%。对于一般连接用的钢制螺栓连接的预紧力 F_0，可按下列关系确定：

$$\left.\begin{aligned}&\text{碳素钢螺栓：}F_0 \leqslant (0.6 \sim 0.7)\sigma_s A_1\\&\text{合金钢螺栓：}F_0 \leqslant (0.5 \sim 0.6)\sigma_s A_1\end{aligned}\right\} \tag{5.1}$$

式中 σ_s—— 螺栓材料的屈服极限；

A_1—— 螺栓危险剖面的面积，$A_1 = \frac{\pi d_1^2}{4}$（若螺栓局部直径小于其螺杆部分的小径 d_1，例如细腰螺栓或有退刀槽等，应取最小剖面面积计算）。

预紧力的具体数值应根据载荷性质、连接刚度等具体工作条件确定。对于重要或有特殊要求的螺栓连接，预紧力的数值应在装配图上作为技术条件注明，以便在装配时加以保证。装配时，预紧力是通过外加在扳手上的拧紧力矩产生的。

设拧紧时螺纹副的摩擦力矩和螺母或螺栓头支撑面上的摩擦力矩分别为 T_1 和 T_2，则扳手上的外加力矩 T 应等于上述二力矩之和，即

$$T = T_1 + T_2$$

其中

$$T_1 = \frac{d_2}{2} F_0 \tan\,(\psi + \rho_v) \tag{5.2}$$

$$T_2 = \frac{1}{3} f_c F_0 \,\frac{D_0^3 - d_0^3}{D_0^2 - d_0^2} \tag{5.3}$$

$$T = \frac{d_2}{2} F_0 \tan\,(\psi + \rho_v) + \frac{1}{3} f_c F_0 \,\frac{D_0^3 - d_0^3}{D_0^2 - d_0^2} \tag{5.4}$$

式中　F_0 —— 拧紧时沿螺杆轴线方向产生的拉力，即预紧力；

ψ —— 螺纹升角，对于 M10 ～ M64 粗牙普通螺纹的钢制螺栓，$\psi = 1°42' \sim 3°2'$；

ρ_v —— 螺旋副的当量摩擦角，$\rho_v = \arctan 1.55 f$（f 为摩擦因数，无润滑时 $f = 0.1 \sim 0.2$）；

D_0 —— 螺母或钉头环形支撑面的外径，$D_0 \approx 1.5d$（见图 5.11）；

d_0 —— 螺栓孔直径，$d_0 \approx 1.1d$；

f_c —— 支撑面间的摩擦因数，$f_c = 0.15$；

d_2 —— 螺纹的中径。

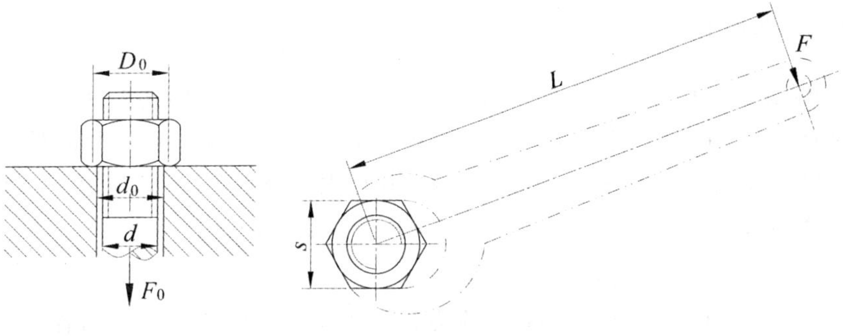

图 5.11　螺纹紧固件的预紧

对于 d 为 10 ～ 64 mm 的常用粗牙普通钢制螺栓，将上述各参数代入式(5.4) 整理后可得

$$T \approx 0.2 F_0 d \tag{5.5}$$

上式表明，对直径为 d 的螺纹紧固件，扳手力矩 T 与螺杆中产生的预紧力 F_0 成线性关系。因此，对于只靠经验而对预紧力不加控制的重要连接，如压力容器、气或液输送管道等设备的螺栓连接，不宜采用小于 M12 ～ M16 的螺纹紧固件，以免预紧时紧固件发生过载失效。

5.4.2　预紧力的控制

可以直接测量螺杆的伸长或螺母的转动角度来控制预紧力的大小。也可以间接地测量和控制外加力矩，用测量扭转力矩控制预紧力的方法更为简便，故应用较多。

图 5.12 所示为一种测力矩扳手，其基本原理为利用扳手杆的弯曲变形测量扭转力矩。扳手杆受力后所产生的弯曲变形可用扭矩来标定，并可直接从指示刻度盘上读出来。如果采用套筒扳手，则可以利用套筒的弹性扭转变形量来标定扭转力矩的大小。

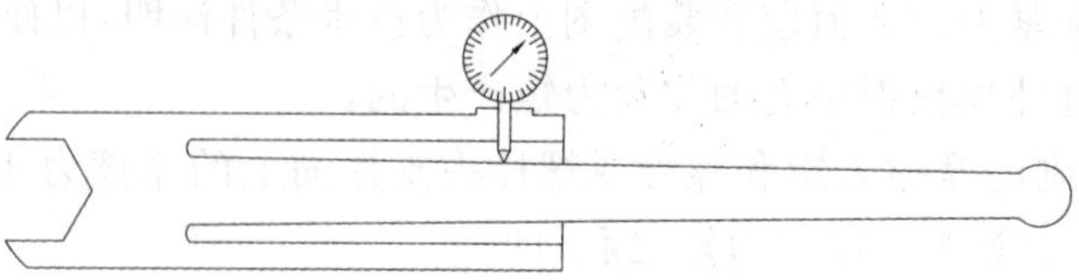

图 5.12　测力矩扳手

图5.13所示为一种定力矩扳手。它的原理是利用弹簧3的压力来保持顶杆2处于图示的位置。当扳手的力矩超过规定值时，弹簧3即被压缩，使扳手卡盘1与钢球之间发生打滑，若继续转动扳手时卡盘即不再转动。拧紧力矩的大小可利用螺钉4调整弹簧的压力来给定。

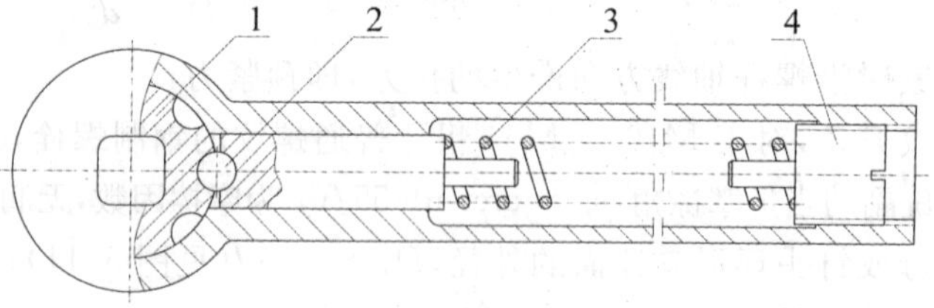

图 5.13　定力矩扳手

1—卡盘；2—顶杆；3—弹簧；4—调整螺钉

5.4.3　预紧应力

在装配螺栓连接时，螺杆除受到预紧力 F_0 产生的拉应力 σ 外，还要受到螺纹副的摩擦力矩所产生的剪应力 τ_T。因此应同时考虑这两种应力的综合影响。由于紧固件一般采用钢材制造，故可用第四强度理论求其计算应力 σ_{ca}。同时，根据分析，对于 d 为 10 ～ 64 mm 的普通螺纹的钢螺栓，可取 $\tau_T \approx 0.5\sigma$。故计算应力可用下式表示：

$$\sigma_{ca} = \sqrt{\sigma^2 + 3\tau_T^2} = \sqrt{\sigma^2 + 3 \times (0.5\sigma)^2} \approx 1.3\sigma$$

上式表示在预紧时，螺杆所受的拉伸应力和扭转剪应力的综合作用，可在计算时将预紧力 F_0 增大30%，以考虑扭转剪应力的影响，即

$$\sigma_{ca} = \frac{1.3F_0}{\frac{\pi}{4}d_1^2} \tag{5.6}$$

5.4.4　螺纹连接的防松

连接螺纹本身具有自锁性，在静载荷条件下并不会自动松脱，但在冲击、振动和变载荷作用下，螺纹副间的摩擦力可能发生瞬时消失现象，从而导致连接松脱。在高温或温度变化较大的场合，由于螺纹紧固件和被连接件的材料发生蠕变和应力松弛，也会使连接中的预紧力和摩擦力逐渐减小，因而也可能发生连接松脱现象，在设计时必须考虑防松。防松的本质是防止螺纹副的相对转动。防松方法按其工作原理可分为摩擦防松、机械防松和破坏螺旋副运动关系防松等。一般来说，机械防松比摩擦防松可靠，对于重要的螺栓连接应采用机械防松。破坏螺旋副运动关系的防松方法也称永久防松方法，如冲点、粘合等，这些方法虽然牢靠，但拆卸时要破坏螺纹紧固件，无法重复使用，因而只在特殊情况下采用。常用的防松方法见表5.2。

表 5.2　螺纹连接常用的防松方法

防松方法		结构形式	特点和应用
摩擦防松	对顶螺母	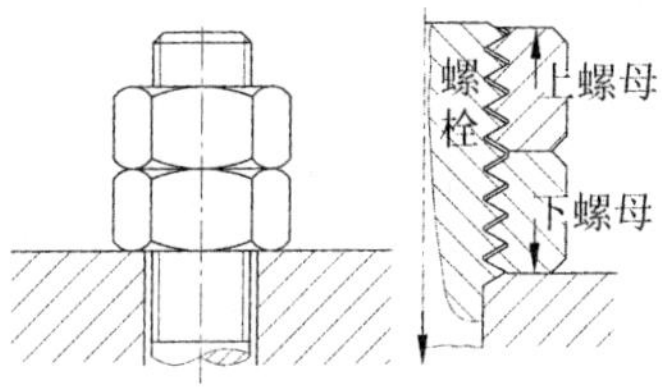	两螺母对顶拧紧后，使旋合螺纹间始终受到附加的压力和摩擦力作用。 结构简单，适用于平稳、低速和重载的固定装置上的连接
	弹簧垫圈	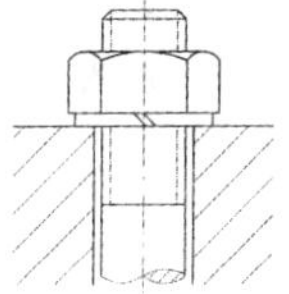	螺母拧紧后，靠垫圈压平而产生的弹性反力使旋合螺纹间压紧，同时垫圈斜口的尖端抵住螺母与被连接件的支撑面也有防松作用。 结构简单，使用方便。但由于垫圈的弹力不均，有冲击、振动时，其防松效果较差，一般用于不重要的场合
	自锁螺母	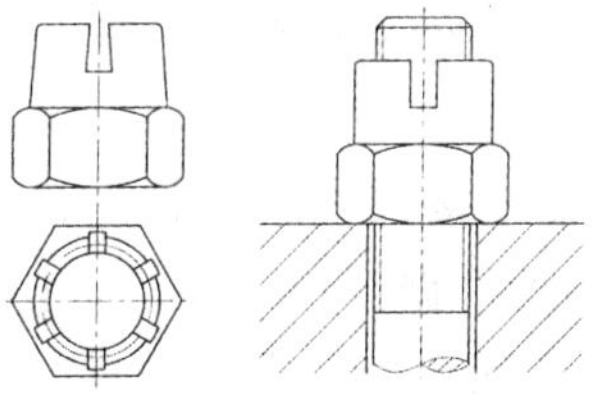	螺母一端制成非圆形收口或开缝后径向收口，螺母拧紧后，收口胀开，利用收口的弹力使旋合螺纹间压紧。 结构简单，防松可靠，可多次装拆而不降低防松性能
机械防松	六角开槽螺母与开口销	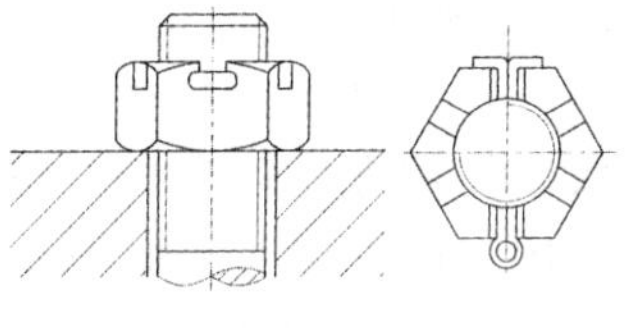	六角开槽螺母拧紧后将开口销穿入螺栓尾部小孔和螺母的槽内，并将开口销尾部掰开与螺母侧面贴紧。也可用普通螺母代替六角开槽螺母，但需拧紧螺母后再配钻销孔。 适用于较大冲击、振动的高速机械中运动部件的连接
	止动垫圈	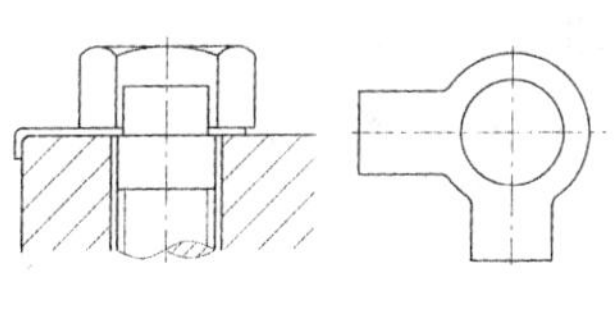	螺母拧紧后，将单耳或双耳止动垫圈分别向螺母和被连接件的侧面折弯贴紧，即可将螺母锁住。 结构简单，使用方便，防松可靠
	串联钢丝	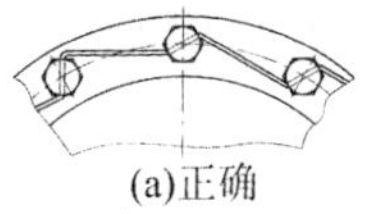 (a)正确 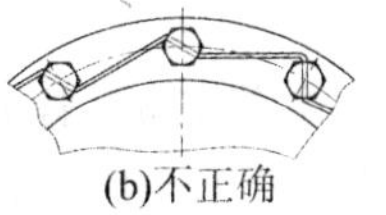 (b)不正确	用低碳钢丝穿入各螺钉头部的孔内，将各螺钉串联起来，使其相互制动，使用时必须注意钢丝的穿入方向。 防松可靠，但装拆不便，适用于螺钉组连接

续 表

防松方法		结构形式	特点和应用
破坏螺旋副运动关系防松	冲点	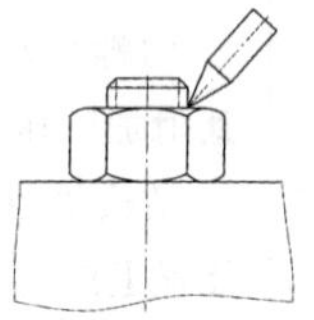	用冲头在螺栓杆末端与螺母的旋合缝处打冲，利用冲点防松。冲点可以在端面，也可以在侧面，冲点中心一般在螺纹的小径处。 防松可靠，但拆卸后连接件不能重复使用
	涂胶粘剂	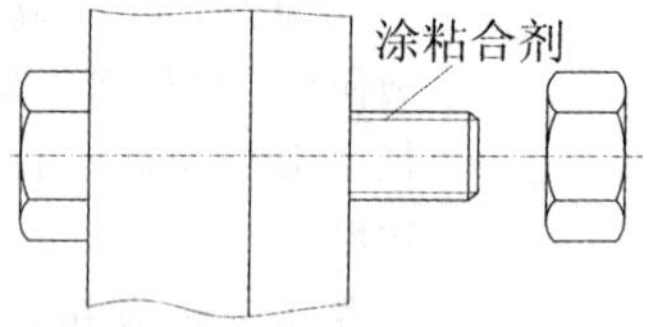	在旋合螺纹间涂以液体胶粘剂，拧紧螺母后，胶粘剂硬化、固着，防止螺纹副的相对运动

5.5 螺栓连接的强度计算

螺栓组的结构设计完成后，对于重要的螺栓连接都应进行强度计算，而对一般螺栓连接，根据经验直接选用即可。强度计算的目的主要是根据载荷的性质、连接的类型来确定螺栓所受的力，然后按相应的强度条件计算螺纹小径 d_1 或校核其强度。螺纹公称直径 d（大径）、螺纹牙、螺钉头、螺母和垫圈的尺寸大小是按照标准选定的，不需进行强度计算。

进行螺栓连接的强度计算，应先通过载荷分析，确定螺栓组中受载最大的螺栓及其载荷大小，然后只对受载最大的单个螺栓进行强度计算。作用在单个螺栓上的载荷可归结为轴向载荷和横向载荷两类。受横向载荷的螺栓，采用铰制孔用螺栓较为合理，其主要破坏形式是螺栓杆或孔壁被压坏或螺栓杆被剪断；在轴向载荷作用下应采用普通螺栓连接。

根据统计分析，在静载荷条件下，除少数由于严重过载失效外，螺栓连接很少发生破坏，但在变载荷条件下，螺栓则易发生疲劳断裂。疲劳断裂常发生在螺纹根部，即在剖面面积较小并有缺口、应力集中的部位，其断裂位置及所占比例如图 5.14 所示。

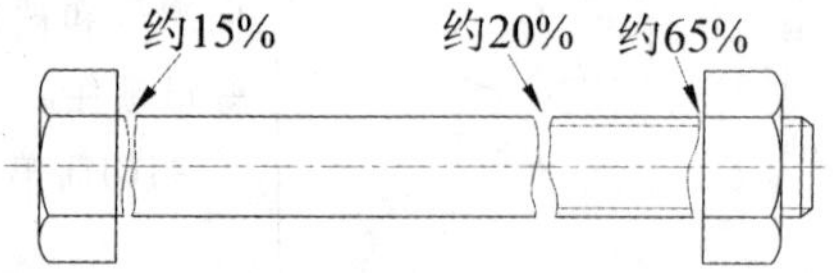

图 5.14　受拉螺栓断裂部位的统计

5.5.1　松螺栓连接的强度计算

松螺栓连接装配时，螺母不需要拧紧。在承受工作载荷前，连接不受力，例如起重吊钩螺纹连接等。图 5.15 表示起重吊钩的螺栓连接在外载荷 F 作用下的情况，其主要失效形式是螺纹杆段的断裂破坏。因此，设计准则应为保证螺纹杆段在外载作用下不发生断裂破坏。其强度条件为

$$\sigma = \frac{F}{\frac{\pi}{4}d_1^2} \leqslant [\sigma] \tag{5.7}$$

$$d_1 \geqslant \sqrt{\frac{4F}{\pi[\sigma]}} \tag{5.8}$$

式中　d_1—— 螺纹的小径，mm；

$[\sigma]$ —— 螺纹杆段的许用拉应力，MPa，$[\sigma]=\frac{\sigma_S}{S}$，$\sigma_S$ 为螺纹材料的屈服极限(见表5.4)，S 为安全系数，设计时应根据具体情况按起重零件的规范确定。

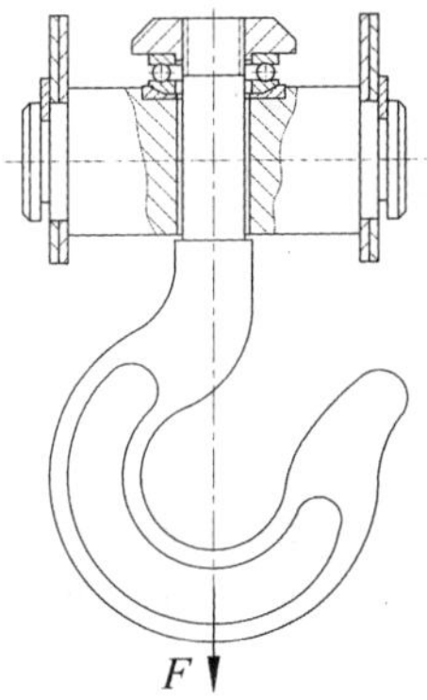

图 5.15　松螺栓连接

5.5.2　紧螺栓连接的强度计算

紧螺栓连接装配时，螺母需要拧紧，所以紧螺栓连接除承受预紧力外，还要承受外载荷(工作载荷)的作用。外载荷的作用方式有横向载荷和轴向载荷两种。

1. 受横向载荷时的强度计算

图 5.16(a) 表示受横向载荷作用时的普通螺栓连接，钉杆与孔壁间留有一定间隙，这种连接的接合面间若发生滑移即视为连接失效。因此，设计准则应为：预紧力在接合面间所产生的摩擦力必须足以阻止被连接件间的相对滑移，且保证螺栓不发生断裂破坏。设螺栓组中各螺栓所承担的载荷是均等的，则保证接合面不滑移的条件式可表示为

$$fF_0 zi \geqslant K_S F_{\sum}$$

或

$$F_0 \geqslant \frac{K_S F_{\sum}}{fzi} \tag{5.9}$$

螺栓杆的强度条件为

$$\sigma_{ca} = \frac{1.3F_0}{\frac{\pi}{4}d_1^2} \leqslant [\sigma] \tag{5.10}$$

式中　F_0—— 每个螺栓所受的预紧力(这时螺栓受拉，拉力等于预紧力)；

z,i—— 分别代表螺栓组中的螺栓数和接合面数；

f —— 接合面间的摩擦因数，对于钢或铸铁被连接件的干燥加工表面，$f=0.10\sim0.16$；

K_S—— 可靠性系数，可取为 1.1 ～ 1.3；

$F_{\sum}$—— 总的外载荷。

由式(5.9)可看出，因摩擦因数 f 远小于 1，故预紧力必须很大，才能使连接具有必要的可靠性，这势必使所设计的螺栓直径增大。为了避免上述缺陷，可采用键、套筒或销来承担横向工作载荷(见图 5.17)，而螺纹连接只是保证连接，不再承受工作载荷，因此预紧力不必很大。这种具有减载装置的连接，其连接强度是按减载零件(键、套筒或销)的剪切、挤压强度条件进行计算的。

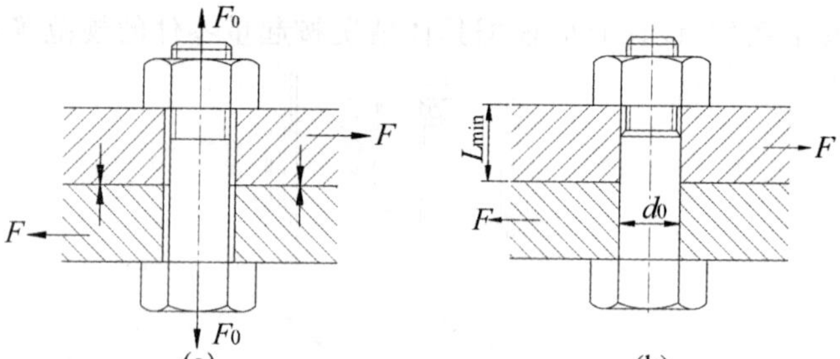

图 5.16　受横向载荷的螺栓连接

(a) 普通螺栓连接；(b) 铰制孔用螺栓连接

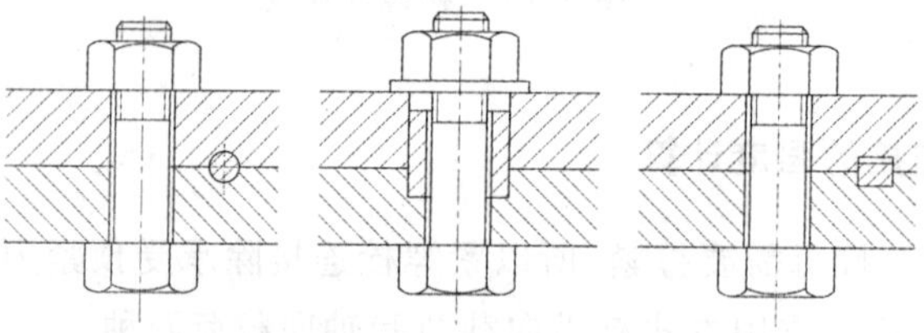

图 5.17　减载装置

此外，还可采用铰制孔用螺栓连接，如图 5.16(b) 所示。受横向载荷时，因螺栓杆与孔壁之间无间隙，接触表面受挤压，在连接接合面处，螺栓杆则受剪切。因此，设计准则应为：保证钉杆与孔壁配合面不发生压溃破坏以及钉杆不被剪断。设螺栓所受的横向载荷为 F，则钉杆与孔壁配合面的抗挤压强度和钉杆横剖面的抗剪切强度验算式分别为

$$\sigma_p = \frac{F}{d_0 L_{min}} \leqslant [\sigma]_p \qquad (5.11)$$

$$\tau = \frac{F}{\frac{\pi}{4} d_0^2} \leqslant [\tau] \qquad (5.12)$$

式中　d_0—— 钉杆与孔壁贴紧部分的直径；

L_{min}—— 钉杆与被连接件孔壁受挤压面的最小高度，按具体要求选取，一般 $L_{min} \geqslant 1.25d_0$。

2. 受轴向载荷时的强度计算

受轴向载荷的紧螺栓连接，应同时考虑预紧力和外载荷的综合影响。现以单个螺栓受力的情况进行分析。图 5.18 表示单个螺栓和被连接件在承受轴向拉伸载荷前后的受力及变形

情况。图 5.19 为其受力与变形关系线图，纵坐标与横坐标分别表示力和变形。在螺母拧紧，外载荷未作用前，螺栓杆受的拉力与被连接件上受的压力应相等，即预紧力 F_0，螺栓杆对应于 F_0 的伸长变形为 λ_b，被连接件对应于 F_0 的压缩变形为 λ_m，如图 5.19(a) 和(b) 所示。

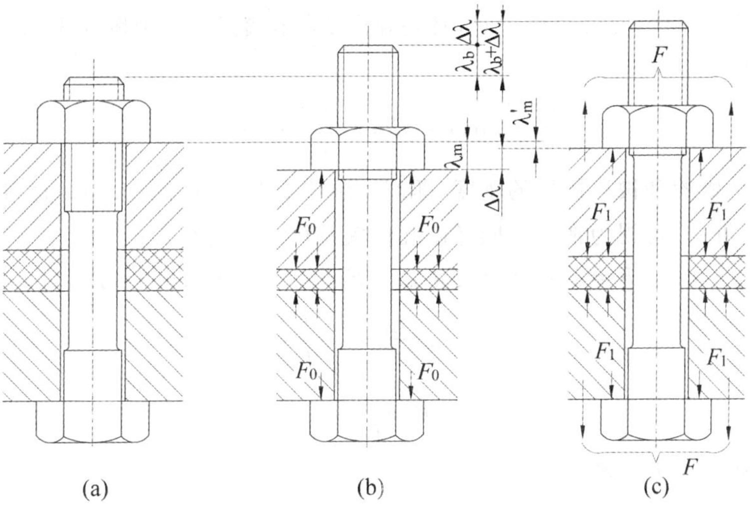

图 5.18　单个紧螺栓连接受力变形图

(a) 螺母未拧紧；(b) 螺母拧紧后；(c) 外载荷作用后

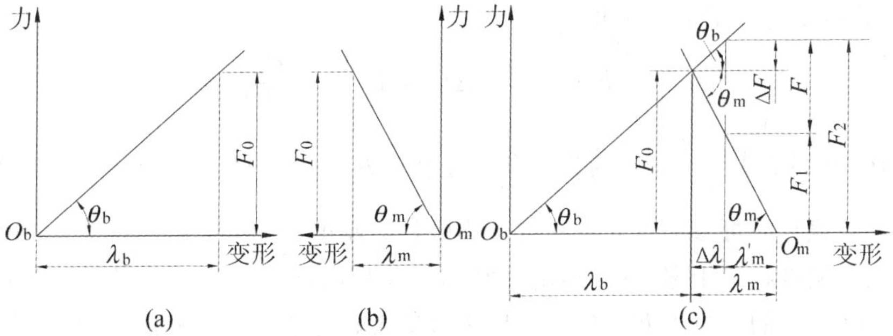

图 5.19　紧螺栓连接的受力与变形关系线图

拧紧后并有外载荷 F 作用时，螺栓杆将继续伸长，其伸长的增量为 $\Delta\lambda$，被连接件因压力减小而发生部分弹性恢复，其压缩变形的恢复量亦应等于 $\Delta\lambda$。此时被连接件上的残余压力称为残余预紧力，并用 F_1 表示，如图 5.19(c) 所示。由图可看出，螺栓杆上所受的总拉力 F_2 可用下式之一表示：

$$F_2 = F_0 + \Delta F \tag{5.13}$$

或

$$F_2 = F_1 + F \tag{5.14}$$

由式(5.13) 和式(5.14) 可看出，因螺栓杆和被连接件的变形彼此相关，故作用在螺栓上的总拉力 F_2 并不等于预紧力和外载荷之和。这是紧螺栓连接计算中必须特别注意的问题。外载荷 F 可通过对螺栓组的受力分析求得。残余预紧力 F_1 一般按照连接的要求和重要程度由经验数据选取，但无论在什么情况下，必须使 $F_1 > 0$。在缺乏可靠的资料时，可参考下面推荐的资料选取。

$F_1 = (0.2 \sim 0.6)F$，一般连接，工作载荷稳定；

$F_1=(0.6\sim1.0)F$，一般连接，工作载荷不稳定；

$F_1=(1.5\sim1.8)F$，要求有密封性的连接；

$F_1\geqslant F$，地脚螺栓连接。

利用式(5.13)计算总拉力 F_2 时，必须导出 ΔF 的表达式。由图 5.19(c) 表示的几何关系可写出关系式：

$$\frac{F_0}{\lambda_b}=\tan\theta_b=C_b;\quad \frac{F_0}{\lambda_m}=\tan\theta_m=C_m$$

式中，C_b，C_m 为螺栓和被连接件的刚度，即产生单位变形所需力的大小。材料和结构尺寸初步确定以后，C_b 和 C_m 可视为常数。同样由几何关系可得出关系式：

$$\Delta F=\Delta\lambda\tan\theta_b=\Delta\lambda C_b;\quad F-\Delta F=\Delta\lambda\tan\theta_m=\Delta\lambda C_m$$

故

$$\frac{\Delta F}{F-\Delta F}=\frac{C_b}{C_m}$$

$$\Delta F=\frac{C_b}{C_b+C_m}F \tag{5.15}$$

由式(5.13)和式(5.15)得

$$F_2=F_0+\frac{C_b}{C_b+C_m}F \tag{5.16}$$

为了保证连接有足够的残余预紧力，还应求出所必需的预紧力 F_0 的表达式。由图5.19(c)表示的几何关系及式(5.15)可得出

$$F_0=F_1+(F-\Delta F)=F_1+\frac{C_m}{C_b+C_m}F \tag{5.17}$$

式(5.16)中的常数 $\frac{C_b}{C_b+C_m}$ 与螺栓和被连接件的刚度有关，称为螺栓的相对刚度，其值应通过试验获得，设计时可参考表 5.3 查取。当螺栓的刚度 C_b 相对于被连接件的刚度 C_m 很小时，螺栓的相对刚度将趋于零。此时，由外载荷的作用附加给螺栓上的载荷 ΔF 将很小，其他条件不变时，螺栓上的总拉力 F_2 将减小，反之将增大。为了降低螺栓的受力，提高螺栓连接的强度，设计时应尽量使 $\frac{C_b}{C_b+C_m}$ 的值小些。一般连接中，为了不使所设计的螺栓直径过大，往往采用较硬的金属垫片。对那些要求密封性较好的连接(如石油化工设备、汽缸盖的连接)，则常采用软金属(铅、铝和紫铜)垫片。

表 5.3　螺栓的相对刚度

被连接钢板间的垫片类别	金属垫片(或无垫片)	皮革垫片	铜皮石棉垫片	橡胶垫片
$\frac{C_b}{C_b+C_m}$	0.2～0.3	0.7	0.8	0.9

设计时，式(5.14)和式(5.16)都可以用来计算螺栓上的总拉力 F_2，但用式(5.14)较为简便。残余预紧力 F_1 根据具体要求由所推荐的经验选取。外载荷 F 可通过受力分析求得。考虑到螺栓在外载荷的作用下，可能需要补充拧紧，故仿前将螺栓上所受的总拉力 F_2 增加30%，以考虑扭转剪应力的影响。螺栓危险剖面的直径 d_1 可由下式计算：

$$\sigma_{ca}=\frac{1.3F_2}{\frac{\pi}{4}d_1^2}\leqslant[\sigma] \tag{5.18}$$

5.6　螺纹紧固件的性能等级与许用应力

5.6.1　螺纹紧固件的性能等级

螺纹紧固件常用的材料为 Q215，Q235，10 钢，35 钢和 45 钢等。对于承受冲击、振动或变载荷的螺纹紧固件，可采用高强度级材料，如 15Cr，40Cr，30CrMnSi 等。对于特殊用途（如防锈蚀等）的螺纹紧固件，可采用特种钢如 1Cr13，2Cr13 等材料。

国家标准规定螺纹紧固件按材料的机械性能分级。关于螺栓、螺钉和螺柱的性能等级见表 5.4，螺母的性能等级见表 5.5。

表 5.4　螺栓、螺钉和螺柱的性能等级（摘自 GB/T 3098.1—2000）

性能等级（标记）	3.6	4.6	4.8	5.6	5.8	6.8	8.8	9.8	10.9	12.9
抗拉强度极限 σ_B/MPa	300	400	400	500	500	600	800	900	1 040	1 220
屈服极限 σ_S/MPa	180	240	320	300	400	480	640	720	900	1 080
硬度 HBS_{min}	90	114	124	147	152	181	238	276	304	366
推荐材料	低碳钢	低碳钢或中碳钢					低碳合金钢、中碳钢，淬火并回火		中碳钢，低、中碳合金钢，合金钢，淬火并回火	合金钢

注：① 本表适用于由碳钢或合金钢制造的任何形状的螺栓、螺钉和螺柱，不适用于紧定螺钉；

② 性能等级的标记代号由“.”隔开的两部分数字组成：第一部分数字（“.”前）表示公称抗拉强度 σ_B 的 1/100；第二部分数字（“.”后）表示公称屈服点 σ_S 与公称抗拉强度 σ_B 比值（屈强比）的 10 倍

表 5.5　螺母的性能等级（摘自 GB/T 3098.2—2000）

性能等级（标记）		4	5	6	8	9	10	12
保证应力 S_P/MPa	$d\leqslant4$	510	520	600	800	900	1 040	1 150
	$4<d\leqslant7$	—	580	670	855	915	1 040	1 150
	$7<d\leqslant10$	—	590	680	870	940	1 040	1 160
	$10<d\leqslant16$	—	610	700	880	950	1 050	1 190
	$16<d\leqslant39$	—	630	720	920	920	1 060	1 200

续表

性能等级(标记)	4	5	6	8	9	10	12
推荐材料	易切削钢		低碳钢,中碳钢	中碳钢,低中碳合金钢,淬火并回火			
相配螺栓的性能等级	3.6,4.6,4.8 $(d>16)$	3.6,4.6,4.8 $(d\leqslant 16)$;5.6,5.8 $(d<39)$	6.8 $(d<39)$	8.8	9.8 $(d\leqslant 16)$	10.9 $(d<39)$	12.9 $(d<39)$

注:① 硬度 $HRC_{max}=30$;

② 对 M5 ~ M39 的螺栓、螺钉和螺柱,按上表规定选配适当性能等级的螺母,当拧到保证应力对应的保证载荷时,螺纹组合件不会发生螺纹脱扣

普通垫圈的材料,推荐采用Q235,15钢,35钢,弹簧垫圈采用65Mn制造,并经过热处理和表面处理。

5.6.2 许用应力

在选定性能等级后,就确定了螺纹连接件抗拉强度极限和屈服极限。在进行强度计算时,还需引入一定的安全系数,以确定螺纹连接件的许用应力。

1. 铰制孔螺栓连接

铰制孔螺栓承受横向载荷时许用应力可按以下方法选择。

许用剪应力:$[\tau]=\dfrac{\sigma_s}{2.5}$(静载荷)或$\dfrac{\sigma_s}{3.5\sim 5}$(变载荷)。

许用挤压应力:$[\sigma_{bs}]=\dfrac{\sigma_s}{1.25}$(静载荷,被连接件为钢时)或$[\sigma_{bs}]=\dfrac{\sigma_B}{2\sim 2.5}$(静载荷,被连接件为铸铁时);当承受变载荷时,$[\sigma_{bs}]$按静载荷下求得的值乘以 0.7 ~ 0.8 的系数。

2. 普通螺栓连接

对于普通螺栓连接承受横向和轴向载荷时的许用应力,当控制预紧力时可取$[\sigma]=\dfrac{\sigma_s}{2\sim 2.5}$;当不控制预紧力时,螺栓的许用应力可用下式求得:

$$[\sigma]=\frac{\sigma_s}{S} \tag{5.19}$$

式(5.19)中的安全系数 S 可由表 5.6 选取。表中所列的安全系数与螺栓的公称直径有关,故在开始计算时,应先初估一个直径才能由表中查得安全系数,然后通过计算另求出一个直径,如该直径恰处于所选安全系数对应的直径范围之内,即表明初估的直径正确。否则必须重新估计并计算,直到符合要求为止。

表 5.6 紧连接螺栓的安全系数 S(不控制预紧力)

材料	静载荷			变载荷	
	$d=6\sim 16$	$d=16\sim 30$	$d=30\sim 60$	$d=6\sim 16$	$d=16\sim 30$
碳钢	4 ~ 3	3 ~ 2	2 ~ 1.3	10 ~ 6.5	6.5
合金钢	5 ~ 4	4 ~ 2.5	2.5	7.5 ~ 5	5

5.7　提高螺栓连接强度的措施

螺栓连接强度主要取决于螺栓强度，而螺栓强度除与材料的机械性能有关外，还和螺纹牙的载荷分配、应力变化幅度、应力集中、附加应力等因素有关。下面分析这些因素对螺栓强度的影响以及提高螺栓连接强度的相应措施。

5.7.1　降低影响螺栓疲劳强度的应力幅

对承受轴向变载荷的紧螺栓连接，在最小应力不变的条件下，应力幅越小，螺栓的疲劳强度越高。由图 5.19(c) 可看出，外载荷在 $0 \sim F$ 之间变化时，螺栓的总拉力将在 F_0 和 F_2 之间变动。若不考虑螺纹摩擦力矩的扭转作用，则螺栓危险截面的应力幅值 $\sigma_a = \frac{\Delta F}{2} \Big/ \frac{\pi d_1^2}{4}$。由式(5.15) 可知，若减小螺栓刚度 C_b 或增大被连接件刚度 C_m 都可使 ΔF 减小，即可达到减小应力幅的目的。但由式(5.17) 可知，在预紧力 F_0 给定的条件下，若减小 C_b 或增大 C_m 都将引起残余预紧力 F_1 的减小，从而降低连接的紧密性。因此必须同时适当增加预紧力 F_0，使 F_1 不致减小太多或保持不变，以保证连接的可靠性和紧密性。

为了减小螺栓刚度，可适当增加螺栓的长度或采用如图 5.20 所示的腰状杆螺栓和空心螺栓。

被连接件本身的刚度是较大的，当被连接件的接合面需密封而采用软垫片时将降低其刚度(见图 5.21(a))。为了增大被连接件的刚度，应采用刚度较大的金属垫片或采用 O 形密封圈作为密封元件(见图 5.21(b))。

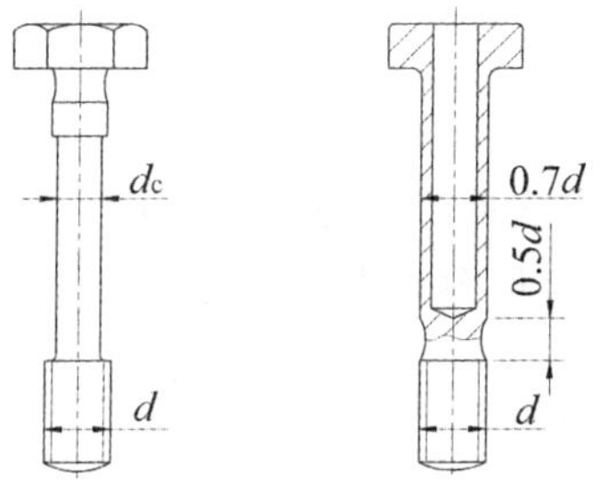

图 5.20　腰状杆螺栓和空心螺栓

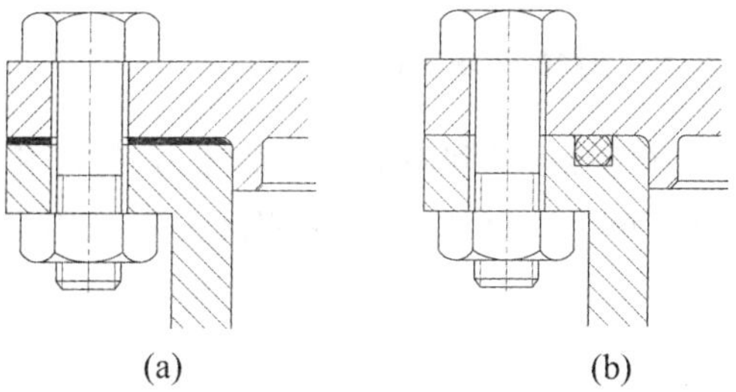

图 5.21　汽缸密封元件

5.7.2　改善螺纹牙间载荷分布不均的现象

当螺栓连接承受轴向载荷，采用普通螺母时，旋合螺纹各圈间的载荷分布是不均匀的。因为螺栓受拉伸，外螺纹的螺距增大；而螺母受压缩，内螺纹的螺距减小。如图 5.22 所示，螺纹螺距的变化差以连接旋合的第一圈处为最大，以后各圈递减。旋合螺纹间的载荷分布，如图 5.23 所示，靠近支撑面第一圈螺纹牙受载最大，试验证明，约有 1/3 的载荷集中在第一圈上，以后各圈载荷递减，第 8 圈以后的螺纹牙几乎不受载荷。所以采用螺纹牙圈数过多的加厚螺母，并不能提高连接强度。若采用图 5.24(a) 所示的悬置螺母，则螺母锥形悬置段与螺栓杆均处于受拉变形状态，螺母的旋合部分全部受拉，其变形性质与螺栓相同，从而可以减小螺栓和螺母的螺距变化差，使螺纹牙上的载荷分布趋于均匀。图 5.24(b) 所示为环槽螺母，这种结构可以使螺母的内缘下端(螺栓旋入端) 局部受拉，其作用和悬置螺母相似，但其载荷均布的效果不及悬置螺母。图 5.24(c) 所示为内斜螺母，螺母下端(螺栓旋入端) 受力大的几圈螺纹处制成 10°～15° 的斜角，使螺栓螺纹牙的受力面由上而下逐渐外移，刚度便随之减小。这样，螺栓旋合段下部的螺纹牙在载荷作用下，容易变形，而载荷将向上转移，使载荷分布趋于均匀。

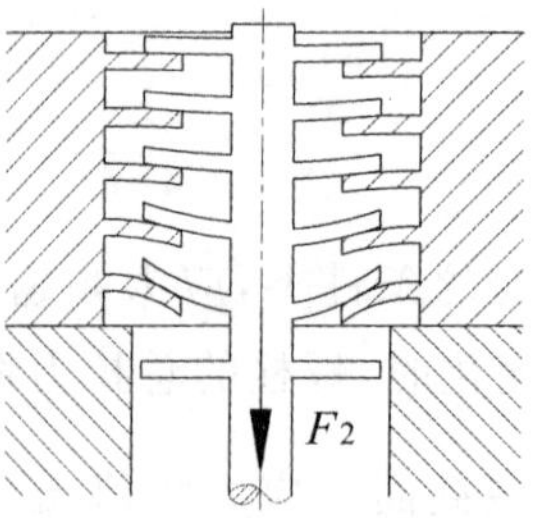

图 5.22　螺纹的变形

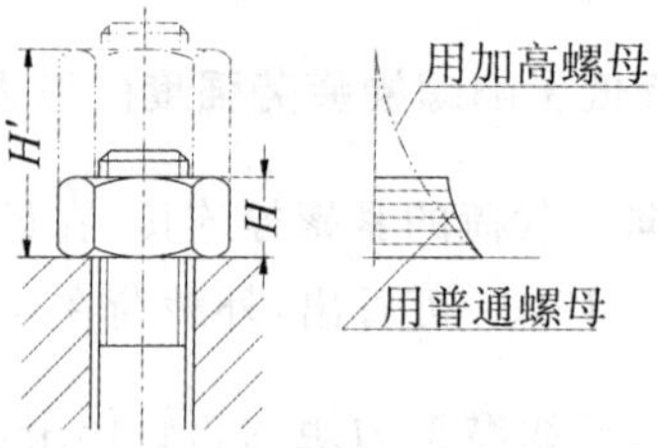

图 5.23　螺纹上的载荷分布

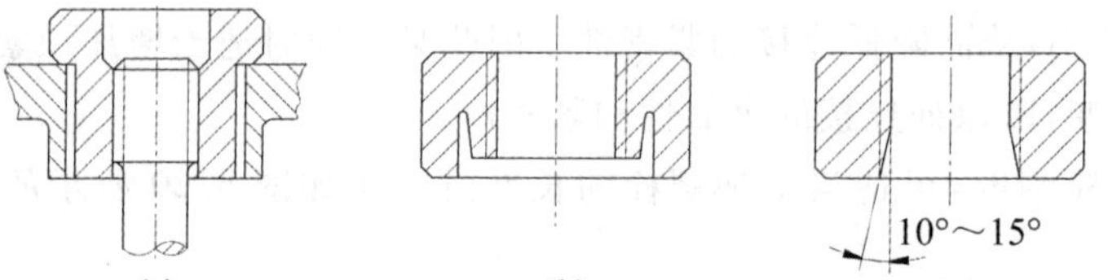

图 5.24　均载螺母

(a) 悬置螺母；(b) 环槽螺母；(c) 内斜螺母

5.7.3　避免或减小附加应力

为了避免螺栓受到附加的弯曲应力，螺母和钉头的支撑表面必须进行加工，为此，常将支撑表面制成单个凸台，锪平或采用沉头座，如图 5.25 所示(参见图 5.10)。

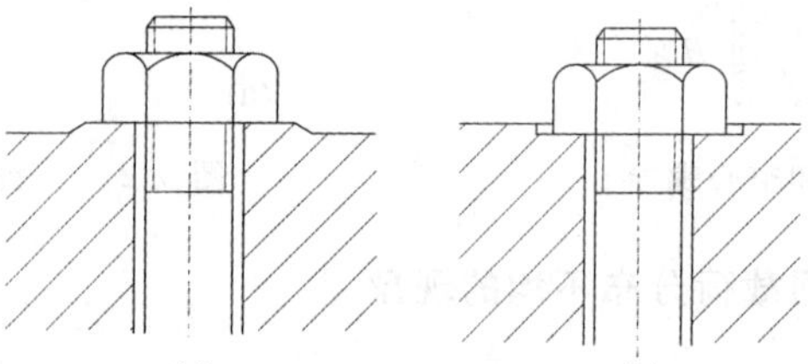

图 5.25　螺母支撑面

(a) 支撑面为凸台；(b) 支撑面为沉头座

5.7.4　减小应力集中的影响

在动载荷下，螺栓最易从应力集中严重的地方发生疲劳断裂。螺栓在螺母的支撑平面处、螺纹的收尾处及螺栓头和螺栓杆的过渡处等，都是应力集中较大的部位。为了减小应力集中的程度，可以采用如图 5.26 所示的加大圆角和卸载结构，或将螺纹收尾改为退刀槽等。图中，常取 $r=0.2d$，$r_1=0.15d$，$r_2=1.0d$，$h=0.5d$。

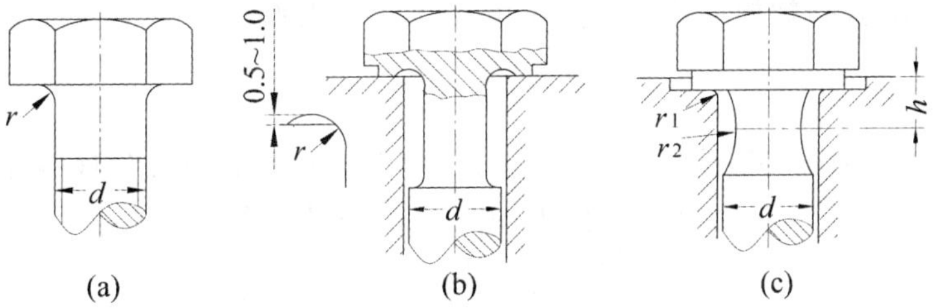

图 5.26　大圆角和卸载结构

(a) 加大圆角；(b) 卸载槽；(c) 卸载过度结构

5.7.5　采用合理的制造工艺方法

采用合理的工艺方法，也可以提高螺栓的疲劳强度。采用冷镦螺栓头部和滚压螺纹可以明显地提高螺栓的疲劳强度。冷镦和滚压工艺不但生产率高，制造费用低，而且还对材料有冷作硬化的效果，同时冷镦和滚压工艺并没有切断材料原来的纤维组织。滚压螺纹的疲劳强度可较切制螺纹的疲劳强度平均提高 30%～40%。如先经热处理后再滚压螺纹，其疲劳强度甚至可提高 70%～100%。

此外，在工艺上采用氮化、氰化等表面硬化处理，都是提高螺栓疲劳强度的有效方法。

【例题 5.1】　图 5.27 表示一液压缸盖螺栓组连接，已知缸内的工作压力 p 为 0～1.2 MPa，缸盖与缸体均为钢制，用 12 个螺栓连接，拧紧螺母时不控制预紧力，有关尺寸如图所示。试设计此紧螺栓组连接。

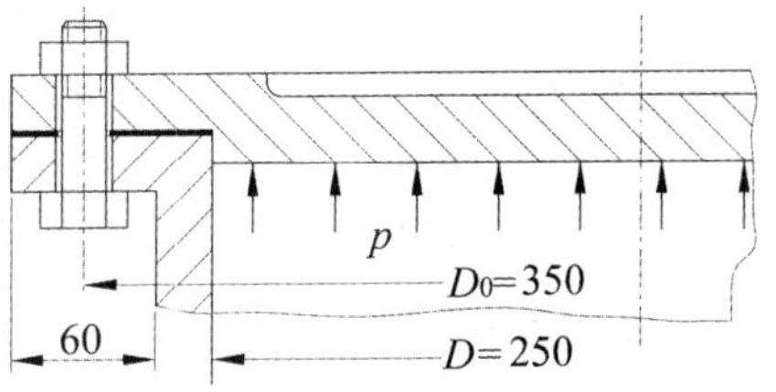

图 5.27　缸盖螺栓组连接

解　按题意可知，此为一受轴向变载荷的紧螺栓组连接，并有一定的密封性要求。

(1) 确定单个螺栓上的载荷。

设在内压 p 的作用下，各螺栓承受的外载荷均相等，则单个螺栓所受的外载荷为

$$F=\frac{p\times\frac{\pi}{4}D^2}{z}=\frac{1.2\times\frac{\pi}{4}\times250^2}{12}=4\ 908.738\ \text{N}$$

按 5.5 节所述，对有密封性要求的紧螺栓连接，可取残余预紧力为

$$F_1=1.6F=7\ 853.98\ \text{N}$$

按式(5.14)，螺栓上的总拉力 F_2 为

$$F_2 = F_1 + F = 4\ 908.738 + 7\ 853.982 = 12\ 762.72\ \text{N}$$

(2) 螺栓的强度计算。

不控制预紧力时，螺栓的许用应力可由式(5.19)求得

$$[\sigma] = \frac{\sigma_s}{S}$$

选择螺栓材料为45钢，性能等级为6.8级，由表5.4查得螺栓屈服极限 $\sigma_s = 480$ MPa；设螺栓所需公称直径 d 在 M16 ～ M30 范围内，由表5.6查得安全系数 $S = 6.5$，故螺栓许用应力为

$$[\sigma] = \frac{\sigma_s}{S} = \frac{480}{6.5} = 73.85\ \text{MPa}$$

由式(5.18)求得螺栓的计算应力及其应满足的条件为

$$\sigma_{ca} = \frac{1.3F_2}{\pi d_1^2/4} \leqslant [\sigma]$$

从上式可得

$$d_1 \geqslant \sqrt{\frac{4 \times 1.3F_2}{\pi[\sigma]}} = \sqrt{\frac{4 \times 1.3 \times 12\ 762.72}{\pi \times 73.85}} = 15.2\ \text{mm}$$

按螺纹标准第一系列取 $d_1 = 17.294$ mm，螺栓公称直径 $d = 20$ mm。

(3) 验算钉距。

由5.3节可知，对有密封性要求的压力容器，当压力 $p \leqslant 1.6$ MPa时，应取钉距 $t \leqslant 7d$，现 $z = 12$，$d = 20$ mm，则

$$t = \frac{\pi D_0}{z} = \frac{\pi \times 350}{12} = 91.6\text{mm} < 7d = 7 \times 20 = 140\ \text{mm}$$

满足密封性要求。

(4) 预紧力的计算。

为了保证连接的可靠性，必须有合适的预紧力，按连接的特点(要的密封性)，选用铜皮石棉垫片，其相对刚度 $\frac{C_b}{C_b + C_m}$ 为0.8(见表5.3)，则 $\frac{C_m}{C_b + C_m}$ 为0.2。由式(5.17)可得预紧力为

$$F_0 = F_1 + \frac{C_m}{C_b + C_m}F = 7\ 853.982 + 0.2 \times 4\ 908.738 = 8\ 835.73\ \text{N}$$

因此，为了保证连接的可靠，必须有8 836 N的预紧力。

5.8 螺旋传动

5.8.1 螺旋传动的类型和应用

螺旋传动是由螺杆和螺母组成的，在机械中应用很广。螺旋传动多用于将回转运动变为直线运动。按照使用特点，螺旋传动分为以下三类。

1) 传力螺旋。这类螺旋的作用以传力为主，如螺旋压力机、螺旋千斤顶、台钳和其他夹紧装置中用的螺旋等。其主要特点是运动速度较低，且多属间歇性工作，每次工作的时间较短。它们一般采用单头螺纹，传动效率较低，但有自锁性，能产生较大的轴向力。这类螺旋并不要

求有很高的传动精度，设计时应以强度要求为主。图 5.28 所示为螺旋千斤顶简图。

2）传导螺旋。这类螺旋以传递运动为主，最典型的如车床中的传动丝杠，如图 5.29 所示。在这种机构中，螺杆一般只作转动，螺母与刀架、溜板、工作台等固联并作直线运动。由于运动速度较高，而且多属连续性工作，磨损比较严重，因此传动效率和合理润滑是很重要的问题。为此，一般常采用多头螺纹，并且对螺杆和螺母所组成的摩擦副材料也有一定的要求。

3）调整螺旋。这类螺旋用于调节、找正并固定零部件间的相对位置，如机床刀具与加工零件间位置的调整，带传动中心距和张力的调节等，如图 5.30 所示。调整螺旋一般要求有自锁性和必要的精度，以保证定位的精确度。

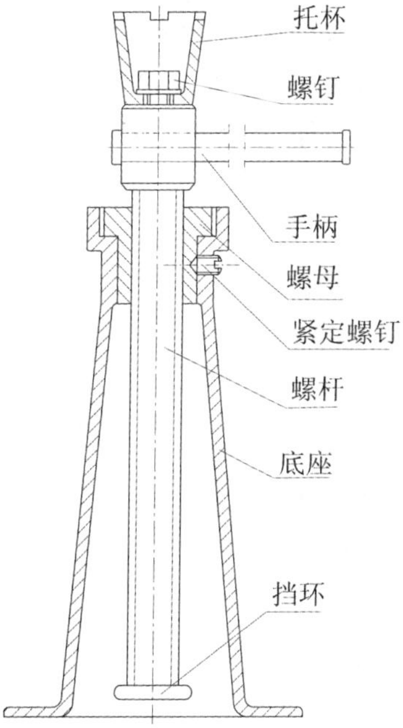

图 5.28　螺旋千斤顶

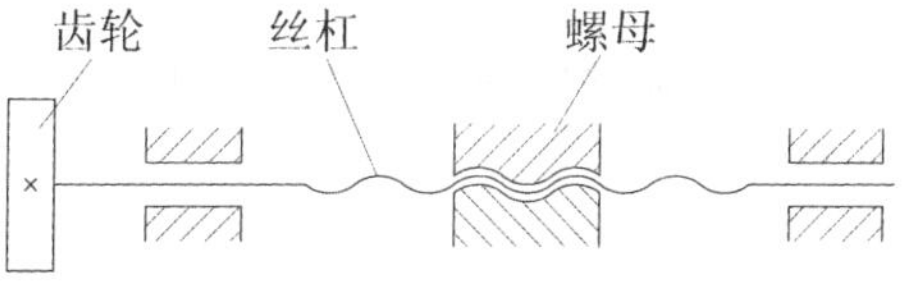

图 5.29　车床传动丝杠

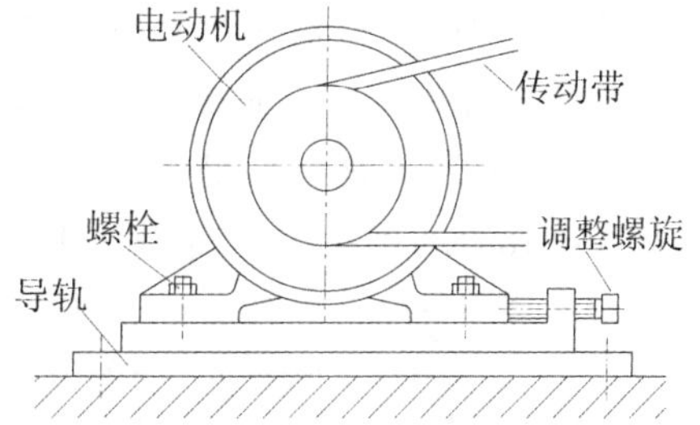

图 5.30　带传动中心距调整螺旋

按摩擦副中油膜压力形成的原理，螺旋传动可分为动压螺旋和静压螺旋。按摩擦副的性质又可分为滑动螺旋与滚动螺旋。滑动螺旋结构简单，制造成本低，应用最普遍。滚动螺旋和静压螺旋摩擦小，传动效率高，但结构复杂，制造成本高，只用于高精度和高效率的重要传动中。

螺旋副的螺纹有矩形、梯形和锯齿形，以梯形螺纹应用最广。

5.8.2　螺旋副的材料

螺杆材料应具有较高的强度和良好的加工性，螺母材料除要有足够的强度外，还要求在与螺杆材料配合时要有较低的摩擦因数和耐磨性。因此，设计时必须考虑到螺杆和螺母材料的匹配性。螺杆一般用钢材制造，螺母则用青铜等强度稍低的材料制成，因螺母磨损后容易更换，且制造成本低。

在一般传动中，若受力不大，且转速较低时，螺杆可选用中碳钢，如 Q275，45 钢，50 钢等制造。对重载、高速等重要传动，螺杆常选用 40Cr，65Mn，T12 等钢材，还需经过热处理。精密传导螺旋常用 9Mn2V，38CrMoAl 等合金钢，并经过热处理以提高其耐磨性和尺寸的稳定性。

在不重要的情况下，螺母可用铸铁制造。传动螺旋的螺母多采用耐磨性好、强度适中的铸锡青铜 ZCuSn10P1 和 ZCuSn5Pb5Zn5 制造。在重载低速情况下，可采用强度较高的铸铝青铜 ZCuAl10Fe3 制造。对于尺寸较大的高速传动，为了节约有色金属，也可以用钢或铸铁壳体上浇注青铜或轴承合金的双金属螺母。

5.8.3 设计计算

在进行设计计算时，应根据具体的工作条件及可能的失效情况，选择相应的计算准则，逐项进行计算。由于螺纹牙间的压力和滑动速度都比较大，因而通常是先根据耐磨性进行计算，初步确定出螺旋副的基本尺寸，如螺杆的直径和螺母的厚度等，然后再按照具体情况进行其他项目的验算。

1. 耐磨性计算

螺旋传动的耐磨性与工作表面上的压力 p，滑动速度 v，表面粗糙度及润滑状态等都有关系。在一般加工和润滑条件下，可只检验螺纹工作面上的压力，以避免形成过度的磨损。

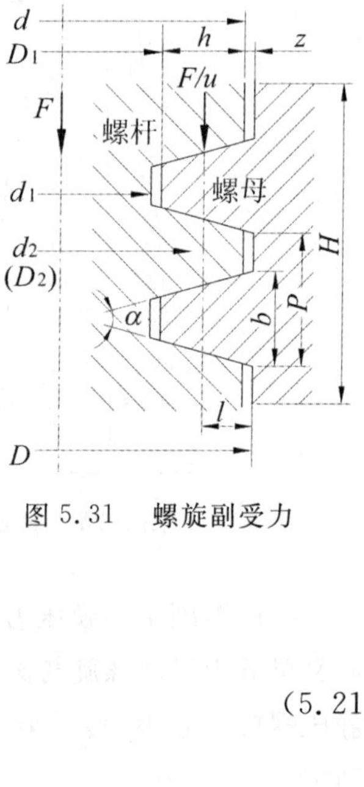

图 5.31 螺旋副受力

如图 5.31 所示，假设作用在螺纹工作表面上的轴向力 F 平均分配在各面螺纹上。如螺母的厚度为 H，圈数为 n，中径为 d_2，螺纹牙工作高度为 h，螺距为 P。螺纹工作面的总投影面积为 $A=\pi d_2 hn$，则压力 p 可由下式计算：

$$p=\frac{F}{A}=\frac{F}{\pi d_2 hn}=\frac{FP}{\pi d_2 hH}\leqslant [p] \tag{5.20}$$

当有关几何尺寸已知时，可用式(5.20)进行校核计算。

为了导出设计计算式，设 $\xi=\frac{H}{d_2}$，则 $H=\xi d_2$，代入式(5.20)可得

$$d_2\geqslant\sqrt{\frac{FP}{\pi h\xi[p]}} \tag{5.21}$$

对矩形和梯形螺纹，$h=0.5P$，有

$$d_2\geqslant 0.8\sqrt{\frac{F}{\xi[p]}} \tag{5.21a}$$

对锯齿形螺纹，$h=0.75P$，有

$$d_2\geqslant 0.65\sqrt{\frac{F}{\xi[p]}} \tag{5.21b}$$

对于整体螺母，因磨损后不能调整，螺纹工作圈数不宜太多，可取 ξ 为 1.2～1.5。对于剖分式螺母可取 ξ 为 2.5～3.5。只有当制造精度较高、载荷较大且要求使用寿命较长时，才取 $\xi=4$。许用压力 $[p]$ 见表 5.7。

表 5.7　滑动螺旋副材料的许用压力[p]

螺杆-螺母材料	滑动速度 $v/(\mathrm{m\cdot min^{-1}})$	$[p]/\mathrm{MPa}$
钢-青铜	低速	8 ～ 25
	≤ 3.0	11 ～ 18
	6 ～ 12	7 ～ 10
	＞ 15	1 ～ 2
淬火钢 - 青铜	6 ～ 12	10 ～ 13
钢-铸铁	＜ 2.4	13 ～ 18
	6 ～ 12	4 ～ 7

注：表中的值适合于 ξ 为 2.5 ～ 4 的情况，当 $\xi < 2.5$ 时，$[p]$ 值可提高 20%，对于剖分式螺母，$[p]$ 应降低 15% ～ 20%

按上式算出 d_2 后，即可由螺纹标准数据表中查得公称直径 d，螺纹圈数一般小于 10。对自锁性螺旋，还需进行自锁条件的验算，即 $\psi < \rho_v$。ψ 为螺纹的升角，ρ_v 为当量摩擦角。

$$\rho_v = \arctan \frac{f}{\cos \frac{\alpha}{2}} = \arctan f_v$$

式中　α —— 螺纹的牙型角；

f_v —— 螺旋副的当量摩擦因数；

f —— 摩擦因数，见表 5.8。

表 5.8　滑动螺旋副的摩擦因数 f

螺杆-螺母材料	f
钢-青铜	0.08 ～ 0.10
淬火钢-青铜	0.06 ～ 0.08
钢-钢	0.11 ～ 0.17
钢-铸铁	0.12 ～ 0.15

注：启动时取大值，运转中取小值

2. 螺杆的强度验算

螺杆在工作时同时承受轴向压力和扭矩，故一般应用第四强度理论验算其危险剖面的强度，即 $\sigma_{ca} = \sqrt{\sigma^2 + 3\tau_T^2} \leqslant [\sigma]$。其中，正应力 $\sigma = \frac{F}{A} = \frac{F}{\pi d_1^2/4}$(MPa)，扭转剪应力 $\tau_T = \frac{T}{W_T}$，扭矩 $T = \frac{d_2}{2} F\tan(\psi + \rho_v)$，抗扭剖面模量 $W_T = \frac{\pi}{16} d_1^3 = A\frac{d_1}{4}$，式中各符号所代表的意义同前。由以上关系可求得

$$\sigma_{ca} = \frac{1}{A}\sqrt{F^2 + 3\left(\frac{4T}{d_1}\right)^2} \leqslant [\sigma] \quad \mathrm{MPa} \tag{5.22}$$

对于钢制螺杆，许用应力可取$[\sigma]$为 50 ～ 80 MPa。

3. 螺纹牙的强度验算

螺母材料的强度一般比螺杆低，故只对螺母螺纹牙进行验算。一般是验算牙根处的剪切和弯曲强度，如图 5.32 所示。

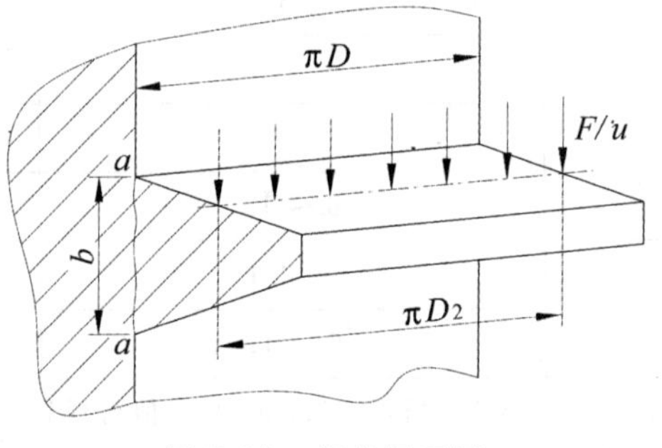

图 5.32　螺纹展开图

牙根危险剖面的剪切强度条件式为

$$\tau=\frac{F}{\pi Dbn}\leqslant[\tau] \tag{5.23}$$

牙根危险剖面的弯曲强度条件式为

$$\sigma_b=\frac{M}{W}\leqslant[\sigma_b]$$

式中，弯曲力矩 $M=\frac{F}{n}l$；抗弯剖面模量 $W=\frac{\pi Db^2}{6}$。

若取 $l\approx h/2$，则上式可简化为

$$\sigma_b=\frac{3Fh}{\pi Db^2 n}\leqslant[\sigma_b] \tag{5.24}$$

式中　b——螺纹根部的厚度，对矩形螺纹取$b=0.5P$，对梯形螺纹，取$b=0.65P$，对锯齿形螺纹，取 $b=0.75P$；

$[\sigma_b]$——螺母的许用应力，对铸铁螺母取$[\sigma_b]$为 45 ～ 55 MPa，$[\tau]=40$ MPa；对青铜螺母取$[\sigma_b]$为 40 ～ 60 MPa，$[\tau]$为 30 ～ 40 MPa。

4. 螺杆的稳定性验算

对于长径比较大的螺杆，当轴向压力 F 大于某一临界值 F_c 时，螺杆就可能突然发生侧向弯曲而失稳，因此必须进行稳定性验算，其条件为

$$S_{sc}=\frac{F_c}{F}\geqslant S_s \tag{5.25}$$

式中　S_{sc}——稳定性验算安全系数；

S_s——稳定性许用安全系数，对于传力螺旋，取 S_s 为 3.5 ～ 5；对于传导螺旋，取 S_s 为 2.5 ～ 4；对于精密螺杆和水平安置的螺杆，取 $S_s>4$；

F_c——螺杆的临界压力，与螺杆的柔度 λ_s 有关。

$$\lambda_s=\frac{\mu l}{i}$$

式中　μ——螺杆的长度系数，与螺杆的端部支撑有关(对于千斤顶，螺杆可视为一端固定、

一端自由的压杆，取 $\mu=2$；对于螺旋压力机，可视为一端铰支、一端不完全固定的压杆，取 $\mu=0.7$；对于传导螺旋，可视为两端铰支，取 $\mu=1$)；

i—— 螺杆危险剖面的惯性半径，$i=\sqrt{I/A}=\frac{d_1}{4}$，$I$ 为危险剖面的惯性矩，$I=\frac{\pi d_1^4}{64}$，A 为危剖面的面积，$A=\frac{\pi d_1^2}{4}$；

l—— 螺杆的工件长度，从与螺母旋合部分的中点算起。

当 $\lambda_s\geqslant 100$ 时，临界压力 F_c 按欧拉公式进行计算，即

$$F_c=\frac{\pi^2 EI}{(\mu l)^2} \tag{5.26}$$

式中，E 为螺杆材料的拉压弹性模量，$E=2.06\times10^5$ MPa。

当 $\lambda_s<100$ 时，对于强度极限 $\sigma_B\geqslant 380$ MPa 的普通碳素钢，如 Q235，Q275 等，F_c 按下式计算：

$$F_c=(304-1.12\lambda_s)\frac{\pi}{4}d_1^2 \tag{5.27}$$

对于强度极限 $\sigma_B\geqslant 480$ MPa 的优质碳素钢，如 35 ~ 50 钢，F_c 按下式计算：

$$F_c=(461-2.57\lambda_s)\frac{\pi}{4}d_1^2 \tag{5.28}$$

当 $\lambda_s<40$ 时，不需要进行稳定性计算，若不符合稳定性要求，应适当增大螺杆的小径 d_1，重新进行验算。

5.9　滚动螺旋传动简介

滚动螺旋传动的摩擦性质为滚动摩擦，其突出优点是摩擦及磨损小，传动效率高（高达 90% 以上），传动精度高，工作寿命长等。但其结构比较复杂，制造成本高。目前其主要用于要求高效率和高精度的航空、汽车、精密机床等制造业中。

滚动螺旋可分为滚子螺旋和滚珠螺旋两类。由于滚子螺旋的制造工艺复杂，故应用较少。下面简要地介绍滚珠螺旋传动。

滚珠螺旋传动是在具有螺旋槽的螺杆和螺母之间，连续填装滚珠（钢球）作为滚动体的螺旋传动，其工作原理如图 5.33 所示。滚珠螺旋中的滚珠是通过一定的循环方式实现连续工作的。滚珠在运动过程中，通过离开螺旋滚道所实现的循环，称为外循环，如图 5.33(a) 所示。若在运动过程中，滚珠始终没有离开螺旋滚道所实现的循环，则称为内循环，如图 5.33(b) 所示。如图 5.33(a) 所示的外循环是通过外接弯管实现滚珠的循环。一个滚珠螺旋可以只有一个循环回路，但为了缩短回路滚道的长度，也可在一个滚珠螺旋中设置多个回路。如图 5.33(b) 所示的内循环是通过螺母中的反向器实现滚珠的循环。一个反向器可实现一圈滚珠的循环回路。一个滚珠螺旋螺母常装配 2 ~ 4 个反向器，所以内循环滚珠螺旋中常有 2 ~ 4 个封闭循环回路。

目前，滚珠螺旋已经形成了许多类型的产品系列，使用时可以查阅相应的产品目录。

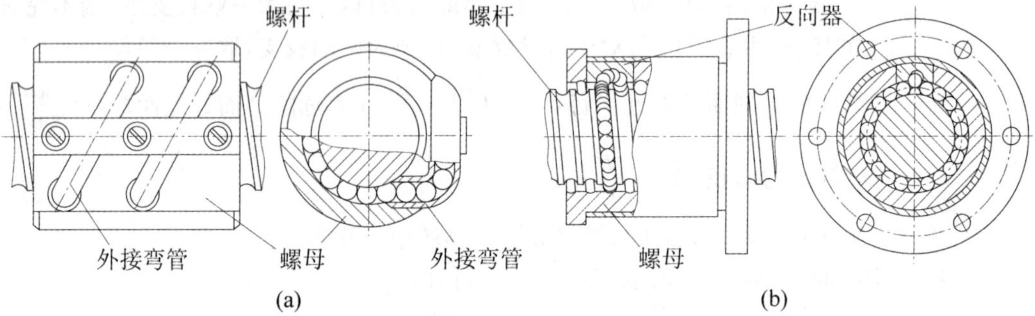

图 5.33　滚珠螺旋

(a) 外循环滚动螺旋；(b) 内循环滚动螺旋

习　题

5.1　何谓螺纹的大径、中径和小径？它们分别用于什么场合？

5.2　螺栓连接、双头螺柱连接、螺钉连接的主要区别是什么？它们的应用场合有何不同？

5.3　普通螺栓连接和铰制孔用螺栓连接的结构有何不同？主要失效形式和设计准则是什么？

5.4　螺纹连接预紧的目的是什么？如何控制预紧力？

5.5　连接螺纹能满足自锁条件，为什么在设计螺纹连接时还要考虑防松问题？在可拆卸的防松措施中哪类工作可靠？为什么？

5.6　紧螺栓连接所受轴向变载荷在 $0\sim F$ 之间变化，当预紧力 F_0 一定时，改变螺栓或被连接件的刚度，对螺栓连接的疲劳强度和连接的紧密性有何影响？

5.7　螺旋传动按使用特点的不同可分为哪几类？试举例说明其应用场合。

5.8　某普通螺栓连接，螺栓公称直径为 M20，性能等级为 4.8 级。试求；

(1) 当承受轴向变载荷并控制预紧力时，其预紧力 F_0 最大为多少？

(2) 若连接承受横向拉力，有一个贴合面，摩擦因数 $f=0.15$，则可能承受的横向载荷为多少(按单个螺栓计算)？

5.9　一普通螺栓连接，螺栓的刚度为 C_b，被连接件的刚度为 C_m。如果 $C_m=8C_b$，预紧力 $F_0=1\ 000$ N，轴向外载荷 $F=1\ 100$ N，试求螺栓所受的总拉力和被连接件中的残余预紧力。

5.10　在图 5.34 中，用 4 个 M16 普通螺栓，其许用应力 $[\sigma]=160$ MPa，贴合面的摩擦因数 $f=0.15$。求该螺栓组所能承受的横向静载荷。

5.11　图 5.35 所示的联轴器，有 6 个沿圆周均布的 M12 铰制孔用螺栓，用以传递两半联轴器之间的转矩，若螺栓性能等级为 5.6 级，载荷平稳，联轴器的材料为 HT250。试计算该连接所能传递的转矩。

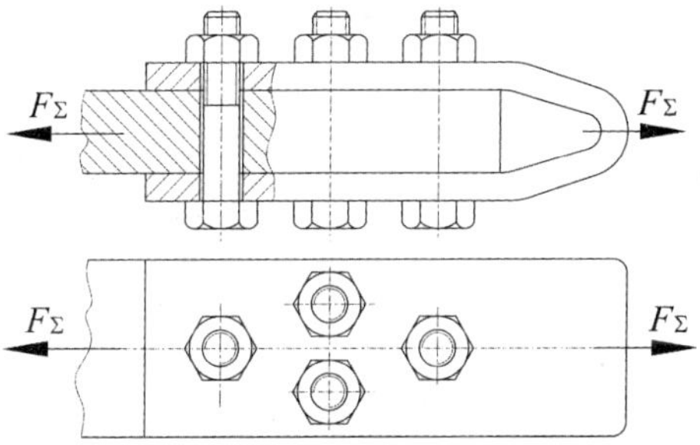

图 5.34　题 5.10 图

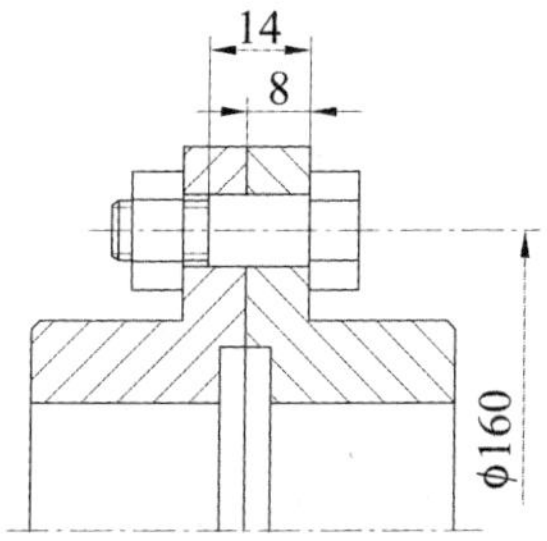

图 5.35　题 5.11 图

5.12　图 5.36 所示为一方形盖板，用 4 个螺栓与机体连接。盖板中心点的吊环受到垂直于盖板的静拉力 $F_\Sigma=6\ 000$ N，螺栓性能等级为 4.6 级，残余预紧力取为拉力的 0.6 倍，不控制预紧力，试决定该连接所需螺栓的直径。

5.13　图 5.37 所示的连接中有三个铰制孔用螺栓，螺栓性能等级为 5.6 级，被连接件的材料为 Q235 钢，在距螺栓组的公共中心线为 200 mm 的右侧作用有静载荷 $F_\Sigma=12$ kN，试确定螺栓的公称直径。

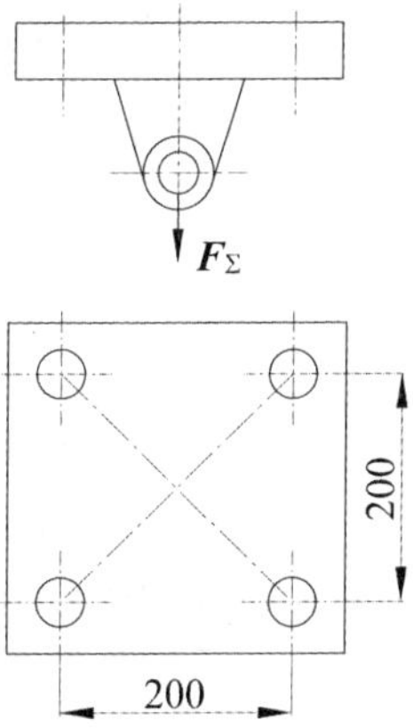

图 5.36　题 5.12 图

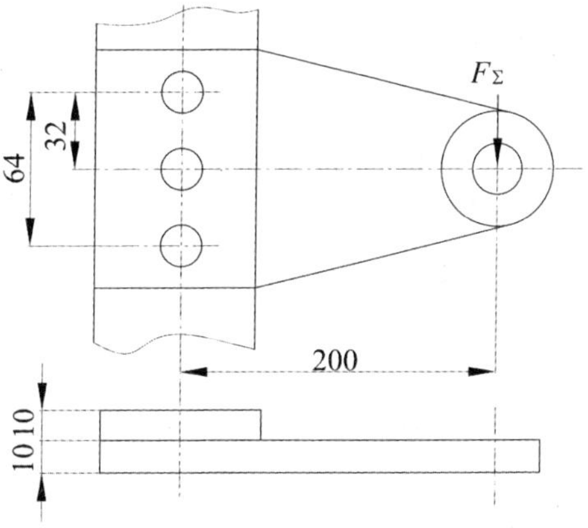

图 5.37　题 5.13 图

5.14　图 5.38 所示为用两只普通螺栓将剖分轮毂夹紧在轴上，剖分面间留有间隙，以便拧紧螺母后，轮毂能将轴夹紧。利用夹紧表面间的压力在工作时所产生的摩擦力矩来传递扭矩。若外力矩为 60 N·m，螺栓性能等级为 4.8 级，夹紧表面间的摩擦因数 $f=0.15$，不控制预紧力，有关尺寸如图所示。试确定螺栓的直径，

5.15　一升降机构承受的载荷 F 为 100 kN，采用梯形螺纹，其参数为 $d=70$ mm，$d_2=65$ mm，$P=10$ mm，螺旋线数 $n=4$。下部采用推力球轴承，升降台上下移动由滚动导轨导向，因摩擦很小，故忽略不计，具体情况如图 5.39 所示，试计算：

(1) 若螺纹间的摩擦因数 $f=0.1$，求工作台稳定上升时的传动效率；

(2) 当工作台稳定上升时，加于螺杆上的力矩；

(3) 当工作台以 800 mm/min 的速度上升时，在稳定运转条件下螺杆的转速和所需的功率；

(4) 欲使工作台在载荷 F 的作用下等速下降，是否需要制动装置？加于螺杆上的制动力

矩应为多少?

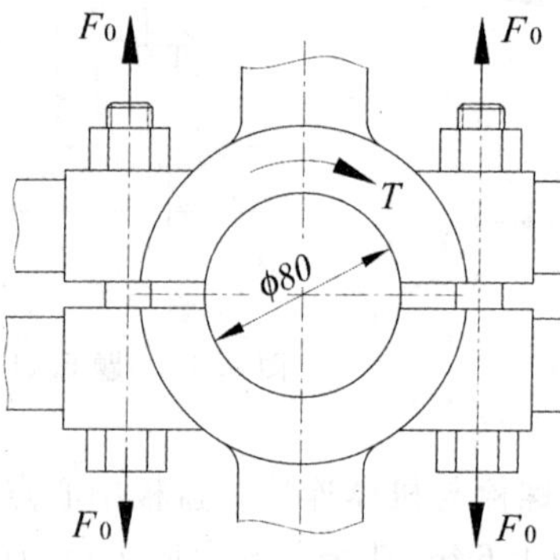

图 5.38　题 5.14 图

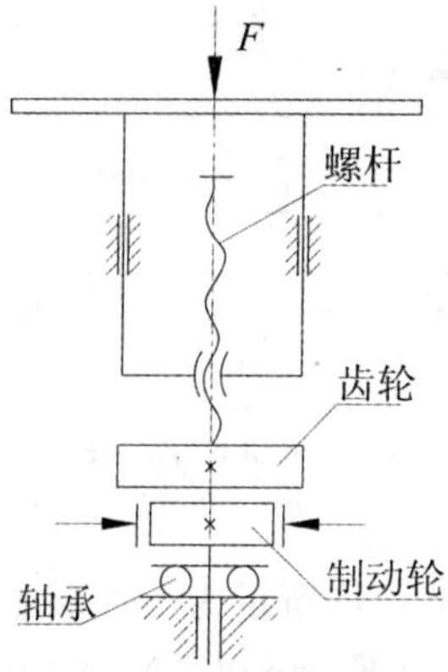

图 5.39　题 5.15 图

5.16　试指出图 5.40 所示螺纹连接结构中的不合理之处,并将其改正。

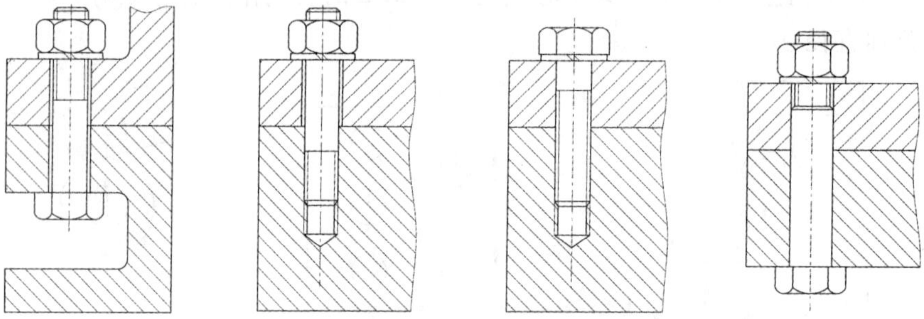

图 5.40　题 5.16 图

(a) 普通螺栓连接；(b) 双头螺柱连接；(c) 螺钉连接；(d) 铰制孔用螺栓连接

第6章　带　传　动

6.1　概　　述

带传动一般由小带轮1,大带轮2和传动带3组成(见图6.1)。利用带与带轮之间的摩擦或啮合,可将运动从小带轮传递到大带轮(减速传动)或从大带轮传递到小带轮(增速传动)。带传动中心距变化范围大,结构简单,价格低廉,缓冲和吸振,传动平稳,无噪声,在近代机械中应用广泛。

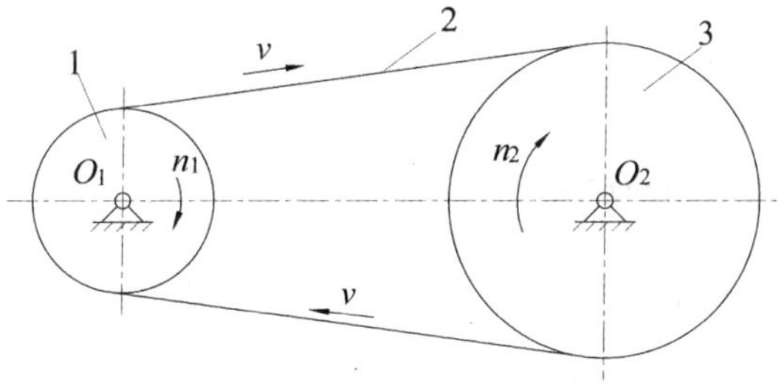

图6.1　带传动机构运动简图

6.1.1　带传动的类型

带传动可分为摩擦型带传动(见图6.2)和啮合型带传动(见图6.3)。

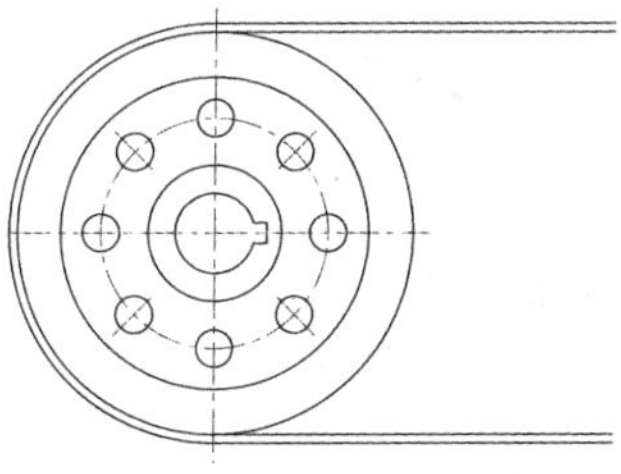

图6.2　摩擦型带传动示意图

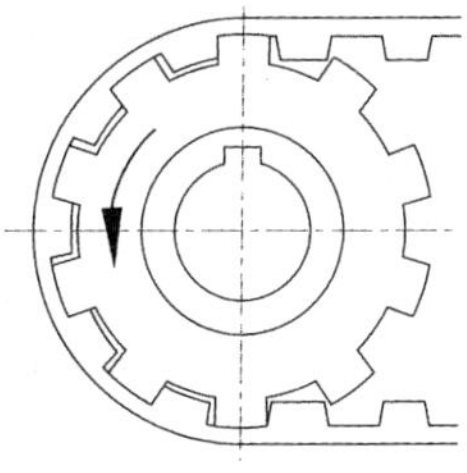

图6.3　啮合型带传动示意图

1. 摩擦型带传动

摩擦型带传动分为平带传动(见图6.4(a))、圆带传动(见图6.4(b))、V带传动(见图6.4(c))和多楔带传动(见图6.4(d))。

平带容易弯曲,圆带容易安装调整。V带的横截面为等腰梯形,侧面为其工作面,能产生更大的摩擦力。多楔带兼有平带容易弯曲和 V 带摩擦力大的优点。

摩擦型带传动不能保证稳定的传动比，过载时有打滑现象(可利用其作为过载保护作用)，外廓尺寸大，带的寿命较短，传动效率低。

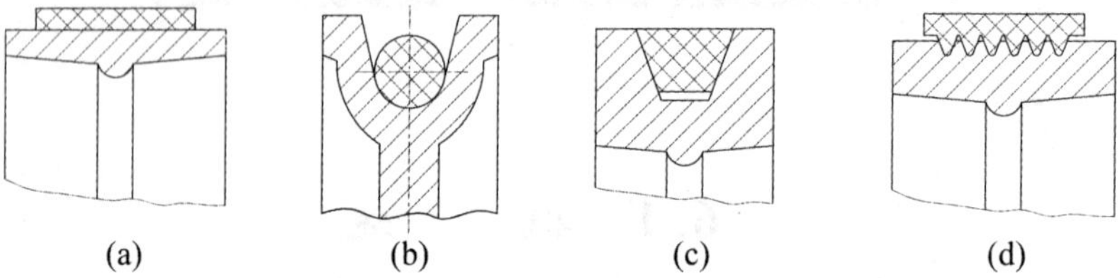

图 6.4 摩擦型带传动的几种类型

(a)平带传动； (b)圆带传动； (c)V 带传动； (d) 多楔带传动

2. 啮合型带传动

啮合型带传动也称为同步带传动，它依靠带和带轮上的齿的啮合来传递运动。同步带传动结构紧凑，传动比稳定，效率较高，应用日益广泛。但带和带轮的制造费用较高。

本章将只讨论摩擦型带传动的工作原理和设计方法。

6.1.2 V 带的类型、结构和标准

V 带有普通 V 带、窄 V 带和齿形 V 带等多种类型，其中普通 V 带的应用较广，故本章将重点讨论普通 V 带的设计方法。其他类型的 V 带传动设计可参阅有关标准。

普通 V 带有包边 V 带(见图 6.5(a))和切边 V 带(见图 6.5(b))之分。普通 V 带由胶帆布 1、顶胶 2、芯绳 3 和底胶 4 组成。芯绳是普通 V 带的强力层，起到承受拉伸载荷的作用。芯绳的材料可采用化学纤维和棉织物，前者承载能力较大。

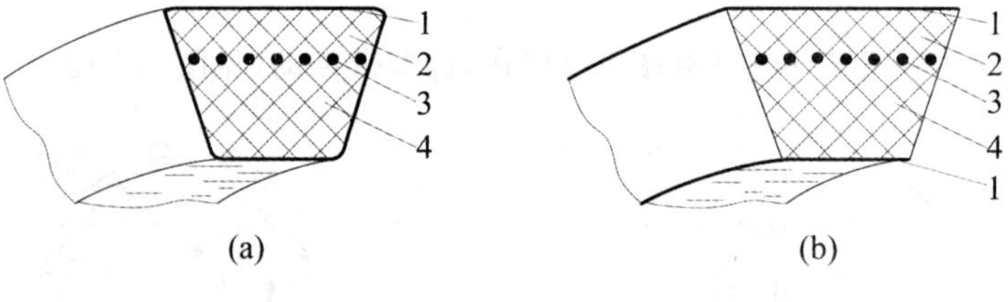

图 6.5 普通 V 带的结构

(a)普通包边 V 带； (b) 普通切边 V 带

普通 V 带以基准宽度来规定带的型号和带轮的大小。基准宽度就是带在弯曲变形时，带中几何尺寸保持不变的宽度，也称为节宽 b_p。依据节宽可将普通 V 带分为 Y,Z,A,B,C,D,E 等 7 个型号(见表 6.1)。带轮上轮槽宽度等于节宽处的直径为带轮的基准直径 d_d。将带套在规定尺寸的测量带轮上，在规定的张紧力下，沿节宽所在位置测量得到的带长为带的基准长度 L_d(见表 6.2)。

表 6.1　普通 V 带的截面尺寸(GB/T 13575.1—2008)　　单位:mm

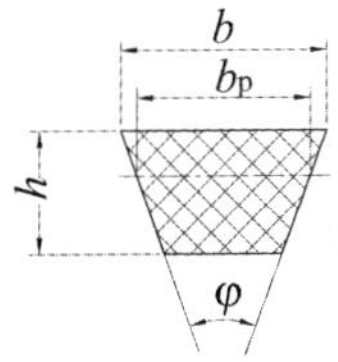

型号	节宽 b_p	顶宽 b	高度 h	楔角 φ
Y	5.3	6.0	4.0	40°
Z	8.5	10.0	6.0	
A	11.0	13.0	8.0	
B	14.0	17.0	11.0	
C	19.0	22.0	14.0	
D	27.0	32.0	19.0	
E	32.0	38.0	23.0	

注:h/b_p 称为带的相对高度

表 6.2　V 带的基准长度 L_d 与带长修正系数 K_L(GB/T 13575.1—2008)

Y		Z		A		B		C		D		E	
L_d/mm	K_L	L_d/mm	K_L	L_d/mm	K_L	L_d/mm	K_L	L_d/mm	K_L	L_d/mm	K_L	L_d/mm	K_L
200	0.81	405	0.87	630	0.81	930	0.83	1 565	0.82	2 740	0.82	4 660	0.91
224	0.82	475	0.90	700	0.83	1 000	0.84	1 760	0.85	3 100	0.86	5 040	0.92
250	0.84	530	0.93	790	0.85	1 100	0.86	1 950	0.87	3 330	0.87	5 420	0.94
280	0.87	625	0.96	890	0.87	1 210	0.87	2 195	0.90	3 730	0.90	6 100	0.96
315	0.89	700	0.99	990	0.89	1 370	0.90	2 420	0.92	4 080	0.91	6 850	0.99
355	0.92	780	1.00	1 100	0.91	1 560	0.92	2 715	0.94	4 620	0.94	7 650	1.01
400	0.96	920	1.04	1 250	0.93	1 760	0.94	2 880	0.95	5 400	0.97	9 150	1.05
450	1.00	1080	1.07	1 430	0.96	1 950	0.97	3 080	0.97	6 100	0.99	12 230	1.11
500	1.02	1330	1.13	1550	0.98	2 180	0.99	3 520	0.99	6 840	1.02	13 750	1.15
		1 420	1.14	1 640	0.99	2 300	1.01	4 060	1.02	7 620	1.05	15 280	1.17
		1 540	1.54	1 750	1.00	2 500	1.03	4 600	1.05	9 140	1.08	16 800	1.19
				1 940	1.02	2 700	1.04	5 380	1.08	10 700	1.13		
				2 050	1.04	2 870	1.05	6 100	1.11	12 200	1.16		
				2 200	1.06	3 200	1.07	6 815	1.14	13 700	1.19		
				2 300	1.07	3 600	1.09	7 600	1.17	15 200	1.21		
				2 480	1.09	4 060	1.13	9 100	1.21				
				2 700	1.10	4 430	1.15	10 700	1.24				
						4 820	1.17						
						5 370	1.20						
						6 070	1.24						

6.2 带传动工作情况分析

6.2.1 带传动的受力分析

下面以摩擦型减速带传动为例，分析带传动工作时各力之间的关系。

带传动在工作前，传动带以一定的初拉力 F_0（也即张紧力）张紧在带轮上，如图 6.6(a) 所示。

带传动工作时，带一边拉紧，一边放松。紧边拉力为 F_1，松边拉力为 F_2（见图 6.6(b)）。一般认为带的总长度近似保持不变，则有下式成立：

$$F_1 + F_2 = 2F_0 \tag{6.1}$$

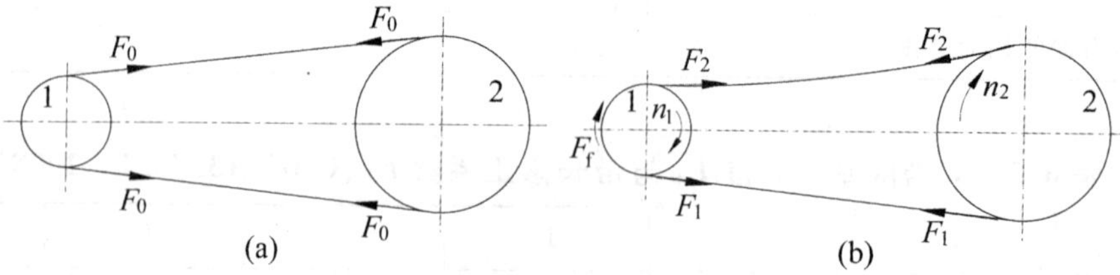

图 6.6 减速带传动的工作原理

(a) 不工作时； (b) 工作时

取与带轮接触的传动带为分离体（见图 6.7），那么根据传动带上诸力对带轮中心的力矩平衡条件可得

$$F_f = F_1 - F_2 \tag{6.2}$$

式中，F_f 为传动带工作面上的总摩擦力的大小，N。

带传动需要传递的力称为有效拉力，可用下式求得：

$$F_e = \frac{1\ 000 \times P}{v} \tag{6.3}$$

式中 F_e —— 带传动的有效拉力，N，相当于加在带传动上的负载；

P —— 带传动传递的功率，kW；

v —— 带速，m/s。

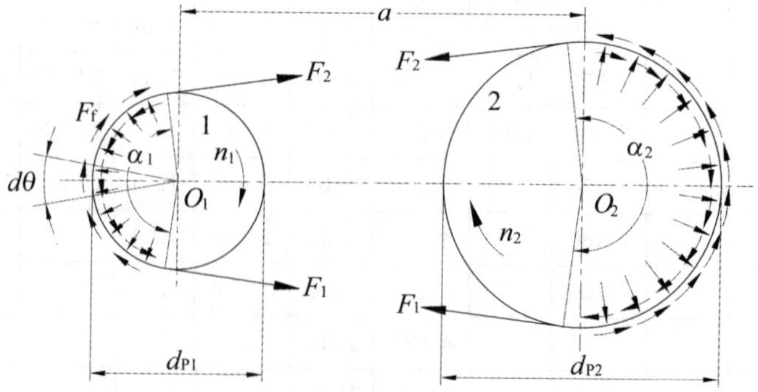

图 6.7 减速带传动的传动带受力分析

带传动正常工作时，传动带工作表面上的总摩擦力 F_f 等于有效拉力 F_e，结合式(6.2)有

$$F_e = F_f = F_1 - F_2 \tag{6.4}$$

在初拉力 F_0，紧边拉力 F_1，松边拉力 F_2 和有效拉力 F_e 这四个力中，只有两个是独立的。因此，由式(6.1)和式(6.4)可得

$$\left.\begin{aligned} F_1 &= F_0 + \frac{F_e}{2} \\ F_2 &= F_0 - \frac{F_e}{2} \end{aligned}\right\} \tag{6.5}$$

显然，在带传动按初拉力 F_0 张紧后，若承受了负载 F_e，则正常工作时的紧边拉力 F_1 与松边拉力 F_2 可由式(6.5)确定。

6.2.2　带传动的最大有效拉力

摩擦式的带传动是由摩擦力来传递负载的，由于带与带轮间能产生的摩擦力总是有限的，所以带传动能传递的负载也是有限的。带传动传递负载的极限值可用最大有效拉力 F_{ec} 表示。根据理论推导(参见文献[2])，F_{ec} 可由式(6.6)所示的欧拉公式计算。

$$F_{ec} = 2F_0 \frac{e^{f_v \alpha} - 1}{e^{f_v \alpha} + 1} \tag{6.6}$$

式中　f_v —— 带与带轮间的当量摩擦因数；

α —— 带在带轮上的包角，rad，$\alpha = \min(\alpha_1, \alpha_2)/57.3° = \alpha_1/57.3°$。

$$\alpha_1 \approx 180° - \frac{d_{d2} - d_{d1}}{a} \times 57.3°,\ \alpha_2 \approx 180° + \frac{d_{d2} - d_{d1}}{a} \times 57.3° \tag{6.7}$$

式中　α_1, α_2 —— 分别为带在小带轮和大带轮上的包角，(°)(见图6.7)；

d_{d1}, d_{d2} —— 分别为小带轮和大带轮的基准直径，mm。

带传动的承载能力取决于最大有效拉力 F_{ec}，由式(6.6)，可以得出以下分析结论。

1) 较大的初拉力 F_0 将提供较大的 F_{ec}。在不打滑的前提下，为使带传动具有一定的承载能力，带必须具有足够的张紧力。但带又不宜张得过紧，否则会降低其疲劳寿命。

2) 较大的当量摩擦因数 f_v 将提供较大的 F_{ec}。例如，以具有较大当量摩擦因数的V带传动代替平带传动，可有效提高带传动承载能力。

3) 较大的包角 α 将提供较大的 F_{ec}。在设计带传动时，应设法提高带与带轮间的包角。

6.2.3　带的应力分析

带传动工作时的应力有拉应力、弯曲应力和离心拉应力。

1. 拉应力

拉应力有紧边拉应力 σ_1 和松边拉应力 σ_2。

$$\sigma_1 = \frac{F_1}{A},\quad \sigma_2 = \frac{F_2}{A} \tag{6.8}$$

式中，A 为传动带的横截面积，mm^2，可由表6.1中的数据经计算得到。

2. 弯曲应力

传动带绕在带轮上时，在带中要引起弯曲应力 σ_{b1} 和 σ_{b2}。

$$\sigma_{b1} \approx E\frac{h}{d_{d1}},\quad \sigma_{b2} \approx E\frac{h}{d_{d2}} \tag{6.9}$$

式中　h—— 传动带的高度，mm，见表 6.1；

　　　E—— 传动带的弹性模量，MPa。

小带轮上的弯曲应力 σ_{b1} 大于大带轮上的弯曲应力 σ_{b2}。

3. 离心拉应力

当带随着带轮作圆周运动时，存在于带中的迫使带作圆周运动的力称为离心拉力。

因离心拉力而产生的离心拉应力 σ_c 为

$$\sigma_c = \frac{qv^2}{A} \tag{6.10}$$

式中　q—— 传动带单位长度的质量，kg/m，见表 6.3；

　　　v—— 带的线速度，m/s。

图 6.8 所示为减速带传动工作时的应力分布情况。带中的最大应力发生在带的紧边开始绕上小带轮处，该最大应力可近似地表示为

$$\sigma_{max} \approx \sigma_1 + \sigma_{b1} + \sigma_c \tag{6.11}$$

若为增速带传动，应力分布图与图 6.8 类似，最大应力也用式(6.11)计算。

表 6.3　V 带单位长度的质量(GB/T 13575.1—2008)　　单位：$kg \cdot m^{-1}$

带型	Y	Z	A	B	C	D	E
q	0.023	0.060	0.105	0.170	0.300	0.630	0.970

由图 6.8 可见，带在运动过程中，带上某点的应力要发生变化。在带工作一定的时间之后，将会因为疲劳而发生断裂。

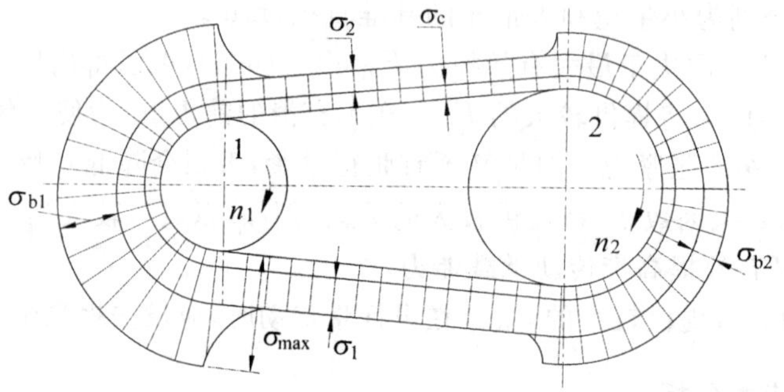

图 6.8　减速带传动工作时的带中应力分布

6.2.4　带的弹性滑动和打滑

减速带传动正常工作时，带与带轮没有明显的相对滑动，但因带的弹性变形，使得带相对于带轮会出现微小的相对运动。在小带轮上，顺着带的运动方向，带中的拉力从紧边拉力 F_1 逐渐降低到松边拉力 F_2，带的弹性变形量逐渐减少，带相对于小带轮向后退缩，带的速度低于小带轮的线速度 v_1；在大带轮上，顺着带的运动方向，带的拉力从松边拉力 F_2 逐渐上升为紧边拉力 F_1，带的弹性变形量逐渐增加，带相对于大带轮向前伸长，带的速度高于大带轮的线速度 v_2。增速带传动与此相反。

由于带的弹性变形而引起的带与带轮间的微量滑动，称为带传动的弹性滑动。既然传动中总有紧边和松边，那么弹性滑动也就无法避免。在减速带传动中，带的弹性滑动导致大带轮的线速度 v_2 低于小带轮的线速度 v_1。带轮线速度这种变化通常用滑动率 ε 来评价：

$$\varepsilon=\frac{v_1-v_2}{v_1}\times 100\% \tag{6.12}$$

即

$$v_2=(1-\varepsilon)v_1 \tag{6.12a}$$

其中，$v_1=\dfrac{\pi d_{d1}n_1}{60\times 1\,000}$，$v_2=\dfrac{\pi d_{d2}n_2}{60\times 1\,000}$，$n_1$ 和 n_2 分别为小带轮和大带轮的转速，r/min。

将 v_1 和 v_2 的表达式代入式(6.12)，可得

$$d_{d2}n_2=(1-\varepsilon)d_{d1}n_1 \tag{6.13}$$

因而减速带传动的平均传动比为

$$i=\frac{n_1}{n_2}=\frac{d_{d2}}{(1-\varepsilon)d_{d1}} \tag{6.14}$$

在一般的带传动中，因滑动率不大($\varepsilon\approx 1\%\sim 2\%$)，故可以不予考虑。取减速带传动的传动比为

$$i=\frac{n_1}{n_2}\approx\frac{d_{d2}}{d_{d1}} \tag{6.15}$$

减速带传动的弹性滑动发生的部位如图 6.9 所示，其中 C_1B_1 和 C_2B_2 为滑动弧，A_1C_1 和 A_2C_2 为静止弧。随着有效拉力的增加，滑动弧变长，静止弧变短。当有效拉力超过初拉力所决定的摩擦力时，弹性滑动遍布于带轮的包角，带与带轮发生打滑，带传动失效。但打滑又具有过载保护的作用。增速带传动与此类似。

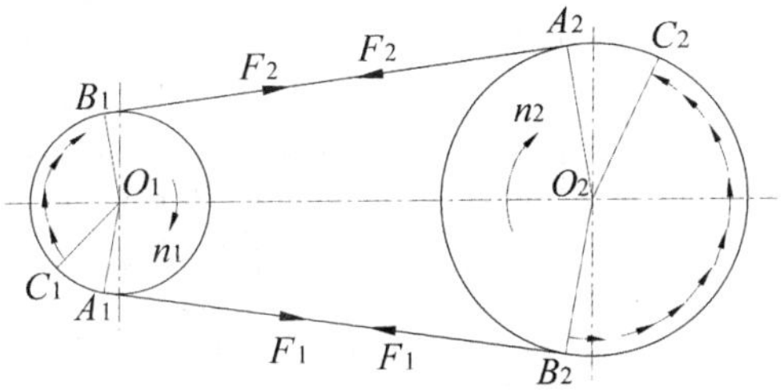

图 6.9　减速带传动的弹性滑动

6.3　普通 V 带传动的设计计算

6.3.1　设计准则和单根普通 V 带的基本额定功率

带传动的设计准则是：在保证不打滑的条件下，带传动具有一定的疲劳强度和寿命。

单根普通 V 带的基本额定功率 P_0 用于表征其在实验条件下的工作能力。实验条件为：包角 $\alpha=180°$，特定带长，平稳的工作条件。P_0 的具体数据参见表 6.4。

6.3.2 单根普通 V 带的额定功率 P_r

单根普通 V 带的额定功率 P_r 用以表征其在实际工作条件下的工作能力。因实际条件与实验条件在带长、包角和传动比上有所不同，需要按式(6.16)修正单根普通 V 带的基本额定功率 P_0，以得到单根普通 V 带的额定功率 P_r。

$$P_r = (P_0 + \Delta P_0) K_L K_\alpha \tag{6.16}$$

式中 ΔP_0—— 当传动比不等于 1 时，单根普通 V 带额定功率的增量，kW，见表 6.5；

K_L—— 当带长不等于实验规定的特定带长时的修正系数，见表 6.2；

K_α—— 当包角不等于 180° 时的修正系数，见表 6.6。

表 6.4 单根普通 V 带的基本额定功率 P_0(GB/T 13575.1—2008) 单位：kW

带型	小带轮的基准直径 d_{d1}/mm	小带轮转速 n_1/(r·min^{-1})									
		400	700	800	950	1 200	1 450	1 600	2 000	2 400	2 800
Z	50	0.06	0.09	0.10	0.12	0.14	0.16	0.17	0.20	0.22	0.26
	56	0.06	0.11	0.12	0.14	0.17	0.19	0.20	0.25	0.30	0.33
	63	0.08	0.13	0.15	0.18	0.22	0.25	0.27	0.32	0.37	0.41
	71	0.09	0.17	0.20	0.23	0.27	0.30	0.33	0.39	0.46	0.50
	80	0.14	0.20	0.22	0.26	0.30	0.35	0.39	0.44	0.50	0.56
	90	0.14	0.22	0.24	0.28	0.33	0.36	0.40	0.48	0.54	0.60
A	75	0.26	0.40	0.45	0.51	0.60	0.68	0.73	0.84	0.92	1.00
	90	0.39	0.61	0.68	0.77	0.93	1.07	1.15	1.34	1.50	1.64
	100	0.47	0.74	0.83	0.95	1.14	1.32	1.42	1.66	1.87	2.05
	112	0.56	0.90	1.00	1.15	1.39	1.61	1.74	2.04	2.30	2.51
	125	0.67	1.07	1.19	1.37	1.66	1.92	2.07	2.44	2.74	2.98
	140	0.78	1.26	1.41	1.62	1.96	2.28	2.45	2.87	3.22	3.48
	160	0.94	1.51	1.69	1.95	2.36	2.73	2.94	3.42	3.80	4.06
	180	1.09	1.76	1.97	2.27	2.74	3.16	3.40	3.93	4.32	4.54
B	125	0.84	1.30	1.44	1.64	1.93	2.19	2.33	2.64	2.85	2.96
	140	1.05	1.64	1.82	2.08	2.47	2.82	3.00	3.42	3.70	3.85
	160	1.32	2.09	2.32	2.66	3.17	3.62	3.86	4.40	4.75	4.89
	180	1.59	2.53	2.81	3.22	3.85	4.39	4.68	5.30	5.67	5.76
	200	1.85	2.96	3.30	3.77	4.50	5.13	5.46	6.13	6.47	6.43
	224	2.17	3.47	3.86	4.42	5.26	5.97	6.33	7.02	7.25	6.95
	250	2.50	4.00	4.46	5.10	6.04	6.82	7.20	7.87	7.89	7.14
	280	2.89	4.61	5.13	5.85	6.90	7.76	8.13	8.60	8.22	6.80

续表

带型	小带轮的基准直径 d_{d1}/mm	小带轮转速 n_1/(r · min^{-1})									
		400	700	800	950	1 200	1 450	1 600	2 000	2 400	2 800
C	200	2.41	3.69	4.07	4.58	5.29	5.84	6.07	6.34	6.02	5.01
	224	2.99	4.64	5.12	5.78	6.71	7.45	7.75	8.06	7.57	6.08
	250	3.62	5.64	6.23	7.04	8.21	9.04	9.38	9.62	8.75	6.56
	280	4.32	6.76	7.52	8.49	9.81	10.72	11.06	11.04	9.50	6.13
	315	5.14	8.09	8.92	10.05	11.53	12.46	12.72	12.14	9.43	4.16
	355	6.05	9.50	10.46	11.73	13.31	14.12	14.19	12.59	7.98	—
	400	7.06	11.02	12.10	13.48	15.04	15.53	15.24	11.95	4.34	—
	450	8.20	12.63	13.80	15.23	16.59	16.47	15.57	9.64	—	—

表 6.5　单根普通 V 带额定功率的增量 ΔP_0(GB/T 13575.1—2008)　单位:kW

带型	传动比 i 或 $1/i$	小带轮转速 n_1/(r · min^{-1})									
		400	700	800	950	1 200	1 450	1 600	2 000	2 400	2 800
Z	1.00 ~ 1.01	0.00	0.00	0.00	0.00	0.00	0.00	0.00	0.00	0.00	0.00
	1.02 ~ 1.04	0.00	0.00	0.00	0.00	0.00	0.00	0.01	0.01	0.01	0.01
	1.05 ~ 1.08	0.00	0.00	0.00	0.00	0.01	0.01	0.01	0.01	0.02	0.02
	1.09 ~ 1.12	0.00	0.00	0.00	0.01	0.01	0.01	0.01	0.02	0.02	0.02
	1.13 ~ 1.18	0.00	0.00	0.01	0.01	0.01	0.01	0.01	0.02	0.02	0.03
	1.19 ~ 1.24	0.00	0.00	0.01	0.01	0.01	0.02	0.02	0.02	0.03	0.03
	1.25 ~ 1.34	0.00	0.01	0.01	0.01	0.02	0.02	0.02	0.02	0.03	0.03
	1.35 ~ 1.50	0.00	0.01	0.01	0.02	0.02	0.02	0.02	0.03	0.03	0.04
	1.51 ~ 1.99	0.01	0.01	0.02	0.02	0.02	0.02	0.03	0.03	0.04	0.04
	≥ 2.00	0.01	0.02	0.02	0.02	0.03	0.03	0.03	0.04	0.04	0.04
A	1.00 ~ 1.01	0.00	0.00	0.00	0.00	0.00	0.00	0.00	0.00	0.00	0.00
	1.02 ~ 1.04	0.01	0.01	0.01	0.01	0.02	0.02	0.02	0.03	0.03	0.04
	1.05 ~ 1.08	0.01	0.02	0.02	0.03	0.03	0.04	0.04	0.06	0.07	0.08
	1.09 ~ 1.12	0.02	0.03	0.03	0.04	0.05	0.06	0.06	0.08	0.10	0.11
	1.13 ~ 1.18	0.02	0.04	0.04	0.05	0.07	0.08	0.09	0.11	0.13	0.15
	1.19 ~ 1.24	0.03	0.05	0.05	0.06	0.08	0.09	0.11	0.13	0.16	0.19
	1.25 ~ 1.34	0.03	0.06	0.06	0.07	0.10	0.11	0.13	0.16	0.19	0.23
	1.35 ~ 1.50	0.04	0.07	0.08	0.08	0.11	0.13	0.15	0.19	0.23	0.26
	1.51 ~ 1.99	0.04	0.08	0.09	0.10	0.13	0.15	0.17	0.22	0.26	0.30
	≥ 2.00	0.05	0.09	0.10	0.11	0.15	0.17	0.19	0.24	0.29	0.34

续表

带型	传动比 i 或 $1/i$	小带轮转速 $n_1/(r \cdot min^{-1})$									
		400	700	800	950	1 200	1 450	1 600	2 000	2 400	2 800
B	1.00～1.01	0.00	0.00	0.00	0.00	0.00	0.00	0.00	0.00	0.00	0.00
	1.02～1.04	0.01	0.02	0.03	0.03	0.04	0.05	0.06	0.07	0.08	0.10
	1.05～1.08	0.03	0.05	0.06	0.07	0.08	0.10	0.11	0.14	0.17	0.20
	1.09～1.12	0.04	0.07	0.08	0.10	0.13	0.15	0.17	0.21	0.25	0.29
	1.13～1.18	0.06	0.10	0.11	0.13	0.17	0.20	0.23	0.28	0.34	0.39
	1.19～1.24	0.07	0.12	0.14	0.17	0.21	0.25	0.28	0.35	0.42	0.49
	1.25～1.34	0.08	0.15	0.17	0.20	0.25	0.31	0.34	0.42	0.51	0.59
	1.35～1.50	0.10	0.17	0.20	0.23	0.30	0.36	0.39	0.49	0.59	0.69
	1.51～1.99	0.11	0.20	0.23	0.26	0.34	0.40	0.45	0.56	0.68	0.79
	≥2.00	0.13	0.22	0.25	0.30	0.38	0.46	0.51	0.63	0.76	0.89
C	1.00～1.01	0.00	0.00	0.00	0.00	0.00	0.00	0.00	0.00	0.00	0.00
	1.02～1.04	0.04	0.07	0.08	0.09	0.12	0.14	0.16	0.20	0.23	0.27
	1.05～1.08	0.08	0.14	0.16	0.19	0.24	0.28	0.31	0.39	0.47	0.55
	1.09～1.12	0.12	0.21	0.23	0.27	0.35	0.42	0.47	0.59	0.70	0.82
	1.13～1.18	0.16	0.27	0.31	0.37	0.47	0.58	0.63	0.78	0.94	1.10
	1.19～1.24	0.20	0.34	0.39	0.47	0.59	0.71	0.78	0.98	1.18	1.37
	1.25～1.34	0.23	0.41	0.47	0.56	0.70	0.85	0.94	1.17	1.41	1.64
	1.35～1.50	0.27	0.48	0.55	0.65	0.82	0.99	1.10	1.37	1.65	1.92
	1.51～1.99	0.31	0.55	0.63	0.74	0.94	1.14	1.25	1.57	1.88	2.19
	≥2.00	0.35	0.62	0.71	0.83	1.06	1.27	1.41	1.76	2.12	2.47

表 6.6　包角修正系数(GB/T 13575.1—2008)

小带轮包角 $\alpha/(°)$	180	175	170	165	160	155	150	145	140	135
K_α	1.00	0.99	0.98	0.96	0.95	0.93	0.92	0.91	0.89	0.88
小带轮包角 $/\alpha(°)$	130	125	120	115	110	105	100	95	90	
K_α	0.86	0.84	0.82	0.80	0.78	0.76	0.74	0.72	0.69	

6.3.3　原始数据及设计内容

1. 设计原始数据

设计原始数据包括带传动的工作条件，传动位置与总体尺寸限制，所需传递的额定功率

P，小带轮转速 n_1，大带轮转速 n_2 或传动比 i。

2. 设计内容

设计内容包括选择带的型号，确定基准长度、根数、中心距、带轮的材料、基准直径以及结构尺寸、初拉力和压轴力、张紧装置等。

6.3.4 设计步骤

1. 确定计算功率

计算功率 P_{ca} 是根据传递的功率 P 和带的工作条件而确定的。

$$P_{ca}=K_A P \tag{6.17}$$

式中 P_{ca} —— 计算功率，kW；

K_A —— 工作情况系数，见表 6.7；

P —— 带传动所需传递的额定功率，kW。

表 6.7 工作情况系数 K_A（GB/T 13575.1—2008）

工况		K_A					
		空、轻载启动			重载启动		
		每天工作小时数 /h					
		<10	10～16	>16	<10	10～16	>16
载荷变动微小	液体搅拌机、通风机和鼓风机（≤7.5 kW）、离心式水泵和压缩机、轻负荷输送机	1.0	1.1	1.2	1.1	1.2	1.3
载荷变动小	带式输送机（不均匀负荷）、通风机（>7.5 kW）、旋转式水泵和压缩机（非离心式）、发电机、金属切削机床、印刷机、旋转筛、锯木机和木工机械	1.1	1.2	1.3	1.2	1.3	1.4
载荷变动较大	制砖机、斗式提升机、往复式水泵和压缩机、起重机、磨粉机、冲剪机床、橡胶机械、振动筛、纺织机械、重载输送机	1.2	1.3	1.4	1.4	1.5	1.6
载荷变动很大	破碎机（旋转式、颚式等）、磨碎机（球磨、棒磨、管磨）	1.3	1.4	1.5	1.5	1.6	1.8

注：① 空、轻载启动：电动机（交流启动、三角启动、直流并励）、四缸以上的内燃机、装有离心式离合器、液力联轴器的动力机；

② 重载启动：电动机（联机交流启动、直流复励或串励）、四缸以下的内燃机；

③ 在反复启动、正反转频繁、工作条件恶劣等场合，K_A 应乘以 1.2；

④ 在增速传动场合，K_A 应乘以下列系数：

$1/i$：	1.25～1.74	1.75～2.49	2.50～3.49	>3.5
系数：	1.05	1.11	1.18	1.25

2. 选择 V 带的带型

根据计算功率 P_{ca} 和小带轮转速 n_1，从图 6.10 选取普通 V 带的带型。

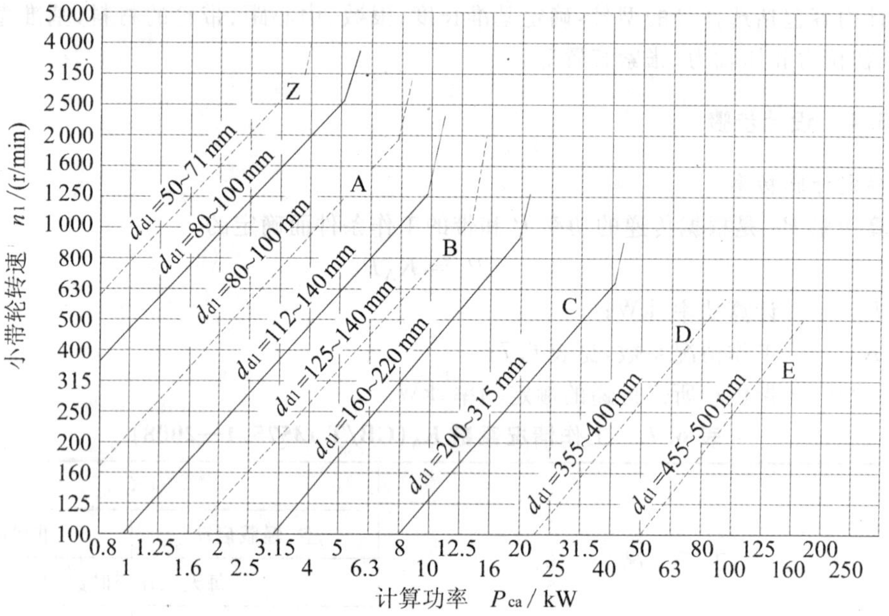

图 6.10　普通 V 带选型图

3. 确定带轮的基准直径 d_d 并验算带速 v

1) 初选小带轮的基准直径 d_{d1}。带轮直径不能过小，否则，带的弯曲应力很大。一般根据普通 V 带的带型，参考表 6.8 和表 6.9 确定小带轮的基准直径 d_{d1}，应使 $d_{d1} \geqslant (d_d)_{min}$。

表 6.8　V 带轮的最小基准直径(GB/T 13575.1—2008)　单位：mm

槽型	Y	Z	A	B	C	D	E
$(d_d)_{min}$	20	50	75	125	200	355	500

2) 验算带速 v。根据式(6.13)计算带的速度。带速不宜过低或过高，一般应使 $v = 5 \sim 25$ m/s，最高不超过 30 m/s。

3) 计算大带轮的基准直径。由 $d_{d2} = i d_{d1}$(减速传动)，或 $d_{d2} = d_{d1}/i$(增速传动)计算，并根据表 6.9 加以适当圆整。

表 6.9　普通 V 带轮的基准直径系列(GB/T 13575.1—2008)　单位：mm

带型	基准直径 d_d
Y	20, 22.4, 25, 28, 31.5, 35.5, 40, 45, 50, 56, 63, 71, 80, 90, 100, 112, 125
Z	50, 56, 63, 71, 75, 80, 90, 100, 112, 125, 132, 140, 150, 160, 180, 200, 224, 250, 280, 315, 355, 400, 500, 630
A	75, 80, 85, 90, 95, 100, 106, 112, 118, 125, 132, 140, 150, 160, 180, 200, 224, 250, 280, 315, 355, 400, 450, 500, 560, 630, 710, 800

续表

带型	基准直径 d_d
B	125, 132, 140, 150, 160, 170, 180, 200, 224, 250, 280, 315, 355, 400, 450, 500, 560, 600, 630, 710, 750, 800, 900, 1 000, 1 120
C	200, 212, 224, 236, 250, 265, 280, 300, 315, 335, 355, 400, 450, 500, 560, 600, 630, 710, 750, 800, 900, 1 000, 1 120, 1 250, 1 400, 1 600, 2 000
D	355, 375, 400, 425, 450, 475, 500, 560, 600, 630, 710, 750, 800, 900, 1 000, 1 060, 1 120, 1 250, 1 400, 1 500, 1 600, 1 800, 2 000
E	500, 530, 560, 600, 630, 670, 710, 800, 900, 1 000, 1 120, 1 250, 1 400, 1 500, 1 600, 1 800, 2 000, 2 240, 2 500

4. 确定中心距 a，并选择 V 带的基准长度 L_d

1）按照设计要求的中心距确定。在没有明确要求的前提下，根据带传动总体尺寸的限制条件，按式(6.18) 初定中心距 a_0。

$$0.7(d_{d1}+d_{d2})\leqslant a_0\leqslant 2(d_{d1}+d_{d2}) \tag{6.18}$$

2）计算相应的带长 L_{d0}。

$$L_{d0}=2a_0+\frac{\pi}{2}(d_{d1}+d_{d2})+\frac{(d_{d2}-d_{d1})^2}{4a_0} \tag{6.19}$$

带的基准长度 L_d 根据 L_{d0} 由表 6.2 选取。

3）计算中心距 a 及其变动范围。

传动的实际中心距近似为

$$a=a_0+(L_d-L_{d0})/2 \tag{6.20}$$

考虑到带轮的制造误差、带长误差、带的弹性以及因带的松弛而产生的补充张紧的需要，常给出中心距的变动范围

$$\left.\begin{aligned}a_{\min}&=a-0.015L_d\\a_{\max}&=a+0.03L_d\end{aligned}\right\} \tag{6.21}$$

5. 验算小带轮上的包角 α_1

小带轮上的包角 α_1 小于大带轮上的包角 α_2；相应地，小带轮上的总摩擦力小于大带轮上的总摩擦力。因此，打滑只可能在小带轮上发生。为了提高带传动的工作能力，应使

$$\alpha_1=180^\circ-(d_{d2}-d_{d1})\frac{57.3^\circ}{a}\geqslant 120^\circ \tag{6.22}$$

6. 确定带的根数 z

$$z=\frac{P_{ca}}{P_r}=\frac{K_A P}{(P_0+\Delta P_0)K_L K_\alpha} \tag{6.23}$$

为了使各根 V 带受力均匀，带的根数不宜过多，一般应少于 10 根。否则，应选择横截面积较大的带，以减少带的根数。

7. 确定单根带的初拉力 F_0

传递计算功率 P_{ca} 所需的初拉力 F_0 由下式确定：

$$F_0=500\times\frac{(2.5-K_\alpha)P_{ca}}{K_\alpha z v}+qv^2 \tag{6.24}$$

安装时，应保证初拉力 F_0 大于式(6.24)的计算值。可采用如图6.11所示的方法，即在V带与两带轮切点的跨度中点，施加一个与带边垂直的测定力 G，使带在每100 mm上产生1.6 mm的挠度即可。

测定力 G 随V带的使用程度不同而改变，具体可由下式确定：

$$\frac{1.3F_0+\Delta F_0}{16}\leqslant G\leqslant\frac{1.5F_0+\Delta F_0}{16} \tag{6.25}$$

式中，ΔF_0 为初拉力的增量，N，见表6.10。对于新安装的V带，取较大值；对于运转一定时间后的V带，可取较小值。

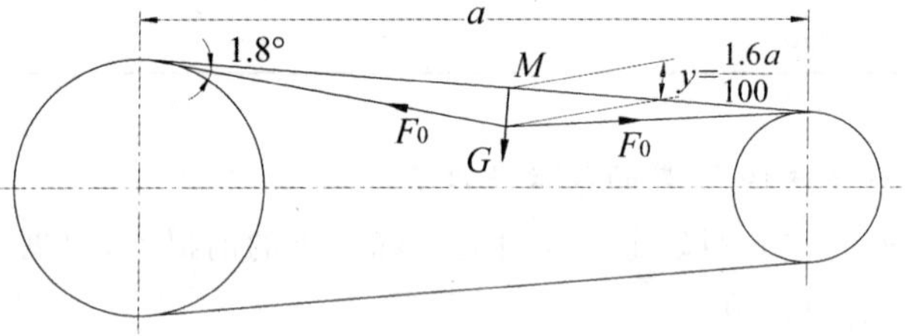

图6.11　初拉力的测定

表6.10　初拉力的增量 ΔF_0(GB/T 13575.1—2008)　　单位：N

带型	Y	Z	A	B	C	D	E
ΔF_0	6	10	15	20	29.4	58.8	108

8.计算带传动的压轴力 F_p

为了设计带轮轴的轴承，需要计算带传动作用在轴上的压轴力 F_p(见图6.12)。

$$F_p=2zF_0\sin\frac{\alpha_1}{2} \tag{6.26}$$

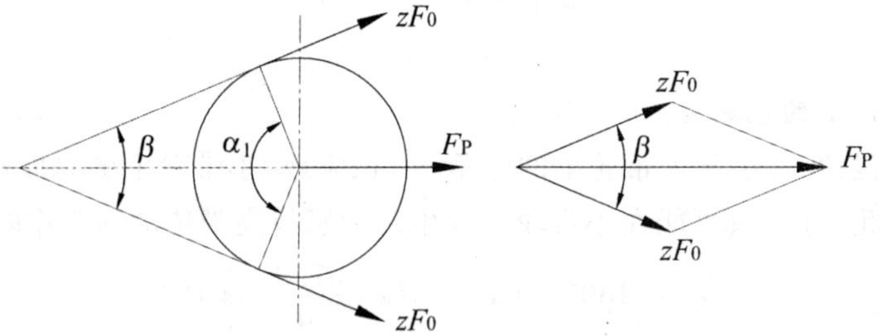

图6.12　压轴力计算示意图

6.4　V带轮的设计

6.4.1　V带轮的设计内容

根据带轮的基准直径和带轮转速等已知条件，确定带轮的材料、结构形式、轮槽、轮辐和轮毂的几何尺寸、公差和表面粗糙度以及相关技术要求。

6.4.2　带轮的材料

常用的带轮材料为 HT150 或 HT200。转速较高时，可以采用铸钢或用钢板冲压后焊接而成。小功率时，可用铸铝或塑料。

6.4.3　带轮的结构形式

V 带轮由轮缘、轮辐和轮毂组成。根据轮辐结构的不同，V 带轮可以分为：① 实心式（见图 6.13(a)）；② 腹板式（见图 6.13(b)）；③ 孔板式（见图 6.13(c)）；④ 椭圆轮辐式（见图 6.13(d)）。

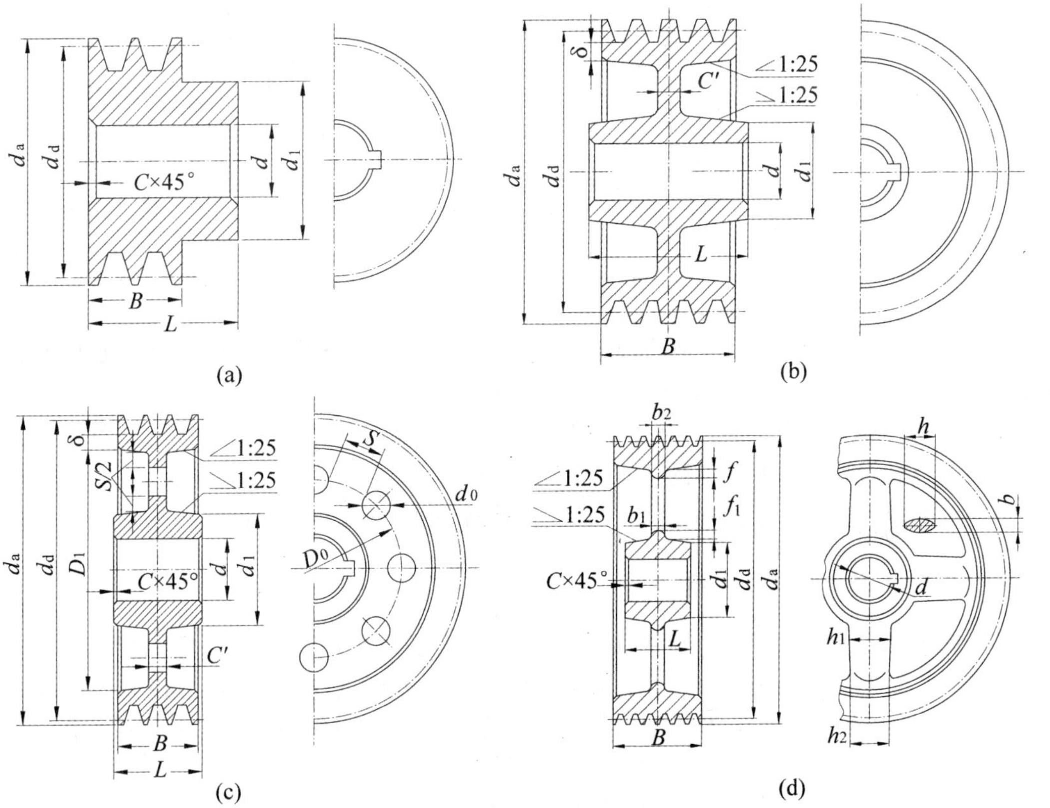

$d_1=(1.8\sim2)d$，$h_2=0.8h_1$，$D_0=0.5(D_1+d_1)$，$b_1=0.4h_1$，$b_2=0.8b_1$，$d_0=(0.2\sim0.3)(D_1-d_1)$，$S=C'$

$L=(1.5\sim2)d$，当 $B<1.5d$ 时，$L=B$；$C'=(\frac{1}{7}\sim\frac{1}{4})B$，$f_1=0.2h_1$，$f_2=0.2h_2$，$h_1=290\sqrt[3]{P/(nz_a)}$

式中，P—传递的功率，kW；n—带轮的转速，r/min；z_a—轮辐数

图 6.13　V 带轮的结构

V 带轮的结构形式与基准直径有关。当带轮基准直径为 $d_d\leqslant2.5d$（d 为安装带轮的轴的直径，mm）时，可采用实心式；当 $d_d\leqslant300$ mm时，可采用腹板式；当 $d_d\leqslant300$ mm，同时 $D_1-d_1\geqslant100$ mm 时，可采用孔板式；当 $d_d>300$ mm 时，可采用轮辐式。

轮毂和轮辐的尺寸参见图 6.13 中的经验公式。

6.4.4 V带轮的轮槽

V带轮的轮槽与所选用的V带的型号相对应，见表6.11。

表6.11 轮槽截面尺寸(GB/T 13575.1—2008) 单位：mm

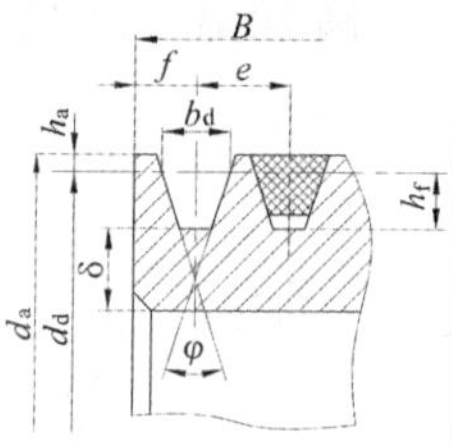

槽型	b_d	h_{amin}	h_{fmin}	e	f_{min}	与φ相对应的d_d			
						$\varphi=32°$	$\varphi=34°$	$\varphi=36°$	$\varphi=38°$
						φ的极限偏差：±0.5°			
Y	5.3	1.60	4.7	8±0.3	6	≤60	—	>60	—
Z	8.5	2.00	7.0	12±0.3	7	—	≤80	—	>80
A	11.0	2.75	8.7	15±0.3	9	—	≤118	—	>118
B	14.0	3.50	10.8	19±0.4	11.5	—	≤190	—	>190
C	19.0	4.80	14.3	25.5±0.5	16	—	≤315	—	>315
D	27.0	8.10	19.9	37±0.6	23	—	—	≤475	>475
E	32.0	9.60	23.4	44.5±0.7	28	—	—	≤600	>600

V带绕在带轮上以后发生弯曲变形，使V带工作面的夹角发生变化。为了使V带的工作面与带轮的轮槽工作面紧密贴合，将V带轮轮槽的工作面的夹角做成小于40°。

V带安装到轮槽中以后，一般不应超出带轮外圆，也不应与轮槽底部接触。为此规定了轮槽基准直径到带轮外圆和底部的最小高度h_{amin}和h_{fmin}。

为了避免带轮对带的磨损，轮槽工作表面应精细加工，其粗糙度控制在1.6或3.2。

6.4.5 V带轮的技术要求

铸造、焊接或烧结的带轮在轮缘、腹板、轮辐及轮毂上不允许有砂眼、裂缝、缩孔及气泡；铸造带轮在不提高内部应力的前提下，允许对轮缘、凸台、腹板及轮毂的表面缺陷进行修补；转速高于极限转速的带轮要做静平衡，反之要做动平衡。其他条件参见GB/T 13575.1—2008中的规定。

6.5 V带传动的张紧、安装与防护

6.5.1 V带传动的张紧

V带传动运转一段时间以后，会因为带的塑性变形和磨损而松弛。为了保证带传动正常工作，应定期检查带的松弛程度，采取相应的补救措施。常见的有以下几种。

1. 定期张紧装置

采用定期改变中心距的方法来调节带的初拉力，使带重新张紧。图6.14(a)所示为滑道式，图6.14(b)所示为摆架式。

2. 自动张紧装置

如图6.15所示，将装有带轮的电动机安装在浮动的摆架上，利用电动机的自重，使带轮随

同电动机绕固定轴摆动，以自动保持初拉力。

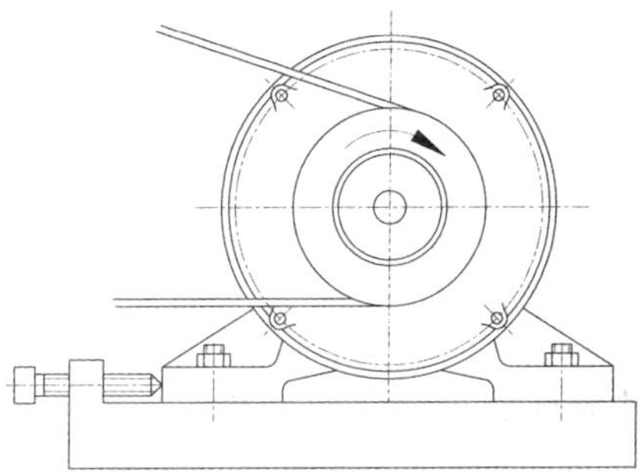

(a)

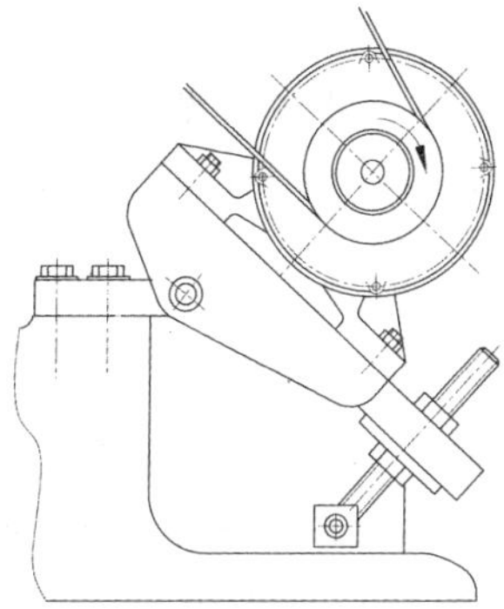

(b)

图 6.14 带的定期张紧装置

(a) 滑道式； (b) 摆架式

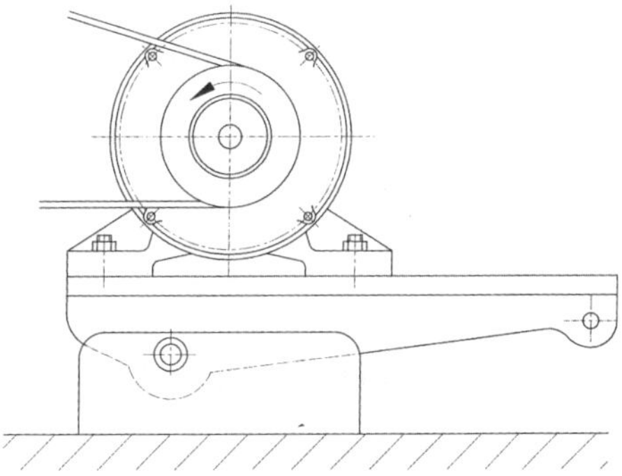

图 6.15 带的自动张紧装置

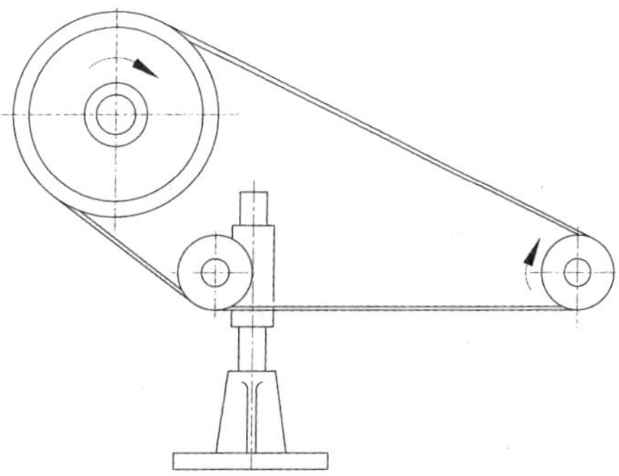

图 6.16 张紧轮的张紧装置

3. 采用张紧轮的张紧装置

当中心距不能调节时，可采用张紧轮将带张紧(见图 6.16)。设置张紧轮应注意：① 一般应放在松边的内侧，使带只受单向弯曲；② 张紧轮还应尽量靠近大带轮，以免减少带在小带轮上的包角；③ 张紧轮的轮槽尺寸与带轮的相同，且直径小于小带轮的直径。

如果中心距过小，可以将张紧轮设置在带的松边外侧，同时应靠近小带轮。但这种方式使带产生反向弯曲，不利于提高带的疲劳寿命。

6.5.2 V 带传动的安装

各带轮的轴线应相互平行，各带轮相对应的 V 型槽的对称平面应重合，误差应小于 20′。

多根 V 带传动时，为避免各根 V 带的载荷分布不均，带的配组公差应在规定的范围内(参见 GB/T 13575.1—2008)。

为安全起见，带传动应置于铁丝网或保护罩之内，使之不能外露。

【例题 6.1】 一旋转式水泵由电动机通过普通 V 带直接驱动。其中，小带轮装在电动机轴上，大带轮装在泵轴上，两轴之间的距离约 1 500 mm，电动机功率 $P=11$ kW，电动机转速 $n_1=1\ 460$ r/min，水泵轴转速 $n_2=400$ r/min，每天工作 24 h。试设计此普通 V 带传动。

解 (1) 确定计算功率 P_{ca}。

题目要求设计减速带传动。由表 6.4 查得其工作情况系数 $K_A=1.3$，故

$$P_{ca}=1.3\times 11=14.3\ \text{kW}$$

(2) 选择 V 带的带型。

根据 P_{ca}，n_1 由图 6.10 选用 B 型普通 V 带。

(3) 计算传动比。

$$i=\frac{n_1}{n_2}=\frac{1\ 460}{400}=3.65$$

(4) 确定带轮的基准直径 d_d。

由表 6.8，表 6.9 和图 6.10，取小带轮的基准直径 $d_{d1}=140$ mm。

由式(6.15)，得大带轮的基准直径 $d_{d2}=id_{d1}=3.4\times 140=505.89$ mm。由表 6.9，取$d_{d2}=500$ mm。

(5) 验算带速 v。

$$v=\frac{\pi d_{d1}n_1}{60\times 1\ 000}=\frac{\pi\times 140\times 1\ 460}{60\times 1\ 000}=10.70\ \text{m/s}<30\ \text{m/s}$$

带速合适。

(6) 初定中心距。

按设计要求取 $a_0=1\ 500$ mm。

(7) 确定带的基准长度。

由式(6.19) 计算带所需的基准长度为

$$L_{d0}=2a_0+\frac{\pi}{2}(d_{d1}+d_{d2})+\frac{(d_{d2}-d_{d1})^2}{4\alpha_0}=\left[2\times 1\ 500+\frac{\pi}{2}\times(140+500)+\frac{(500-140)^2}{4\times 1\ 500}\right]=4\ 026.9\ \text{mm}$$

由表 6.2 选取带的基准长度 $L_d=4\ 060$ mm。

(8) 确定实际中心距。

由式(6.20) 计算实际中心距 a 为

$$a\approx a_0+\frac{(L_d-L_{d0})}{2}=1\ 500+\frac{(4\ 060-4\ 026.9)}{2}=1\ 516.6=1\ 517\ \text{mm}$$

由式(6.21) 计算中心距变动范围。其中，安装时所需的最小中心距为

$$a_{min}=a-0.015L_d=1\ 517-0.015\times 4\ 060=1\ 456\ \text{mm}$$

张紧或补偿伸长所需的最大中心距为

$$a_{max}=a-0.03L_d=1\ 517+0.03\times 4\ 060=1\ 639\ \text{mm}$$

(9) 验算小带轮上的包角 α_1。

$$\alpha_1\approx 180°-\frac{d_{d2}-d_{d1}}{a}\times 57.3°=180°-\frac{500-140}{1\ 571}\times 57.3°=166.4°\geqslant 90°$$

包角合适。

(10) 计算单根 V 带的基本额定功率。

由 $d_{d1}=140$ mm 和 $n_1=1\ 460$ r/min，查表 6.4 得 B 型普通 V 带的基本额定功率为 $P_0=2.83$ kW。

(11) 计算单根 V 带的额定功率。

按传动比 $i=3.65$，查表 6.5 得 $\Delta P_0\approx 0.46$ kW；按包角 $\alpha_1=166.4°$，查表 6.6 得 $K_\alpha=$

0.965;按带长 $L_d=4\ 060$ mm,查表 6.2 得 $K_L=1.13$,由式(6.16) 计算单根 B 型 V 带的额定功率为

$$P_r=(P_0+\Delta P_0)K_L K_\alpha=(2.83+0.46)\times1.13\times0.965=3.588\ \text{kW}$$

(12) 计算带的根数 z。

由式(6.23) 得到带的根数为

$$z=\frac{P_{ca}}{P_r}=\frac{1.43}{3\ 588}=3.99$$

取 4 根 B 型 V 带。

(13) 计算单根 V 带的初拉力 F_0。

由表 6.3 得 B 型 V 带的单位长度质量 $q=0.17$ kg/m,所以

$$F_0=500\times\frac{(2.5-K_\alpha)P_{ca}}{K_\alpha zv}+qv^2=500\times\frac{(2.5-0.965)\times14.3}{0.965\times4\times10.7}+0.17\times10.7^2=285.2\ \text{N}$$

实际安装时,应通过式(6.25) 确定的 G 值,控制带的初拉力 $F_0>285.2$ N。

(14) 计算压轴力 F_p。

由式(6.26),得压轴力为

$$F_p=2zF_0\sin\frac{\alpha_1}{2}=2\times4\times285.2\sin\frac{166.4^\circ}{2}=2\ 265.5\ \text{N}$$

(15) 带轮结构设计。

小带轮选用实心式结构,大带轮选用轮辐式结构。两带轮均用 HT150 铸造。详细的结构设计可按图 6.13 与表 6.11 进行(略)。

(16) 设计结论。

选用 B 型普通 V 带 4 根,带长为 4 060 mm,设计中心距为 1 517 mm,设计带速 $v=10.7$ m/s,带轮基准直径 $d_{d1}=140$ mm,$d_{d2}=500$ mm,设计传动比 $i=3.57$。

习 题

6.1 有一 B 型普通 V 带传动,$n_1=1\ 460$ r/min,$n_2=400$ r/min,$d_{d1}=180$ mm,中心距 $a=1\ 600$ mm,根数 $z=2$,工作时有振动,一天运转 16 h (即两班制),试求该普通 V 带所能传递的功率。

6.2 某普通 V 带传动,主动轮所能传递的最大转矩 $T_1=70$ N·m,已知 $d_{d1}=200$ mm,$F_0=800$ N。求 F_1 和 F_2 的值。若此带传动传递功率为 $P=11$ kW,小带轮转速为 $n_1=1\ 460$ r/min,问能否正常工作?

6.3 有一带式输送装置,其异步电动机与齿轮减速器之间用普通 V 带传动,电动机功率 $P=7.5$ kW,转速 $n_1=970$ r/min,减速器输入轴的转速 $n_2=330$ r/min,允许误差为 ±5%,运输装置工作时有轻度冲击,两班制工作,试设计此普通 V 带传动。

第7章 链 传 动

7.1 概 述

链传动是由主、从动链轮1,2和链条3组成的(见图7.1),通过链条(中间挠性件)的链节与链轮轮齿的啮合来传递两平行轴间的运动和动力。

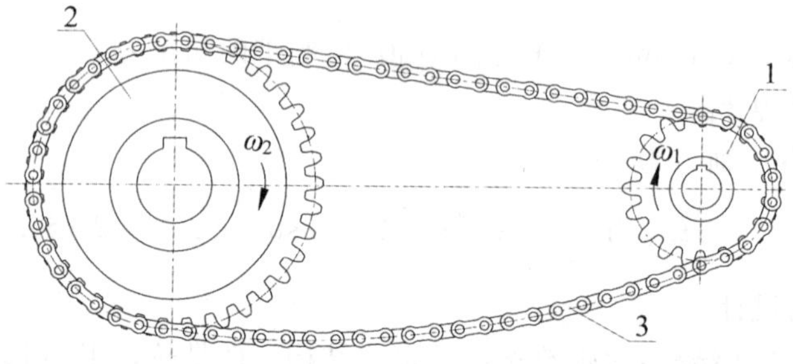

图7.1 链传动

链传动广泛用于矿山机械、运输机械、石油机械以及两轴相距较远而不宜采用齿轮传动的场合。此外,在恶劣的工作条件下(如高温、低速重载、多尘土屑末等工作环境),链传动更能显示出它的优越性。如掘土机的运行机构,虽常受到土块、泥浆及瞬时过载等影响,但链传动仍能很好地工作。与带传动相比,链传动没有弹性滑动和打滑现象,能保证准确的平均传动比;需要的张紧力小,可减少轴承的摩擦损失;结构紧凑。但与齿轮传动相比,则效率稍低。链传动的主要缺点是:在两平行轴间只能用于同向回转的传动;运转时一般不能保持恒定的瞬时传动比;工作时有噪声,不宜在载荷变化很大和急速反向的传动中使用。

按用途不同,链可分为传动链、起重链和曳引链。起重链和曳引链主要用在起重和运输机械中,在一般机械中常用传动链。

一般传动链传递的功率 $P \leqslant 100$ kW;圆周速度 $v \leqslant 15$ m/s;传动比 $i \leqslant 8$;中心距 $a \leqslant 5 \sim 6$ m。

7.2 传动链、链轮及几何计算

一般机械传动常用的传动链主要为GB/T 1243—2006规定的“短节距传动用精密滚子链”(简称滚子链)和GB 10855—2003规定的“传动用齿形链及链轮”。本章主要介绍滚子链。

7.2.1　滚子链

滚子链(见图7.2)是由滚子1,套筒2,销轴3,内链板4和外链板5所组成的,其中内链板与套筒两端用过盈配合连接,形成内链节;外链板与销轴两端用过盈配合连接,形成外链节;销轴和套筒构成铰链,使链条具有挠性。滚子与套筒间、套筒与销轴间均为间隙配合。当链与链轮啮合时,滚子与轮齿间为滚动摩擦,而套筒与销轴及滚子与套筒间均为滑动摩擦,因此链的磨损主要发生在上述滑动接触面上。内外链板均制成"8"字形,以减小质量且保证链板各横剖面的抗拉强度接近相等。

链条的各元件均由碳钢或合金钢制成,并经热处理,以提高其强度及耐磨性。

当传递功率较大时,可采用双排链(见图7.3)或多排链。多排链的承载能力与排数大致成正比,但由于精度影响,各排链承受的载荷存在差别,故排数不宜过多。

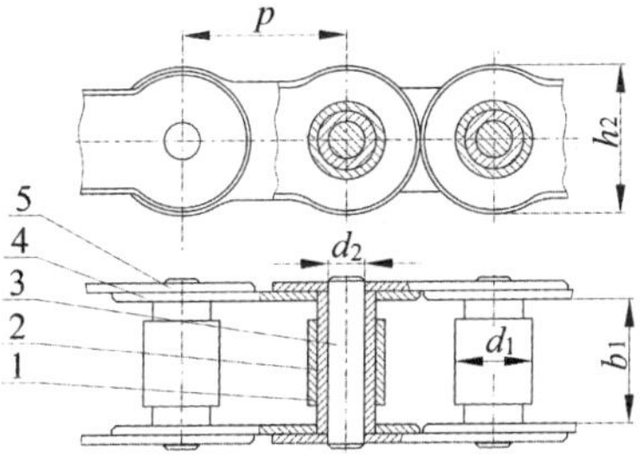

图7.2　滚子链的结构

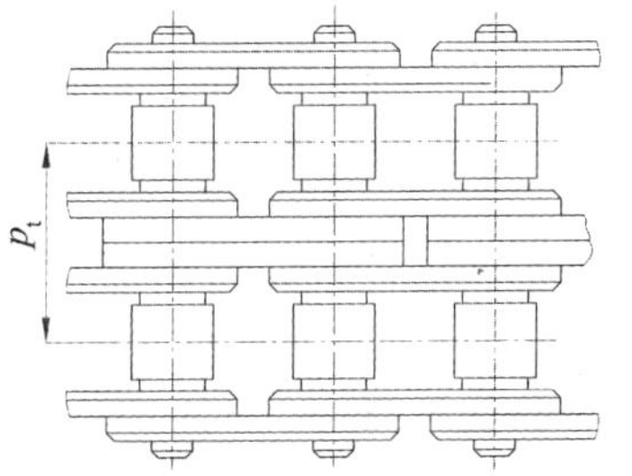

图7.3　双排链

滚子链是一种标准件,其结构、基本参数和尺寸见表7.1。滚子链的主要参数为链的节距 p,它是指链条上相邻两滚子中心间的距离,链号数乘以 $\frac{25.4}{16}$ mm 即为节距值,表7.1中的链号与相应的标准链号一致。按GB/T 1243—2006规定,滚子链分A,B两个系列,常用的是A系列。

表7.1　滚子链规格和主要参数

链号	节距 p/mm	排距 p_t/mm	滚子外径 d_1/mm	内链节内宽 b_1/mm	销轴直径 d_2/mm	内链板高度 h_2/mm	极限拉伸载荷 F_u/kN		每米质量(单排) q/(kg·m^{-1})
							单排	双排	
08A	12.70	14.38	7.92	7.85	3.98	12.07	13.9	27.8	0.60
10A	15.875	18.11	10.16	9.40	5.09	15.09	21.8	43.6	1.00
12A	19.05	22.78	11.91	12.57	5.96	18.08	31.3	62.6	1.50
16A	25.40	29.29	15.88	15.75	7.94	24.13	55.6	111.2	2.60
20A	31.75	35.76	19.05	18.90	9.54	30.18	86.7	173.5	3.80
24A	38.10	45.44	22.23	25.22	11.11	36.20	124.6	249.1	5.60
28A	44.45	48.87	25.40	25.22	12.71	42.24	169.0	338.1	7.50
32A	50.80	58.55	28.58	31.55	14.29	48.26	222.4	444.8	10.10
36A	57.15	65.84	35.71	35.48	17.46	54.31	280.2	560.5	13.50
40A	63.50	71.55	39.68	37.85	19.85	60.33	347.0	693.9	16.10
48A	76.20	87.83	47.63	47.35	23.81	72.39	500.4	1 000.8	22.60

注:过渡链节取 F_u 值的80%

滚子链的标记方法为:链号 — 排数 × 链节数 — 标准编号。

例如 08A—1 × 86—GB/T 1243—2006,即为按本标准制造的 A 系列、节距 12.7 mm、单排、86 节的滚子链。

除了接头的链节外,各链节都是不可分离的,链条长度以链节数来表示。链节数最好取为偶数,以便链条联成环形时正好是外链板与内链板相接。接头处可用止锁件(开口锁或弹性锁片)固定(见图 7.4(a)(b))。当链节数为奇数时,需采用过渡链节(见图 7.4(c))。由于过渡链节的链板要受到附加弯矩的作用,对于应力较大的场合,尽量不使用过渡链节。

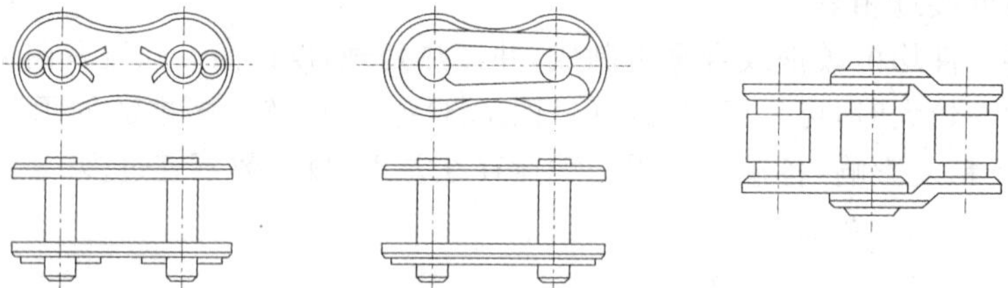

(a)　　(b)　　(c)

图 7.4　滚子链的接头型式

7.2.2　齿形链

齿形链又称无声链,它是由许多双齿链板以铰链连接而成的(见图 7.5)。链板以其齿廓的直线部分和链轮齿相啮合,链板齿廓两工作面所成的角度一般为 60°。为防止链条在工作时从链轮上脱落,齿形链上装有导板,分内导式(见图 7.5(a))和外导式(见图 7.5(b))两种。与滚子链相比,齿形链运转平稳,振动和噪声很小,承受冲击载荷的能力高,允许的工作速度也较高,但结构复杂,价格较贵,质量也较大,多用于工作速度或运动精度要求较高的传动装置中。

(a)　　(b)

图 7.5　齿形链

(a) 带内导板的; (b) 带外导板的

7.2.3　滚子链链轮

链轮是链传动的主要零件之一,其设计内容主要是确定链轮齿形、结构及尺寸,选择材料和热处理方法等。

1. 链轮齿形和主要尺寸

链轮的齿形应保证链节能平稳而自由地进入和退出啮合,并便于加工。GB/T 1243—2006 中并未规定具体的滚子链的链轮齿形,仅仅规定了最小和最大齿槽形状及其极限参数。实际齿槽形状取决于刀具和加工方法,并应处于最小和最大齿槽形状之间。齿槽形状及主要参数如图 7.6 所示,齿槽尺寸可根据 GB/T 1243—2006 中公式计算。

链轮的主要尺寸计算公式如下：

分度圆(节圆)直径

$$d=\frac{p}{\sin(180°/z)} \tag{7.1}$$

齿顶圆直径

$$\left.\begin{aligned} d_{amax}&=d+1.25p-d_1 \\ d_{amin}&=d+p\left(1-\frac{1.6}{z}\right)-d_1 \end{aligned}\right\} \tag{7.2}$$

齿根圆直径

$$d_f=d-d_1 \tag{7.3}$$

式中 p —— 链的节距，mm；

d_1 —— 滚子外径，mm。

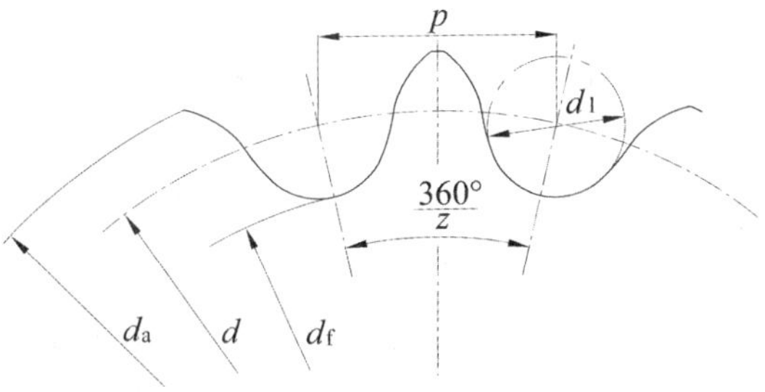

图 7.6 链轮齿槽形状

通过齿槽中心轴截面的链轮齿圈剖面形状如图 7.7 所示。有关轴向齿廓的尺寸可参考机械设计手册。

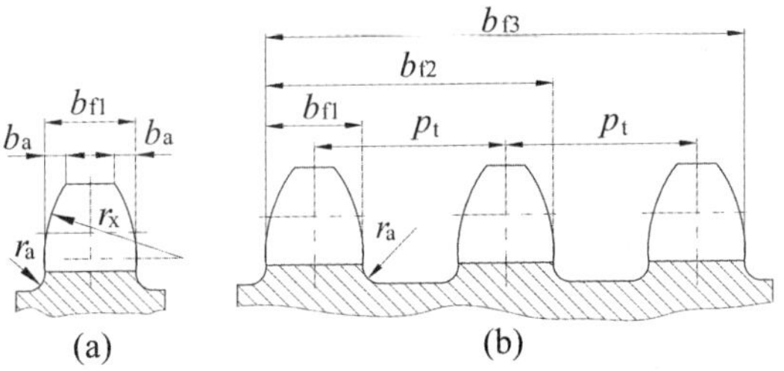

图 7.7 滚子链链轮轴面齿形

2. 链轮的结构

小直径的链轮可制成整体式(见图 7.8(a))；中等尺寸的链轮可制成孔板式(见图 7.8(b))；大直径的链轮，常采用可更换的齿圈，齿圈可以焊接(见图 7.8(c))或用螺栓连接(见图 7.8(d))装配在轮芯上。

3. 链轮的材料

链轮轮齿应有足够的接触强度和耐磨性，故齿面多经热处理。由于小链轮轮齿的工作次数比大链轮轮齿的多，所受冲击力也大，故所用材料常优于大链轮。常用的链轮材料有碳钢(如 Q235，Q275，45，ZG310—570 等)、灰铸铁(如 HT200)等，重要的链轮可用合金钢制作。

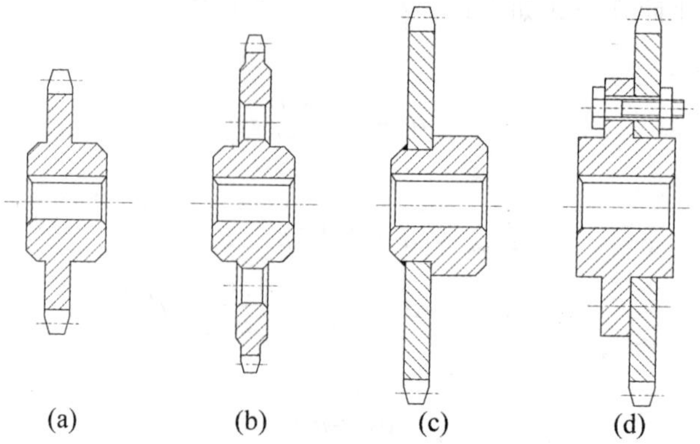

图 7.8　链轮的结构

7.3　链传动的运动分析

本节忽略链及其他元件的柔性、制造误差和振动等因素，对链的运动不均匀性和瞬时传动比的不恒定性作如下的定性分析。

当链条绕在链轮上时，链节与链轮轮齿啮合，啮合区段的链条将曲折成正多边形的一部分（见图 7.9）。该正多边形的边长等于链的节距 p，边数等于链轮齿数 z。链轮每转一周，随之转过的链长为 zp，所以链的平均速度 v 为

$$v=\frac{z_1 n_1 p}{60\times 1\,000}=\frac{z_2 n_2 p}{60\times 1\,000}\quad(\mathrm{m/s}) \tag{7.4}$$

式中　z_1, z_2 —— 主、从动链轮的齿数；

n_1, n_2 —— 主、从动链轮的转速，r/min；

p —— 链的节距，mm。

链传动的传动比为

$$i_{12}=\frac{n_1}{n_2}=\frac{z_2}{z_1} \tag{7.5}$$

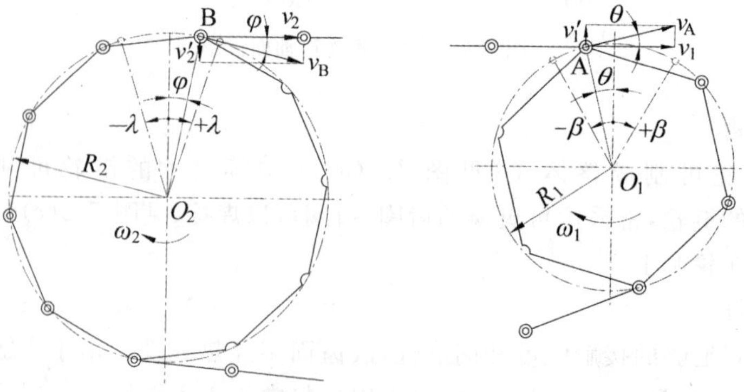

图 7.9　链传动的速度分析

由式(7.5)求得的是平均传动比。实际上,即使主动轮以等角速度 ω_1 转动,链速和瞬时传动比也是不断地作周期性变化的。

7.3.1 瞬时链速

现按图7.9分析链轮及链条的速度。设主动链轮的节圆半径为 R_1,并以等角速度 ω_1 转动,此时,链轮节圆的圆周速度为 $R_1\omega_1$,位于主动轮节圆上的链条铰链的速度也是 $R_1\omega_1$(如图7.9中的铰链A),即 $v_A=R_1\omega_1$。

现将 v_A 分解为沿链条前进方向的分速度 v_1 和垂直于链条前进方向的分速度 v'_1,其值分别为

$$v_1=v_A\cos\theta=R_1\omega_1\cos\theta \tag{7.6}$$

$$v'_1=v_A\sin\theta=R_1\omega_1\sin\theta \tag{7.7}$$

式中,θ 为啮入过程中链节铰链在主动轮上的相位角。

由于链条的每一链节在主动轮上对应的中心角为 2β(即 $360°/z_1$),因而每一链节从开始啮合到下一链节进入啮合为止,θ 角将在 $\pm\beta$ 的范围内变动。

当 $\theta=\pm180°/z_1$ 时,链条前进的速度最小,$v_{min}=R_1\omega_1\cos(180°/z_1)$;

当 $\theta=0°$ 时,链速最大,$v_{max}=R_1\omega_1$。

由此可见,链轮每转过一个齿,链速就从小到大,再从大到小变化一次,链轮的齿数越少,链速的变化也就越大。

与此同时,垂直于链条前进方向的分速度 v'_1 也随着 θ 角的变化作周期性变化,因而使链条产生上下抖动。

7.3.2 链传动的瞬时传动比

从图7.9可知,链条的每一链节在从动轮上所对应的中心角为 2λ(即 $360°/z_2$),在链传动的工作过程中,φ 角亦不断地在 $\pm\lambda$ 角范围内变动。若从动轮节圆半径为 R_2,节圆的圆周速度为 v_B,则其角速度 ω_2 为

$$\omega_2=\frac{v_B}{R_2}=\frac{v_1/\cos\varphi}{R_2}=\frac{R_1\omega_1\cos\theta}{R_2\cos\varphi}$$

故

$$i_{12}=\frac{\omega_1}{\omega_2}=\frac{R_2\cos\varphi}{R_1\cos\theta} \tag{7.8}$$

一般情况下,由于 θ 与 φ 并不时时相等,因此链传动的瞬时传动比是不断变化的。即当主动链轮以等角速度转动时,从动链轮的角速度也是变化的。

上述由于“多边形”的存在而引起的链传动的运动不均匀性称为链传动的多边形效应。

7.4 链传动的主要参数及其选择

7.4.1 链轮齿数

若小链轮齿数 z_1 取得较小,可减小外廓尺寸,但齿数过少,会增加运动的不均匀性和动载荷。为了使链传动工作平稳,应增大小链轮齿数 z_1,但 z_1 选得过大时,大链轮齿数 z_2 必将更为

增大，其后果是增大了链传动的总体尺寸和质量。另外，由于链条的铰链磨损后，将使链条节距变长（见图 7.10），从而使链轮的节圆增大而向齿顶移动。节距增长量 Δp 与节圆外移量 Δd 的关系可由式（7.1）导出，即

$$\Delta d = \frac{\Delta p}{\sin(180°/z)}$$

由此可知，当 Δp 一定时，齿数越多，节圆的外移量 Δd 就越大，因此容易产生跳齿和脱链的现象。综上所述，小链轮齿数 z_1 的选择可参考表 7.2。

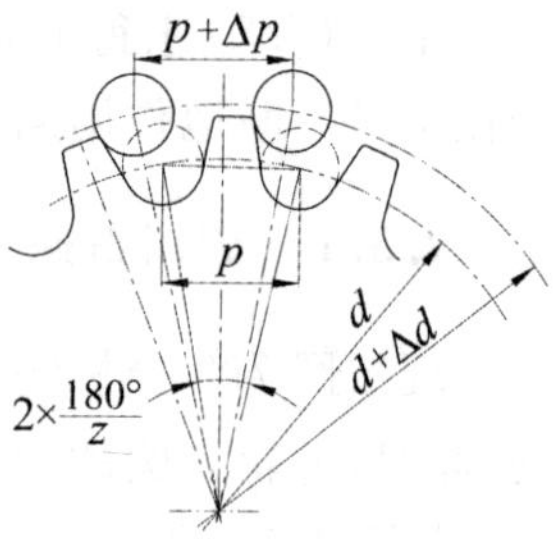

图 7.10 脱链现象

表 7.2 小链轮齿数 z_1

链速 /(m·s^{-1})	0.6 ～ 3	3 ～ 8	> 8
z_1	⩾ 17	⩾ 21	⩾ 25

大链轮齿数 z_2 可按 $z_2 = iz_1$ 确定，但一般应使 $z_2 \leqslant 114$。由于链条节数常取偶数，因此，链轮齿数最好选为奇数，这样可使磨损均匀。

7.4.2 传动比及链的极限速度

传动比过大时，链条在小链轮上的包角就减小，链和链轮的啮合齿数就减少，因此通常应限制传动比 $i \leqslant 6$，推荐 i 为 2 ～ 3.5；当低速、载荷平稳、传动尺寸不受限制时，传动比可取大些。

为了控制链传动的动载荷及噪声，应对链速加以限制，一般要求链速 $v \leqslant 12 \sim 15$ m/s。

7.4.3 链的节距

链的节距越大，链条与链轮尺寸则越大，承载能力亦越高，但传动速度的不均匀性、动载荷和噪声也随之增大。因此设计时，应在保证承载能力的条件下，尽量选用小节距的链条，高速重载时宜优先选用小节距的多排链。

7.4.4 链传动的中心距和链长节数

中心距对传动的影响较大，中心距小，则结构紧凑，但中心距过小，链条在小轮上的包角减小，与链轮同时啮合的齿数亦减少，链条磨损较严重，容易引起脱链。此外，中心距过小，链节数就少，在同一转速下，单位时间内链条在链轮上的绕转次数增多，使链板应力循环次数和链节屈伸次数增加，加剧链条的疲劳。因此，加大中心距对传动有利，但中心距过大，除结构不紧凑外，还会加剧链条松边抖动。所以在设计时一般取中心距 a_0 为（30 ～ 50）p，最大取 $a_{max} = 80p$。

链条长度以链长节数 X 表示，用下式计算：

$$X = \frac{2a_0}{p} + \frac{z_1 + z_2}{2} + \left(\frac{z_2 - z_1}{2\pi}\right)^2 \frac{p}{a_0} \tag{7.9}$$

由此算出的链长节数应圆整为整数，最好取为偶数，然后根据确定好的链长节数计算链传动的最大中心距为

$$a = f \times p[2X - (z_1 + z_2)] \tag{7.10}$$

式中，f 为中心距计算系数，其值见表 7.3。

表 7.3 中心距计算系数 f

$\frac{X-z_1}{z_2-z_1}$	f	$\frac{X-z_1}{z_2-z_1}$	f	$\frac{X-z_1}{z_2-z_1}$	f	$\frac{X-z_1}{z_2-z_1}$	f	$\frac{X-z_1}{z_2-z_1}$	f
8	0.249 78	2.8	0.247 58	1.62	0.239 38	1.36	0.231 23	1.21	0.220 90
7	0.249 70	2.7	0.247 35	1.60	0.238 97	1.35	0.230 73	1.20	0.219 90
6	0.249 58	2.6	0.247 08	1.58	0.238 54	1.34	0.230 22	1.19	0.218 84
5	0.249 37	2.5	0.246 78	1.56	0.238 07	1.33	0.229 68	1.18	0.217 71
4.8	0.249 31	2.4	0.246 43	1.54	0.237 58	1.32	0.229 12	1.17	0.216 52
4.6	0.249 25	2.00	0.244 21	1.52	0.237 05	1.31	0.228 54	1.16	0.215 26
4.4	0.249 17	1.95	0.243 80	1.50	0.236 48	1.30	0.228 93	1.15	0.213 90
4.2	0.249 07	1.90	0.243 33	1.48	0.235 88	1.29	0.227 29	1.14	0.212 45
4.0	0.248 96	1.85	0.242 81	1.46	0.235 24	1.28	0.226 62	1.13	0.210 90
3.8	0.248 83	1.80	0.242 22	1.44	0.234 55	1.27	0.225 93	1.12	0.209 23
3.6	0.248 68	1.75	0.241 56	1.42	0.233 81	1.26	0.225 20	1.11	0.207 44
3.4	0.248 49	1.70	0.240 81	1.40	0.233 01	1.25	0.224 43	1.10	0.205 49
3.2	0.248 25	1.68	0.240 48	1.39	0.232 59	1.24	0.223 61	1.09	0.203 36
3.0	0.247 95	1.66	0.240 13	1.38	0.232 15	1.23	0.222 75	1.08	0.201 04
2.9	0.247 78	1.64	0.239 77	1.37	0.231 70	1.22	0.221 85	1.07	0.198 48

为了便于安装链条和调节链的张紧程度，中心距一般应设计成可调节的。当中心距不能调节时，为了保证链条适当的初垂度，应将计算的中心距减小 2 ~ 5 mm。

7.4.5 链传动作用在轴上的压力

由于链传动是啮合传动，不像带传动那样需要很大的张紧力，因此作用在轴上的压力不大，一般取压轴力为

$$F_s = 1.2F_e \tag{7.11}$$

$$F_e = 1\,000\frac{P}{v} \tag{7.12}$$

式中 F_e —— 链传动的有效圆周力，N；
P —— 链传动传递的功率，kW；
v —— 链速，m/s。

7.5 链传动的设计计算

7.5.1 链传动的失效形式

链传动的主要失效形式有以下几种：

1. 链条的疲劳破坏

由于链传动中链条两边的拉力不相等，链在运动过程中所受的载荷不断变化，因而链板在

变应力状态下工作，经过一定的应力循环次数后，链板将会发生疲劳断裂，滚子表面也会在接触变应力的重复作用下，产生麻点状的剥蚀损伤而形成疲劳点蚀破坏。在正常润滑条件下，链条的疲劳强度是决定链传动的承载能力的主要因素。

2. 链条铰链的磨损

前已说明，铰链磨损后，链条的节距变长，链传动将会由于发生跳齿或脱链而失效。润滑状态对铰链磨损的影响很大，润滑不良的链传动，其承载能力将会比正常情况显著地降低，因而采用适当的润滑剂和润滑装置是设计中不可忽视的工作。

3. 多次冲击破坏

当链传动有强烈振动或频繁启动、制动、反转时，滚子、套筒和销轴等元件将承受重复冲击载荷，则工作变应力未达到疲劳极限时就会产生冲击断裂，导致传动的早期失效。

4. 胶合

当速度过高而又润滑不当时，销轴和套筒间的润滑油膜将被破坏，使接触表面上的压力增大且瞬时温度过高，这样将会导致工作表面上某些接触点熔焊在一起，然后又被撕开，在工作表面上留下撕裂的伤痕，从而形成胶合破坏。因此胶合限定了链传动的极限转速。

5. 静力拉断

当链速极低（$v < 0.6$ m/s）或峰值载荷过大，超过了链条的静力强度时，链条就被拉断。静力拉断常发生在低速重载或严重过载的传动中。

7.5.2 功率曲线图

链传动有多种失效形式，为便于分析，常用线图来表示。图 7.11 表示在一定使用寿命和润滑良好条件下，链传动各种失效形式下的极限功率曲线。由图可见：在润滑良好、中等速度下，链传动的承载能力主要取决于链板的疲劳强度；随着转速的增高，链传动的动载荷增大，传动能力主要取决于滚子和套筒的冲击疲劳强度；当转速很高时，胶合将限制链传动的承载能力。

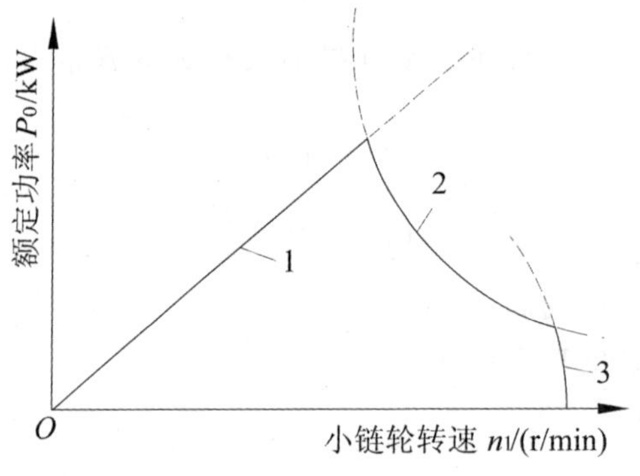

图 7.11 滚子链的极限功率曲线图

1— 由链板疲劳强度限定； 2— 由滚子、套筒冲击疲劳强度限定； 3— 由销轴和套筒胶合限定

为安全起见，额定功率曲线应在各极限功率曲线之内。图 7.12 给出了 A 系列滚子链在特定试验条件下的额定功率曲线。其试验条件为：$z_1 = 19$；单排链；两链轮安装在平行的水平轴上，两链轮共面；链长节数 $X=120$ 节；传动减速比 $i=3$；平稳运转，无过载、冲击或频繁起动；预期使用寿命为 15 000 h；清洁的环境，并按推荐的润滑方式润滑等。当实际使用情况不符合试

验规定的条件时，应将所需传递的功率经一系列修正(如用小链轮齿数系数 K_z，多排链系数 K_p 和工作情况系数 K_A 等进行修正)后，再由图 7.12 确定所需的链号。

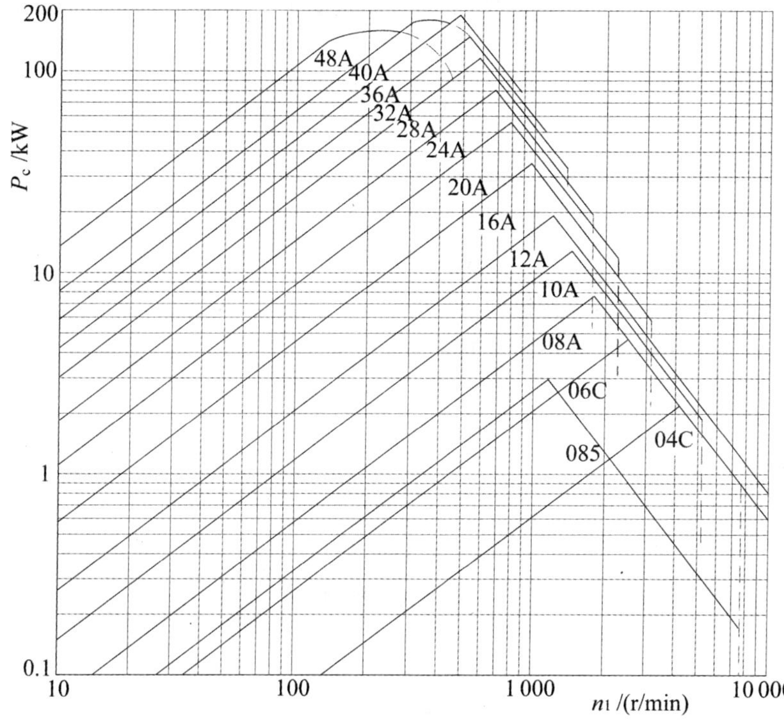

图 7.12 A 系列单排滚子链额定功率曲线

图 7.13 中用直线分割成的 1 ～ 4 四个区域表示推荐的四种润滑方式。

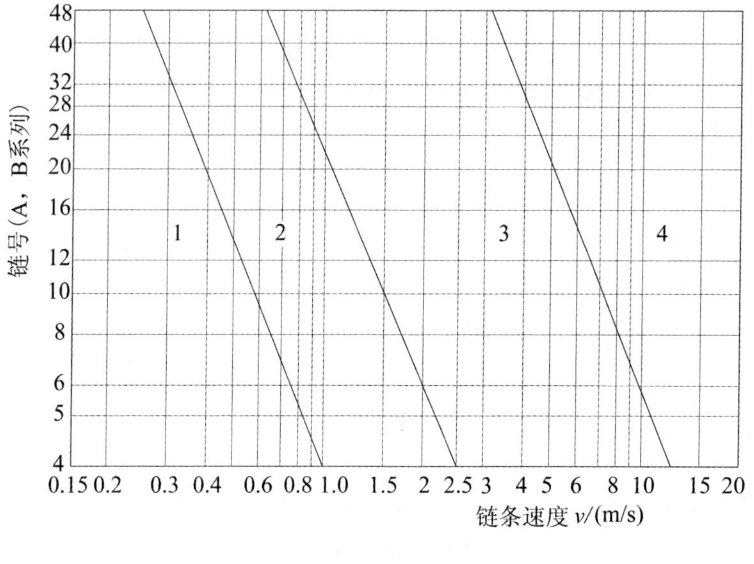

图 7.13 推荐的润滑方式

1— 用油壶或油刷定期人工润滑； 2— 滴油润滑； 3— 油池润滑或油盘飞溅润滑； 4— 油泵压力供油润滑

7.5.3 设计计算

根据链传动的工作情况、载荷类型、主动链轮齿数和链条排数，将链传动所传递的功率 P 进行修正，即

$$P_c=\frac{K_A K_z}{K_p}P \tag{7.11}$$

式中 K_A —— 工况系数，见表 7.4；

K_z —— 主动链轮齿数系数，可按下式计算：

$$K_z=(19/z_1)^{1.08} \tag{7.12}$$

K_p —— 多排链系数，双排链时 $K_p=1.7$，三排链时 $K_p=2.5$。

根据计算的修正功率 P_c 和小链轮转速 n_1，可从图 7.12 中选择节距最小的单排链。

表 7.4 工况系数 K_A

从动机械特性		主动机械特性		
		平稳运转	轻微冲击	中等冲击
		电动机、汽轮机和燃气轮机、带有液力耦合器的内燃机	六缸或六缸以上带机械式联轴器的内燃机、经常启动的电动机（一日两次以上）	少于六缸带机械式联轴器的内燃机
平稳运转	离心式的泵和压缩机、印刷机械、均匀加料的带式输送机、纸张压光机、自动扶梯、液体搅拌机和混料机、回转干燥炉、风机	1.0	1.1	1.3
中等冲击	三缸或三缸以上的泵和压缩机、混凝土搅拌机、载荷非恒定的输送机、固体搅拌机和混料机	1.4	1.5	1.7
严重冲击	刨煤机、电铲、轧机、球墨机、橡胶加工机械、压力机、剪床、单缸或双缸的泵和压缩机、石油钻机	1.8	1.9	2.1

7.5.4 链传动的布置

链传动的布置是否合理，对传动的工作能力及使用寿命都有较大的影响。布置时，链传动的两轴应平行，两链轮应位于同一平面内；一般宜采用水平或接近水平的布置，并使松边在下，具体安排可参考表 7.5。

表 7.5　链传动的布置

传动参数	合理布置	不合理布置	说明
$i>2$ $a=(30\sim50)p$	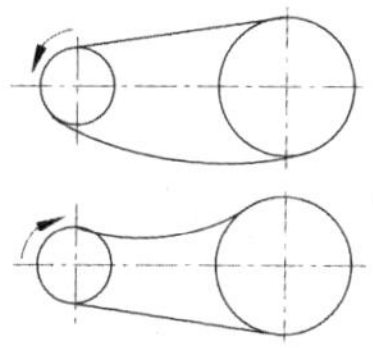		两轮轴线平行，并在同一水平面内，紧边在上、在下均不影响工作
$i>2$ $a<30p$	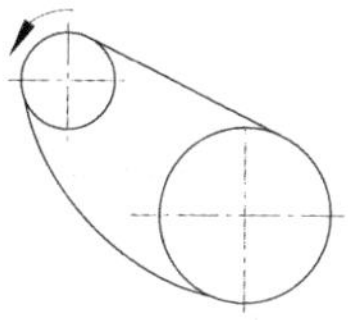	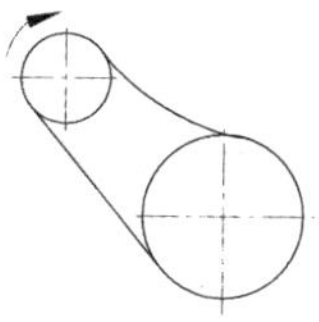	两轮轴线平行而不在同一水平面，松边应在下面，否则松边下垂量增大后，链条易与链轮卡死
$i<1.5$ $a>60p$	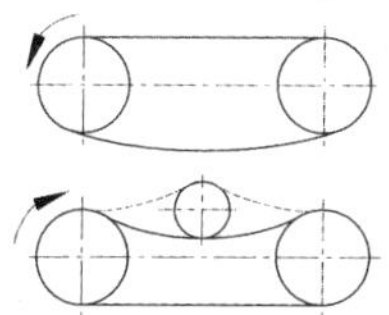	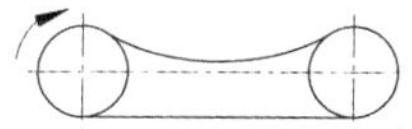	两轮轴线平行，并在同一水平面内，松边应在下面，否则下垂量增大后，松边会与紧边相碰，需经常调整中心距
i,a 为任何值	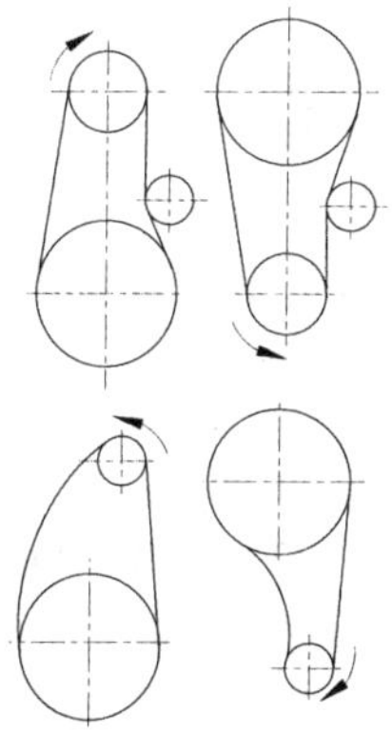	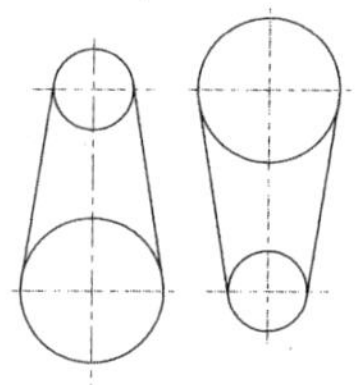	两轮轴线平行，并在同一铅垂面内，下垂量增大时会减少下链轮有效啮合齿数并降低传动能力，为此应采用：① 中心距可调；② 张紧装置；③ 上、下两轮偏置，使其轴线不在同一铅垂面内

【例题 7.1】　设计一驱动往复泵用的滚子链传动。已知原动机为电动机，功率 $P=7.5$ kW，转速 $n=720$ r/min，传动比 $i=3.2$。

解　(1) 确定链轮齿数。

先假定链速 $v=3\sim8$ m/s，由表 7.2 选 $z_1=23$，则大链轮齿数 $z_2=iz_1=3.2\times23=74$。

(2) 初定中心距。

取 $a_0=40p$。

(3) 计算链长节数。

按式(7.9)计算链长节数

$$X=\frac{2a_0}{p}+\frac{z_1+z_2}{2}+\left(\frac{z_2-z_1}{2\pi}\right)^2\frac{p}{a_0}=\frac{2\times 40p}{p}+\frac{23+74}{2}+\left(\frac{74-23}{2\pi}\right)^2\frac{p}{40p}=130.15\approx 130$$

(4) 计算修正功率。

由表7.4查得工作情况系数 $K_A=1.3$；

由式(7.12)，计算得主动链轮齿数系数 $K_z=(19/23)^{1.08}=0.81$；

若选用双排链，则 $K_p=1.7$。

故
$$P_c=\frac{K_A K_z P}{K_p}=\frac{1.3\times 0.8\times 7.5}{1.7}=4.65\ \text{kW}$$

(5) 确定链号。

根据小链轮转速 n_1 和链传动的修正功率 P_c，从图7.12中选择合适的短节距链，链号为10A－2，节距 $p=15.875$ mm。

(6) 确定中心距。

查表7.3得中心距计算系数 $f=0.244\ 77$，则链传动的最大中心距为

$$a=f\times p[2X-(z_1+z_2)]=0.244\ 77\times 15.875\times[2\times 130-(23+74)]=633\ \text{mm}$$

(7) 验算链速。

$$v=\frac{z_1 p n_1}{60\times 1\ 000}=\frac{23\times 15.875\times 720}{60\times 1\ 000}=4.38\ \text{m/s}$$

链速与原假设相符，由图7.13选择润滑方式为油浴或飞溅润滑。

(8) 计算作用在轴上的力。

有效圆周力

$$F_e=1\ 000\times\frac{P}{v}=1\ 000\times\frac{7.5}{4.38}=1\ 712\ \text{N}$$

压轴力

$$F_s=1.2F_e=1.2\times 1712=2\ 054\ \text{N}$$

(9) 链轮设计(略)。

(10) 设计结论。

选用链号为10A的双排滚子链，链长为130节，即10A—2×130—GB/T 1243—2006；主动链轮23齿，从动链轮74齿，中心距为633 mm。

习　　题

7.1　与带传动相比较，链传动有何优缺点？一般用在什么场合？

7.2　滚子链由哪几种零件组成？各零件之间如何连接？滚子链的磨损通常发生在什么部位？

7.3　小链轮的齿数过多或过少对链传动有何影响？通常链轮齿数在什么范围内选取？

7.4　何谓链传动的多边形效应？它是如何产生的？它对链传动有什么影响？

7.5　为什么链轮的节距越大，齿数越少，链速的变化也就越大？

7.6　链传动发生脱链的主要原因有哪些？若只考虑链条铰链的磨损，脱链通常发生在哪个链轮上？为什么？

7.7　图7.15所示为链传动和带传动组成的减速传动装置简图，指出其存在问题，分析原因，并指出改进的措施。

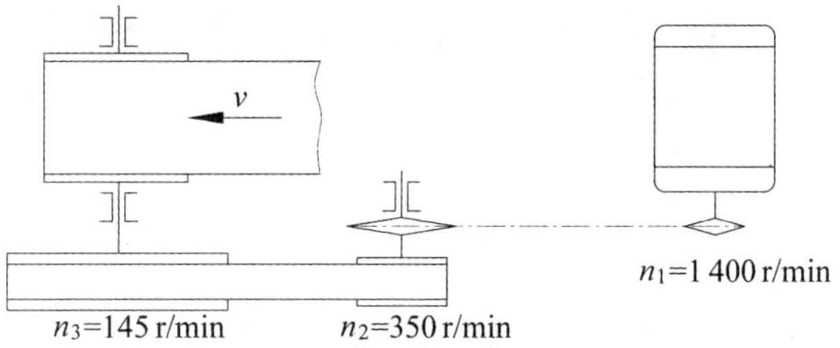

图7.14　题7.7图

7.8　链传动的中心距过大或过小对链传动有何影响？一般链传动的中心距在什么范围内选取？

7.9　已知 $z_1=25$，$z_2=75$，$n_1=800$ r/min的滚子链传动，可传递功率 $P=20$ kW，如果用同样的链，z_2 不变，用减少 z_1 的办法来使 $n_2=200$ r/min。试确定这时可以传递多大功率？

7.10　设计一个往复式压气机上的滚子链传动。已知电动机转速 $n_1=960$ r/min，$P=3$ kW，压气机转速 $n_2=330$ r/min。试确定大、小链轮齿数，链条节距，中心距和链节数。

7.11　选择并验算一个输送装置用的传动链。已知传递的功率 $P=7.5$ kW，主动链轮转速 $n_1=970$ r/min，传动比 $i=3$，工作情况系数 $K_A=1.5$，中心距 $a\leqslant 650$ mm可以调节。

第8章 齿轮传动

8.1 齿轮传动装置形式

齿轮传动比恒定，承载能力大，传动效率高，寿命长，尺寸紧凑，应用广泛，类型很多，是当前机械传动中最主要的一类传动。

齿轮传动装置可分为开式传动（包括半开式传动）及闭式传动。开式齿轮传动不仅外界杂物易侵入啮合齿面间起磨料作用，而且不可能进行良好的润滑，因而工作条件差，寿命短。开式齿轮传动只宜用于低速场合。

大多数机器的齿轮传动（如飞机、汽车、机床等的齿轮传动）安装在密封良好、内外隔绝的箱（机匣）内，叫闭式传动。闭式传动不仅可避免外界磨料侵入，磨损轮齿，而且还可借良好的喷油或浸油润滑，使齿轮传动处于优越的条件下工作，因而闭式齿轮传动不仅可用于高速，而且寿命长。

但是闭式齿轮传动每一级齿轮的传动比不宜过大，以免箱体尺寸太大。如图8.1所示，若按传动比 $i=8$ 设计一级齿轮的闭式传动，箱体尺寸如图中虚线所示。若改为 $i_1 \times i_2 = 3.2 \times 2.5$ 的二级齿轮传动，则箱体尺寸如图中实线所示，就小得多了（当然箱体要宽一些）。

设计闭式齿轮传动，若总传动比过大，应适当分为二级或三级传动，以使传动的总体尺寸较紧凑。

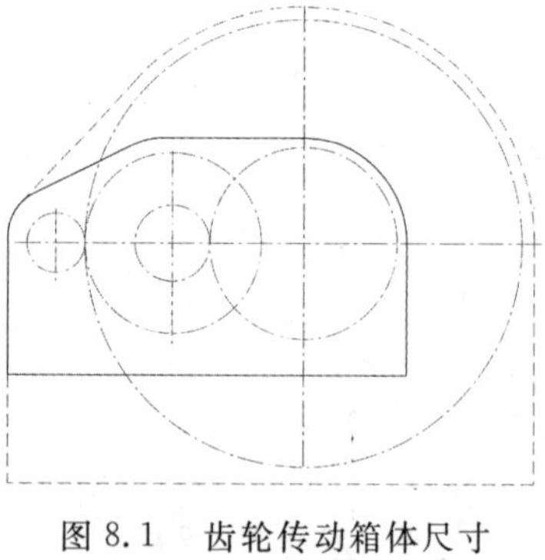

图8.1 齿轮传动箱体尺寸

8.2 齿轮传动的失效及设计准则

8.2.1 轮齿失效

确定机械零件设计准则的重要客观依据就是零件的失效形式。齿轮传动应用广泛，工作条件、材质及所受载荷都不同，因而出现不同形式的失效。齿轮常见的失效是轮齿的失效，包括轮齿折断、齿面磨损、点蚀、胶合及塑性变形等。齿轮的其他部分（一般根据结构按照经验公式设计）较少发生失效。

1. 轮齿折断

轮齿受载时，轮齿的根部产生弯曲应力，加上根部过渡圆角处的应力集中作用，当弯曲疲劳强度不足时，就会沿齿根部折断，如图 8.2 所示。若载荷集中作用于轮齿的一端，便会出现轮齿的局部折断。

轮齿还可能因过大冲击突然折断，或因长时间磨损、根部过薄、强度不足而折断。

单向运转的齿轮，齿根部的应力为脉动循环；行星传动中的行星齿轮，同一轮齿在运转中两个齿面循环受载，齿根部的应力为对称循环。

减少或防止轮齿折断的办法有：增大齿根部过渡圆角半径及清除加工刀痕，降低应力集中以提高弯曲疲劳强度；采用对称配置的支撑、增大轴及支撑的刚度以降低齿面的载荷集中，减少轮齿局部折断；采用具有高韧性的材料，以增加轮齿的抗冲击性能等。

2. 齿面磨损

对于开式齿轮传动，轮齿暴露于大气中，相啮合的齿面间不可避免地落入砂粒、铁屑等磨料性物质，运转中齿面就遭受磨损，如图 8.3 所示。齿面磨损使传动质量降低，振动、噪声及动力损失相应增大，同时齿厚减薄，轮齿弯曲强度降低，终于失效。

采用闭式传动是避免轮齿磨损最有效的办法。为增强轮齿的耐磨性，除改善防护及润滑外，应选取适合于渗碳、淬火的材料做齿轮，通过提高齿面的含碳量及硬度，以增强轮齿的耐磨性，延长齿轮的工作寿命。

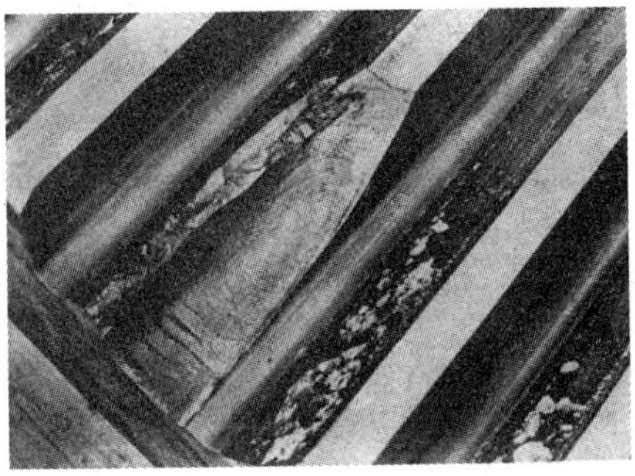

图 8.2　齿轮齿根折断

图 8.3　轮齿磨损

3. 齿面点蚀

闭式齿轮传动运转中啮合齿面产生脉动接触应力。受交变接触应力作用的钢材，在受载面上出现疲劳裂纹。随运转时间的持续，裂纹逐渐增多并扩展，最终使齿面材料脱落。在齿面最初看到的损伤是尺寸很小的麻点（蚀坑），因而这种损伤常称之为疲劳点蚀（简称为点蚀），如图 8.4 所示。若带有点蚀的齿轮继续运转，点蚀数量将增多，蚀坑也逐渐扩大，成为较大的扩展性点蚀。点蚀失效将影响齿轮传动的平稳性，严重时，将引发断齿等其他失效形式。

齿轮抵抗疲劳点蚀的能力常称为齿面接触疲劳强度。通过增大齿面的曲率半径来减小齿面的接触应力，选用合适的材料制作硬齿面的齿轮等方法，都是提高齿面接触疲劳强度的有效途径。

开式齿轮传动，齿面磨损快，很少能见到有点蚀发生的现象。

4. 齿面胶合

在高速重载的齿轮传动中，常因啮合区温度升高与润滑失效，致使两齿面金属材料相互黏连。当两齿面相对运动时，较软的齿面沿滑动方向被撕下而形成沟纹，这种现象称为齿面胶合，如图 8.5 所示。在低速重载传动中，由于齿面间的润滑油膜不易形成也可能产生齿面胶合破坏。

通过降低齿高使齿面滑动系数减小，提高齿面硬度以及减小齿面粗糙度值等措施，都能增强抗胶合能力。对于低速传动采用黏度较大的润滑油，对于高速传动采用含抗胶合添加剂的润滑油也很有效。

严重的胶合损伤只在重载、高速的齿轮传动中才出现。一般用齿轮传动较少出现胶合损伤，所以设计时也不必考虑。

图 8.4　齿面疲劳点蚀

图 8.5　齿面胶合

5. 轮齿塑性变形

当齿轮的润滑不良，齿侧隙大，受较大载荷冲击时，在较大的摩擦力作用下，齿面材料会沿摩擦力方向出现齿面塑性变形。从运动分析可知，主动轮齿面上的摩擦力方向背离节线，主动轮齿面上的材料就由节线分别挤向齿顶与齿根，节线处的齿面向下凹。而从动轮齿面上摩擦力方向恰好相反，是由齿顶、齿根指向节线，于是齿顶和齿根面的材料就都被挤向节线，节线处的齿面形成凸棱，如图 8.6 所示。

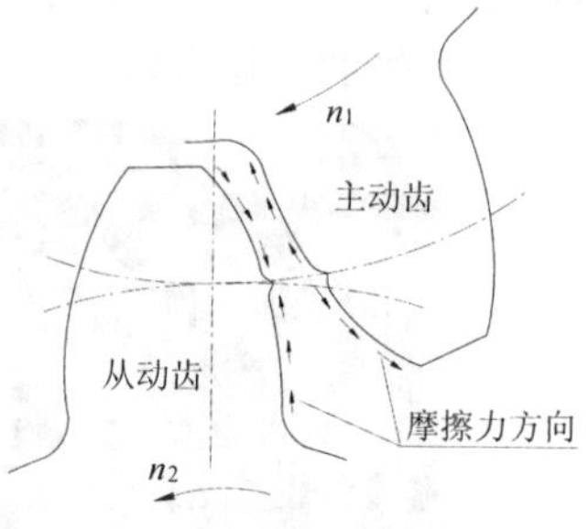

图 8.6　齿面塑性变形

降低齿面滑动系数，提高齿面硬度以及改善润滑等措施，都能有效地增强齿轮抗塑性变形的能力。

8.2.2　齿轮传动设计准则

机械设计的主要任务就是使所设计的零件在工作中有足够的抵抗失效的能力，在预期的寿命内不发生失效，即零件应具有抵抗相应失效的能力。按此，齿轮传动就应确立防范上述五种失效形式的设计准则。

轮齿抗断裂的弯曲疲劳强度设计准则：$\sigma_F \leqslant [\sigma_F]$；齿面抗点蚀的接触疲劳强度设计准则：$\sigma_H \leqslant [\sigma_H]$；以及齿面抗胶合、抗磨损和抗塑性变形的设计准则。

一般用途齿轮传动的设计，是以弯曲疲劳强度和接触疲劳强度为基本设计准则的。

闭式齿轮传动应同时保证轮齿的弯曲疲劳强度及接触疲劳强度。软齿面（HBS$\leqslant$350）齿轮以保证接触疲劳强度为主；硬齿面（HBS$>$350）并且材质较脆时（如用 20Cr，20CrMnTi 经渗碳、淬火），应以保证弯曲疲劳强度为主。

开式齿轮传动因齿面不表现点蚀损伤，通常只作弯曲疲劳强度计算。齿圈、轮辐等部位，其结构及尺寸通常为经验设计，强度富裕，刚度足够。

8.3 齿轮材料及热处理

齿轮应用广泛，无论黑色金属、有色金属或非金属都有使用。其中以锻钢应用较多。大型齿轮不便锻造则用铸钢或铸铁。轻、小型机器可用铸铁齿轮。负荷轻、转速高又要求噪声低时，用夹布塑胶或尼龙齿轮。

选取齿轮材料及热处理方法时要密切联系实际，视需要与可能而定。飞机、汽车、拖拉机及机床等所用齿轮材料都有规范，设计时应按规范选用。

为增强轮齿对各种失效的抵抗能力，应选取齿面硬、心部韧的材料。最为符合这一选材原则的材料，首推锻钢，常用的是含碳量在 0.15% ～ 0.6% 的碳钢或合金钢。合金钢或碳钢可通过不同强化处理使齿面具有高的硬度，而心部仍保持良好的韧性。

用锻钢制造的齿轮按使用及热处理不同，分为两类。

第一类为齿轮毛坯经正以或调质处理，硬度在 HBS350 以内，由刀具切齿后即为成品，是软齿面齿轮。这类齿轮工艺简单、制造方便、生产率高、成本低，但精度不高，一般可达8级或7级。软齿面齿轮承载能力低，适用于精度要求不高，负荷不大，速度中等的中、小型机器。

第二类为齿轮毛坯先经调质，切齿后再对轮齿(或工作齿面) 进行强化处理，提高齿面硬度达 HRC55 ～ 65，是硬齿面齿轮。经强化处理后，轮齿有变形，应进行磨齿等精加工。经精加工制作的齿轮精度可达 5 级或 4 级。这类齿轮精度高、承载能力大，但造价贵，适用于重载、高速传动或要求运转精度高的设备。

强化轮齿的办法有表面淬火、渗碳、氮化及喷丸等。

小齿轮转速高，应力循环次数多，因而小齿轮的工作条件不如大齿轮。选配大、小齿轮的材料及热处理方法时，应使小齿轮的材质优于大齿轮。软齿面齿轮传动中，小齿轮(齿轮 1) 的齿面硬度 HBS_1 应较大齿轮(齿轮 2) 齿面的硬度 HBS_2 高一些，通常使 $HBS_1 - HBS_2 \approx 30 \sim 50$。对于硬齿面齿轮，则通常取 $HRC_1 \approx HRC_2$。

齿轮传动常用的材料、热处理方法及机械特性列于表 8.1。

表 8.1 常用齿轮材料及机械特性

材 料	热处理	强度极限 σ_B/MPa	屈服极限 σ_s/MPa	硬度 HBS	
				齿心部	齿面
HT25 - 45		250	—	170 ～ 241	
HT30 - 54		300		187 ～ 255	
HT35 - 61		350		197 ～ 269	
QT50 - 5	正火	500	—	147 ～ 241	
QT60 - 2		600		229 ～ 302	
ZG45	正火	580	320	156 ～ 217	
ZG55		650	350	169 ～ 229	
45		580	290	162 ～ 217	

续表

材料	热处理	强度极限 σ_B/MPa	屈服极限 σ_s/MPa	硬度 HBS	
				齿心部	齿面
ZG55	调质	700	380	241 ~ 269	
ZG35SiMn		650	420	197 ~ 248	
45		650	360	217 ~ 255	
30CrMnSi		1 100	900	310 ~ 360	
35SiMn		750	450	217 ~ 269	
38SiMnMo		700	550	217 ~ 269	
40Cr		700	500	241 ~ 286	
45	调质后表面淬火	650	360	217 ~ 255	HRC40 ~ 50
40Cr		700	500	241 ~ 286	HRC48 ~ 55
20Cr	渗碳后淬火	650	400	300	HRC58 ~ 62
18CrMnTi		1 000	800	300	
20CrMnTi		1 100	850	300	
12Cr2Ni4		1 100	850	320	
20Cr2Ni4		1 200	1 100	350	
35CrAlA	调质后氮化(氮化层厚 0.3 ~ 0.5mm)	950	750	255 ~ 321	> HV850
38CrMoAlA		1 000	850		

8.4 标准直齿圆柱齿轮传动强度计算

8.4.1 齿轮传动的计算载荷

齿轮的强度应按计算载荷计算，齿轮传动的计算载荷为

$$F_{ca}=KF_n \quad (\mathrm{N}) \tag{8.1}$$

式中 F_n—— 作用于轮齿的公称法向力，N；

K—— 载荷系数。

影响齿轮传动计算载荷的因素很多。如原动力机及工作机器运转特性、制造误差、轮齿啮合刚度的变化和齿面上载荷沿齿向分布不均匀等对齿轮传动计算载荷的影响。载荷系数 K 的简化使用可按表 8.2 选取 K 值。关于确定载荷系数 K 的详细方法，请参见文献[1]。

表 8.2 载荷系数 *K*

原动机	工作机械的载荷特性		
	平稳	中等冲击	强烈冲击
电动机	1.0 ~ 1.2	1.2 ~ 1.6	1.6 ~ 1.8
多缸内燃机	1.2 ~ 1.6	1.6 ~ 1.8	1.9 ~ 2.1
单缸内燃机	1.6 ~ 1.8	1.8 ~ 2.0	2.2 ~ 2.4

8.4.2　轮齿受力分析

如图 8.7 所示，轮齿啮合传递动力时，作用于齿面上的法向力 F_n 沿啮合线垂直作用于齿面，并与节点速度方向所夹的锐角为压力角 α。沿齿面的摩擦力相对较小，通常不计。为了便于分析轴及支撑所受的力，将轮齿所受的法向力 F_n 在节点 P 处分解为切于分度圆的切向力 F_t 及沿半径方向的径向力 F_r。各力关系如图 8.7 和式(8.2) 所示。

$$\left.\begin{aligned} F_t &= 2T_1/d_1 \\ F_r &= F_t \tan\alpha \\ F_n &= F_t/\cos\alpha \end{aligned}\right\} \tag{8.2}$$

式中　T_1—— 小齿轮传递的转矩，N·mm；

d_1—— 小齿轮分度圆直径，mm。

大齿轮轮齿所受的各法向力 F_{n2}，径向力 F_{r2} 及切向力 F_{t2} 与小齿轮所受相应的力大小相等，方向相反。

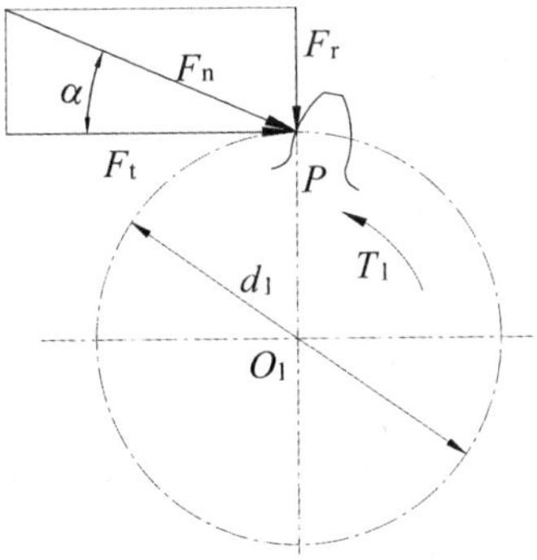

图 8.7　直齿圆柱齿轮轮齿受力分析

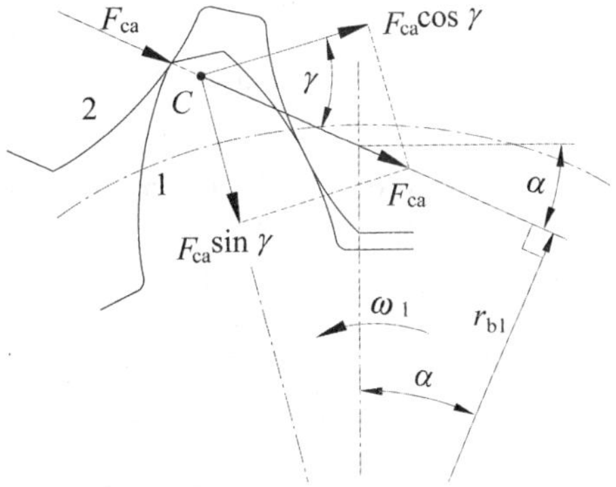

图 8.8　一对齿在齿顶啮合受载

8.4.3　齿根弯曲疲劳强度计算

齿轮轮齿在由齿根到齿顶的受载过程中，齿根所受弯曲力矩大小不一样。对于较低精度(7 ～ 9 级) 的齿轮传动，常会出现仅有一对齿啮合承受全部载荷的现象。此时，可按一对齿在齿顶啮合承受全部载荷来计算轮齿的弯曲力矩，如图 8.8 所示。

轮齿于齿顶受载，齿根部所生应力如图 8.9 所示。齿根危险截面的位置可按现通行的 30° 切线法确定。确定齿根危险截面后，即可由图确定危险截面厚度 S 及力臂 h。

将作用在齿顶的计算载荷 F_{ca} 分成平行于危险截面的水平分力 $F_{ca}\cos\gamma$ 及垂直于危险截面的分力 $F_{ca}\sin\gamma$。水平分力对危险截面产生弯曲应力 σ_F，垂直分力对危险截面产生压应力 σ_c。因载荷角 γ 不大，σ_c 较 σ_F 小得多，可不计及。这样，计算轮齿的弯曲疲劳强度时，可仅计入水平分力的作用。

由图 8.9 可得齿根危险截面的弯曲应力为

$$\sigma_F = M/W = F_{ca}\cos\gamma \cdot h/(L \times S^2/6) \tag{8.3}$$

式中取 $h = k_h m$，$S = k_s m$；L 为接触线长度，直齿轮的 L 即为齿宽 b，于是得

$$\sigma_F = \frac{6KF_t\cos\gamma \cdot k_h m}{b\cos\alpha \cdot (k_s m)^2} = \frac{KF_t}{bm}\frac{6k_h\cos\gamma}{k_s^2\cos\alpha} \tag{8.4}$$

式中，系数 k_h，k_s 及载荷角 γ 皆是与轮齿齿廓形状参数(压力角 α，齿顶高 h_a，径向间隙 c 及齿根过渡圆角半径 ρ)有关，而与齿轮的模数 m 无关的系数。若用系数 Y_{FS} 将式(8.4)中的 $6k_h\cos\gamma/(k_s^2\cos\alpha)$ 部分与齿根过渡圆角的应力集中效果一并考虑，则 Y_{FS} 的值大致如表 8.3 所示。系数 Y_{FS} 称为复合齿形系数。

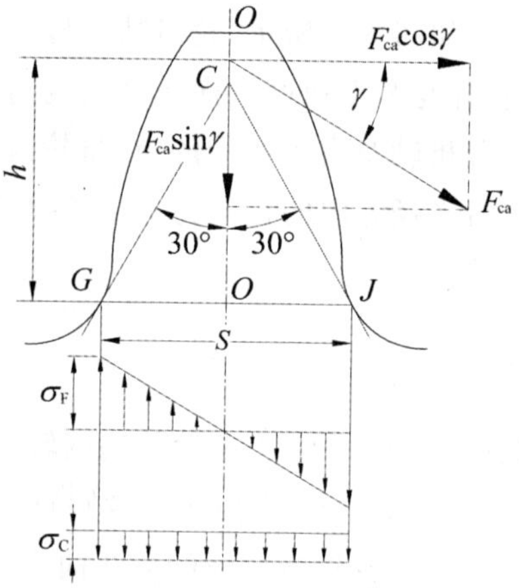

图 8.9　齿根处危险截面及应力

齿轮的弯曲疲劳强度条件为

$$\sigma_F = \frac{KF_t}{bm}Y_{FS} \leqslant [\sigma_F] \tag{8.5}$$

取 $\varphi_d = b/d_1$，φ_d 为齿宽系数(荐用值列于表 8.4)，并将 $F_t = 2T_1/d_1$ 和 $d_1 = mz_1$ 代入式(8.5)，得

$$m \geqslant \sqrt[3]{\frac{2KT_1}{\varphi_d z_1^2}\frac{Y_{FS}}{[\sigma_F]}} \quad (\text{mm}) \tag{8.6}$$

式(8.5)为齿根弯曲疲劳强度的校核公式，式(8.6)为满足齿根弯曲疲劳强度条件的设计公式。

表 8.3　压力角 α 为 20° 标准齿轮的复合齿形系数 Y_{FS}

$z(z_v)$	17	18	19	20	21	22	23	24	25	26	27	28	29
Y_{FS}	4.51	4.45	4.39	4.34	4.31	4.11	4.24	4.19	4.17	4.15	4.11	4.11	4.10
$z(z_v)$	30	35	40	45	50	60	70	80	90	100	150	200	∞
Y_{FS}	4.10	4.04	4.01	3.95	3.94	3.94	3.92	3.93	3.92	3.90	3.92	3.95	4.06

表 8.4　圆柱齿轮的齿宽系数 φ_d

两支撑相对齿轮的布置	对称布置	不对称布置	悬臂布置
φ_d	0.9 ~ 1.4(1.2 ~ 1.9)	0.7 ~ 1.15(1.1 ~ 1.65)	0.4 ~ 0.6

注：① 大、小齿轮皆为硬齿面时，φ_d 应取表中偏下限的数值；
② 括号内的数值用于人字齿轮，此时 b 为人字齿轮的全轮齿宽；
③ 金属切削机床的齿轮，φ_d 可小到 0.2；
④ 非金属齿轮的 $\varphi_d \approx 0.5 \sim 1.2$

8.4.4　齿面接触疲劳强度计算

圆柱齿轮传动相互啮合的轮齿为线接触，其接触应力为

$$\left.\begin{aligned} \sigma_H &= \sqrt{F_{ca}/(L \times \rho_\Sigma)}\,Z_E \\ 1/\rho_\Sigma &= 1/\rho_1 \pm 1/\rho_2 \end{aligned}\right\} \tag{8.7}$$

式中，$Z_E = \sqrt{\dfrac{1}{\left(\dfrac{1-\mu_1^2}{E_1}+\dfrac{1-\mu_2^2}{E_2}\right)\pi}}$ 称为弹性影响系数，对于钢对钢的齿轮，$Z_E = 189.8\sqrt{\text{MPa}}$；对于钢对灰铸铁的齿轮，$Z_E = 162.0\sqrt{\text{MPa}}$。对直齿轮圆柱齿轮，接触线长度 L 取齿宽 b。

轮齿沿工作齿廓各点的曲率($1/\rho$)是不同的。啮合过程中，存在着单、双齿对啮合区的交替，轮齿受载大小也随之变化。因此，工作齿廓上各点的接触应力是不同的，其中必有一点是接触应力最大的位置。

为便于计算，对于低等级精度的齿轮传动，通常在齿轮节点 P 处计算齿面最大接触应力的近似值。标准直齿圆柱齿轮在节点 P 啮合时，齿廓的曲率半径 ρ_1 和 ρ_2 分别为

$$\rho_1 = d_1\sin\alpha/2,\quad \rho_2 = d_2\sin\alpha/2$$

$$\rho_2/\rho_1 = d_2/d_1 = z_2/z_1 = u$$

$$\frac{1}{\rho_\Sigma} = \frac{u\pm1}{\rho_1 u}$$

将上述关系代入式(8.7)，可得齿轮的接触疲劳强度条件式为

$$\sigma_H = \sqrt{\frac{KF_t}{b\cos\alpha}\,\frac{u\pm1}{u}\,\frac{2}{d_1\sin\alpha}}\,Z_E = \sqrt{\frac{KF_t}{bd_1}\,\frac{u\pm1}{u}}\,\sqrt{\frac{2}{\sin\alpha\cos\alpha}}\,Z_E \leqslant [\sigma_H]$$

取 $Z_H = \sqrt{\dfrac{2}{\sin\alpha\cos\alpha}}$，得

$$\sigma_H = Z_H Z_E\sqrt{\frac{KF_t}{bd_1}\,\frac{u\pm1}{u}} \leqslant [\sigma_H]\quad(\text{MPa}) \tag{8.8}$$

式中　Z_H —— 节点区域系数，当 $\alpha = 20°$ 时，$Z_H = 2.5$；

$[\sigma_H]$ —— 许用接触应力，MPa；

u —— 齿数比，$u = z_2/z_1$。

将 $F_t = 2T_1/d_1$，$\varphi_d = b/d_1$ 代入式(8.8)，可得

$$d_1 \geqslant \sqrt[3]{\frac{2KT_1}{\varphi_d}\,\frac{u\pm1}{u}\left(\frac{Z_H Z_E}{[\sigma_H]}\right)^2}\quad(\text{mm}) \tag{8.9}$$

式(8.8)为齿面接触疲劳强度的校核公式，式(8.9)为满足齿面接触疲劳强度条件的设计公式。

8.5　标准斜齿圆柱齿轮传动强度计算

在 8.4 节中论述的虽然是直齿圆柱齿轮传动的强度计算，但涉及的齿轮传动强度计算的基本理论及方法同样适用于其他齿轮。下面对斜齿圆柱齿轮传动强度计算的论述，仅需针对其特点部分进行说明即可。

斜齿圆柱齿轮传动的轮齿所受载荷及真实齿形都在法面上进行分析。作斜齿轮传动强度计算时，第一个特点就是按轮齿的法面参数(如 m_n，α_n)计算。第二个特点是在斜齿圆柱齿轮传动的啮合区内，有多对齿同时啮合，应按啮合区内同时啮合的轮齿计算接触线总长 L。斜齿轮传动啮合区内轮齿接触线总长 L 的值为

$$L = b\varepsilon_\alpha/\cos\beta_b \tag{8.10}$$

式中　ε_α—— 斜齿圆柱齿轮传动的端面重合度，按机械原理课程所述公式计算；

β_b—— 斜齿圆柱齿轮传动啮合平面内齿线的螺旋角，即基圆柱面上齿线的螺旋角。

8.5.1　轮齿受力分析

作用于斜齿圆柱齿轮齿面的法向力 F_n 仍是沿啮合线垂直齿面，如图 8.10 所示。因轮齿偏转了一个螺旋角 β，垂直齿面的法向力 F_n 也随之偏转 β 角。在平面 $Pabc$ 上的分力除切向力 F_t 外，还有一个轴向力 F_a。因此，作用于斜齿圆柱齿轮的法向力 F_n 沿周向、径向及轴向分为切向力 F_t，径向力 F_r 及轴向力 F_a 三个分力。三个分力的关系（见图 8.10）如下：

$$\left.\begin{aligned}F_t&=2T_1/d_1\\F_r&=F_t\tan\alpha_n/\cos\beta\\F_a&=F_t\tan\beta\\F_n&=F_t/(\cos\alpha_n\cos\beta)\end{aligned}\right\}\tag{8.11}$$

式中　β—— 分度圆螺旋角；

α_n—— 法面压力角；

T_1—— 主动齿轮传递的转矩，N · mm；

d_1—— 主动齿轮的分度圆直径，mm。

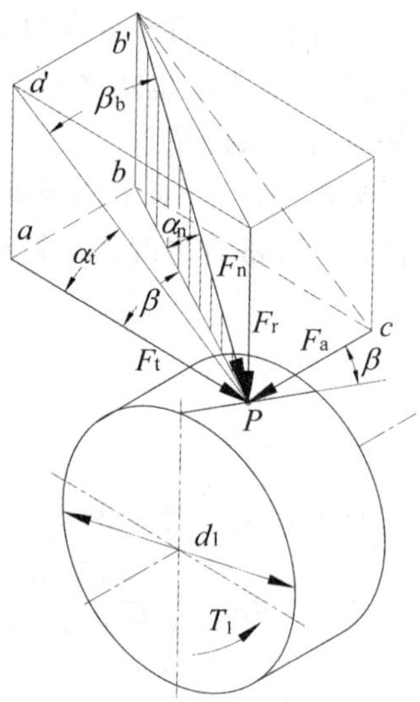

图 8.10　斜齿圆柱齿轮轮齿受力图

8.5.2　轮齿弯曲疲劳强度计算

如图 8.11 所示，斜齿轮齿面上的接触线为一斜线，受载时轮齿可能呈现局部折断。因此，轮齿的弯曲强度应按局部折断计算。斜齿轮轮齿局部折断与直齿轮轮齿齿根折断相比较，弯曲强度计算式应多出一项，并以螺旋角系数 Y_β 表示。螺旋角系数为

$$Y_\beta=1-\varepsilon_\beta\times\frac{\beta}{120^\circ}\tag{8.12}$$

式中　β—— 分度圆螺旋角；当 $\beta\geqslant 30^\circ$ 时，按 $\beta=30^\circ$ 代入；

ε_β—— 齿轮的轴向重合度，$\varepsilon_\beta=b\sin\beta/(\pi m_n)=0.318\varphi_d z_1\tan\beta$，当所得 $\varepsilon_\beta>1$ 时，按 $\varepsilon_\beta=1$ 代入。

计入系数 Y_β 并比照直齿轮轮齿弯曲强度计算式(8.5)和式(8.6)，即可得标准斜齿圆柱齿轮传动轮齿弯曲疲劳强度计算式为

$$\sigma_F=\frac{KF_tY_{FS}Y_\beta}{bm_n\varepsilon_\alpha}\leqslant[\sigma_F]\quad(\text{MPa})\tag{8.13}$$

$$m_n\geqslant\sqrt[3]{\frac{2KT_1Y_\beta\cos^2\beta}{\varphi_d z_1^2\varepsilon_\alpha}\frac{Y_{FS}}{[\sigma_F]}}\quad(\text{mm})\tag{8.14}$$

因为是按轮齿的法面参数计算，式中的模数为法面模数 m_n，复合齿形系数 Y_{FS} 应按当量齿数 $z_v\approx z/\cos^3\beta$ 由表 8.3 查取。

式(8.13)为斜齿圆柱齿轮齿根弯曲疲劳强度的校核公式，式(8.14)为满足齿根弯曲疲劳强度的设计公式。

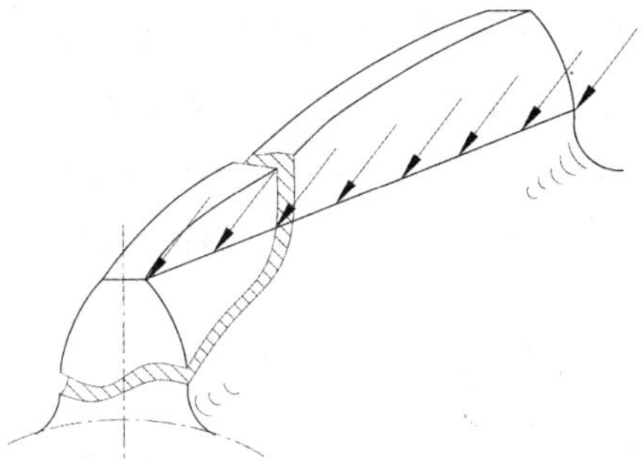

图 8.11　斜齿圆柱齿轮轮齿受载及折断

8.5.3　齿面接触疲劳强度计算

斜齿圆柱齿轮传动齿面接触疲劳强度仍按式(8.7)计算。由于曲率半径 ρ_1 位于法面内，故应按法面参数计算。标准斜齿圆柱齿轮端面上节点 P 处主动轮齿廓的曲率半径为

$$\rho_{t1}=d_1\sin\alpha_t/2$$

法面曲率半径为

$$\rho_{n1}=\rho_{t1}/\cos\beta_b=d_1\sin\alpha_t/(2\cos\beta_b)$$

$$\frac{1}{\rho_\Sigma}=\frac{1}{\rho_{n1}}\pm\frac{1}{\rho_{n2}}=\frac{2\cos\beta_b}{d_1\sin\alpha_t}\frac{u\pm1}{u}$$

由式(8.7)和式(8.10)得标准斜齿圆柱齿轮传动齿面接触疲劳强度计算式为

$$\sigma_H=\sqrt{F_{ca}/(L\times\rho_\Sigma)}Z_E=\sqrt{\frac{KF_n\cos\beta_b}{b\varepsilon_\alpha}\frac{2\cos\beta_b}{d_1\sin\alpha_t}\frac{u\pm1}{u}}Z_E$$

$$\sigma_H=\sqrt{\frac{KF_t\cos\beta_b}{b\varepsilon_\alpha\cos\alpha_t\cos\beta_b}\frac{2\cos\beta_b}{d_1\sin\alpha_t}\frac{u\pm1}{u}}Z_E=\sqrt{\frac{KF_t}{bd_1\varepsilon_\alpha}\frac{u\pm1}{u}}\sqrt{\frac{2\cos\beta_b}{\sin\alpha_t\cos\alpha_t}}Z_E$$

取 $\sqrt{\frac{2\cos\beta_b}{\sin\alpha_t\cos\alpha_t}}=Z_H$ 为斜齿圆柱齿轮的节点区域系数，得

$$\sigma_H=Z_HZ_E\sqrt{\frac{KF_t}{bd_1\varepsilon_\alpha}\frac{u\pm1}{u}}\leqslant[\sigma_H]\quad(\text{MPa})\tag{8.15}$$

与直齿圆柱齿轮同理，可得

$$d_1\geqslant\sqrt[3]{\frac{2KT_1}{\varphi_d\varepsilon_\alpha}\frac{u\pm1}{u}\left(\frac{Z_HZ_E}{[\sigma_H]}\right)^2}\quad(\text{mm})\tag{8.16}$$

式(8.15)为斜齿圆柱齿轮齿面接触疲劳强度的校核公式，式(8.16)为满足齿面接触疲劳强度的设计公式。

若斜齿轮的螺旋角 β 取值过大，轴向力 F_a 就大，对支撑极为不利，故 β 角多取为 $8^\circ\sim20^\circ$。但对人字齿轮传动，按理轴向力为零，因此螺旋角 β 可取较大值，一般为 $15^\circ\sim40^\circ$。

人字齿轮传动轮齿受力分析及强度计算都可引用斜齿轮传动的计算式。

8.6　标准直齿锥齿轮传动强度计算

锥齿轮传动视工作需要可设计成不同形式。由于通常较多采用轴交角 $\Sigma=90^\circ$ 的直齿锥

齿轮(见图 8.12),现仅介绍 $\Sigma=90^\circ$ 的标准直齿锥齿轮传动强度计算。

直齿锥齿轮结构的主要特点是由背锥到前锥轮齿的厚度逐渐减小,因此沿齿向轮齿各截面的弯曲强度和接触强度不同。为近似计算,可用分度圆与锥齿轮平均分度圆(齿宽中点分度圆处)相同,齿宽与锥齿轮一致的当量圆柱齿轮来代替锥齿轮作轮齿强度计算。

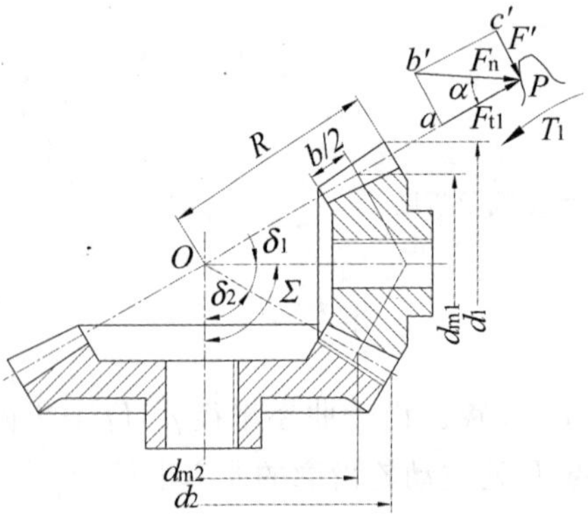

图 8.12　直齿锥齿轮传动

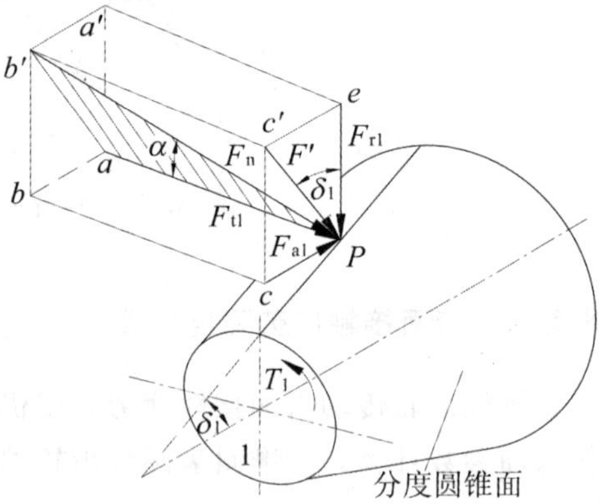

图 8.13　直齿圆锥齿轮轮齿受力分析

8.6.1　轮齿受力分析

如图 8.13 所示,由于锥齿轮轮齿与齿轮轴线形成一个锥角 δ,垂直于齿面的法向力 F_n 亦随之倾转一个角度。于是,在轴平面 $Pcc'e$ 内的分力除径向力 F_r 外,还有一个轴向力 F_a。因此,作用于直齿锥齿轮的法向力 F_n 沿齿轮切向、径向及轴向分为切向力 F_a,径向力 F_r 及轴向力 F_a 三个分力。若将法向力 F_n 视为集中作用于平均分度圆处的节点 P 上,则主动轮 1 轮齿所受的各分力为

$$\left.\begin{aligned} F_{t1} &= 2T_1/d_{m1} \\ F_{r1} &= F_{t1}\tan\alpha\cos\delta_1 \\ F_{a1} &= F_{t1}\tan\alpha\sin\delta_1 \\ F_n &= F_{t1}/\cos\alpha \end{aligned}\right\} \tag{8.17}$$

式中　d_{m1} —— 主动锥齿轮 1 平均分度圆处的分度圆直径;

　　　δ_1 —— 主动锥齿轮 1 的分度圆锥角。

直齿锥齿轮主、从动齿轮轮齿上所受的各分力中,F_{r1} 与 F_{a2},F_{a1} 与 F_{r2},F_{t1} 与 F_{t2} 互为作用反作用力。

8.6.2　齿根弯曲疲劳强度计算

如上所述,直齿锥齿轮的强度是用平均分度圆处的当量圆柱齿轮来近似计算,因而采用式(8.5)时,需用平均分度圆处的锥齿轮的参数计算,即

$$\sigma_F = \frac{KF_t}{bm_m}Y_{FS} \leqslant [\sigma_F]$$

直齿锥齿轮以大端模数 m 为标准值。为计算方便,可将上式中的平均分度圆处的模数 m_m

转换为大端模数 m。经分析，m_m 与 m 的关系为

$$m_m = m(1-0.5\varphi_R) \tag{8.18}$$

式中，$\varphi_R = b/R$，称为锥齿轮传动的齿宽系数，通常取 $\varphi_R = 0.25 \sim 0.35$。最常用的值为 $\varphi_R = 1/3$。其中 R 为锥距，计算式为

$$R = \sqrt{\left(\frac{d_1}{2}\right)^2 + \left(\frac{d_2}{2}\right)^2} = d_1 \frac{\sqrt{u^2+1}}{2}$$

于是，标准直齿锥齿轮传动齿根弯曲疲劳强度计算式为

$$\sigma_F = \frac{KF_t}{bm(1-0.5\varphi_R)} Y_{FS} \leqslant [\sigma_F] \tag{8.19}$$

将 $b = R\varphi_R = mz_1\varphi_R \dfrac{\sqrt{u^2+1}}{2}$，$F_t = \dfrac{2T_1}{d_{m1}} = \dfrac{2T_1}{m(1-0.5\varphi_R)z_1}$ 代入式(8.19)，可得

$$m \geqslant \sqrt[3]{\frac{4KT_1}{\varphi_R(1-0.5\varphi_R)^2 z_1^2 \sqrt{u^2+1}} \frac{Y_{FS}}{[\sigma_F]}} \tag{8.20}$$

式中的复合齿形系数 Y_{FS} 应按当量齿轮的齿数 $z_v = z/\cos\delta$ 由表 8.3 查取。

式(8.19) 为直齿锥齿轮齿根弯曲疲劳强度的校核公式，式(8.20) 为满足齿根弯曲疲劳强度的设计公式。

8.6.3　齿面接触疲劳强度计算

直齿锥齿轮齿面接触疲劳强度仍按式(8.7) 计算，接触线长度仍取 $L = b$。综合曲率 $(1/\rho_\Sigma)$ 按平均分度圆处的当量圆柱齿轮在节点啮合的齿廓曲率半径计算。

$$\left.\begin{aligned} \rho_1 &= d_{mv1}\sin\alpha/2 \\ \rho_2 &= d_{mv2}\sin\alpha/2 \end{aligned}\right\}$$

当量齿轮齿数比为

$$u_v = \frac{z_{v2}}{z_{v1}} = \frac{z_2/\cos\delta_2}{z_1/\cos\delta_1} = u^2$$

将上述关系代入式(8.8)，得标准直齿锥齿轮传动齿面接触疲劳计算式为

$$\sigma_H = Z_H Z_E \sqrt{\frac{4KT_1}{\varphi_R(1-0.5\varphi_R)^2 u d_1^3}} \leqslant [\sigma_H] \tag{8.21}$$

$$d_1 \geqslant \sqrt[3]{\frac{4KT_1}{\varphi_R(1-0.5\varphi_R)^2 u}\left(\frac{Z_H Z_E}{[\sigma_H]}\right)^2} \quad (\text{mm}) \tag{8.22}$$

式(8.21) 为直齿锥齿轮齿面接触疲劳的校核公式，式(8.22) 为满足齿面接触疲劳的设计公式。

8.7　齿轮传动的设计参数、许用应力、齿轮精度及计算说明

8.7.1　设计参数选择

设计齿轮传动时，齿轮模数 m 是依据强度计算确定的，而齿数 z 与齿宽系数 φ_d 则要通过选择确定。

1. 选定齿数

齿轮的接触疲劳强度条件已要求保障一定大小的齿轮分度圆直径。这时，若增加齿数，将导致重合度增大和模数减小。重合度的增大将提高传动平稳性；模数的减小会使齿高降低，这一方面可减小切削量，提高生产率，节省制造费用，同时会使轮齿间的滑差率降低，从而减轻轮齿的磨损及胶合。这些都是齿轮设计者追求的目标。但是模数减小会使齿厚减薄，从而降低轮齿的弯曲疲劳强度及耐磨性。这对承载能力主要取决于弯曲强度的齿轮传动当然不好。不过在确保齿轮的齿根弯曲疲劳强度的前提下，选择多一些的齿数对齿轮传动有利。

通常，为了提高传动的平稳性，减小冲击振动，闭式齿轮传动小齿轮的齿数可在 20 ～ 40 范围内选取。

开式齿轮传动承载能力主要取决于轮齿的弯曲强度及耐磨性，模数不应过小，应以少齿数、大模数为好。开式齿轮传动小齿轮的齿数可在 17 ～ 20 范围内选取。

为使轮齿免于根切，对于压力角为 20° 的标准直齿圆柱齿轮传动，小齿轮的齿数应尽量大于 17。

2. 选定齿宽系数

通常，轮齿愈宽承载能力愈大。但若轮齿过宽，载荷沿接触线的分布就很不均匀，故齿宽系数应取得适当。圆柱齿轮的齿宽系数 φ_d 的荐用值见表 8.4。

8.7.2 许用应力的确定

按定义，齿轮疲劳强度的许用应力为

$$[\sigma]=K_N\sigma_{\lim}/S \tag{8.23}$$

式中 S —— 齿轮疲劳强度安全系数，数值列于表 8.5；

$\sigma_{\lim}$ —— 齿轮材料的疲劳极限，具体为齿根弯曲疲劳极限 σ_{Flim} 或齿面接触疲劳极限 σ_{Hlim}，$\sigma_{\lim}$ 的值应由相应的试验结果确定，也可用表 8.6 中所列估算关系式确定；

K_N —— 寿命系数。

接触疲劳寿命系数为 K_{HN}，$K_{HN}=\sqrt[6]{\dfrac{N_0}{N}}$，$N_0=30\times(\mathrm{HBS})^{2.4}$。当 $N>N_0$ 时，取 $N=N_0$；

弯曲疲劳寿命系数为 K_{FN}，$K_{FN}=\sqrt[m]{\dfrac{N_0}{N}}$，$N_0=4\times10^6$。当 $N>N_0$ 时，取 $N=N_0$；对于正火、调质的齿轮，$m=9$；对于淬火、渗碳和氮化的齿轮，$m=6$。

N 为应力循环次数，由下式计算：

$$N=60njL_h \tag{8.24}$$

式中 n —— 齿轮的转速，r/min；

j —— 齿轮每转一周，同一齿面啮合的次数；

L_h —— 齿轮的工作寿命，h。

表 8.5　齿轮疲劳强度安全系数 S

	软齿面齿轮	硬齿面齿轮	重要的齿轮
齿面接触疲劳强度安全系数 S_H	1.0 ～ 1.1	1.1 ～ 1.2	1.2 ～ 1.3
齿根弯曲疲劳强度安全系数 S_F	1.3 ～ 1.4	1.4 ～ 1.6	1.6 ～ 1.8

表 8.6　齿轮材料的疲劳极限　　单位：MPa

材料及热处理			σ_{Flim}	σ_{Hlim}
灰铸铁			0.28 × HBS + 3	1.05 × HBS + 128
球墨铸铁			0.35 × HBS + 98	1.4 × HBS + 220
铸钢正火			0.30 × HBS + 80	HBS + 140
铸钢调质			0.24 × HBS + 114	0.9 × HBS + 290
合金铸钢调质			0.4 × HBS + 150	1.33 × HBS + 283
碳钢正火			0.4 × HBS + 90	HBS + 200
碳钢调质			0.23 × HBS + 166	HBS + 350
合金钢调质			0.44 × HBS + 186	1.3 × HBS + 375
碳钢调质后火焰或感应淬火(HRC52 ～ 57)			370	10.83 × HRC + 630
合金钢渗碳	齿心硬度 HRC	⩾ 28	427	1 500
		⩾ 32	460	
		⩾ 36	500	
氮化钢气体氮化(HV750 ～ 940)			424	1 250

注：① 表内所列齿轮材料的疲劳极限值是根据 GB/T —3480 推荐的疲劳极限图，经曲线拟合确定，适用于模数 $m = 3 \sim 5$ mm，压力角 $\alpha = 20°$，齿宽 $b = 10 \sim 50$ mm 的齿轮副，属于持久疲劳极限，对应的失效概率约为 1%；

② 表内计算式中“HBS”“HRC” 分别为热处理后的齿面布氏硬度及洛氏硬度的数值；

③ 表内所列弯曲疲劳极限 σ_{Flim} 对应的是脉动循环应力，承受对称循环弯曲应力的疲劳极限值可按表中数值的 70% 估算；

④ 当所用齿轮材料的化学成分、机械特性及金相组织等经严格检测符合标准的规定属优质产品时，疲劳极限值可较表值提高 10% ～ 15%；当所用材质差时，疲劳极限值应较表值降低 10% ～ 15%

为使开式齿轮传动有较长的耐磨寿命，许用弯曲应力可按较一般使用值降低 20% ～ 40% 计算。

8.7.3　齿轮精度的选择

齿轮传动精度将直接影响到齿轮传动的平稳性。高精度等级的齿轮传动可获得较稳定的高速传动，同时也需要付出高成本的代价。因此，齿轮传动精度等级应根据工程实际的需要，经综合考虑选定。一般齿轮传动的设计，可参考表 8.7 和表 8.8 选择齿轮的精度等级。

表 8.7 按机器类型选择齿轮精度

机器类型	精度等级	机器类型	精度等级	机器类型	精度等级
测量齿轮	3～5	轻便汽车	5～8	拖拉机及轧钢机的小齿轮	6～10
透平机用减速器	3～6	内燃机车和电气机车	5～8	起重机械	7～10
金属切削机床	3～8	一般用途减速器	6～8	矿山用卷扬机	8～10
航空发动机	4～7	载重汽车	6～9	农业机械	8～11

表 8.8 按节线速度和加工方法选择齿轮精度

精度等级	节线速度/($m\cdot s^{-1}$)			加工方法
	直齿圆柱齿轮	斜齿圆柱齿轮	直齿锥齿轮	
6	≤15	≤25	≤9	在精密机床上用展成法切齿，齿面精磨或剃齿
7	≤10	≤17	≤6	在精密机床上用展成法切齿，未经热处理的齿面用精切，淬火的则须磨齿、剃齿、研磨或珩磨
8	≤5	≤10	≤3	用展成法切齿或成型法切齿，必要时齿面剃齿或研磨
9	≤3	≤3.5	≤2.5	用各类方法切齿

8.7.4 计算说明

设计齿轮传动时，因大、小齿轮的材质及参数不同，$[\sigma_F]$，$[\sigma_H]$ 及 Y_{FS} 也不一样。按弯曲疲劳强度设计时，应以 $Y_{FS1}/[\sigma_F]_1$ 和 $Y_{FS2}/[\sigma_F]_2$ 中较大数值代入设计公式计算；按接触疲劳强度设计时，应以$[\sigma_H]_1$ 和$[\sigma_H]_2$ 中较小数值代入设计公式计算。

校核轮齿的弯曲疲劳强度时，大、小齿轮应分别进行核算。

8.8 齿轮结构设计

上述各节讲述了确定齿轮齿数、模数、齿宽、螺旋角等基本参数的方法，由此可计算出齿轮的分度圆直径、齿顶圆直径及中心距等主要尺寸。齿轮其他部分，如轮缘、轮辐及轮毂的结构尺寸，通常都是按经验类比确定的。

齿轮的结构形状与齿轮的毛坯与直径、材料与热处理、制造工艺、使用条件及经济性等都有关，齿轮的结构形式应在综合考虑上述因素的基础上确定。

在齿顶圆直径 $d_a \leqslant 160$ mm 时，一般可做成实心结构齿轮(见图 8.14)。若齿根圆到键槽底的距离 e 过小(见图 8.15，圆柱齿轮 $e < 2m_t$；锥齿轮按前锥面计算，$e < 1.6m$)，键槽底将极易形成齿轮的薄弱环节，这时应将齿轮与轴设计为齿轮轴的结构(见图 8.16)。但若 e 值足够大，仍以将齿轮与轴分开设计为宜。

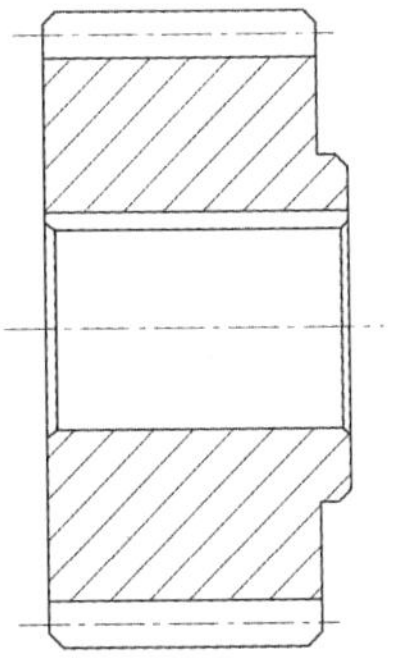

图 8.14　实心式齿轮

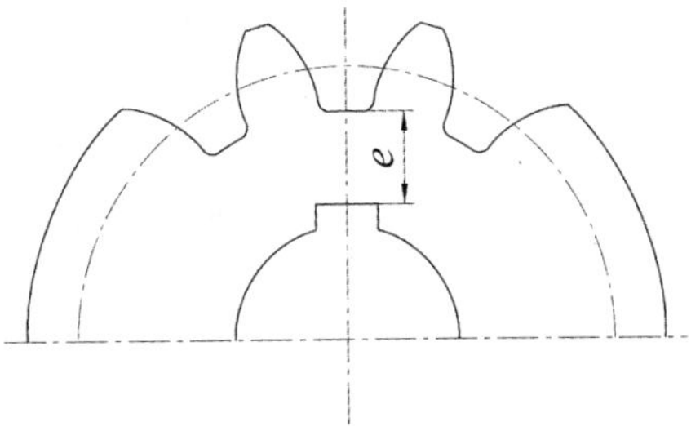

图 8.15　齿根圆到键槽距 e

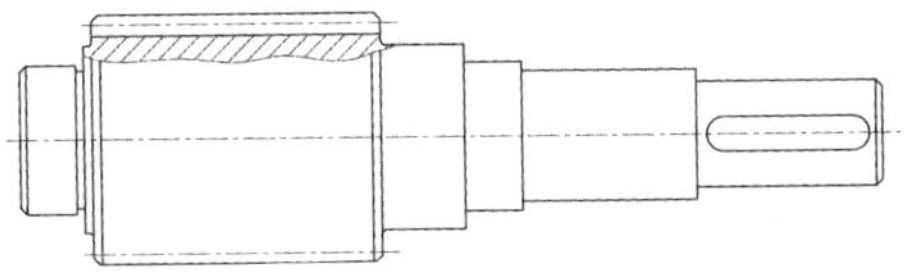

图 8.16　齿轮轴

在齿顶圆直径 $d_a < 500$ mm 时，为了减轻齿轮的质量，应做成腹板式结构(见图 8.17)。

此类齿轮视尺寸大小、批量及生产能力选用棒料、模锻或自由锻制作齿轮毛坯；尺寸较大时，可采用铸铁、铸钢铸造制作齿轮的毛坯。

齿顶圆直径 $d_a > 300$ mm 的锥齿轮也可做成有加强肋的腹板式结构(见图 8.18)。肋板厚 Δ_2 示于图中，其他尺寸如图 8.18 中的说明。加肋板的齿轮应采用铸造成型。

齿顶圆直径 $d_a > 500$ mm 时，应做成轮辐式结构的齿轮(见图 8.19)，此类齿轮一般为铸造毛坯。各部结构及尺寸如图 8.19 中的说明。

上述各式结构齿轮的毂孔直径 D_4 按轴的直径确定。

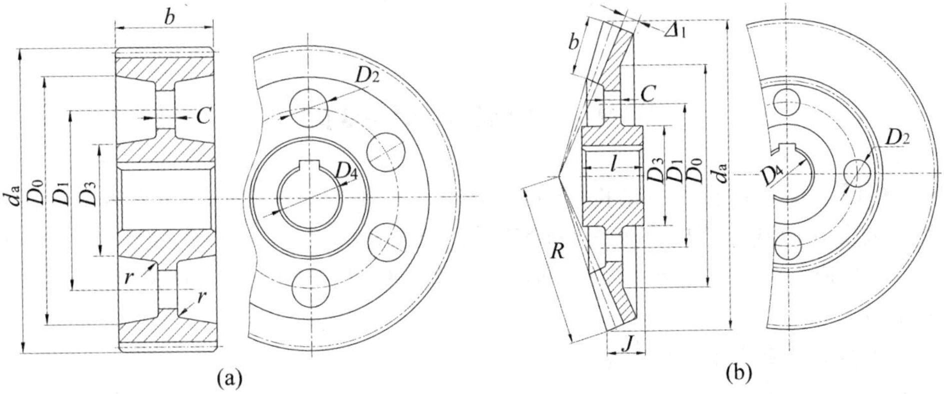

$D_3 \approx 1.6D_4$(钢)；$D_3 \approx 1.7D_4$(铸铁)；$D_2 \approx (0.25 \sim 0.35)(D_0 - D_3)$；$D_1 \approx (D_0 + D_3)/2$；$r = 5$ mm；腹板孔数：$4 \sim 6$；

圆柱齿轮：$D_0 \approx d_a - (10 \sim 14)m_n$；$C \approx (0.2 \sim 0.3)b \geqslant 10$ mm；

圆锥齿轮：$l \approx (1 \sim 1.2)D_4$；$C \approx (3 \sim 4)m \geqslant 10$ mm；$\Delta_1 \approx (0.1 \sim 0.2)R$；尺寸 D_0，J 由结构设计确定

图 8.17　腹板式结构的齿轮

(a) 腹板式结构的圆柱齿轮；(b) 腹板式结构的锥齿轮

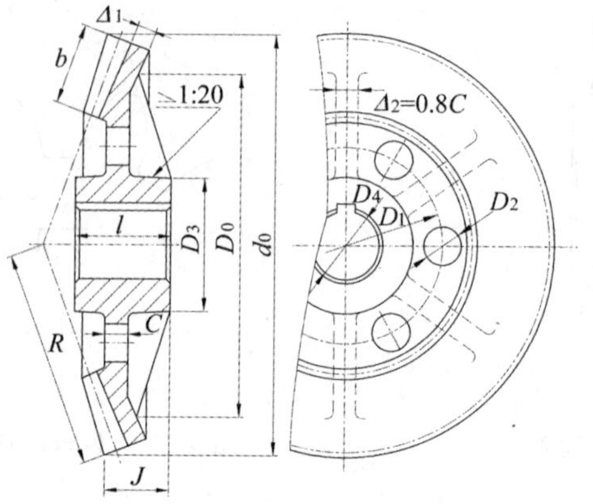

图 8.18　加肋板的腹板式结构的锥齿轮

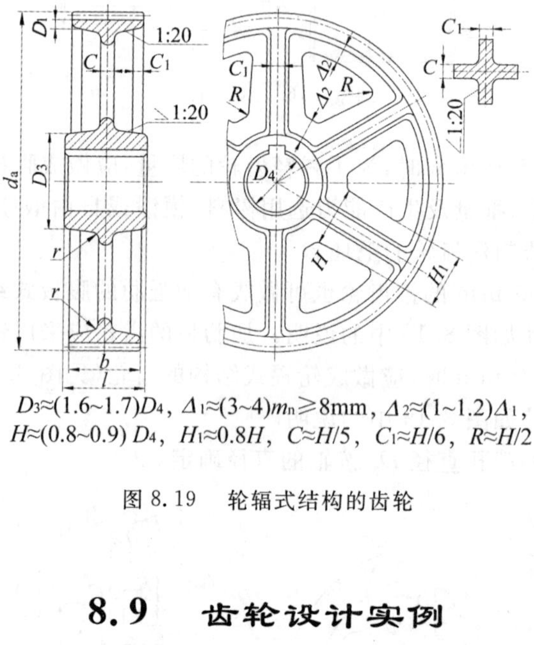

$D_3 \approx (1.6\sim1.7)D_4$，$\Delta_1 \approx (3\sim4)m_n \geqslant 8\text{mm}$，$\Delta_2 \approx (1\sim1.2)\Delta_1$，
$H \approx (0.8\sim0.9)D_4$，$H_1 \approx 0.8H$，$C \approx H/5$，$C_1 \approx H/6$，$R \approx H/2$

图 8.19　轮辐式结构的齿轮

8.9　齿轮设计实例

【例题 8.1】　某压砖机由电动机经减速器驱动，减速器为双级展开式直齿圆柱齿轮闭式减速传动。试设计该减速器的高速级齿轮传动。已知输入功率 $P_1 = 25$ kW，输入传速 $n_1 = 1\,450$ r/min，高速级的齿数比 $u = 2.8$。每年 260 个工作日，每个工作日两班，每班工作 8 h，预期工作寿命为 8 年。

解　(1) 选定齿轮材料、齿数及齿宽系数。

1) 选材料。

小轮材料：40Cr，调质 $HBS_1 = 250$；大轮材料：45 钢，调质 $HBS_2 = 210$；$HBS_1 - HBS_2 = 250 - 210 = 40$。

2) 选齿数。

选定小轮齿数：$z_1 = 24$，大轮齿数：$z_2 = uz_1 = 2.8 \times 24 = 67.2$，圆整齿数，取 $z_2 = 67$。

实际齿数比：$u = \dfrac{67}{24} = 2.79$，齿数比误差：$\dfrac{2.8 - 2.79}{2.79} = 0.358\%$，可用。

3）由表 8.4 选定齿宽系数：$\varphi_d = 1.0$。

（2）按齿面接触疲劳强度设计。

1）确定计算参数。

a）考虑压砖机有较大冲击，由表 8.2 取载荷系数 $K = 1.8$。

b）计算转矩 $T_1 = 9.55 \times 10^6 P_1/n_1 = 9.55 \times 10^6 \times 25/1\,450 = 1.647 \times 10^5$ N・mm。

c）对于压力角为 20° 的直齿圆柱齿轮，区域系数 $Z_H = 2.5$。

d）对于钢对钢齿轮，弹性影响系数 $Z_E = 189.8\sqrt{\text{MPa}}$。

e）由表 8.6 所列公式计算 σ_{Hlim}。

小齿轮为合金钢调质，$\sigma_{\text{Hlim}\,1} = 1.3 \times \text{HBS}_1 + 375 = 1.3 \times 250 + 375 = 700$ MPa。

大齿轮为碳钢调质，$\sigma_{\text{Hlim}\,2} = \text{HBS}_2 + 350 = 210 + 350 = 560$ MPa。

f）计算寿命系数。

$$N_1 = 60 n_1 j l_h = 60 \times 1450 \times (2 \times 8 \times 260 \times 8) = 2.90 \times 10^9$$

$$N_{(1)0} = 30 \times (\text{HBS})^{2.4} = 30 \times 250^{2.4} = 1.71 \times 10^7$$

$$N_2 = 60 n_2 j l_h = 60 \times \frac{1450}{2.79} \times (2 \times 8 \times 260 \times 8) = 1.04 \times 10^9$$

$$N_{(2)0} = 30 \times (\text{HBS})^{2.4} = 30 \times 210^{2.4} = 1.12 \times 10^7$$

由于 $N_1 > N_{(1)0}$，$N_2 > N_{(2)0}$，取 $K_{HN1} = 1$，$K_{HN2} = 1$。

g）计算 $[\sigma_H]$。

由表 8.5，选取安全系数 $S_H = 1$。

$$[\sigma_H]_1 = \frac{K_{HN1}\sigma_{\text{Hlim}\,1}}{S_H} = 700\ \text{MPa}, \quad [\sigma_H]_2 = \frac{K_{HN2}\sigma_{\text{Hlim}\,2}}{S_H} = 560\ \text{MPa}$$

由于 $[\sigma_H]_1 > [\sigma_H]_2$，应取 $[\sigma_H] = [\sigma_H]_2 = 560$ MPa。

2）计算齿轮参数。

a）由式(8.9) 计算 d_1。

$$d_1 \geqslant \sqrt[3]{\frac{2KT_1}{\varphi_d}\frac{u+1}{u}\left(\frac{Z_H Z_E}{[\sigma_H]}\right)^2} = \sqrt[3]{\frac{2 \times 1.8 \times 1.647 \times 10^5}{1.0} \times \frac{2.79+1}{2.79}\left(\frac{2.5 \times 189.8}{560}\right)^2} = 83.31\ \text{mm}$$

b）计算模数 m。

$$m \geqslant d_1/z_1 = 83.31/24 = 3.47\ \text{mm}$$

（3）按齿根弯曲疲劳强度设计。

1）确定计算参数。

a）确定复合齿形系数 Y_{FS}。

由表 8.3 查得 $Y_{FS1} = 4.19$，通过线性插值求得 $Y_{FS2} = 3.934$。

b）由表 8.6 所列公式计算 σ_{Flim}。

$$\sigma_{\text{Flim1}} = 0.44 \times \text{HBS}_1 + 186 = 0.44 \times 250 + 186 = 296\ \text{MPa}$$

$$\sigma_{\text{Flim2}} = 0.23 \times \text{HBS}_2 + 166 = 0.23 \times 210 + 166 = 214.3\ \text{MPa}$$

c）计算寿命系数。

$$N_1 = 60 n_1 j l_h = 60 \times 1450 \times (2 \times 8 \times 260 \times 8) = 2.90 \times 10^9$$

$$N_2 = 60 n_2 j l_h = \frac{N_1}{2.79} = 1.04 \times 10^9$$

$N > N_0 = 4 \times 10^6$,取 $K_{FN1} = K_{FN2} = 1$。

d) 计算$[\sigma_F]$。

由表 8.5,选取安全系数 $S_F = 1.3$。

$$[\sigma_F]_1 = \frac{K_{FN1}\sigma_{Flim1}}{S_F} = \frac{1 \times 296}{1.3} = 227.69 \text{ MPa}$$

$$[\sigma_F]_2 = \frac{K_{FN2}\sigma_{Flim2}}{S_F} = \frac{1 \times 214.3}{1.3} = 164.85 \text{ MPa}$$

2) 计算齿根弯曲疲劳强度。

a) 判别大、小轮的弯曲疲劳强度。

比较$\frac{Y_{FS1}}{[\sigma_F]_1} = \frac{4.19}{227.69} = 0.018\ 40$与$\frac{Y_{FS2}}{[\sigma_F]_2} = \frac{3.934}{164.85} = 0.023\ 86$,由于$\frac{Y_{FS2}}{[\sigma_F]_2} > \frac{Y_{FS1}}{[\sigma_F]_1}$,故按大齿轮计算弯曲疲劳强度。

b) 由式(8.14)计算齿轮的模数。

$$m \geqslant \sqrt[3]{\frac{2KT_1}{\varphi_d z_1^2}\frac{Y_{FS2}}{[\sigma_F]_2}} = \sqrt[3]{\frac{2 \times 1.8 \times 1.647 \times 10^5}{1.0 \times 24^2} \times \frac{3.934}{164.85}} = 2.90 \text{ mm}$$

(4) 确定模数。

按齿根弯曲疲劳强度确定标准模数为 3 mm,按齿面接触疲劳强度 $d_1 \geqslant 83.31$ mm。

计算齿数:$z_1 = \frac{d_1}{m} = \frac{83.31}{3} = 27.77$,取 $z_1 = 28$,$z_2 = 28 \times u = 28 \times 2.8 = 78.4$,取 $z_2 = 79$。

实际齿数比:$u = \frac{79}{28} = 2.821$,齿数比误差:$\frac{2.821 - 2.8}{2.821} = 0.74\%$,可用。

(5) 计算齿轮的几何尺寸。

$$d_1 = mz_1 = 3 \times 28 = 84 \text{ mm}, \quad d_2 = mz_2 = 3 \times 79 = 237 \text{ mm}$$

$$d_{a1} = d_1 + 2m = 84 + 2 \times 3 = 90 \text{ mm}, \quad d_{a2} = d_2 + 2m = 237 + 2 \times 3 = 243 \text{ mm}$$

$$a = \frac{m(z_1 + z_2)}{2} = \frac{3 \times (28 + 79)}{2} = 160.5 \text{ mm}$$

$$b_2 = \varphi_d d_1 = 1 \times 84 = 84 \text{ mm}, \quad b_1 = b_2 + (2 \sim 3) = 86 \text{ mm}$$

(6) 计算节圆速度。

$$v = \frac{\pi d_1 n_1}{60 \times 1\ 000} = \frac{\pi \times 84 \times 1450}{60\ 000} = 6.377 \text{ m/s}$$

(7) 选择齿轮精度等级。

按表 8.7 和表 8.8,选择 7 级精度齿轮。

(8) 结构设计(略)。

(9) 设计结论。

齿轮材料:小齿轮用 40Cr 调质,大齿轮用 45 钢调质;

齿轮精度:7 级精度;

齿轮基本参数:$z_1 = 28$,$z_2 = 79$,$m = 3$ mm,$\alpha = 20°$,$h_a^* = 1$,$c^* = 0.25$;

齿轮主要尺寸:$d_1 = 84$ mm,$d_2 = 237$ mm,$a = 160.5$ mm,$b_1 = 86$ mm,$b_2 = 84$ mm。

【例题 8.2】 某压砖机由电动机经减速器驱动,减速器为双级展开式斜齿圆柱齿轮闭式减速传动。试设计该减速器的高速级齿轮传动。已知输入功率 $P_1 = 25$ kW,输入传速 $n_1 = 1\ 450$ r/min,高速级的齿数比 $u = 2.8$。每年 260 个工作日,每个工作日两班,每班工作 8 h,预期工作寿命为 8 年。

解　(1) 选定齿轮材料、齿数及齿宽系数。

1) 选材料。

小轮材料:40Cr,调质 $HBS_1 = 250$;大轮材料:45 钢,调质 $HBS_2 = 210$;$HBS_1 - HBS_2 = 250 - 210 = 40$。

2) 选齿数。

小轮齿数:$z_1 = 33$;大轮齿数:$z_2 = u \times z_1 = 2.8 \times 33 = 92.4$;圆整齿数,取 $z_2 = 92$。

实际齿数比:$u = \dfrac{92}{33} = 2.787\,9$;齿数比误差:$\dfrac{2.8 - 2.787\,9}{2.787\,9} = 0.43\%$,可用。

3) 由表 8.4 选定齿宽系数 $\varphi_d = 1.0$。

4) 选择螺旋角 $\theta = 15°$。

5) 计算几何参数。

$$\tan\alpha_t = \frac{\tan\alpha_n}{\cos\beta} = \frac{\tan 20°}{\cos 15°} = 0.376\,8, \quad \alpha_t = 20.646\,9° = 20°38'49''$$

$$\sin\beta_b = \sin\beta\cos\alpha_n = \sin 15°\cos 20° = 0.2432, \quad \beta_b = 14.076\,1° = 14°4'34''$$

$$\varepsilon_\alpha = \frac{1}{2\pi\cos\alpha_t}\left[\sqrt{(z_1 + 2\cos\beta)^2 - (z_1\cos\alpha_t)^2} + \sqrt{(z_2 + 2\cos\beta)^2 - (z_2\cos\alpha_t)^2} - (z_1 + z_2)\sin\alpha_t\right] =$$

$$\frac{1}{2\pi\cos 20.646\,9°}\left[\sqrt{(33 + 2\cos 15°)^2 - (33\cos 20.646\,9°)^2} + \right.$$

$$\left.\sqrt{(92 + 2\cos 15°)^2 - (92\cos 20.646\,9°)^2} - (33 + 92)\sin 20.646\,9°\right] = 2.798$$

$$\varepsilon_\beta = 0.318\varphi_d z_1 \tan\beta = 0.318 \times 1.0 \times 33 \times \tan 15° = 2.814$$

(2) 按齿面接触疲劳强度设计。

1) 确定计算参数。

a) 考虑压砖机有较大冲击,由表 8.2 取载荷系数 $K = 1.8$。

b) 计算转矩 $T_1 = 9.5.5 \times 10^6 P_1/n_1 = 9.55 \times 10^6 \times 25/1\,450 = 1.647 \times 10^5\ \text{N} \cdot \text{mm}$。

c) 区域系数 $Z_H = \sqrt{\dfrac{2\cos\beta_b}{\sin\alpha_t\cos\alpha_t}} = \sqrt{\dfrac{2\cos 14.076\,1°}{\sin 20.646\,9°\cos 20.646\,9°}} = 2.424\,7$。

d) 对于钢对钢齿轮,弹性影响系数 $Z_E = 189.8\sqrt{\text{MPa}}$。

e) 计算 σ_{Hlim}。

大齿轮为碳钢调质,由表 8.6 所列公式,$\sigma_{Hlim\,2} = HBS_2 + 350 = 210 + 350 = 560\ \text{MPa}$。

f) 计算寿命系数。

$$N_2 = 60 n_2 j l_h = 60 \times \frac{1\,450}{2.79} \times (2 \times 8 \times 260 \times 8) = 1.04 \times 10^9$$

$$N_0 = 30 \times (HBS)^{2.4} = 30 \times 210^{2.4} = 1.12 \times 10^7$$

$N_2 > N_0$,取 $K_{HN2} = 1$。

g) 计算$[\sigma_H]$。

由表 8.5,选取安全系数 $S_H = 1$,$[\sigma_H]_2 = \dfrac{K_{HN2}\sigma_{Hlim\,2}}{S_H} = 560\ \text{MPa}$。

2) 计算齿轮参数。

a) 由式(8.16) 计算 d_1。

$$d_1 \geqslant \sqrt[3]{\frac{2KT_1}{\varphi_d \varepsilon_\alpha}\frac{u+1}{u}\left(\frac{Z_H Z_E}{[\sigma_H]}\right)^2} = \sqrt[3]{\frac{2\times 1.8\times 1.647\times 10^5}{1.0\times 2.798}\frac{2.7879+1}{2.7879}\left(\frac{2.4247\times 189.8}{560}\right)^2} =$$

57.934 mm

b) 计算法面模数 m_n。

$$m_n = \frac{d_1}{z_1}\cos\beta = \frac{57.934}{33}\cos 15° = 1.695 \text{ mm}$$

(3) 按齿根弯曲疲劳强度设计。

1) 确定计算参数。

a) 确定复合齿形系数 Y_{FS}。

计算当量齿数

$$z_{v1} = \frac{z_1}{\cos\beta^3} = \frac{33}{\cos^3 15°} = 36.62,\quad z_{v2} = \frac{z_2}{\cos\beta^3} = \frac{92}{\cos^3 15°} = 102.08$$

由表 8.3 查取相关数据，并经线性插值可得 $Y_{FS1} = 4.03$，$Y_{FS2} = 3.90$。

b) 计算螺旋角系数。

由式(8.12)，$\varepsilon_\beta > 1$，取 $\varepsilon_\beta = 1$，$Y_\beta = 1 - \varepsilon_\beta \dfrac{\beta}{120} = 1 - 1\times\dfrac{15}{120} = 0.875$。

c) 由表 8.6 所列公式计算 σ_{Flim}。

$$\sigma_{Flim\,1} = 0.44\times HBS_1 + 186 = 0.44\times 250 + 186 = 296 \text{ MPa}$$

$$\sigma_{Flim\,2} = 0.23\times HBS_2 + 160 = 0.23\times 210 + 166 = 214.3 \text{ MPa}$$

d) 计算寿命系数 N。

$$N_1 = 60n_1 jl_h = 60\times 1\ 450\times(2\times 8\times 260\times 8)\approx 2.90\times 10^9$$

$$N_2 = 60n_2 jl_h = \frac{N_1}{2.79} = 1.04\times 10^9$$

$N > N_0 = 4\times 10^6$，取 $K_{FN1} = K_{FN2} = 1$。

e) 计算$[\sigma_F]$。

由表 8.6，选取安全系数 $S_F = 1.3$。

$$[\sigma_F]_1 = \frac{K_{FN1}\sigma_{Flim\,1}}{S_F} = \frac{1\times 296}{1.3} = 227.69 \text{ MPa}$$

$$[\sigma_F]_2 = \frac{K_{FN2}\sigma_{Flim\,2}}{S_F} = \frac{1\times 214.3}{1.3} = 164.85 \text{ MPa}$$

2) 计算齿根弯曲疲劳强度。

a) 判别大、小轮的弯曲疲劳强度。

比较$\dfrac{Y_{FS1}}{[\sigma_F]_1} = \dfrac{4.03}{227.69} = 0.017\ 70$与$\dfrac{Y_{FS2}}{[\sigma_F]_2} = \dfrac{3.90}{164.85} = 0.023\ 66$，由于$\dfrac{Y_{FS2}}{[\sigma_F]_2} > \dfrac{Y_{FS1}}{[\sigma_F]_1}$，故按大齿轮计算弯曲疲劳强度。

b) 由式(8.14)计算齿轮的法面模数。

$$m_n \geqslant \sqrt[3]{\frac{2KT_1 Y_\beta \cos^2\beta}{\varphi_d z_1^2 \varepsilon_\alpha}\frac{Y_{FS2}}{[\sigma_F]_2}} = \sqrt[3]{\frac{2\times 1.8\times 1.647\times 10^5\times 0.875\times\cos^2 15°}{1.0\times 33^2\times 2.798}\times\frac{3.90}{164.85}} =$$

1.55 mm

(4) 确定模数。

综合考虑齿面接触疲劳强度和齿根弯曲疲劳强度，取标准模数 $m_n=2$ mm。

(5) 计算中心距。

$$a=\frac{m_n(z_1+z_2)}{2\cos\beta}=\frac{2(33+92)}{2\cos 15^\circ}=129.409 \text{ mm}$$

圆整中心距 $a=130$ mm。

(6) 修正螺旋角 β。

$$\beta=\arccos\frac{m_n(z_1+z_2)}{2a}=\arccos\frac{2\times(33+92)}{2\times 130}=15.942^\circ=15^\circ 56' 33''$$

由于修正后的螺旋角略大于初选螺旋角，并且所选模数大于计算模数，无需对强度计算结果进行修正。

(7) 计算齿轮的几何尺寸。

$$m_t=\frac{m_n}{\cos\beta}=\frac{2}{\cos 15.942^\circ}=2.08 \text{ mm}$$

$$d_1=m_t z_1=2.08\times 33=68.64 \text{ mm},\quad d_2=m_t z_2=2.08\times 92=191.36 \text{ mm}$$

$$b_2=\varphi_d d_1=1\times 68.639\approx 70 \text{ mm},\quad b_1=b_2+(2\sim 3)=72 \text{ mm}$$

(8) 计算节圆速度。

$$v=\frac{\pi d_1 n_1}{60\times 1\,000}=\frac{\pi\times 68.64\times 1\,450}{60\,000}=5.211 \text{ m/s}$$

(9) 选择齿轮精度等级。

按表 8.7 和表 8.8，选择 8 级精度齿轮。

(10) 设计结论。

齿轮材料：小齿轮用 40Cr 调质，大齿轮用 45 钢调质；

齿轮精度：8 级精度；

齿轮基本参数：$z_1=33$，$z_2=92$，$m=2$ mm，$\alpha=20^\circ$，$\beta=15^\circ 56' 33''$，$h_a^*=1$，$c^*=0.25$；

齿轮主要尺寸：$d_1=68.64$ mm，$d_2=191.36$ mm，$a=130$ mm，$b_1=72$ mm，$b_2=70$ mm。

【例题 8.3】 某压砖机由电动机经减速器驱动，减速器为双级展开式锥齿轮-斜齿圆柱齿轮闭式减速传动。试设计该减速器的高速级的锥齿轮传动。已知输入功率 $P_1=25$ kW，输入传速 $n_1=1\,450$ r/min，高速级的齿数比 $u=2.8$。每年 260 个工作日，每个工作日两班，每班工作 8 h，预期工作寿命为 8 年。

解　(1) 选定齿轮材料、齿数及齿宽系数。

1) 选材料。

小轮材料：40Cr，调质 $HBS_1=250$；大轮材料：45 钢，调质 $HBS_2=210$，$HBS_1-HBS_2=250-210=40$。

(2) 选齿数。

小轮齿数：$z_1=33$，大轮齿数：$z_2=uz_1=2.8\times 33=92.4$，圆整齿数，取 $z_2=92$。

实际齿数比：$u=\frac{92}{33}=2.787\,9$，齿数比误差：$\frac{2.8-2.787\,9}{2.787\,9}=0.43\%$，可用。

3) 根据锥齿轮特点，选定齿宽系数 $\varphi_R=0.3$。

4) 计算分度圆锥角。

$$\delta_1 = \arctan \frac{z}{z_2} = \arctan \frac{33}{92} = 19.732\ 7° = 19°43'58''$$

$$\delta_2 = \arctan \frac{z_2}{z_1} = \arctan \frac{92}{33} = 70.267\ 3° = 70°16'2''$$

(2) 按齿面接触强度设计。

1) 确定计算参数。

a) 考虑压砖机有较大冲击，由表 8.2 取载荷系数 $K = 1.8$。

b) 计算转矩 $T_1 = 9.55 \times 10^6 P_1/n_1 = 9.55 \times 10^6 \times 25/1\ 450 = 1.647 \times 10^5$ N·mm。

c) 区域系数 $Z_H = 2.5$。

d) 对于钢对钢齿轮，弹性影响系数 $Z_E = 189.8\sqrt{\text{MPa}}$。

e) 计算 σ_{Hlim}。

大齿轮为碳钢调质，由表 8.6 所列公式，$\sigma_{\text{Hlim}2} = \text{HBS}_2 + 350 = 210 + 350 = 560$ MPa。

f) 计算寿命系数。

$$N_2 = 60 n_2 j l_h = 60 \times \frac{1\ 450}{2.79} \times (2 \times 8 \times 260 \times 8) \approx 1.04 \times 10^9$$

$$N_0 = 30 \times (\text{HBS})^{2.4} = 30 \times 210^{2.4} = 1.12 \times 10^7$$

$N_2 > N_0$，取 $K_{HN2} = 1$。

g) 计算$[\sigma_H]$。

由表 8.5，选取安全系数 $S_H = 1$，$[\sigma_H] = [\sigma_H]_2 = \dfrac{K_{HN2}\sigma_{\text{Hlim}2}}{S_H} = 560$ MPa。

2) 计算齿轮参数。

a) 由式(8.22) 计算 d_1。

$$d_1 \geqslant \sqrt[3]{\frac{4KT_1}{\varphi_R(1-0.5\varphi_R)^2 u}\left(\frac{Z_H Z_E}{[\sigma_H]}\right)^2} = \sqrt[3]{\frac{4 \times 1.8 \times 1.647 \times 10^5}{0.3 \times (1-0.5 \times 0.3)^2 \times 2.787\ 9}\left(\frac{2.5 \times 189.8}{560}\right)^2} =$$
112.106 mm

b) 计算模数 m。

$$m = \frac{d_1}{z_1} = \frac{112.106}{33} = 3.397 \text{ mm}$$

(3) 按齿根弯曲疲劳强度设计。

1) 确定计算参数。

a) 确定复合齿形系数 Y_{FS}。

$$z_{v1} = \frac{z_1}{\cos\delta_1} = \frac{33}{\cos 19.732\ 7°} = 35.06, \quad z_{v2} = \frac{z_2}{\cos\delta_1} = \frac{92}{\cos 70.267\ 3} = 272.486$$

由表 8.3 查得 $Y_{FS1} = 4.04$；$Y_{FS2} = 3.96$。

b) 由表 8.6 所列公式计算 σ_{Flim}。

$$\sigma_{\text{Flim}1} = 0.44 \times \text{HBS}_1 + 186 = 0.44 \times 250 + 186 = 296.0 \text{ MPa}$$
$$\sigma_{\text{Flim}2} = 0.23 \times \text{HBS}_2 + 166 = 0.23 \times 210 + 166 = 214.3 \text{ MPa}$$

c) 计算寿命系数。

$$N_1 = 60 n_1 j L_h = 60 \times 1450 \times (2 \times 8 \times 260 \times 8) \approx 2.90 \times 10^9$$

$$N_2 = 60n_2 j l_h = \frac{N_1}{2.79} = 1.04 \times 10^9$$

$N > N_0 = 4 \times 10^6$，取 $K_{FN1} = K_{FN2} = 1$。

d) 计算$[\sigma_F]$。

由表 8.6，选取安全系数 $S_F = 1.3$。

$$[\sigma_F]_1 = \frac{K_{FN1}\sigma_{Flim\,1}}{S_R} = \frac{1 \times 296}{1.3} = 227.69\ \text{MPa}$$

$$[\sigma_F]_2 = \frac{K_{FN2}\sigma_{Flim\,2}}{S_R} = \frac{1 \times 214.3}{1.3} = 164.85\ \text{MPa}$$

2) 计算齿根弯曲疲劳强度。

a) 判别大、小轮的弯曲疲劳强度。

比较$\frac{Y_{FS1}}{[\sigma_F]_1} = \frac{4.04}{227.69} = 0.017\ 74$与$\frac{Y_{FS2}}{[\sigma_F]_2} = \frac{3.96}{164.85} = 0.024\ 02$，由于$\frac{Y_{FS2}}{[\sigma_F]_2} > \frac{Y_{FS1}}{[\sigma_F]_1}$，故按大齿轮计算弯曲疲劳强度。

b) 由式(8.14) 计算齿轮的法面模数。

$$m \geqslant \sqrt[3]{\frac{4KT_1}{\varphi_R\ (1-0.5\varphi_R)^2 z_1^2 \sqrt{u^2+1}} \frac{Y_{FS2}}{[\sigma_F]_2}} = \sqrt[3]{\frac{4 \times 1.8 \times 1.647 \times 10^5 \times 0.024\ 02}{0.3 \times (1-0.5 \times 0.3)^2 \times 33^3 \sqrt{2.787\ 9^2+1}}} = 3.44\ \text{mm}$$

(4) 确定模数。

综合考虑齿面接触强度和齿根弯曲疲劳强度，取标准模数 $m = 3.5$ mm。

(5) 计算齿轮的几何尺寸。

$$d_1 = mz_1 = 3.5 \times 33 = 115.5\ \text{mm}, \quad d_2 = mz_2 = 3.5 \times 92 = 322\ \text{mm}$$

$$R = \frac{1}{2}\sqrt{d_1^2 + d_2^2} = \frac{1}{2}\sqrt{115.5^2 + 322^2} = 170.96\ \text{mm}$$

$$b_1 = b_2 = \varphi_R R = 0.3 \times 170.96 = 52\ \text{mm}$$

(6) 计算节圆速度。

$$v = \frac{\pi d_1 n_1}{60 \times 1\ 000} = \frac{\pi \times 115.5 \times 1\ 450}{60\ 000} = 8.769\ \text{m/s}$$

(7) 选择齿轮精度等级。

按表 8.7 和表 8.8，选择 7 级精度齿轮。

(8) 设计结论。

齿轮材料：小齿轮用 40Cr 调质，大齿轮用 45 钢调质；

齿轮精度：7 级精度；

齿轮基本参数：$z_1 = 33$，$z_2 = 92$，$m = 3.5$ mm，$\alpha = 20°$，$\delta_1 = 19°43'58''$，$\delta_2 = 70°16'2''$，$h_a^* = 1$，$c^* = 0.3$；

齿轮主要尺寸：$d_1 = 115.5$ mm，$d_2 = 322$ mm，$R = 170.96$ mm，$b_1 = b_2 = 52$ mm。

设计小结

例题8.1～例题8.3的设计条件基本相同，选材相同。为了分析对照，将设计结果列于表8.9。

表 8.9 三个例题的设计结果比较

题号	齿轮类型	$[\sigma_H]_{min}$/MPa	$[\sigma_F]_{min}$/MPa	齿数比	模数	齿宽/mm	中心距/mm	节圆速度/($m\cdot s^{-1}$)	精度	承载能力	结构
例题 8.1	直齿圆柱齿轮	560	164.85	79/28	3	86/84	160.5	6.377	7 级	中	中
例题 8.2	斜齿圆柱齿轮	560	164.85	92/33	2	72/70	130	5.211	8 级	高	小
例题 8.3	锥齿轮	560	164.85	92/33	3.5	52/52	$R=170$	8.769	7 级	低	大

习　　题

选择与填空题

8.1　在齿轮传动的设计计算中，对下列参数和尺寸应标准化的有____________；应圆整的有____________；没有标准化也不应圆整的有____________。

(1) 斜齿轮的法面模数 m_n　(2) 斜齿轮的端面模数 m_t　(3) 直齿轮中心距 a　(4) 斜齿轮中心距 a　(5) 齿宽 b　(6) 齿厚 S　(7) 分度圆压力角 α　(8) 螺旋角 β　(9) 锥距 R　(10) 齿顶圆直径 d_a

8.2　材料为 20Cr 的硬齿面齿轮，适宜的热处理方法是____________。

(1) 整体淬火　(2) 渗碳淬火　(3) 调质　(4) 表面淬火

8.3　将材料为 45 钢的齿轮毛坯加工成为 6 级精度的硬齿面直齿圆柱外齿轮，该齿轮制造工艺顺序应是__________为宜。

(1) 滚齿、表面淬火、磨齿　(2) 滚齿、磨齿、表面淬火　(3) 表面淬火、滚齿、磨齿　(4) 滚齿、调质、磨齿

8.4　一对正确啮合的标准渐开线齿轮作减速传动时，若两轮的材料、热处理及齿面硬度均相同，则齿根弯曲应力____________。

(1) $\sigma_{F1} > \sigma_{F2}$　(2) $\sigma_{F1} = \sigma_{F2}$　(3) $\sigma_{F1} < \sigma_{F2}$

8.5　直齿圆锥齿轮传动的强度计算方法是以________________的当量圆柱齿轮为计算基础的。

分析与思考题

8.6　在不改变齿轮的材料和尺寸的情况下，如何提高轮齿的抗折断能力？

8.7　为什么齿面点蚀一般首先发生在靠近节线的齿根面上？在开式齿轮传动中，为什么一般不出现点蚀破坏？如何提高齿面抗点蚀的能力？

8.8　在什么工况下工作的齿轮易出现胶合破坏？胶合破坏通常出现在轮齿的什么部位？如何提高齿面抗胶合的能力？

8.9　闭式齿轮传动与开式齿轮传动的失效形式和设计准则有何不同？为什么？

8.10　通常所谓软齿面与硬齿面的硬度界限是如何划分的？软齿面齿轮和硬齿面齿轮

在加工方法上有何区别？为什么？

8.11　导致载荷沿轮齿接触线分布不均的原因有哪些？如何减轻载荷分布不均的程度？

8.12　齿面接触疲劳强度计算公式是如何建立的？为什么要选择节点作为齿面接触应力的计算点？

8.13　标准直齿圆柱齿轮传动，若传动比 i，转矩 T_1，齿宽 b 均保持不变，试问在下列条件下齿轮的弯曲应力与接触应力各将发生什么变化？

(1) 模数 m 不变，齿数 z_1 增加；

(2) 齿数 z_1 不变，模数 m 增大；

(3) 齿数 z_1 增加一倍，模数 m 减小一半。

8.14　一对圆柱齿轮传动，大齿轮和小齿轮的接触应力是否相等？如大、小齿轮的材料及热处理情况相同，则其许用接触应力是否相等？

8.15　在齿轮设计公式中为什么要引入齿宽系数？齿宽系数 φ_d 的大小主要与哪两方面因素有关？

8.16　在直齿、斜齿圆柱齿轮传动中，为什么常将小齿轮设计得比大齿轮宽一些？在人字齿轮传动和圆锥齿轮传动中是否也应将小齿轮设计得宽一些？

8.17　两级展开式齿轮减速器如图 8.20 所示。在各齿轮的啮合点处标出齿轮的轴向力 F_a，径向力 F_r 和切向力 F_t 的方向（切向力的方向分别用符号 ⊗ 或 ⊙ 表示向内或向外）。

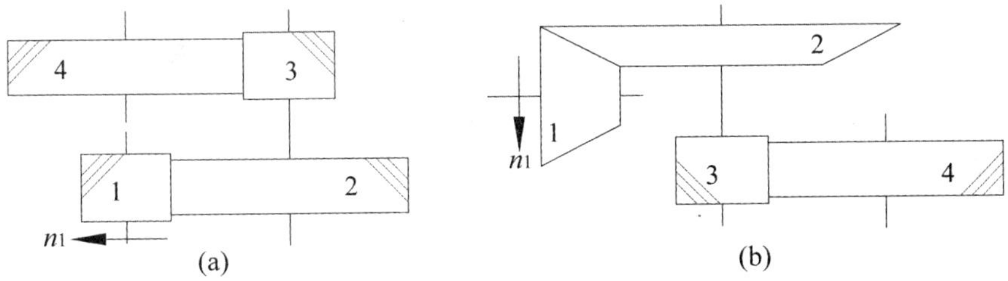

图 8.20　题 8.17 图

设计计算题

8.18　一对斜齿圆柱齿轮传动由电动机直接驱动，齿轮材料为 45 钢，软齿面，齿轮精度等级为 8 级。已知法面模数 $m_n=3$ mm，齿数 $z_1=30$，$z_2=93$，螺旋角 $\beta=13.82°$，齿宽 $b_1=85$ mm，$b_2=80$ mm，转速 $n_1=1\ 440$ r/min，该齿轮对称布置在两支撑之间，载荷平稳。试确定该齿轮传动的载荷系数 K。

8.19　在上题的齿轮传动中，小齿轮调质处理，齿面硬度为 HBS 220 ～ 240，大齿轮正火处理，齿面硬度为 HBS 190 ～ 210，要求齿轮的工作寿命为 5 年（允许出现少量点蚀），每年工作 260 天，每天工作 8 h，齿轮单向转动。试确定该齿轮传动的许用接触应力和许用弯曲应力。

8.20　设计一直齿圆柱齿轮传动，原用材料的许用接触应力为 $[\sigma_H]_1=700$ MPa，$[\sigma_H]_2=600$ MPa，求得中心距 $a=100$ mm；现改用 $[\sigma_H]_1=600$ MPa，$[\sigma_H]_2=400$ MPa 的材料，若齿宽和其他条件不变，为保证接触疲劳强度不变，试计算改用材料后的中心距。

8.21　一直齿圆柱齿轮传动，已知 $z_1=20$，$z_2=60$，$m=4$ mm，$b_1=45$ mm，$b_2=40$ mm，

齿轮材料为锻钢，许用接触应力$[\sigma_H]_1=500$ MPa，$[\sigma_H]_2=430$ MPa，许用弯曲应力$[\sigma_F]_1=340$ MPa，$[\sigma_F]_2=280$ MPa，载荷系数$K=1.85$，求大齿轮所允许的输出转矩T_2（不计功率损失）。

8.22　设计铣床中一对直齿圆柱齿轮传动，已知功率$P_1=7.5$ kW，齿主动轮转速$n_1=1\ 450$ r/min，齿数$z_1=26$，$z_2=54$，双向传动，工作寿命$L_h=12\ 000$ h。小齿轮对轴承非对称布置，轴的刚性较大，工作中受轻微冲击，7级制造精度。

8.23　设计一斜齿圆柱齿轮传动，已知功率$P_1=40$ kW，转速$n_1=2\ 800$ r/min，传动比$i=3.2$，工作寿命$L_h=1\ 000$ h，小齿轮作悬臂布置，载荷系数$K=1.25$。

8.24　设计由电动机驱动的闭式圆锥齿轮传动。已知功率$P_1=9.2$ kW，转速$n_1=970$ r/min，传动比$i=3$，小齿轮悬臂布置，单向转动，载荷平稳，每日工作8 h，工作寿命为5年（每年260个工作日）。

第9章　蜗杆传动

9.1　蜗杆传动的类型和特点

蜗杆传动由蜗杆和蜗轮组成，用于传递空间交错轴之间的运动和动力。蜗杆传动具有传动比大、传动平稳、传递功率范围大和结构紧凑等优点，因此广泛应用于各种机器和仪器设备中。

按蜗杆的几何形状不同，蜗杆传动可分为圆柱蜗杆传动(见图 9.1)、环面蜗杆传动(见图 9.2)和锥蜗杆传动(见图 9.3)等。

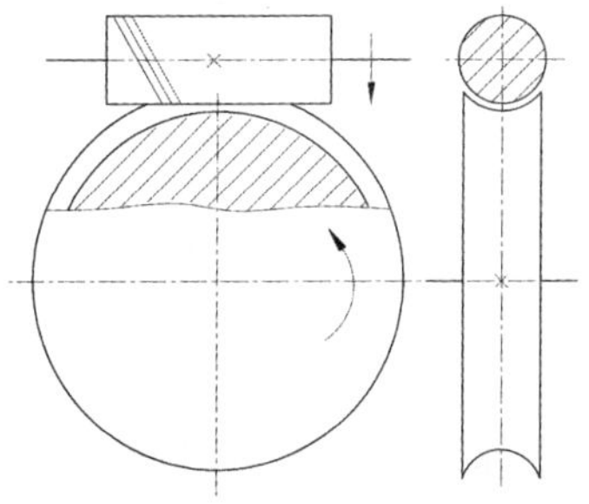

图 9.1　圆柱蜗杆传动

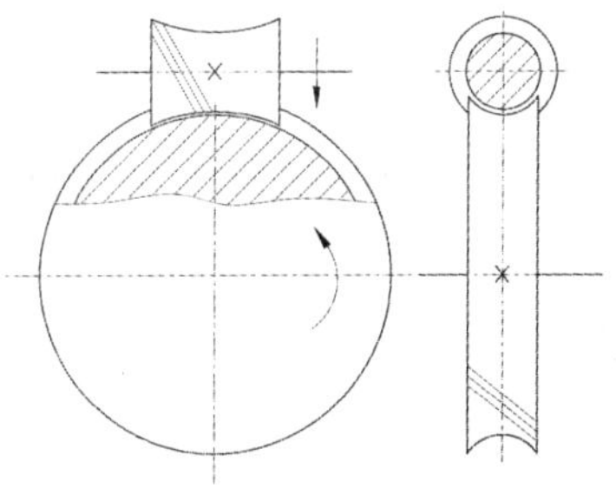

图 9.2　环面蜗杆传动

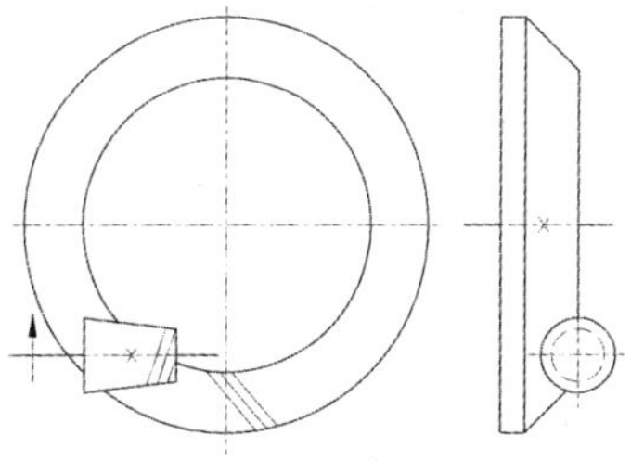

图 9.3　锥蜗杆传动

在圆柱面蜗杆传动中，按蜗杆齿形的不同又可分为阿基米德蜗杆传动、渐开线蜗杆传动、法面直廓蜗杆传动、锥面包络圆柱蜗杆传动和圆弧圆柱蜗杆传动等。

蜗杆传动是齿轮传动的一种变异形式，因此，蜗杆传动具有齿轮传动的传动比准确等特点。此外，蜗杆传动还具有以下特点：

1) 传动比大。在一般动力传动中常用的传动比可达 10 ～ 80，在传递运动的分度机构中传动比可达 1 000。

2) 传动平稳。由于蜗杆传动的重合度较大，因此传动十分平稳，无噪声。

3) 磨损严重。由于蜗杆与蜗轮啮合时，齿面相对滑动速度大，因此齿面磨损问题突出，这在用于动力传输的蜗杆传动中尤为明显。

4) 传动效率低。由于磨损严重，传动效率较低。对于长期工作的蜗杆传动，系统发热问题比较突出。

由于当蜗杆螺旋线的导程角较小(小于啮合面的当量摩擦角)时，若以蜗轮作主动件，传动机构会发生自锁。因此，蜗杆传动通常是以蜗杆为主动件，蜗轮为从动件。只有少数场合是以蜗轮为主动件的。

9.2 蜗杆传动的基本参数和主要几何尺寸

图 9.4 所示为蜗杆轴线与蜗轮轴线交错垂直的蜗杆传动，图中将通过蜗杆轴线并垂直于蜗轮轴线的平面称为蜗杆传动的中间平面。在中间平面内，蜗杆传动相当于齿轮与齿条传动。蜗杆传动的参数一般以中间平面上的参数为基准。

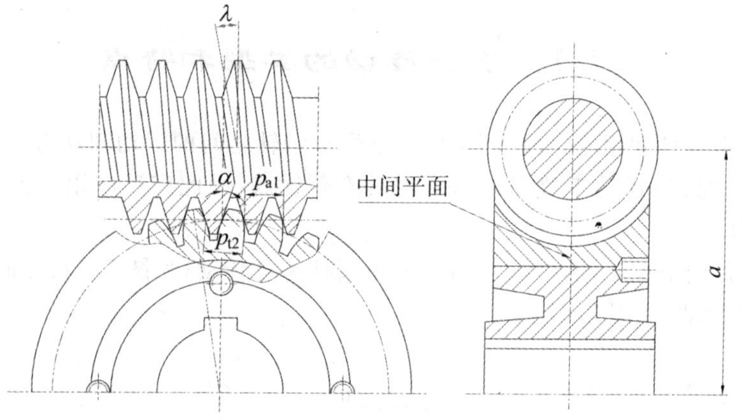

图 9.4 蜗杆传动的中间平面

9.2.1 蜗杆传动的基本参数

蜗杆传动各部分尺寸都是由其基本参数确定的。蜗杆传动主要的基本参数有：模数 m，压力角 α，齿顶高系数 h_a^*，顶隙系数 c^*，蜗杆分度圆直径 d_1，蜗杆头数 z_1 以及蜗轮齿数 z_2 等。通常，蜗杆传动应按标准设计。在国家标准中，规定了模数 m 和蜗杆分度圆直径 d_1 的标准系列，压力角 $\alpha=20°$。对于正常齿制，齿顶高系数 $h_a^*=1$，顶隙系数 $c^*=0.2$。

1. 模数 m 和压力角 α

根据正确啮合条件，在蜗杆传动的中间平面内，蜗杆和蜗轮的模数与压力角均相等，即蜗杆的轴面模数 m_{a1} 与蜗轮的端面模数 m_{t2} 相等，蜗杆的轴面压力角 α_{a1} 与蜗轮的端面压力角 α_{t2} 相等，且等于标准值。即

$$m_{a1}=m_{t2}=m,\quad \alpha_{a1}=\alpha_{t2}=\alpha=20°$$

模数的标准值可查表 9.1。

2. 蜗杆分度圆直径 d_1

为了保证蜗杆与蜗轮间为线啮合，用于切制蜗轮的滚刀必须与蜗杆的尺寸、形状相当，切削时的安装中心距与传动比也应该与工作时一致。这样，对应一种尺寸的蜗杆就需要一把相应的蜗轮滚刀。为了限制蜗轮滚刀的数量并便于标准化，在国家标准中，对每一个标准模数规定了 1 ～ 2 个蜗杆分度圆直径 d_1，见表 9.1。

3. 蜗杆头数 z_1 与蜗轮齿数 z_2

蜗杆头数 z_1 一般取 1,2,4 和 6，具体应根据蜗杆模数与分度圆直径，按表 9.1 中的关系确定。当 z_1 取小值时可得到较大的传动比，但传动的效率较低。为了提高效率，可增加蜗杆的头数。但蜗杆头数越多，制造越困难。

表 9.1　蜗杆传动的标准模数和蜗杆分度圆直径(摘自 GB/T 10085—1988)

m/mm	d_1/mm	z_1	m^2d_1/mm^3	m/mm	d_1/mm	z_1	m^2d_1/mm^3
1	18	1	18	6.3	63	1,2,4,6	2 500
1.25	20	1	31		112	1	4 445
	22.4	1	35	8	80	1,2,4,6	5 120
1.6	20	1,2,4	51		140	1	8 960
	28	1	72	10	90	1,2,4,6	9 000
2	22.4	1,2,4,6	90		160	1	16 000
	35.5	1	142	12.5	112	1,2,4	17 500
2.5	28	1,2,4,6	175		200	1	31 250
	45	1	281	16	140	1,2,4	35 840
3.15	35.5	1,2,4,6	352		250	1	64 000
	56	1	556	20	160	1,2,4	64 000
4	40	1,2,4,6	640		315	1	126 000
	71	1	1 136	25	200	1,2,4	125 000
5	50	1,2,4,6	1 250		400	1	250 000
	90	1	2 250				

注:表中所列蜗杆分度圆直径 d_1 数值为 GB/T 10085—1988 规定的优先使用值

蜗杆传动的传动比

$$i=\frac{n_1}{n_2}=\frac{z_2}{z_1} \tag{9.1}$$

式中,n_1 和 n_2 分别为蜗杆和蜗轮的转速,r/min。

蜗轮齿数 z_2 与蜗杆头数 z_1 及传动比 i 之间还应有一定的匹配关系(见表 9.2)。蜗轮齿数取较大值时可得到较大的传动比。但 z_2 过大,会使蜗轮尺寸增加,蜗杆长度也随之增加,致使蜗杆刚度不足,影响正常啮合。

表 9.2　蜗杆头数 z_1 与蜗轮头数 z_2 的荐用值

$i=z_2/z_1$	5～6	7～8	9～13	14～24	25～27	28～40	>40
z_1	6	4	3～4	2～3	2～3	1～2	1
z_2	29～36	28～32	27～52	28～72	50～81	28～80	>40

4. 蜗杆的导程角 λ

蜗杆分度圆柱上螺旋线的导程角 λ 与导程的关系如图 9.5 所示。

在 z_1,m 和 d_1 确定后,蜗杆螺旋线的导程角 λ 即可由下式计算:

$$\tan\lambda=\frac{z_1 p_a}{\pi d_1}=\frac{z_1 \pi m}{\pi d_1}=\frac{z_1 m}{d_1} \tag{9.2}$$

式中，p_a 为蜗杆轴面上的节距，mm。

由式(9.2)可知，在 m 和 d_1 确定后，选取较大的 z_1 将使蜗杆获得到较大的导程角 λ。而较大的导程角 λ 将有利于提高蜗杆传动的效率。

为了使蜗杆与蜗轮正确啮合，应使蜗杆的导程角 λ 与蜗轮的螺旋角 β_2 同向，并满足 $\lambda=\beta_2$。

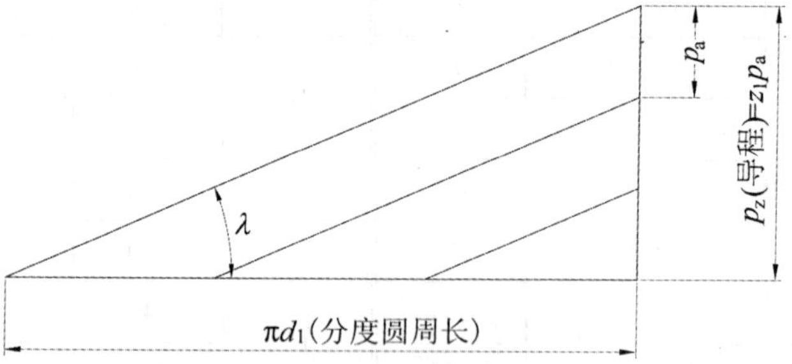

图 9.5　蜗轮螺旋线导程角与导程

9.2.2　蜗杆传动的几何尺寸计算

蜗杆传动的几何尺寸如图 9.6 所示，其计算公式见表 9.3。

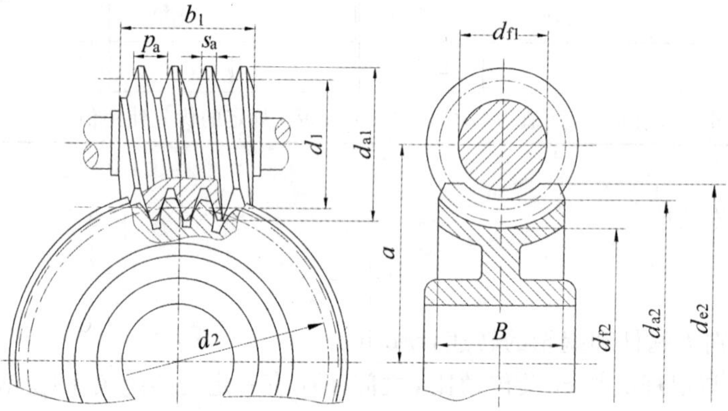

图 9.6　蜗杆传动的几何尺寸

表 9.3　蜗杆传动的几何尺寸计算公式

名　称	代号	计算公式
蜗杆分度圆直径	d_1	d_1(按表 9.1 取标准值)
蜗轮分度圆直径	d_2	$d_2=mz_2$
齿顶高	h_a	$h_{a1}=h_{a2}=h_a^* m=1.0m$
齿根高	h_f	$h_{f1}=h_{f2}=(h_a^*+c^*)m=1.2m$
齿高	h	$h_1=h_2=h_a+h_f=2.2m$
顶隙	c	$c=c^* m=0.2m$

续表

名　　称	代号	计算公式
蜗杆齿顶圆直径	d_{a1}	$d_{a1}=d_1+2h_a=d_1+2h_a^*m=d_1+2m$
蜗轮喉圆直径	d_{a2}	$d_{a2}=d_2+2h_a=(z_2+2h_a^*)m=(z_2+2)m$
蜗轮顶圆直径	d_{e2}	$d_{e2}=d_{a2}+(1\sim 2)m$
蜗杆齿根圆直径	d_{f1}	$d_{f1}=d_1-2(h_a^*+c^*)m=d_1-2.4m$
蜗轮齿根圆直径	d_{f2}	$d_{f2}=mz_2-2(h_a^*+c^*)m=(z_2-2.4)m$
齿距	p	$p_{a1}=p_{t2}=\pi m$
蜗杆导程	p_z	$p_z=p_{a1}z_1=\pi mz_1$
蜗杆导程角	λ	$\lambda=\arctan(mz_1/d_1)$
蜗轮螺旋角	β_2	$\beta_2=\lambda$
蜗杆齿宽(螺旋部分长度)	b_1	$z_1\leqslant 2$时,$b_1\geqslant(11+0.06z_2)m$；$z_1>2$时,$b_1\geqslant(12.5+0.09z_2)m$
蜗轮轮缘宽度	B	$z_1\leqslant 3$时,$B\leqslant 0.75d_{a1}$;$z_1=4\sim 6$时,$B\leqslant 0.67d_{a1}$
中心距	a	$a=(d_1+d_2)/2$

9.3　蜗杆传动的承载能力计算

9.3.1　蜗杆传动的失效形式、常用材料及设计准则

由于蜗杆传动在啮合齿面间的相对滑动速度大、效率低和发热量大，其主要失效形式为轮齿的磨损与胶合等。与蜗杆相比，蜗轮无论在材料或轮齿结构方面都较为薄弱，因此失效一般都发生在蜗轮轮齿上。

由蜗杆传动的失效情况可知，用于制造蜗杆副的材料，不仅应要求有足够的强度，更重要的是应有良好的磨合和耐磨性能。为此，蜗杆一般用碳钢或合金钢制造，并要求齿面具有较高的硬度和较低的粗糙度。高速重载的蜗杆常用 20Cr,20CrMnTi 渗碳淬火，或 40Cr, 38SiMnMo 表面淬火，并经磨削制成。一般用途的蜗杆，可用 40,45 等碳素钢并经调质处理。

为了与蜗杆形成较好的耐磨材料副，通常用青铜或铸铁作为蜗轮材料。锡青铜的抗胶合和耐磨性能都好，允许的滑动速度可达 25 m/s，易于切削加工，但机械强度较低，接触疲劳强度低，价格较贵。铝铁青铜的机械强度较高，价格便宜，但切削性能差，抗胶合能力不如锡磷钢，一般用于 $v_s\leqslant 6$ m/s 的传动中。用铸铁制作蜗轮也具备一定的耐磨性，但性能均差于青铜，滑动速度不宜超过 2 m/s，主要用于不重要的传动。

由于目前针对齿面磨损与胶合的计算还缺乏工程实用的方法，因此通常只是仿照圆柱齿轮的强度计算方法，对蜗杆传动进行蜗轮的齿面接触疲劳强度和齿根弯曲疲劳强度的条件性计算，并在选取许用应力时适当考虑磨损与胶合失效因素的影响。

虽然，蜗杆因采用钢材制作而很少发生齿面破坏，但可能因其长径比较大而导致刚度不足。当散热设计不良时，长期运转的蜗杆传动极易发生系统过热的现象。

因此，蜗杆传动设计准则是：对于蜗轮，应依次按齿面接触疲劳强度和齿根弯曲疲劳强度进行设计；对于蜗杆，应进行弯曲刚度校核；对于长期运转的蜗杆传动系统，应进行热平衡计算。

9.3.2 蜗杆传动的受力分析

1. 受力分析

图 9.7 所示为蜗杆为主动件的传动中，蜗杆与蜗轮齿面上的受力情况。作用在蜗杆齿面节点上的法向力 F_{n1} 可分解为三个互相垂直的分力，即径向力 F_{r1}，圆周力 F_{t1} 和轴向力 F_{a1}。蜗轮齿面节点上的法向力 F_{n2} 也可分解为径向力 F_{r2}，圆周力 F_{t2} 和轴向力 F_{a2}。由于蜗杆轴与蜗轮轴交错成 90°，故上述各力的关系为 $F_{r1}=-F_{r2}$，$F_{t1}=-F_{a2}$，$F_{a1}=-F_{t2}$。

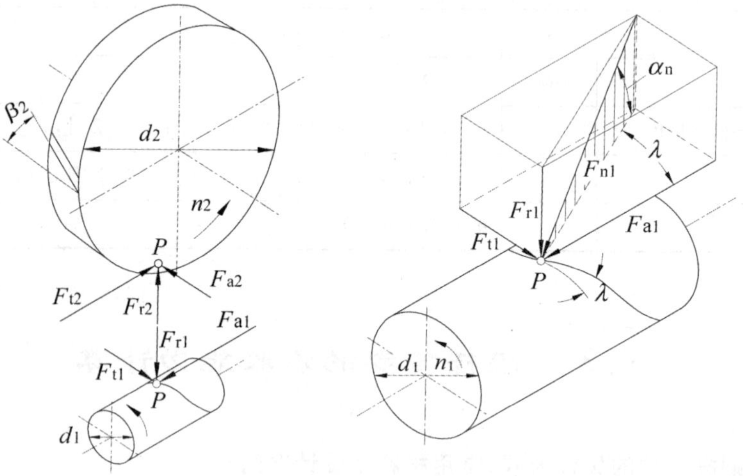

图 9.7　蜗杆传动的受力分析

由于蜗杆为主动件，蜗杆圆周力 F_{t1} 的方向与其圆周速度方向相反，蜗轮圆周力 F_{t2} 的方向与其圆周速度相同。蜗杆的轴向力 F_{a1} 与蜗轮的轴向力 F_{a2} 的方向需视螺旋线方向和旋转向而定。在图 9.7 中，当蜗杆按图示 n_1 方向回转时，蜗轮在啮合点上的切线运动方向指向蜗杆右端，由此得 n_2 的转向为逆时针。因此蜗轮圆周力 F_{t2} 指向蜗杆右端，蜗杆轴向力 F_{a1} 与之相反。F_{a2} 的方向与 F_{t1} 相反。

在不考虑摩擦力时，以上各力的大小为

$$F_{t1}=F_{a2}=\frac{2T_1}{d_1} \tag{9.3}$$

$$F_{a1}=F_{t2}=\frac{2T_2}{d_2} \tag{9.4}$$

$$F_{r1}=F_{r2}=\frac{F_{t1}\tan\alpha_n}{\sin\lambda} \tag{9.5}$$

$$F_{n1}=F_{n2}=\frac{F_{a1}}{\cos\lambda\cos\alpha_n}=\frac{2T_2}{d_2\cos\lambda\cos\alpha_n} \tag{9.6}$$

式中，T_1，T_2 分别为作用在蜗杆和蜗轮上的扭矩，N · mm；$T_2=\eta T_1 z_2/z_1$，其中，η 为传动效率。

2. 齿面滑动速度 v_s

蜗杆和蜗轮即使在节点 P 处啮合，齿面间也有较大的相对滑动。相对滑动速度 v_s 的大小及方向取决于蜗杆与蜗轮的圆周速度 v_1 及 v_2。由图 9.8 可得

$$v_s = \sqrt{v_1^2 + v_2^2} = \frac{v_1}{\cos\lambda} = \frac{\pi d_1 n_1}{60\ 000\cos\lambda}\quad \text{m/s} \tag{9.7}$$

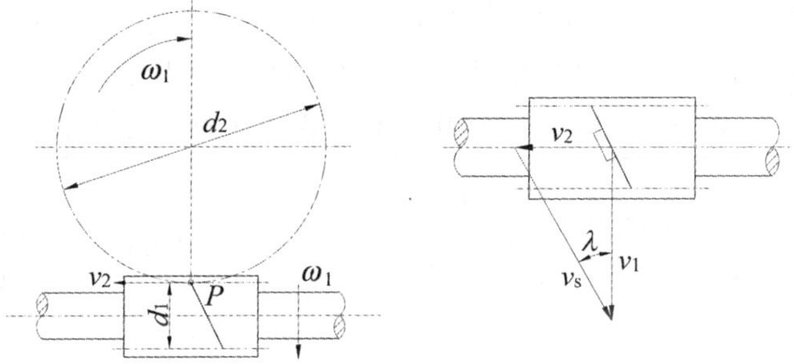

图 9.8　蜗杆传动的齿面滑动速度

滑动速度 v_s 的大小对齿面的润滑情况、齿面失效形式、发热及传动效率都有很大影响。

9.3.3　蜗杆传动的强度计算

如前所述，在蜗杆传动中，由于蜗轮在材料及轮齿结构方面均较薄弱，失效一般都发生在蜗轮轮齿上。因此，也只需对蜗轮轮齿进行强度计算。

1. 蜗杆传动的齿面接触疲劳强度计算

在中间平面内，蜗杆与蜗轮的啮合相当于齿轮与齿条的啮合。因此蜗杆传动的齿面接触强度计算与齿轮传动相似，也是以式(8.7)给出的赫兹公式作为原始公式，并按节点处的曲率半径计算其综合曲率半径。由于蜗杆齿廓的曲率半径 $\rho_1=\infty$，将相应参数代入式(8.7)并经整理后，可得蜗轮齿面接触疲劳强度的近似校核公式为

$$\sigma_H = 500\sqrt{\frac{KT_2}{d_1 m^2 z_2^2}} \leqslant [\sigma_H] \tag{9.8}$$

按蜗轮齿面接触疲劳强度的近似设计公式如下：

$$m^2 d_1 \geqslant \left(\frac{500}{z_2[\sigma_H]}\right)^2 KT_2 \tag{9.9}$$

式中　K —— 载荷系数，用于计及载荷波动和动载荷的影响，可取 $K=1.1\sim1.3$；

T_2 —— 作用在蜗轮上的扭矩，N·mm。

σ_H，$[\sigma_H]$ —— 分别为蜗轮齿面接触应力与许用接触应力，MPa。

按式(9.9)计算出满足齿面接触疲劳强度所需的 $m^2 d_1$ 值后，由表 9.1 确定符合标准的 m 和 d_1。

用锡青铜作齿圈的蜗轮，其失效形式主要是疲劳点蚀，许用接触应力为

$$[\sigma_H] = [\sigma_H]' K_{HN}$$

式中　$[\sigma_H]'$ —— 蜗轮齿面的基本许用接触应力，见表 9.4；

K_{HN} —— 接触疲劳强度计算时的寿命系数，按下式计算：

$$K_{HN} \doteq \sqrt[8]{\frac{10^7}{N}} \tag{9.10}$$

式中，N 为蜗轮在规定寿命内齿面接触应力循环次数，按下式计算：

$$N = 60 n_2 t_h \tag{9.11}$$

式中　t_h—— 蜗轮在规定寿命内的工作小时数；

n_2—— 蜗轮的工作转速，单位为 r/min。

计算 K_{HN} 时，若 $N > 25 \times 10^7$，取 $N = 25 \times 10^7$；若 $N < 2.6 \times 10^5$，取 $N = 2.6 \times 10^5$。

若用铝铁青铜或铸铁制造蜗轮时，蜗轮的主要失效形式是胶合。这时，接触强度计算是条件性计算，许用应力应根据材料组合和滑动速度确定，可直接从表 9.5 中查出许用应力。

表 9.4　锡青铜蜗轮的基本许用接触应力 $[\sigma_H]'$　　单位：MPa

蜗轮材料	铸造方法	使用的滑动速度 $v_s/(\mathrm{m \cdot s^{-1}})$	蜗杆齿面硬度	
			≤ HBS 350	> HRC 45
铸锡磷青铜 ZCuSn10P1	砂模	≤ 12	180	200
	金属模	≤ 25	200	220
铸锡锌铅青铜 ZCuSn5Pb5Zn5	砂模	≤ 10	110	125
	金属模	≤ 12	135	150

注：本表所列的许用接触应力对应的应力循环次数为 10^7

表 9.5　铝铁青铜及铸铁蜗轮的许用接触应力 $[\sigma_H]$　　单位：MPa

蜗轮材料	蜗杆材料	滑动速度 $v_s/(\mathrm{m \cdot s^{-1}})$							
		0.25	0.5	1	2	3	4	6	8
铝铁青铜 ZCuAl10Fe3	淬火钢	—	250	230	210	180	160	120	90
HT150 HT200	渗碳钢	160	130	115	90	—	—	—	—
HT150	调质钢	140	110	90	70	—	—	—	—

注：蜗杆未经淬火时，需将表中 $[\sigma_H]$ 值降低 20%

2. 蜗轮齿根弯曲疲劳强度计算

蜗轮的结构与斜齿圆柱齿轮相似，因此其齿根弯曲疲劳强度的计算是在式(8.5)基础上建立的。考虑到蜗轮轮齿在垂直于蜗轮轴线的各剖面内齿厚是不等的，在中间平面内蜗轮齿厚最小，离中间平面愈远的平面内轮齿齿厚增加愈多。考虑到磨损的影响，并按当量齿轮近似计算即可得出蜗轮轮齿的弯曲疲劳强度的近似校核公式为

$$\sigma_F = \frac{1.64 K T_2}{m^2 d_1 z_2} Y_F Y_\beta \leqslant [\sigma_F] \quad (\mathrm{MPa}) \tag{9.12}$$

按蜗轮齿根弯曲疲劳强度的近似设计公式如下：

$$m^2 d_1 \geqslant \frac{1.64 K T_2}{z_2 [\sigma_F]} Y_F Y_\beta \tag{9.13}$$

式中　Y_F —— 蜗轮的齿形系数，可按当量齿数 $z_v = z_2/\cos^3\lambda$ 由表 9.6 中查取；

Y_β—— 螺旋角系数，$Y_\beta = 1 - \lambda/120°$；

$[\sigma_F]$—— 蜗轮材料的许用弯曲应力，MPa。

按式(9.13)计算出满足齿根弯曲疲劳强度所需的 $m^2 d_1$ 值后，由表 9.1 确定符合标准的 m 和 d_1。

表 9.7 列出了部分材料在应力循环次数 $N=10^6$ 时的基本许用弯曲应力 $[\sigma_F]'$。当 $N \neq 10^6$ 时，要将表值乘以弯曲疲劳强度的寿命系数 K_{FN}，即 $[\sigma_F]=K_{FN}[\sigma_F]'$，$K_{FN}$ 按式(9.14)计算。

$$K_{FN}=\sqrt[9]{\frac{10^6}{N}} \tag{9.14}$$

式中，N 为蜗轮在规定寿命内齿根弯曲应力循环次数，按式(9.11)计算。计算 K_{HN} 时，当 $N>25\times10^7$ 时，取 $N=25\times10^7$；当 $N<10^5$ 时，取 $N=10^5$。

表 9.6　蜗轮的齿形系数 Y_F

λ \ z_v	20	24	26	28	30	32	35	31	40	45	56	60	80	100	150	300
4°	2.79	2.65	2.60	2.55	2.52	2.49	2.45	2.42	2.39	2.35	2.32	2.27	2.22	2.18	2.14	2.09
7°	2.15	2.61	2.56	2.51	2.48	2.44	2.40	2.38	2.35	2.31	2.28	2.23	2.17	2.14	2.09	2.05
11°	2.66	2.52	2.47	2.42	2.39	2.35	2.31	2.29	2.26	2.22	2.19	2.14	2.08	2.05	2.00	1.96
16°	2.49	2.35	2.30	2.26	2.22	2.19	2.15	2.13	2.10	2.06	2.02	1.98	1.92	1.88	1.84	1.79
20°	2.33	2.19	2.14	2.09	2.06	2.02	1.98	1.96	1.93	1.89	1.86	1.81	1.75	1.72	1.67	1.63
23°	2.18	2.05	1.99	1.95	1.91	1.88	1.84	1.82	1. 79	1.15	1.72	1.7	1.61	1.58	1.53	1.49
26°	2.03	1.89	1.84	1.80	1.76	1.73	1.69	1.67	1.64	1.60	1.57	1.52	1.46	1.43	1.38	1.34
27°	1.98	1.84	1.79	1.75	1.71	1.68	1.64	1.62	1.59	1.55	1.52	1.47	1.41	1.38	1.33	1.29

表 9.7　蜗轮材料的基本许用弯曲应力 $[\sigma_F]'$　　单位：MPa

材料	铸造方法	σ_B	σ_s	蜗杆硬度 < HRC45		蜗杆硬度 ≥ HRC45	
				单向受载	双向受载	单向受载	双向受载
铸锡磷青铜 ZCuSn10P1	砂模	200	140	51	32	64	40
	金属模	250	150	58	40	70	50
铸锡锌铅青铜 ZCuSn5Pb5Zn5	砂模	180	90	37	9	46	36
	金属模	200	90	39	32	49	40
铝铁青铜 ZCuAl10Fe3	砂模	400	200	82	64	103	80
	金属模	500	200	90	80	113	100
HT150	砂模	150	—	38	24	48	30
HT200	砂模	200	—	48	30	60	38

9.4 蜗杆传动的效率、润滑和热平衡计算

9.4.1 蜗杆传动的效率

闭式蜗杆传动的功率损耗一般包括三部分，即轮齿啮合摩擦损耗、轴承摩擦损耗及浸入油池中的零件搅油时的油阻损耗。因此总效率为

$$\eta = \eta_1 \eta_2 \eta_3$$

式中，η_1，η_2，η_3 分别为考虑啮合摩擦损耗、轴承摩擦损耗及油阻损耗时的效率。当蜗杆主动时，啮合传动的效率为

$$\eta_1 = \frac{\tan \lambda}{\tan (\lambda + \varphi_v)}$$

式中，φ_v 为当量摩擦角，$\varphi_v = \arctan f_v$，其值可根据滑动速度 v_s 由表 9.8 中查取。

表 9.8 蜗杆传动的当量摩擦因数 f_v 和当量摩擦角 φ_v

蜗轮材料	锡青铜				无锡青铜		灰铸铁			
蜗杆齿面硬度	≥HRC45		其他		≥HRC45		≥HRC45		其他	
滑动速度 $v_s/(\mathrm{m \cdot s^{-1}})$	f_v①	φ_v①	f_v	φ_v	f_v①	φ_v①	f_v①	φ_v①	f_v	φ_v
0.01	0.110	6°17′	0.120	6°51′	0.180	10°12′	0.180	10°12′	0.190	10°45′
0.05	0.090	5°09′	0.100	5°43′	0.140	7°58′	0.140	7°58′	0.160	9°05′
0.10	0.080	4°34′	0.090	5°09′	0.130	7°24′	0.130	7°24′	0.140	7°58′
0.25	0.065	3°43′	0.075	4°17′	0.100	5°43′	0.100	5°43′	0.120	6°51′
0.50	0.055	3°09′	0.065	3°43′	0.090	5°09′	0.090	5°09′	0.100	5°43′
1.0	0.045	2°35′	0.055	3°09′	0.070	4°00′	0.070	4°00′	0.090	5°09′
1.5	0.040	2°17′	0.050	2°52′	0.065	3°43′	0.065	3°43′	0.080	4°34′
2.0	0.035	2°00′	0.045	2°35′	0.055	3°09′	0.055	3°09′	0.070	4°00′
2.5	0.030	1°43′	0.040	2°17′	0.050	2°52′				
3.0	0.028	1°36′	0.035	2°00′	0.045	2°35′				
4	0.024	1°22′	0.031	1°47′	0.040	2°17′				
5	0.022	1°16′	0.029	1°40′	0.035	2°00′				
8	0.018	1°02′	0.026	1°29′	0.030	1°43′				
10	0.016	0°55′	0.024	1°22′						
15	0.014	0°48′	0.020	1°09′						
24	0.013	0°45′								

注：① 表示蜗杆齿面粗糙度轮廓算术平均偏差 R_a 为 1.6 ～ 0.4，正确安装，润滑充分，经过仔细跑合

由于轴承损耗及油阻损耗这两项都不大，故总效率 σ 可为

$$\eta = \eta_1 \eta_2 \eta_3 = (0.95 \sim 0.97) \frac{\tan \lambda}{\tan (\lambda + \varphi_v)} \tag{9.15}$$

近似计算时，蜗杆传动的总效率可取下列数值：

闭式传动	$z_1=1$	$\eta=0.70\sim0.75$
	$z_1=2$	$\eta=0.75\sim0.85$
	$z_1=4$	$\eta=0.85\sim0.92$
开式传动	$z_1=1,2$	$\eta=0.60\sim0.70$

9.4.2　蜗杆传动的润滑

蜗杆传动的润滑是一个值得注意的问题。若润滑不良，传动效率将显著降低，并会使轮齿早期发生胶合或磨损。对于中等载荷和轻载的蜗杆传动，可参考表 9.9 选择润滑油的黏度值，适当确定润滑油的牌号。表 9.9 中的黏度值适用于下置蜗杆传动(即蜗杆在蜗轮下方的传动形式，参见图 9.10)，若为上置蜗杆传动，则需适当提高表 9.9 中的黏度值。

表 9.9　蜗杆传动润滑油的黏度荐用值及润滑方式

相对滑动速度 $v_s/(m\cdot s^{-1})$	$\leqslant 1$	$>1\sim2.5$	$>2.5\sim5$	$>5\sim10$	$>10\sim15$	$>15\sim25$	>25
载荷类型	重	重	中	(不限)	(不限)	(不限)	(不限)
黏度等级	1 000	680	320	220	150	100	68
运动黏度 ν_{40}/cSt	900 ～ 1 100	612 ～ 748	288 ～ 352	198 ～ 242	135 ～ 165	90 ～ 110	61.2 ～ 74.8
润滑方式	浸油润滑			浸油或喷油润滑	压力喷油润滑		

采用浸油润滑时，下置蜗杆传动中，蜗杆的浸油深度以一个齿高为宜；对于上置蜗杆传动，浸油深度可约为蜗轮外径的 1/3。速度高时，考虑搅油损失大，应使浸油深度浅一些；速度低时，浸油深度可深一些。

采用喷油润滑时，喷油嘴应朝向蜗杆啮入端，喷油压力大约控制在 0.7 ～ 3.0 MPa。

9.4.3　蜗杆传动的热平衡核算

由于蜗杆传动的效率低，所以工作时的发热量大。在连续工作的闭式传动中，若产生的热量不能及时散发，就会引起箱内油温升高、润滑失效，导致轮齿磨损加剧，甚至产生胶合。因此，对连续工作的闭式蜗杆传动要进行热平衡核算。

为达到热平衡时，应使传动的发热速率应与箱体的散热速率相等，由此可得

$$1\,000(1-\eta)P=\alpha A(t_o-t_a)$$

$$t_o=\frac{1\,000(1-\eta)P}{\alpha A}+t_a(℃) \tag{9.16}$$

式中　P—— 蜗杆传递的功率，kW；

α—— 箱体的散热系数，α 取 12 ～ 18W/(m^2 · ℃)，当周围通风良好时，取偏大值；

A—— 散热面积，指内表面能被润滑油飞溅到，外表面又可为周围空气所冷却的箱体表面面积，m^2；

t_o—— 油的工作温度，一般限制在 60 ～ 70℃，最高不应超过 80℃；

t_a—— 减速器的工作环境温度。

若油的工作温度超过温度的允许值，可增设下列冷却措施：

1）增加散热面积。设计合理的箱体散热结构，如铸出或焊上散热片等；

2）提高散热系数。在蜗杆轴上装风扇（见图 9.9），或在箱体油池内装蛇形冷却水管（见图 9.10）。

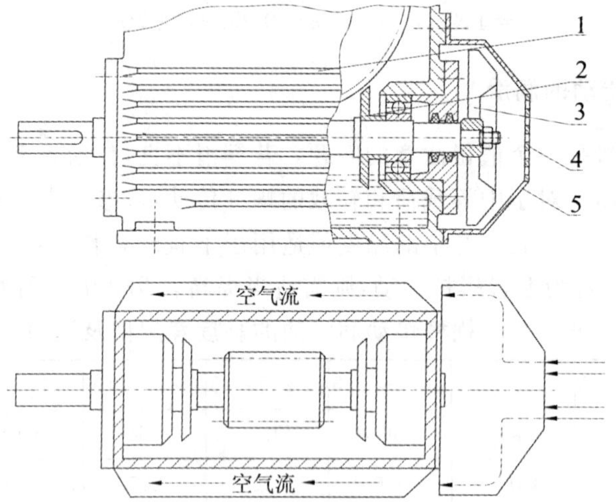

图 9.9　加热散片和风扇的蜗杆传动

1— 散热片；　2— 溅油轮；　3— 风扇；　4— 过滤网；　5— 集气罩

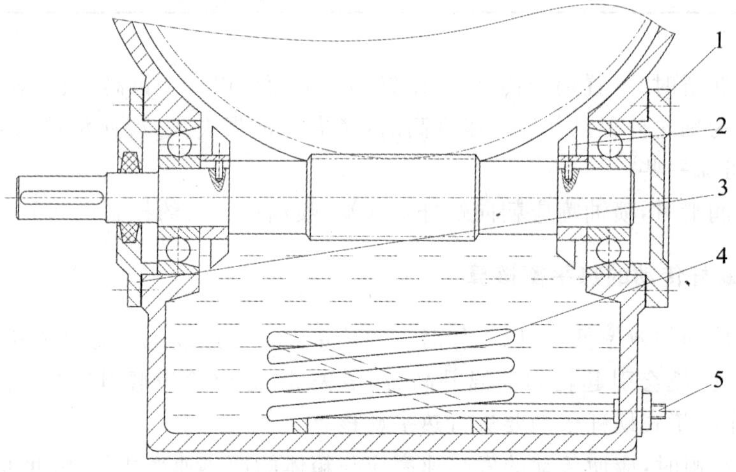

图 9.10　装有循环冷却管路的蜗杆传动

1— 轴承盖；　2— 溅油轮；　3— 透盖；　4— 蛇形管；　5— 冷却水出、入接口

9.5　蜗杆和蜗轮的结构设计

蜗杆螺旋部分的尺寸一般不大，所以常将其与轴制成一体，称为蜗杆轴，它的结构形式如图 9.11 所示。其中，图 9.11(a) 所示的结构需用铣削加工而成，图 9.11(b) 所示的结构既可用铣削加工，也可用车削加工。

蜗轮可制成整体的（见图 9.12(a)）。但为了节约贵重的有色金属，对尺寸较大的蜗轮通常采取组合式结构，即齿圈用有色金属制造，轮芯用钢或铸铁制成（见图 9.12(b)(c)(d)）。采用组合式结构时，齿圈和轮芯间可通过过盈连接（见图 9.12(b)）。为可靠起见，还应沿接合面圆周加装 4 ～ 8 个螺钉。为了便于钻孔，应将螺孔中心线向材料较硬的一边偏移 2 ～ 3 mm。这种结构适用于尺寸不大而工作温度变化较小的地方。对成批制造的蜗轮，可将青铜齿圈直接浇铸在铸铁轮芯上（见图 9.12(c)）。轮圈和轮芯也可用螺栓连接（见图 9.12(d)），可用于尺寸较大或磨损后需要更换齿圈的场合。

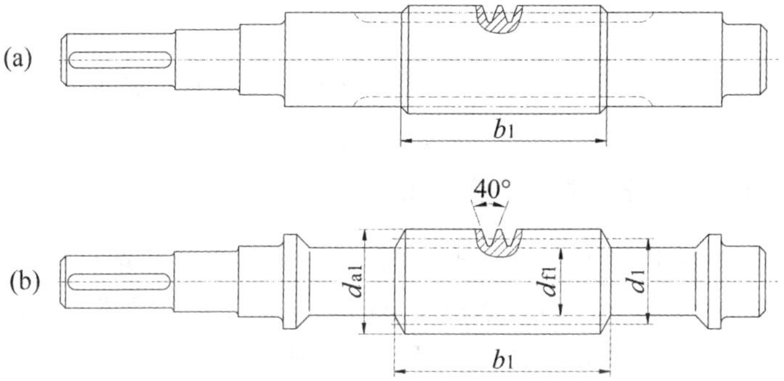

图 9.11 蜗杆的结构形式

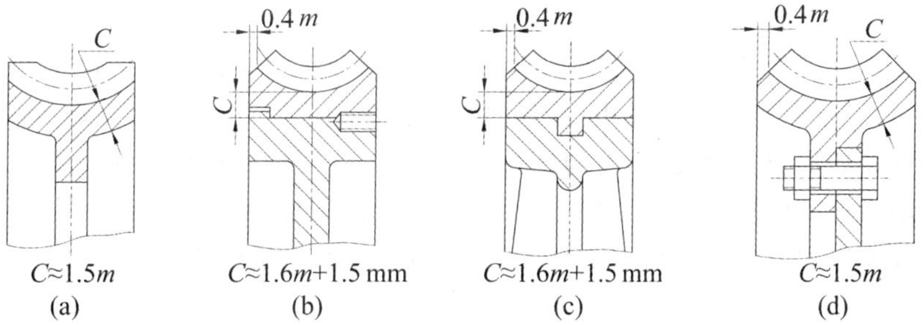

图 9.12 蜗轮的结构形式

(a)$C\approx 1.5\ m$； (b)$C\approx 1.6m+1.5\ \text{mm}$； (c)$C\approx 1.6m+1.5\ \text{mm}$； (d)$C\approx 1.5m$

9.6 几种类型蜗杆传动的比较

9.6.1 蜗杆传动的质量标志

衡量蜗杆传动质量优劣的一个重要标志是蜗杆传动的接触线与蜗杆滑动速度方向的正交性。

图 9.13 所示为 1，2 两个物体以线 ab 相接触，物体 1 以速度 v_s 相对于物体 2 运动。当速度 v_s 与接触线 ab 间的夹角 γ 越接近于 90° 时，形成油膜的条件就越好。γ 越小就越不容易形成油膜，当 $\gamma=0°$ 时最不利于形成油膜。这时 1，2 两物体的表面就要直接接触，润滑情况很差，摩擦力增加，发热量也增加，易产生磨损与胶合。

对蜗杆传动而言，其正交性好就是指蜗轮蜗杆齿面接触线与相对速度 v_s 之间夹角接近 90°，这样形成润滑油膜的条件就越好。否则，其正交性就差。

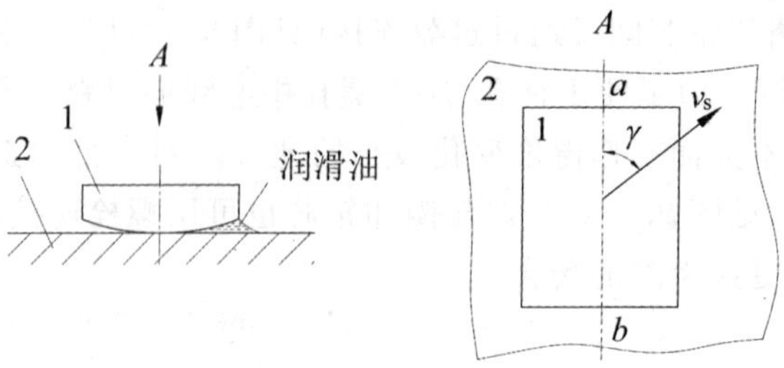

图 9.13　影响润滑油膜形成的正交性示意图

9.6.2　几种类型蜗杆传动及其接触线分布

蜗杆传动的类型有很多，根据蜗杆形状的不同，可分为圆柱蜗杆传动、环面蜗杆传动和锥蜗杆传动。在圆柱面蜗杆传动中，按蜗杆齿形的不同又可分为阿基米德蜗杆传动、渐开线蜗杆传动、法面直廓蜗杆传动和圆弧蜗杆传动等。上述前三种又统称为普通圆柱蜗杆传动。

图 9.14(a) 表示普通圆柱蜗杆传动的接触线分布情况。从图上可以看出，接触线接近于水平状态，在中间平面附近，蜗杆滑动速度 v_s 与接触线的夹角 γ 接近于 0°。因此，在中间平面附近很难形成润滑油膜，胶合失效也常首先在该处出现。

图 9.14(b) 与图 9.14(c) 表示圆弧圆柱蜗杆传动和环面蜗杆传动接触线的分布情况。从图上可以看出，在这两种蜗杆传动中，接触线与蜗杆滑动速度 v_s 的正交性好于普通圆柱蜗杆，有利于润滑油膜的形成。因此，与普通圆柱蜗杆相比，这两种蜗杆传动的承载能力较高。

由于阿基米德蜗杆传动加工方便，早期在各类机器中应用最为广泛。但阿基米德蜗杆传动由于其承载能力和效率均较低，目前正逐渐地被各类新型蜗杆传动所代替。

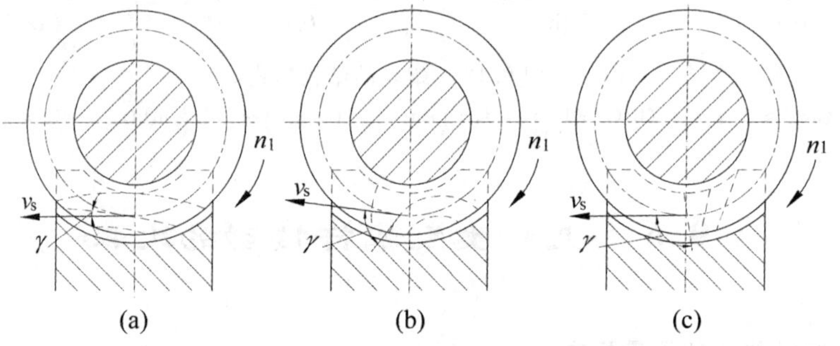

(a)　(b)　(c)

图 9.14　各类蜗杆传动接触线分布情况比较

(a) 普通圆柱蜗杆；（b）圆弧圆柱蜗杆；（c）环面蜗杆

【例题 9.1】　某轧钢车间需配一台普通圆柱蜗杆减速器。已知蜗杆轴输入功率 $P=10$ kW，转速 $n_1=1\ 450$ r/min，$i=20$。要求使用10年，每年工作 300 天，每天工作 16 h，工作时有较大冲击。工作环境温度为 35 ～ 40℃。试设计此蜗杆传动的主要参数。

解　(1) 选择蜗杆头数。

由传动比 $i=20$，查表 9.2，取蜗杆头数 $z_1=2$，蜗轮齿数 $z_2=iz_1=20\times 2=40$。

(2) 确定蜗轮轴的转速和扭矩。

$$n_2=n_1/i=1\ 450/20=72.5\ \text{r/min}$$

取传动总效率 $\eta=0.85$，则

$$T_2 = \frac{9.55 \times 10^6 P\eta}{n_2} = \frac{9.55 \times 10^6 \times 10 \times 0.85}{72.5} \approx 1.12 \times 10^6 \text{ N} \cdot \text{mm}$$

(3) 选择材料，确定其许用应力。

蜗杆选用 20CrMnTi，心部调质，表面渗碳淬火硬度 ≥ HRC45。蜗轮材料选用铸锡磷青铜 ZCuSn10P1，砂型铸造。

在蜗杆传动中，蜗轮的强度较弱，因此在强度计算时应以蜗轮为计算依据。蜗轮材料为铸造锡青铜，由表 9.4 查得其基本许用接触应力 $[\sigma_H]' = 200$ MPa，由表 9.7 查得其基本许用弯曲应力 $[\sigma_F]' = 64$ MPa。

按式(9.11)，蜗轮齿面接触应力与齿根弯曲应力循环次数均为

$$N = 60 n_2 t_h = 60 \times 72.5 \times (10 \times 300 \times 16) = 20.88 \times 10^7$$

按式(9.10)，接触疲劳强度计算时的寿命系数为

$$K_{HN} = \sqrt[8]{\frac{10^7}{N}} = \sqrt[8]{\frac{10^7}{20.88 \times 10^7}} = 0.684$$

蜗轮的许用接触应力为

$$[\sigma_H] = [\sigma_H]' K_{HN} = 200 \times 0.684 = 136.8 \text{ MPa}$$

按式(9.14)，弯曲疲劳强度计算时的寿命系数为

$$K_{FN} = \sqrt[9]{\frac{10^6}{N}} = \sqrt[9]{\frac{10^6}{20.88 \times 10^7}} = 0.55$$

蜗轮的许用弯曲应力为

$$[\sigma_F] = [\sigma_F]' K_{FN} = 64 \times 0.55 = 35.2 \text{ MPa}$$

(4) 确定蜗杆直径和模数。

闭式蜗杆传动按蜗轮齿面接触疲劳强度设计，现取 $K = 1.2$，由式(9.9)可得

$$m^2 d_1 \geqslant \left(\frac{500}{z_2 [\sigma_H]}\right)^2 K T_2 = \left(\frac{500}{40 \times 136.8}\right)^2 \times 1.2 \times 1.12 \times 10^6 = 11\ 221.4 \text{ mm}^3$$

查表 9.1 可知，当蜗杆头数 $z_1 = 2$ 时，与上述计算值最为接近的是 $m^2 d_1 = 17\ 500 \text{ mm}^3$。因此，对应选模数 $m = 12.5$ mm，蜗杆分度圆直径 $d_1 = 112$ mm 可满足强度条件。

按式(9.13)校核蜗轮齿根弯曲疲劳强度为

$$\sigma_F = \frac{1.64 K T_2}{m^2 d_1 z_2} Y_F Y_\beta \leqslant [\sigma_F] \quad \text{(MPa)}$$

蜗杆分度圆上的螺旋线导程角为

$$\lambda = \arctan(m z_1 / d_1) = \arctan(12.5 \times 2/112) = 12.583^\circ = 12^\circ 34' 58''$$

螺旋角系数

$$Y_\beta = 1 - \lambda/140^\circ = 1 - 12.583^\circ/140^\circ = 0.910$$

当量齿数

$$z_v = z_2/\cos^3\lambda = 40/\cos^3 12^\circ 34' 58'' = 43.03$$

按 $z_v = 43.03$，$\lambda = 12^\circ 34' 58''$，由表 9.6 查得蜗轮齿形系数 $Y_F = 2.23$。

$$\sigma_F = \frac{1.64 K T_2}{m^2 d_1 z_2} Y_F Y_\beta = \frac{1.64 \times 1.2 \times 1.12 \times 10^6}{17\ 500 \times 40} \times 2.23 \times 0.910 = 6.39 \text{ MPa}$$

显然有 $\sigma_F = 6.39 \text{ MPa} < [\sigma_F] = 136.8$ MPa，蜗轮满足齿根弯曲疲劳强度要求。

(5) 确定主要几何尺寸。

蜗轮直径

$$d_2 = z_2 m = 40 \times 12.5 = 500 \text{ mm}$$

蜗杆齿顶圆直径

$$d_{a1} = d_1 + 2m = 112 + 2 \times 12.5 = 137 \text{ mm}$$

蜗轮喉圆直径

$$d_{a2} = (z_2 + 2)m = 42 \times 12.5 = 525 \text{ mm}$$

蜗杆齿宽

$$b_1 \geqslant (11 + 0.06 z_2)m = (11 + 0.06 \times 40) \times 12.5 = 167.5 \text{ mm}，取 b_1 = 170 \text{ mm}$$

蜗轮轮缘宽度

$$B \leqslant 0.75 d_{a1} = 0.75 \times 137 = 102.75 \text{ mm}，取 B = 100 \text{ mm}$$

中心距

$$a = (d_1 + d_2)/2 = (112 + 500)/2 = 306 \text{ mm}$$

(6) 热平衡计算。

按式(9.15)，估算传动效率

$$\eta = \eta_1 \eta_2 \eta_3 = 0.96 \times \frac{\tan \lambda}{\tan (\lambda + \varphi_v)}$$

按式(9.7)，相对滑动速度为

$$v_s = \frac{\pi d_1 n_1}{60\,000 \cos \lambda} = \frac{\pi \times 112 \times 1\,450}{60\,000 \times \cos 12.583^\circ} = 8.713 \text{ m/s}$$

按表(9.9)，查得当量摩擦角 $\varphi_v \approx 1^\circ$，则

$$\eta = 0.96 \times \frac{\tan \lambda}{\tan (\lambda + \varphi_v)} = 0.96 \times \frac{\tan 12.583^\circ}{\tan (12.583^\circ + 1^\circ)} = 0.96 \times 0.92 = 0.883$$

估计箱体有效散热面积 $A = 3.5 \text{ m}^2$，取箱体散热系数 $\alpha = 15 \text{W}/(\text{m}^2 \cdot ℃)$，取减速器环境温度 $t_a = 38℃$，则润滑油的工作温度为

$$t_o = \frac{1\,000 \times (1 - 0.883) \times 10}{15 \times 3.5} + 38 \approx 60.3℃$$

润滑油的工作温度偏高，但尚未超过 70℃，基本实现热平衡，可用。

(7) 主要设计结论。

蜗杆选用 20CrMnTi，心部调质，表面渗碳淬火硬度 ≥ HRC45。蜗轮材料选用 ZCuSn10Pb1，砂型铸造。

蜗杆头数 $z_1 = 2$，蜗轮齿数 $z_2 = 40$，蜗杆分度圆直径 $d_1 = 112$ mm，模数 $m = 12.5$ mm，中心距 $a = 306$ mm。应确保箱体有效散热面积 $A \geqslant 3.5 \text{ m}^2$。

习　　题

9.1　试分析图 9.15 所示蜗杆传动中各轴的回转方向，蜗轮轮齿的螺旋方向及蜗杆、蜗轮所受各力的作用位置及方向。

9.2　试设计一单级圆柱蜗杆减速器中的蜗杆与蜗轮。驱动电动机功率为 7.5 kW，转速为 1 440 r/min。蜗轮转速为 80 r/min，载荷平稳，单向传动。每次启动连续工作时间 8 h 以上。

9.3　设计一个起重设备用的蜗杆传动，工作时有中等冲击载荷。蜗杆轴由电动机驱动，

传递的额定功率 $P_1=11$ kW，$n_1=$ r/min，$n_2=120$ r/min，间歇工作，平均约为每日工作 2 h，要求工作寿命为 10 年(每年按 300 个工作日计)。

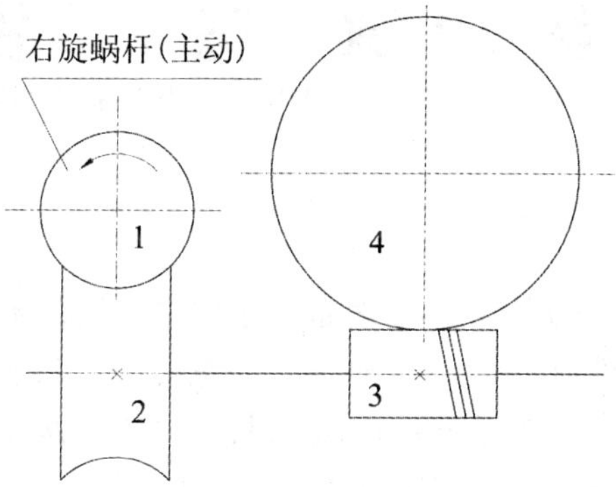

图 9.15　两级蜗杆传动

第10章 轴 承

轴承用来支撑旋转轴及轴上零件，有时也用来支撑其他转动零件。

按轴承工作时的摩擦性质不同，可把轴承分为滚动摩擦轴承（简称滚动轴承）和滑动摩擦轴承（简称滑动轴承）两大类。而每一类轴承，按其能承受的载荷方向的不同，又可分为向心轴承或径向轴承（承受径向载荷）、推力轴承或止推轴承（承受轴向载荷）和向心推力轴承（同时承受径向和轴向载荷）等。

从机械设计的途径来讲，滚动轴承和滑动轴承是不一样的。作为标准零件，滚动轴承的设计体现为类型选择和尺寸选择的设计形式；而作为非标准零件的滑动轴承，特别是不完全液体润滑滑动轴承，设计中体现为结构设计和承载能力验算的设计形式。但是，无论哪一类轴承，一般都要求它具有较小的摩擦和良好的耐磨性；具有足够的强度和刚度；保证良好的旋转精度。

10.1 滚动轴承的结构、类型和代号

在各种机器中，广泛使用着各种类型的滚动轴承。由于常用的滚动轴承是由专业工厂大量生产的标准件，因此在机械设计中，只需根据工作条件加以选用。要想合理地选用滚动轴承，就必须了解常用滚动轴承的结构、类型和代号，掌握轴承类型的选用原则和尺寸选择方法。另外，为保证滚动轴承能正常工作，必须对滚动轴承的安装、润滑和密封等进行合理设计，即所谓的“滚动轴承装置设计”。

10.1.1 滚动轴承的结构

滚动轴承的基本结构如图 10.1 所示，它是由内圈 1，外圈 2，滚动体 3 和保持架 4 等部分组成。内圈一般与轴颈装配，外圈一般与轴承座装配。通常内圈随轴颈转动，外圈固定；但也有外圈转动而内圈不动或是内、外圈同时转动的情况。当内、外圈相对转动时，滚动体在内、外圈的滚道间滚动。常用的滚动体形状如图 10.2 所示，有(a)球；(b)圆柱滚子；(c)圆锥滚子；(d)鼓形滚子；(e)非对称鼓形滚子；(f)滚针等几种。轴承内、外圈上的滚道，有限制滚动体侧向位移的作用。

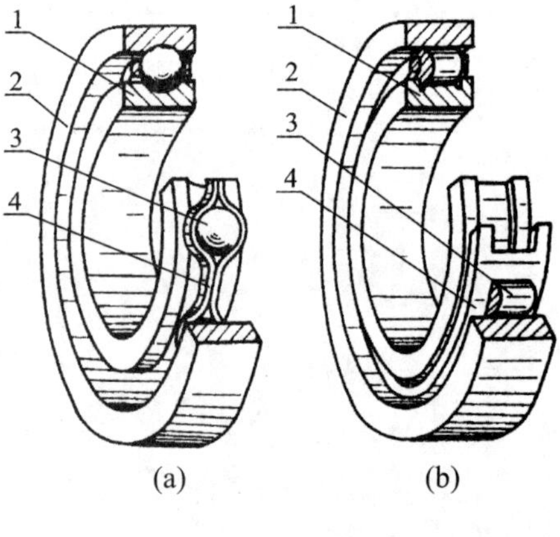

图 10.1 滚动轴承的基本结构

(a)球轴承； (b)圆柱滚子轴承

1—内圈； 2—外圈； 3—滚动体； 4—保持架

保持架的作用是避免相邻两滚动体的直接接触，以减小摩擦和磨损。保持架有冲压的（见图10.1

(a))和实体的(见图 10.1(b))两种。冲压保持架一般用低碳钢板冲压制成,它与滚动体之间有较大的间隙。实体保持架常用铜合金、铝合金或工程塑料经切削加工制成,有较好的定心精度,因而适用于在较高转速下工作的滚动轴承。

轴承的内、外圈和滚动体,一般用轴承铬钢制造,热处理后硬度不低于 HRC60,当轴承工作温度不高于 120℃时,元件的硬度一般不会下降。

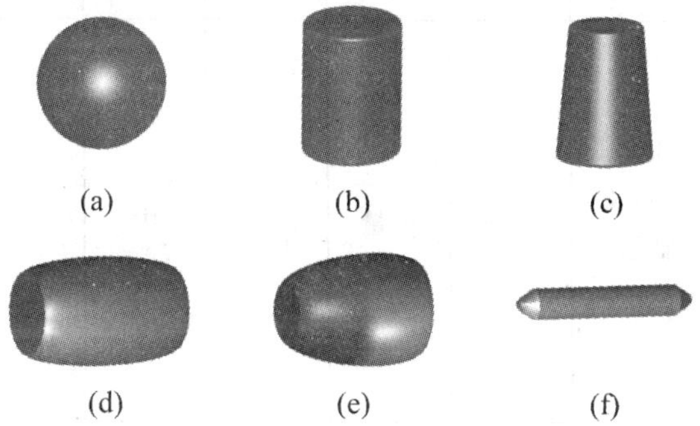

图 10.2 常用的滚动体形状

(a)球; (b)圆柱滚子; (c)圆锥滚子; (d)鼓形滚子; (e)非对称鼓形滚子; (f)滚针

在某些情况下,对于滚动体为圆柱滚子或滚针的轴承,可以没有内圈或外圈。当无内圈或(和)外圈时,轴颈或(和)轴承座就相应地起到内圈或(和)外圈的作用。此外,还有一些轴承,除了以上四种基本零件外,还加有其他特殊零件,如在外圈上加止动环或带密封盖等。

10.1.2 滚动轴承的主要类型及性能

按轴承的内部结构和所能承受外载荷方向的不同,滚动轴承主要分为向心轴承、推力轴承和向心推力轴承三大类,图 10.3 所示为它们承载情况的示意图。

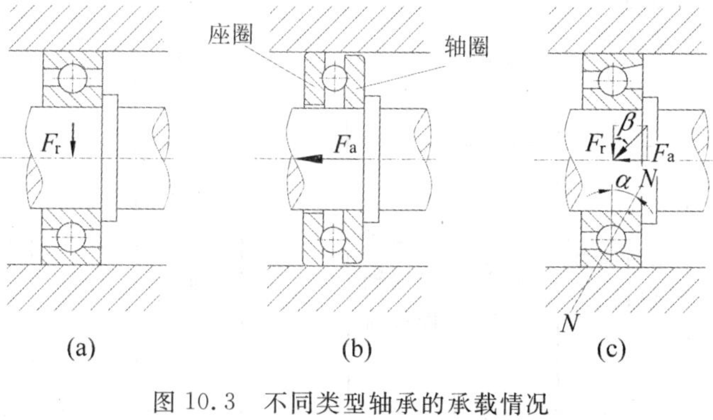

图 10.3 不同类型轴承的承载情况

(a)向心轴承; (b)推力轴承; (c)向心推力轴承

主要用来承受径向载荷 F_r 的轴承称为向心轴承(见图 10.3(a))。这类轴承中,有的也能承受一定的轴向载荷,如深沟球轴承(见图 10.1(a))。仅用于承受轴向载荷 F_a 的轴承称为推力轴承(见图 10.3(b))。这类轴承中与轴颈紧套在一起的套圈叫轴圈,与机座相连的套圈叫座圈。可用于同时承受径向载荷 F_r 和轴向载荷 F_a 的轴承称为向心推力轴承(图 10.3(c))。当只有径向载荷或轴向载荷时,也可用这类轴承。向心推力轴承的滚动体和外圈滚道接触处的法线 N-N 与半径方向的夹角 α 称为轴承的接触角。轴承实际所承受的径向载荷 F_r 和轴向

载荷 F_a 的合力方向与半径方向的夹角 β 称为轴承的载荷角。

常用的标准滚动轴承的名称、代号及性能特点见表 10.1。

表 10.1　常用滚动轴承的类型及主要性能

类型	简图	类型名称	结构代号	轴向承载能力	基本额定动载荷比①	极限转速比②	轴向限位能力③	性能和特点
1	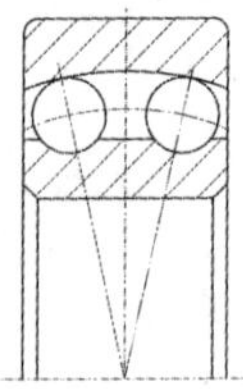	调心球轴承	10000	少量	0.6～0.9	中	Ⅰ	主要用于承受径向载荷。具有自动调心作用，允许内圈相对外圈轴线偏斜不大于 2°～3°。适用于刚性小或多支点的轴，一般不宜承受纯轴向载荷
2	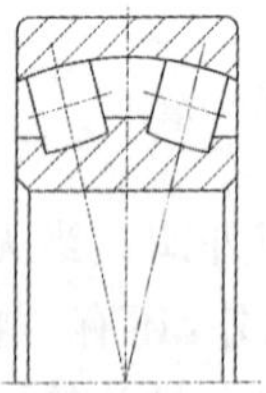	调心滚子轴承	20000	少量	1.8～4	低	Ⅰ	性能与调心球轴承相似，但具有较大的径向承载能力，内、外圈轴线偏斜不大于 1.5°～2.5°
3	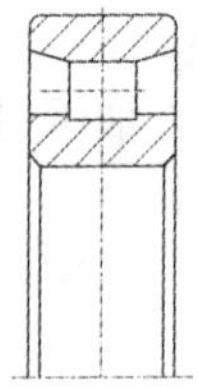	圆锥滚子轴承 α = 10°～18°	30000	较大	1.5～2.5	中	Ⅱ	可用于同时承受径向与轴向载荷。30000 型以径向载荷为主，30000B 型以轴向载荷为主，外圈可分离，安装时可调整轴承的游隙，一般成对使用
		大锥角圆锥滚子轴承 α = 27°～30°	30000B	很大	1.1～2.1	中		
5	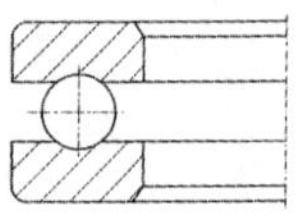	单向推力球轴承	51000	只承受单向轴向载荷	1	低	Ⅱ	主要用于承受轴向载荷。为防止钢球与滚道之间的滑动，工作时必须加有一定的轴向载荷。高速时离心力大，钢球与保持架磨损，发热严重，寿命降低，故极限转速很低。轴线必须与轴承座底面垂直，载荷必须与轴线重合，以保证钢球载荷的均匀分配
	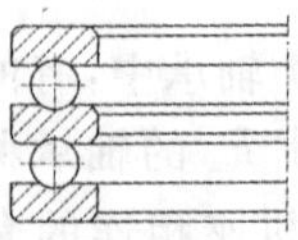	双向推力球轴承	52000	能承受双向轴向载荷	1	低	Ⅰ	

续 表

类型	简图	类型名称	结构代号	轴向承载能力	基本额定动载荷比①	极限转速比②	轴向限位能力③	性能和特点
6	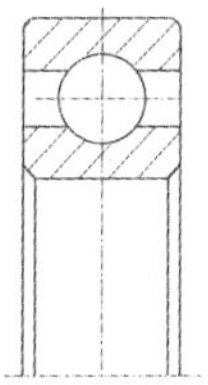	深沟球轴承	60000	少量	1	高	Ⅰ	主要用于承受径向载荷，可承受少量轴向载荷。应用最广，当量摩擦因数最小。在高转速时，可用来承载纯轴向载荷，工作中允许内、外圈轴线相对偏斜不大于1.5′～2.5′
7	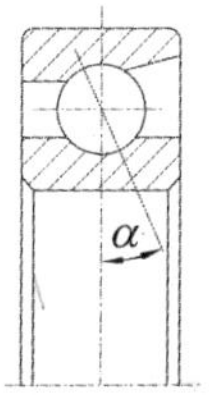	角接触球轴承	70000C（$\alpha=15°$）	一般	1.0～1.4	高	Ⅱ	可用于同时承受径向与轴向载荷，也可用来单独承受轴向载荷。由于一个轴承只能承受单方向的轴向力，一般常成对使用。承受轴向载荷的能力与接触角 α 有关，接触角大的，承受轴向载荷的能力也高
			70000AC（$\alpha=25°$）	较大	1.0～1.3			
			70000B（$\alpha=40°$）	更大	1.0～1.2			
N	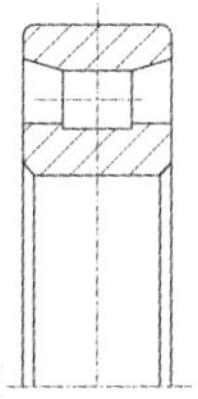	圆柱滚子轴承	N0000	无	1.5～3	高	Ⅲ	只能承受径向载荷，外圈（或内圈）可以分离，故不能承受轴向载荷。滚子由内圈（或外圈）的挡边实现轴向定位，工作时允许内、外圈有少量的轴向错动。有较大的径向承载能力，但内、外圈轴线的允许偏斜很小（2′～4′）
NA	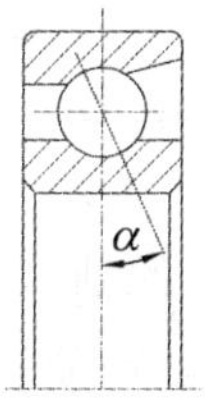	滚针轴承	NA0000	无	—	低	Ⅲ	只能承受径向载荷。在同样内径条件下，与其他类型轴承相比，其外径最小，内圈或外圈可以分离，工作时允许内、外圈有少量的轴向错动。摩擦因数较大

续 表

类型	简图	类型名称	结构代号	轴向承载能力	基本额定动载荷比①	极限转速比②	轴向限位能力③	性能和特点

注:① 基本额定动载荷比:指同一尺寸系列各种类型和结构形式的轴承的基本额定动载荷与单列深沟球轴承(推力轴承则与单向推力球轴承)的基本额定动载荷之比。

② 极限转速比:指同一尺寸系列 0 级公差的各类轴承脂润滑时的极限转速与单列深沟球轴承脂润滑时极限转速之比,高、中、低的意义分别为:

高 — 单列深沟球轴承极限转速的 90% ~ 100%;

中 — 单列深沟球轴承极限转速的 60% ~ 90%;

低 — 单列深沟球轴承极限转速的 60% 以下。

③ 轴向限位能力:

Ⅰ— 轴的双向轴向位移限制在轴承的轴向游隙范围以内;

Ⅱ— 能限制轴的单向轴向位移;

Ⅲ— 不能限制轴的轴向位移

10.1.3 滚动轴承代号

滚动轴承的类型很多,同一类型的轴承又可制成不同的结构、尺寸和公差等级,以满足不同的使用要求。为了表征各类轴承的不同特点,便于组织生产和选用,国家标准中规定了轴承代号的表示方法。轴承代号由字母和数字组成,表示方法见表 10.2。

1) 轴承内径代号。轴承的内径是指轴承内圈的内径。内径代号用基本代号右起第 1,2 两位数字表示。对于轴承内径 d 为 20 ~ 480 mm 的轴承,以内径 d 除以 5 的商数为内径代号,若商数为个位数,则在商数左边加 0;对于轴承内径 d 为 10,12,15 和 17 mm 的轴承,则分别用 00,01,02 和 03 作为内径代号。

表 10.2 滚动轴承代号的构成

前置代号	基本代号					后置代号							
轴承分部件代号	位数					内部结构代号	密封与防尘套圈代号	保持架及其材料代号	特殊轴承材料代号	公差等级代号	游隙代号	多轴承配置代号	其他
	5	4	3	2	1								
		尺寸系列代号											
	类型代号	宽度系列代号	直径系列代号	内径代号									

2) 轴承直径系列代号。用基本代号右起第 3 位数字表示。对于同一内径的轴承,由于不同使用场合所需承受的载荷大小和寿命不相同,需要使用大小不同的滚动体,故而使轴承的外径和宽度也随着改变。这种内径相同而外径不同的规定称为直径系列。图 10.4 表示同一内径 d 的不同直径系列的轴承尺寸对照,图中括号内的数字为相应的直径系列代号。

3) 轴承宽度系列代号。用基本代号右起第4位数字表示。同一内、外径的轴承可做成不同的宽度,称为宽度系列(参见图10.4)。宽度系列的代号为0时,在轴承代号中通常省略(在调心滚子轴承和圆锥滚子轴承中不可省略),其他的轴承宽度系列代号可查阅有关标准。

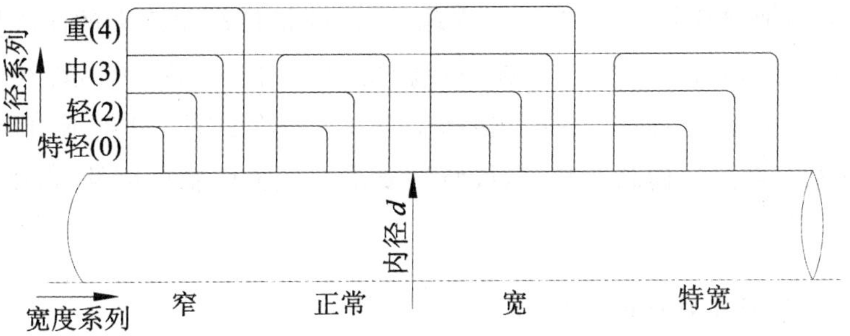

图10.4 各种直径系列和宽度系列轴承对照

4) 轴承类型代号。用基本代号右起第5位数字或字母表示,用于区分滚动轴承的类型,详见表10.1。

5) 轴承结构特征代号。在基本代号的右侧位置上用字母表示。例如,具有某一接触角的角接触球轴承;有无装球缺口的双列深沟球轴承等。具体代号可参看表10.1或者查阅有关标准。

6) 轴承公差等级代号。我国制造的轴承,按公差等级有2,4,5,6,6x和0几个等级,依次由高级到低级,分别以/P2,/P4,/P5,/P6,/P6x和/P0为公差等级代号,标在结构代号右边。在公差等级中,6x级仅适用于圆锥滚子轴承;0级为普通级,在轴承代号中不标出。

【例题10.1】 试说明轴承代号6208和7310C/P4的意义。

解 6208表示内径 $d=8\times5=40$ mm,轻系列深沟球轴承,0系列宽度,正常结构,0级公差等级。

7310C/P4表示内径 $d=10\times5=50$ mm,中系列角接触球轴承,接触角 $\alpha=15^\circ$,0系列宽度,4级公差等级。

10.2 滚动轴承的类型选择

滚动轴承的类型很多,因此选用轴承首先是选择类型。正确地选择类型应基于对各类轴承特性的充分了解。表10.1已列出有关轴承特性的简要说明,故可在此基础上,参考以下几方面的因素进行选择。

10.2.1 考虑轴承所承受载荷的选择

轴承所承受载荷的大小、方向和性质,是选择轴承类型的主要依据。

1) 根据载荷的大小选择轴承类型时,由于在同样外廓尺寸的条件下,滚子轴承比球轴承有更大的承载能力,故当载荷较大时,应优先选用滚子轴承;当载荷较小时,则优先选用球轴承。同一轴上两个支撑的径向载荷相差较大时,可在载荷较大处使用滚子轴承;而在载荷较小处使用球轴承。

2）根据载荷方向选择轴承类型时，对于纯径向载荷，一般选用向心轴承（如 60000，N0000 或 NA0000 型）；对于纯轴向载荷，一般选用推力轴承（如 5 类）。当轴承在承受径向载荷的同时，还承受不大的轴向载荷时，可选用深沟球轴承，或是接触角不大的向心推力轴承（70000C 或 30000 型）；当轴向载荷较大时，可选用接触角较大的向心推力轴承（70000AC，70000B 或 30000B 型）；或者选用向心轴承与推力轴承组合在一起的结构，分别承担径向载荷和轴向载荷。这在轴向载荷超过径向载荷甚多，或特别要求有较大的轴向刚性（即轴向位移很小）时，尤为适宜。

10.2.2 考虑轴承转速的选择

在一般转速下，转速的高低对轴承类型选择不发生影响，只在转速较高时，才会有比较显著的影响。轴承样本中列出了各种类型和尺寸轴承的极限转速 $n_{\lim}$ 值。极限转速是指载荷 $P \leqslant 0.1C$（C 为基本额定动载荷，其意义见 10.3 节），冷却条件正常，0 级公差轴承的最大允许转速。通常应使轴承在低于极限转速的条件下工作。

从转速的要求来看，可以有如下几点选择建议：

1）球轴承较之滚子轴承有较高的极限转速，故在高速时应优先选用球轴承。

2）若轴承内径相同，当外径愈小时，滚动体就愈轻小，运转时滚动体施加在外圈滚道上的离心惯性力就愈小，因而也就适于在高的转速下工作。故当高速时，宜选用特轻及轻系列的轴承。重系列的轴承，只宜用于低速重载的场合。

3）保持架的材料和结构对轴承转速影响较大，实体保持架比冲压保持架所允许的转速要高些。

4）推力轴承的极限转速均很低。当工作转速较高而轴向载荷又不十分大时，可采用角接触球轴承承受纯轴向力，也可采用深沟球轴承承受轴向力。

10.2.3 考虑调心性能要求的选择

当轴的中心线与轴承座中心线不重合而有角度误差时，或因轴受载后产生弯曲变形时，会造成轴承的内、外圈轴线发生偏斜。这时应采用有一定调心性能的调心球轴承（10000 型）或调心滚子轴承（20000 型）。这类轴承在内、外圈轴线有不大的相对偏斜时仍能正常工作。

各类滚子轴承对轴线偏斜最为敏感，在轴的刚度和轴承座的支撑刚度较低的情况下，应尽可能避免使用。

10.2.4 考虑装拆方便的选择

选择轴承类型时，还应考虑到轴承装拆的方便性。在轴承座没有剖分面而必须沿轴向安装和拆卸的轴承部件中，应优先采用内、外圈可分离的轴承（如 N0000，30000 型等）。

当轴承在较长的光轴上安装时，为了便于装拆，可以选用其内圈孔为 1∶12 的圆锥孔，用以安装在开口圆锥紧定套上的轴承（见图 10.5）。

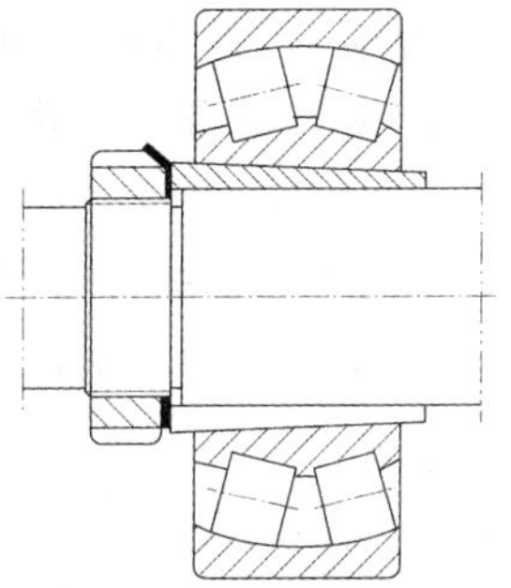

图 10.5　安装在开口圆锥紧定套上的轴承

10.3　滚动轴承的尺寸选择

滚动轴承尺寸选择的基本理论和方法，是通过对轴承在实际使用的破坏形式进行总结而建立起来的。

10.3.1　滚动轴承的失效形式

在安装、润滑、维护良好的条件下，滚动轴承常见的失效形式是滚动体或内、外圈滚道上的点蚀破坏。这主要是在轴承的工作过程中，滚动体和内、外圈滚道表面大量重复地承受变化的接触应力之故。轴承点蚀破坏后，在运转时会出现较强烈的振动、噪声和发热现象。

当轴承的转速很低或缓慢摆动时，一般不会产生点蚀破坏。但当过载很大时，会使滚动体和轴承滚道表面接触处的局部应力超过材料的屈服极限，以致产生永久性凹坑（布氏压痕），从而破坏轴承的正常工作。

此外，轴承还可能发生其他多种形式的失效。例如，润滑油不足使轴承烧伤；润滑油不洁使滚动体和滚道过度磨损；装配不当而使轴承卡死；内、外圈和保持架断裂等。

滚动轴承失效形式虽然多种多样，但在实际设计中，通常以预防点蚀引起的失效而进行疲劳点蚀计算（寿命计算），以及为了防止出现凹坑而进行静载变形计算。

10.3.2　滚动轴承的基本额定寿命和基本额定动载荷

前已述及，滚动轴承常见的失效形式是点蚀破坏。为此，设计中将滚动轴承在点蚀破坏前所经历的转数（以 10^6 r 为单位）或小时数，称为轴承的寿命。

由于制造精度、材料的均匀程度等的差异，即使是同样材料、同样尺寸以及同一批生产出来的轴承，在完全相同的条件下工作，它们的寿命也会不同。考虑到一般机器的使用条件及可靠性要求，现在规定：一组在相同条件下运转的近于相同的轴承，按有 10% 的轴承已发生点蚀破坏，而其余 90% 的轴承不发生点蚀破坏前的转数或工作小时数作为滚动轴承的基本额定寿命。滚动轴承的基本额定寿命用 L_{10} 表示。

对于一个具体的轴承，其结构、尺寸及材料均已确定。工作载荷越大，引起的接触应力也就越大，因而在发生点蚀破坏前所能经受的应力变化次数亦就越少，折合成轴承能够旋转的转数也就越少，亦即轴承的寿命越短。为了在计算时能有一个基准，引入基本额定动载荷的概念，并用C表示。所谓轴承基本额定动载荷，是指轴承的基本额定寿命恰好为10^6 r时轴承所能承受的载荷值。这个基本额定动载荷，对向心及向心推力轴承而言，指的是纯径向载荷；对推力轴承而言，指的是纯轴向载荷。

基本额定动载荷代表了不同型号轴承的承载特性，它是在大量试验研究的基础上，通过理论分析得出的。在滚动轴承样本中，每个型号的轴承都有它的基本额定动载荷值，设计时可从样本中查取。

10.3.3 滚动轴承的寿命计算

设计时，大多会遇到以下两种情况的计算问题：

1）对于具有基本额定动载荷C的轴承，当它所受的载荷P恰好为C时，其基本额定寿命就是10^6 r。但当$P \neq C$时，轴承的寿命为多少？

2）轴承所受载荷为P，而且要求轴承的寿命为L，则需选用具有多大C值的轴承？

下面讨论解决上述两个问题的方法。

很显然，当选定的轴承在某一确定的载荷$P(P \neq C)$下工作时，其寿命L（这里的L是基本额定寿命L_{10}，为表述方便暂不带脚标）将不等于10^6 r。根据大量试验研究得出的轴承“载荷-寿命曲线”，如图10.6所示（图为代号6207的单列深沟球轴承的曲线）。曲线上各点代表在不同载荷$P_1, P_2, P_3 \cdots$下的轴承寿命$L_1, L_2, L_3 \cdots$，它们之间的关系为

$$P_1^{\varepsilon} L_1 = P_2^{\varepsilon} L_2 = P_3^{\varepsilon} L_3 = \cdots$$

曲线上相应于寿命$L = 1(10^6\text{ r})$的载荷即为该型号轴承的基本额定动载荷C，于是有

$$P_1^{\varepsilon} L_1 = P_2^{\varepsilon} L_2 = P_3^{\varepsilon} L_3 = \cdots = C^{\varepsilon}$$

即

$$L = \left(\frac{C}{P}\right)^{\varepsilon} \quad (10^6\text{ r}) \tag{10.1}$$

式中，ε为由大量试验得出的指数，对球轴承，$\varepsilon = 3$；对滚子轴承，$\varepsilon = 10/3$。

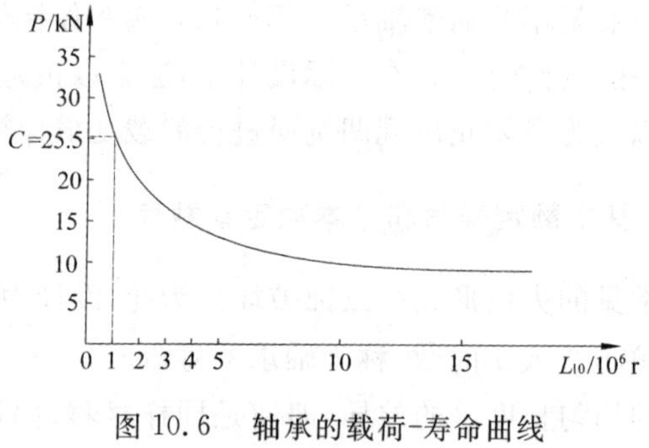

图10.6 轴承的载荷-寿命曲线

为工程设计时使用方便，可用小时数表示寿命。若令n代表轴承的转速(r/min)，可将式(10.1)改写为式(10.2)。

$$L_{\text{h}} = \frac{10^6}{60n}\left(\frac{C}{P}\right)^{\varepsilon} \quad (\text{h}) \tag{10.2}$$

若载荷P和转速n已知，且轴承的预期计算寿命L'_{h}又已取定，则由式(10.2)计算得出所需轴承应具有的基本额定动载荷为

$$C = P\sqrt[\varepsilon]{\frac{60nL'_h}{10^6}} \quad (N) \tag{10.3}$$

由于在轴承样本中列出的基本额定动载荷值是对一般轴承而言的，对于在较高温度下工作的轴承(例如温度高于125℃)。应将样本中的数值乘以温度系数 f_t，即

$$C_t = f_t C \tag{10.4}$$

式中，C_t 为高温轴承的额定动载荷。这时，式(10.1)，式(10.2)和式(10.3)改变为

$$L = \left(\frac{f_t C}{P}\right)^{\varepsilon} \quad (10^6 r) \tag{10.5}$$

$$L_h = \frac{10^6}{60n}\left(\frac{f_t C}{P}\right)^{\varepsilon} \quad (h) \tag{10.6}$$

$$C = \frac{P}{f_t}\sqrt[\varepsilon]{\frac{60nL'_h}{10^6}} \quad (N) \tag{10.7}$$

温度系数 f_t 的值见表10.3。

表10.3 温度系数 f_t

轴承工作温度/℃	≤120	125	150	175	200	225	250	300	350
温度系数 f_t	1.0	0.95	0.90	0.85	0.80	0.75	0.70	0.60	0.50

10.3.4 滚动轴承的当量动载荷

应该指出，前述的滚动轴承基本额定动载荷 C 是在这样的条件下确定的：轴承内圈旋转 10^6 r，不发生点蚀破坏的概率为90%时，向心轴承和向心推力轴承所能承受的纯径向载荷，或推力轴承所能承受的纯轴向载荷。如果轴承上的实际承载情况与上述条件不一致，则必须将实际载荷换算为与上述条件相同的载荷后，才能和 C 相比较。换算后的载荷是一种假定载荷，在此载荷作用下，轴承的寿命与实际载荷作用下的寿命相同，称此假定载荷为当量动载荷 P。轴承寿命计算公式中所引入的载荷 P，均是指当量动载荷而言的。

对于只能承受径向载荷 F_r 的向心轴承或只能承受轴向载荷 F_a 的推力轴承来说，当量动载荷即为载荷 F_r 或 F_a。因此，对于圆柱滚子轴承和滚针轴承，当量动载荷 P 为

$$P = F_r \tag{10.8}$$

对于推力轴承，当量动载荷 P 为

$$P = F_a \tag{10.9}$$

对于能同时承受径向载荷 F_r 和轴向载荷 F_a 的轴承，如深沟球轴承、调心轴承和向心推力轴承来说，当量动载荷 P 应与实际作用的复合外载荷有同样的效果，即当量动载荷 P 为

$$P = XF_r + YF_a \tag{10.10}$$

式中 X—— 径向载荷系数；

Y—— 轴向载荷系数。

X 和 Y 的值可由表10.4查取。表中的 e 值反映了轴向载荷对轴承承载能力的影响，称之为判断系数。e 值的大小与轴承类型和 F_a/C_0 有关，其中 C_0 是轴承的基本额定静载荷(参见10.3.6节)。表中括号内的系数 Y 和 e 的详值应查轴承手册。

表 10.4　计算滚动轴承当量动载荷的 X,Y 值

轴承类型		$\frac{F_a}{C_0}$	$F_a/F_r > e$		$F_a/F_r \leqslant e$		e
名称	代号		X	Y	X	Y	
圆锥滚子轴承	30000	—	0.4	(Y)	1	0	(e)
深沟球轴承	60000	0.025	0.56	2.0	1	0	0.22
		0.040		1.8			0.24
		0.070		1.6			0.27
		0.130		1.4			0.31
		0.250		1.2			0.37
		0.500		1.0			0.44
角接触球轴承	70000C $\alpha=15°$	0.015	0.44	1.47	1	0	0.38
		0.029		1.40			0.40
		0.058		1.30			0.43
		0.087		1.23			0.46
		0.120		1.19			0.47
		0.170		1.12			0.50
		0.290		1.02			0.55
		0.440		1.00			0.56
		0.580		1.00			0.56
	70000AC $\alpha=25°$	—	0.41	0.87	1	0	0.68
	70000B $\alpha=40°$	—	0.35	0.57	1	0	1.14

注：对 60000 和 70000C 型轴承，先按 F_a/C_0 的值查出相应的 e 值，然后再得出相应的 X,Y 值；对于表中未列的 F_a/C_0 值，可按线性插值法求出相应的 e,X,Y 值

利用式(10.8)～式(10.10)求得的当最动载荷是一个理论值，实际上由于机器的惯性、零件的不精确性及其他因素的影响，F_r 和 F_a 与实际值往往有差别，且这种差别很难用理论方法精确确定。为了计及这些影响，通常对当量动载荷乘以载荷系数 f_p，其值见表 10.5。故实际计算时，轴承的当量动载荷 P 应为

$$P = f_p F_r \tag{10.11}$$

$$P = f_p F_a \tag{10.12}$$

$$P = f_p (XF_r + YF_a) \tag{10.13}$$

表 10.5　载荷系数 f_p

载荷性质	f_p	应用举例
无冲击或轻微冲击	1.0～1.2	电机、汽轮机、通风机、水泵等
中等冲击或中等惯性力	1.2～1.8	车辆、动力机械、起重机、造纸机、冶金机械、选矿机械、水力机械、卷扬机、木材加工机械、机床、传动装置、内燃机等
强大冲击	1.8～3.0	破碎机、轧钢机、钻探机、振动筛等

10.3.5　向心推力轴承的轴向载荷计算

向心推力轴承承受径向载荷时，要产生派生轴向力。为保证这类轴承的正常工作，通常是成对使用的。向心推力轴承有两种不同的安装方式，如图 10.7 所示。

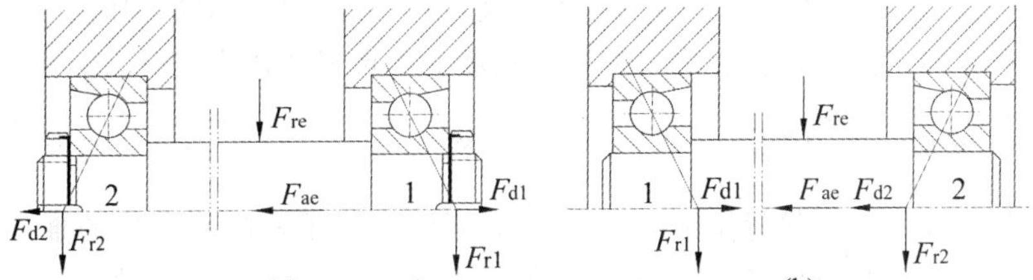

图 10.7　角接触球轴承轴向载荷的分析

(a) 反装；(b) 正装

按式(10.13) 计算各个轴承的当量动载荷时，其中径向载荷 F_r 即为由外界作用在轴上的径向力 F_{re} 在各轴承上产生的径向载荷；轴向载荷 F_a 则应根据整个轴上的轴向载荷(包括由外界的轴向作用力 F_{ae} 和因径向载荷 F_r 产生的派生轴向力 F_d) 之间的平衡条件得出。

由图 10.7 可知，两个轴承上的径向载荷 F_{r1}，F_{r2} 很容易根据径向力的平衡条件由 F_{re} 算出。由径向载荷 F_{r1}，F_{r2} 产生的派生轴向力 F_{d1}，F_{d2} 可按表 10.6 列出的公式计算。

表 10.6　向心推力轴承的派生轴向力 F_d 的计算公式

圆锥滚子轴承	角接触球轴承		
30000	70000C($\alpha = 15°$)	70000AC($\alpha = 25°$)	70000B($\alpha = 40°$)
$F_d = F_r/2Y$	$F_d = eF_r$	$F_d = 0.68F_r$	$F_d = 1.14F_r$
注：计算公式中的 Y 和 e 的值应在表 10.5 中查取，其中 Y 应按 $F_a/F_r > e$ 查取			

如图 10.7(a)(b) 所示，若把派生轴向力的方向与外加轴向载荷 F_{ae} 的方向一致的轴承标为 2，则另一端轴承标为 1。取轴和与其配合的轴承内圈一起为分离体，如达到轴向平衡时，应满足

$$F_{ae} + F_{d2} = F_{d1}$$

若不满足上述关系，就会出现下面两种情况之一：

1) $F_{ae} + F_{d2} > F_{d1}$，此时因为轴承位置已确定，轴不可能窜动，所以轴承 1 必然由外圈通过滚动体对轴施加一个轴向平衡反力。这时轴承 1 实际承受的轴向载荷为

$$F_{a1} = F_{ae} + F_{d2} \tag{10.14a}$$

轴承 2 实际承受的轴向载荷为

$$F_{a2} = F_{d2} \tag{10.14b}$$

2) $F_{ae} + F_{d2} < F_{d1}$，此时同上分析可得

$$F_{a1} = F_{d1} \tag{10.15a}$$

$$F_{a2} = F_{d1} - F_{ae} \tag{10.15b}$$

综合以上分析可得

$$\left.\begin{aligned}F_{a1} &= \max\{F_{ae}+F_{d2},F_{d1}\}\\F_{a2} &= \max\{F_{d1}-F_{ae},F_{d2}\}\end{aligned}\right\}\tag{10.16}$$

若 F_{ae} 的方向与图 10.7 中所示的方向相反，只需将派生轴向力与 F_{ae} 同向的轴承标为 2(即两端轴承的标号对换)，式(10.16) 仍可应用。轴承反力的径向分力在轴心线上的作用点叫做轴承的压力中心。图 10.7(a)(b) 所示两种安装方式，对应两种不同的压力中心位置。当两轴承间的距离较大时，为方便起见，也可把轴承宽度的中点近似作为支反力的作用位置。

10.3.6 滚动轴承的静载荷

对于那些在较大工作载荷作用下不旋转的轴承(如起重机吊钩上用的推力轴承)，或做缓慢摆动以及低速旋转的轴承，其失效形式主要是由于滚动体与套圈接触表面上接触应力过大而产生永久的凹坑(即材料表面发生了永久变形)。在这些情况下，应按照轴承静强度来选择轴承的尺寸。

通常，当滚动轴承中承载最大的滚动体与套圈滚道接触中心处引起的接触应力不超过一定值(对于向心球轴承这个数值为 4 200 MPa) 时，尚不会影响绝大多数轴承(要求转动灵活性高和振动低的轴承除外) 的正常工作。因此，使轴承产生上述接触应力的静载荷称为基本额定静载荷，用 C_0 表示，其具体数值可查轴承样本。

按静载荷选择轴承的公式为

$$C_0 \geqslant S_0 P_0 \tag{10.17}$$

式中　S_0—— 轴承静强度安全系数，S_0 的值可查有关设计手册；

P_0—— 当量静载荷，$P_0 = X_0 F_r + Y_0 F_a$；

X_0, Y_0—— 当量静载荷的径向载荷系数和轴向载荷系数，X_0 和 Y_0 的值可查有关设计手册。

【例题 10.2】 根据工作条件决定选用中系列的深沟球轴承，轴承所受载荷 $F_r = 5\ 000$ N，$F_a = 2\ 500$ N，轴承工作转速 $n = 1\ 000$ r/min，运转时有轻微冲击，预期计算寿命 $L'_h = 5\ 000$ h。装轴承处的轴颈直径可在 50 ～ 60 mm 内选择，试选择轴承型号。

解　(1) 求比值。

$$\frac{F_a}{F_r} = \frac{2\ 500}{5\ 000} = 0.5$$

根据表 10.4，深沟球轴承的最大 e 值为 0.44，故此时 $F_a/F_r > e$。

(2) 初步计算当量动载荷 P。由式(10.13) 得

$$P = f_p(XF_r + YF_a)$$

按表 10.4 查得 $X = 0.56$，而 Y 值需在已知轴承型号和基本额定静载荷 C_0 后才能求出。现暂时选一平均值，取 $Y = 1.5$，并由表 10.5 取 $f_p = 1.1$，则

$$P = 1.1 \times (0.56 \times 5\ 000 + 1.5 \times 2\ 500) = 7\ 205\ \text{N}$$

(3) 根据式(10.3)，求轴承应具有的基本额定动载荷值。

$$C = P\sqrt[\varepsilon]{\frac{60nL'_h}{10^6}} = 7\ 205 \times \sqrt[3]{\frac{60 \times 1\ 000 \times 5\ 000}{10^6}} = 48\ 233\ \text{N}$$

(4) 根据轴承样本，选择 $C = 71\ 500$ N 的 6311 轴承，该轴承的 $C_0 = 44\ 800$ N。

(5) 验算。

1) $F_a/C_0 = 2\ 500/44\ 800 = 0.055\ 8$，按表 10.4，此时 Y 值在 1.6 ～ 1.8 之间。用线性插值

法求 Y 值为

$$Y=1.8+\frac{1.6-1.8}{0.07-0.04}\times(0.0558-0.04)=1.695$$

故 $X=0.56,Y=1.695$。

2）计算当量载荷。

$$P=1.1\times(0.56\times 5\,000+1.695\times 2\,500)=7\,741\ \text{N}$$

3）验算 6311 轴承的寿命。由式(10.2) 得

$$L_{\text{h}}=\frac{10^6}{60n}\left(\frac{C}{P}\right)^{\varepsilon}=\frac{10^6}{60\times 1\,000}\times\left(\frac{71\,500}{7\,741}\right)^3=13\,133\ \text{h}>5\,000\ \text{h}$$

故所选 6311 滚动轴承能满足设计要求。

【例题 10.3】　根据工作条件决定在轴的两端正装两个角接触球轴承，如图 10.8 所示。已知轴上齿轮受圆周力 $F_{\text{te}}=2\,300$ N，径向力 $F_{\text{re}}=1\,000$ N，轴向力 $F_{\text{ae}}=600$ N。齿轮分度圆直径 $d=310$ mm。齿轮转速 $n=500$ r/min，运转中有中等冲击载荷，轴承预期计算寿命 $L'_{\text{h}}=20\,000$ h。设计初选两轴承型号均为 7207AC，试验算轴承是否可以达到预期计算寿命的要求。

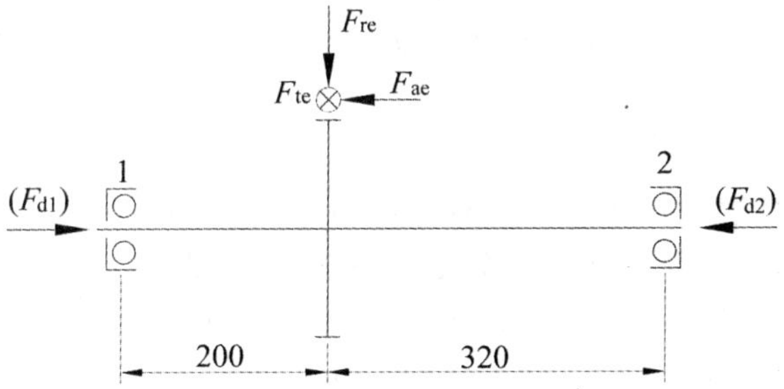

图 10.8　例题 10.3 图

解　查轴承样本可知，7207AC 轴承的基本额定动载荷 $C=29\,000$ N。

(1) 求两轴承受到的径向载荷 F_{r1} 和 F_{r2}。将轴系部件受到的空间力系分解为铅垂面(见图 10.9(a)) 和水平面(见图 10.9(b)) 两个平面力系。图 10.9(b) 中的 F_{te} 已通过附加转矩而平移到图示位置(附加的转矩图中未画出)。

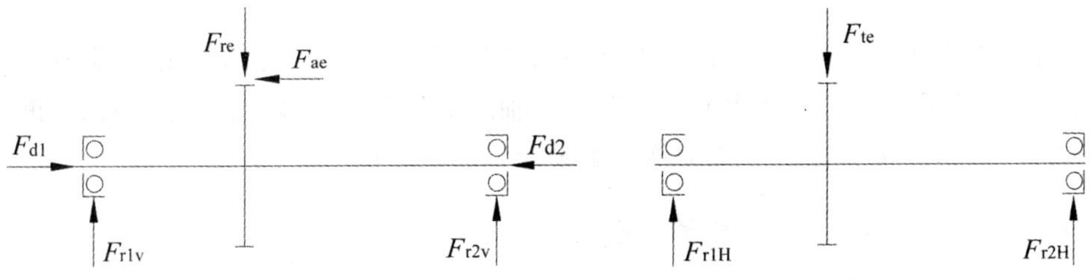

(a)　　(b)

图 10.9　受力图

(a) 铅垂面受力图；(b) 水平面受力图

由力分析可知

$$F_{r1V}=\frac{320F_{re}+F_{ae}\times d/2}{200+320}=\frac{320\times 1\ 000+600\times 310/2}{520}=794.23\ \text{N}$$

$$F_{r2V}=F_{re}-F_{r1V}=1\ 000-794.23=205.77\ \text{N}$$

$$F_{r1H}=\frac{320}{200+320}F_{te}=\frac{320}{520}\times 2\ 300=1\ 415.38\ \text{N}$$

$$F_{r2H}=F_{te}-F_{r1H}=2\ 300-1\ 415.38=884.62\ \text{N}$$

$$F_{r1}=\sqrt{F_{r1V}^2+F_{r1H}^2}=\sqrt{794.23^2+1\ 415.38^2}=1\ 623\ \text{N}$$

$$F_{r2}=\sqrt{F_{r2V}^2+F_{r2H}^2}=\sqrt{205.77^2+884.62^2}=908.24\ \text{N}$$

(2) 求两轴承实际承受的轴向力 F_{a1} 和 F_{a2}。对于70000AC型轴承，按表10.6，轴承的派生轴向力 $F_d=0.68F_r$，因此有

$$F_{d1}=0.68F_{r1}=0.68\times 1\ 623=1\ 103.64\ \text{N}$$

$$F_{d2}=0.68F_{r2}=0.68\times 908.24=617.60\ \text{N}$$

按式(10.16)得

$$F_{a1}=F_{ae}+F_{d2}=600+617.6=1\ 217.6\ \text{N},\quad F_{a2}=F_{d2}=617.6\ \text{N}$$

(3) 求两轴承的当量动载荷 P_1 和 P_2。从表10.4查得 $e=0.68$，因此有

$$\frac{F_{a1}}{F_{r1}}=\frac{1\ 217.6}{1\ 623}=0.75>e,\quad \frac{F_{a2}}{F_{r2}}=\frac{617.6}{908.24}=0.68=e$$

从表10.4查得当量动载荷系数为：$X_1=0.41$，$Y_1=0.87$，$X_2=1$，$Y_2=0$。

因轴承在运转中有中等冲击载荷，按表10.5查得 f_p 为1.2～1.8，取 $f_p=1.5$，则有

$$P_1=f_p(X_1F_{r1}+Y_1F_{a1})=1.5\times(0.41\times 1\ 623+0.87\times 1217.6)=2\ 587.11\ \text{N}$$

$$P_2=f_p(X_2F_{r2}+Y_2F_{a2})=1.5\times(1\times 908.24+0\times 617.6)=1\ 362.36\ \text{N}$$

(4) 验算轴承寿命。因为 $P_1>P_2$，所以按轴承1的受力大小验算。

$$L_h=\frac{10^6}{60n}\left(\frac{C}{P}\right)^{\varepsilon}=\frac{10^6}{60\times 500}\times\left(\frac{29\ 000}{2\ 587.11}\right)^3=46\ 949\ \text{h}$$

因 $L_h>L'_h=20\ 000$ h，故7207AC轴承能满足预期计算寿命要求。

10.4 滚动轴承装置设计

为了保证轴承正常工作，除了正确选择轴承的类型和尺寸外，还应正确设计轴承装置(或称轴承组合)。轴承装置的设计主要应正确解决轴承的配置与安装、定位与固紧、装拆与调整、润滑与密封等问题。本节提出一些轴承装置设计中的注意要点，以供参考。

10.4.1 保证支撑部分的刚性和同心度

轴和安装轴承的机壳或轴承座，以及轴承装置中其他受力零件均必须有适当的刚性，否则当它们变形过大时，就会阻碍滚动体的运动而导致轴承提前损坏。

保证轴承装置刚性的措施很多。例如，机壳上安装轴承的部位及轴承座孔壁均应有足够的厚度，壁板上轴承座的悬臂应尽可能缩短，并用肋板增大其刚性(见图10.10)；对于用轻合金或非金属制成的机壳，在安装轴承处应采用钢或铸铁制的衬套(见图10.11)。

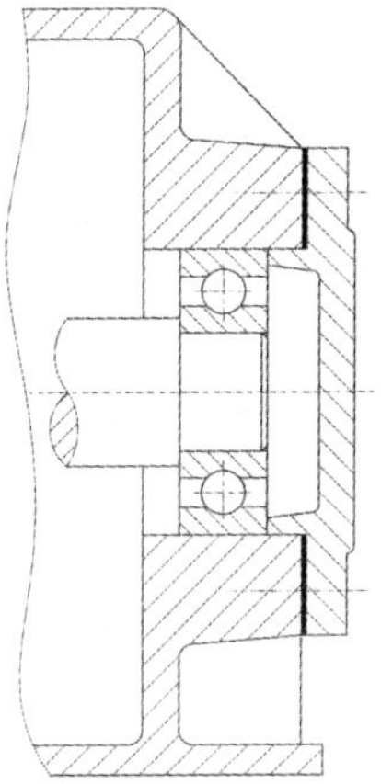

图 10.10 采用肋板衬套的轴承座孔

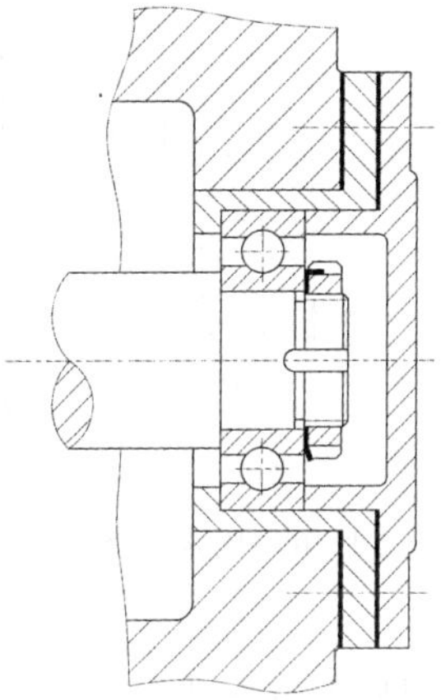

图 10.11 采用衬套的轴承座孔

对于旋转精度要求较高的场合，还须保证轴承座孔的对中性要好。为此，应尽可能采用整体结构的机壳，并把两处轴承座孔一次镗出。当机壳必须做成剖分式时，则应把两个外壳组合在一起进行镗孔。

10.4.2 滚动轴承的配置和紧固

为了使轴和轴上零件在机器中有确定的位置，并能承受轴向力，必须在轴上合理地配置与紧固轴承。同时还应考虑到工作温升使轴受热膨胀也不致卡住轴承的滚动体而影响工作的要求。常用的滚动轴承的配置有以下两种方式。

1. 两支撑各单向固定的配置

如图 10.12 ～ 图 10.15 所示，这种方法是利用轴肩和端盖挡肩对内、外圈单向定位，每一个支撑只能限制轴的单方向移动，两个支撑共同防止轴的双向移动。这类配置方案常采用两个相向安装的角接触球轴承或圆锥滚子轴承构成。考虑到温升后轴的伸长，可将两轴承反装(见图 10.14)，或安装时在轴承内部留有适当的轴向游隙，游隙的大小靠端盖和外壳间调整垫片的增减来调整。深沟球轴承也可用于这类配置方案，如图 10.15 所示。由于深沟球轴承的游隙不能调整，因此在安装时，应使轴承外圈与端盖之间留有十分之几毫米的轴向间隙，以适当补偿轴的受热伸长。这类配置方案结构简单，便于安装，但不宜用于工作温度较高的场合。

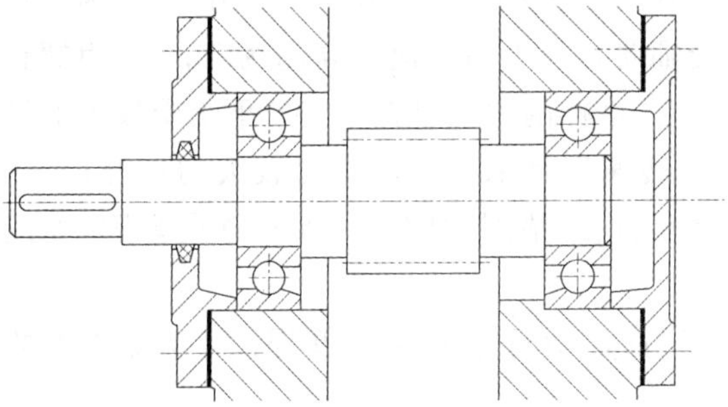

图 10.12 双支撑单向固定方案之一

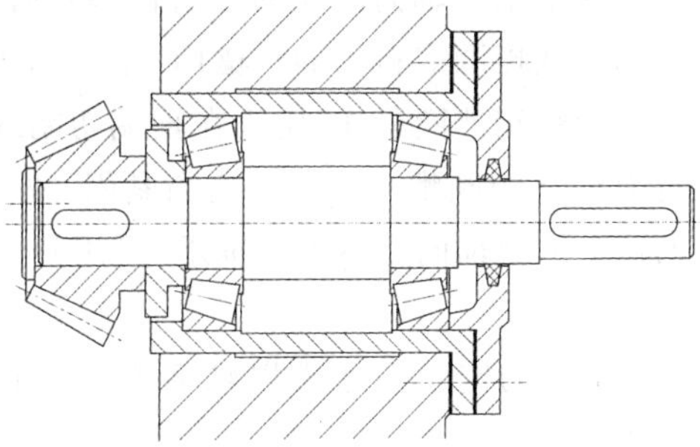

图 10.13 双支撑单向固定方案之二

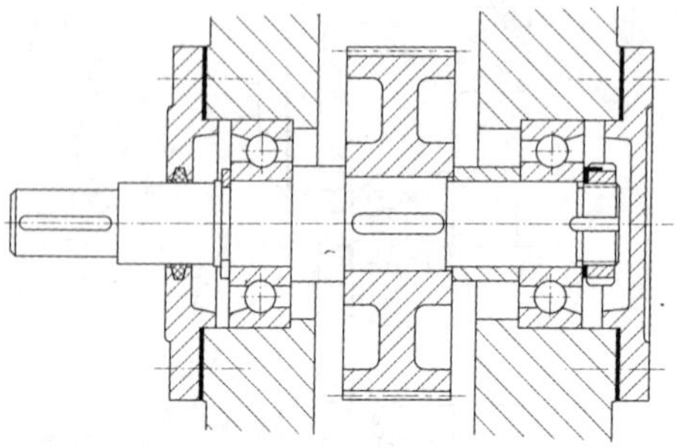

图 10.14　双支撑单向固定方案之三

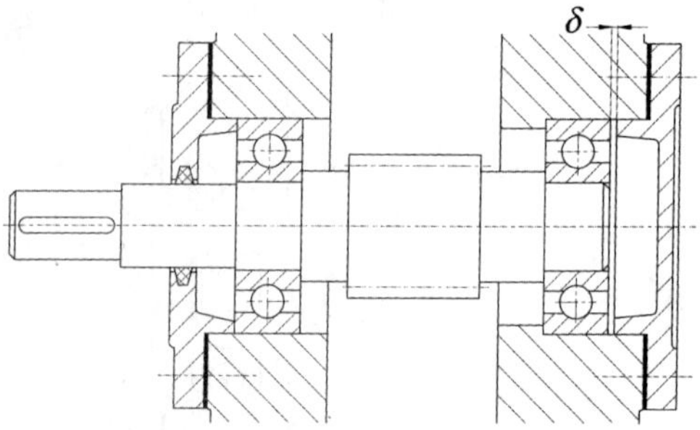

图 10.15　双支撑单向固定方案之四

2. 一支撑双向固定的配置

对于工作温度较高的长轴，其热伸长量大，应采用一端双向固定，另一端游动的配置方案，如图 10.16 和图 10.17 所示。作为固定支撑的轴承（如图中的左支点），应能承受双向轴向载荷，故内、外圈在轴向都要固定。作为游动支撑的轴承，若使用的是可分离型的圆柱滚子轴承或滚针轴承，则内、外圈都应固定，如图 10.16 所示。若使用的是内、外圈不可分离的轴承，则固定内圈，其外圈在座孔内应可轴向游动，如图 10.17 所示。当轴向载荷较大时，作为固定的支点可以采用两个角接触球轴承（或圆锥滚子轴承）“背靠背”或“面对面”组合在一起的结构，如图 10.16 所示。

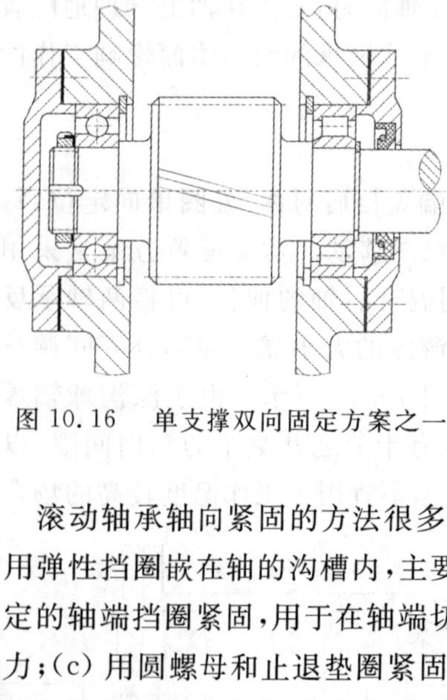

图 10.16　单支撑双向固定方案之一

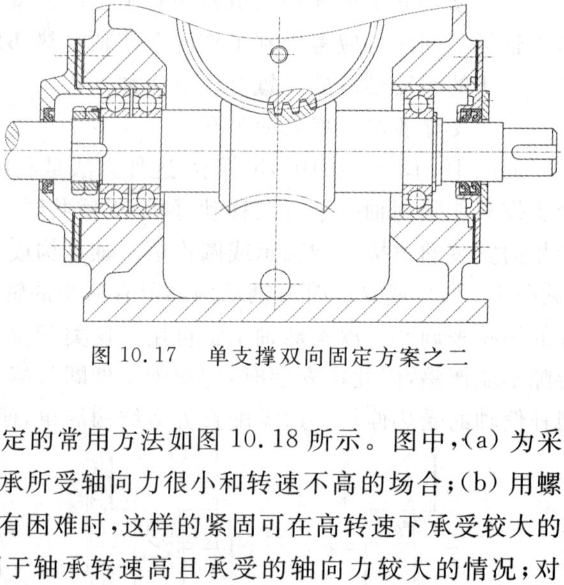

图 10.17　单支撑双向固定方案之二

滚动轴承轴向紧固的方法很多，内圈固定的常用方法如图 10.18 所示。图中，(a) 为采用轴用弹性挡圈嵌在轴的沟槽内，主要用于轴承所受轴向力很小和转速不高的场合；(b) 用螺钉固定的轴端挡圈紧固，用于在轴端切制螺纹有困难时，这样的紧固可在高转速下承受较大的轴向力；(c) 用圆螺母和止退垫圈紧固，主要用于轴承转速高且承受的轴向力较大的情况；对于光轴上承受轴向力不大的轴承，可用开口圆锥紧定套、止退垫圈和圆螺母实现轴向紧固，如图 10.5 所示。

内圈的定位端通常以轴肩实现轴向定位，轴肩高度应低于轴承内圈厚度，以便轴承的拆卸。

外圈轴向紧固的常用方法如图 10.19 所示。图中，(a) 用嵌入外壳沟槽内的孔用弹性挡圈紧固，用于轴向力不大且需减小轴承装置尺寸时；(b) 用嵌在轴承外圈止动槽内的止动环与轴承端盖紧固，用于当外壳为剖分式结构且不便设凸肩时；(c) 用轴承盖紧固，用于对承受较大轴向力及转速较高的各类轴承紧固；(d) 用螺纹环紧固，用于轴承转速高、轴向力大，又不适于使用轴承盖紧固的场合。

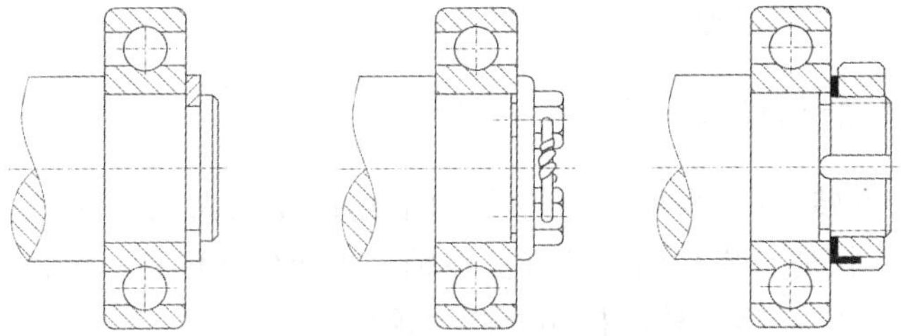

(a)　　(b)　　(c)

图 10.18　内圈轴向紧固的常用方法

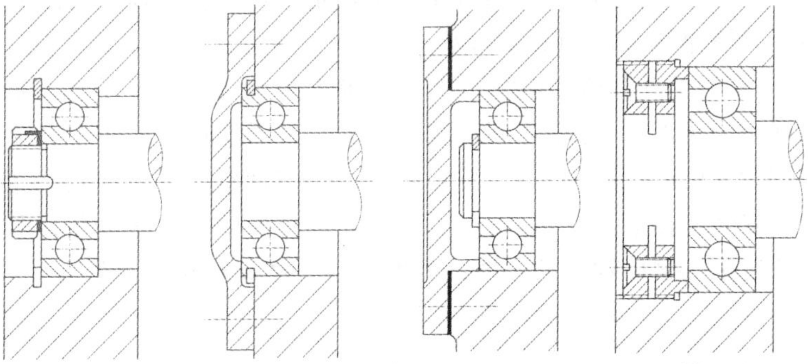

(a)　　(b)　　(c)　　(d)

图 10.19　外圈轴向紧固的常用方法

有时为了使轴上的零件能得到准确的工作位置，通常要求轴承的轴向位置可以调整。例如，锥齿轮传动要求两个锥齿轮的锥顶重合于一点，因此要求锥齿轮能进行轴向调整。又如蜗杆传动，要求蜗轮的主平面通过蜗杆轴线，因此需进行轴向调整。因此，在进行轴承装置设计时，必须考虑到上述要求设置调整环节。常用的方法是，将确定轴的轴向位置的轴承装在一个套杯中(见图 10.13 和图 10.17)，套杯装在外壳孔中，通过增减套杯端面与外壳之间垫片的数量(或厚度)，即可实现锥齿轮(或蜗杆) 的轴向位置调整。

10.4.3　滚动轴承的配合及选择

滚动轴承的配合是指内圈与轴颈，外圈与座孔的配合。这些配合的松紧程度直接影响轴承径向游隙的大小，从而影响到轴承的运转精度和寿命。

滚动轴承是标准件，为使轴承便于互换和大量生产，轴承内孔与轴颈的配合采用基孔制，轴承外径与座孔的配合采用基轴制。应该指出的是，圆柱公差标准中基准孔的公差带在零线以上，而轴承孔的公差带在零线以下，所以轴承内圈与轴颈的配合比圆柱公差标准中规定的基孔制同类配合要紧得多。

轴承配合的选取，应根据轴承的类型和尺寸，载荷的大小和方向以及载荷的性质等来决定。一般说来，当工作载荷方向不变时，转动圈应比不动圈有更紧一些的配合。当转速愈高、载荷愈大和振动愈强烈时，配合要愈紧。

当轴承装在对开式的座孔中，或要求轴承的外圈在运转中能沿轴向游动时，外圈与座孔的配合宜选得较松些。但又不宜过松,过松的配合会降低轴承的旋转精度,引起工作时的振动。

各类机器所使用的轴承配合以及各类配合的配合公差,配合表面的粗糙度和几何形状允许偏差等资料可查阅有关手册。

10.4.4　滚动轴承的预紧

为提高轴承的旋转精度,增加轴承装置的刚性,减小机器工作时的振动,常采用预紧的滚动轴承。所谓预紧,就是安装时用某种方法在轴承中产生并保持一定的轴向力,以消除轴承中的轴向游隙,并在滚动体与内、外圈接触处产生预变形。

轴承预紧力的大小要根据轴承的载荷与使用要求决定。预紧力过小,可能达不到增加轴承装置刚性的目的。但是预紧力过大,又将使轴承中摩擦增加,温度升高,影响轴承的寿命。因此在实用中,通常根据使用经验或通过试验来确定和调整轴承预紧力的大小。

常用的轴承预紧结构如图 10.20 所示。图(a) 为通过夹紧一对圆锥滚子轴承的外圈而预紧;图(b) 采用弹簧预紧以得到稳定的预紧力,此时应在轴承外侧留有游动间隙;图(c) 为在一对正装的角接触球轴承的内、外圈之间放置长度差等于预紧间隙的两个套筒来预紧;图(d) 为将一对轴承外圈相对的端面磨去一些,再实施夹紧达到预紧。反安装时可磨薄内圈而预紧。这种特制的成对安装角接触球轴承,可由生产厂家成套提供。在滚动轴承样本中可以查到不同型号的成对安装角接触球轴承的内圈或外圈的磨窄量及对应的预紧力。

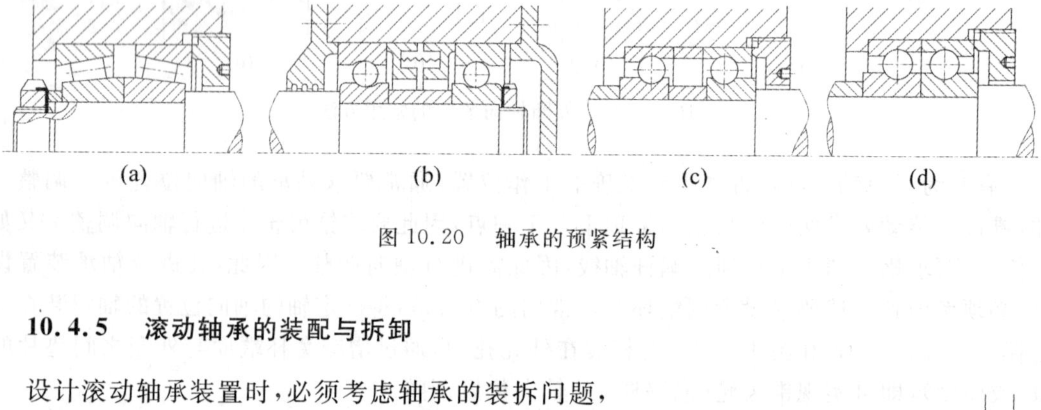

(a)　(b)　(c)　(d)

图 10.20　轴承的预紧结构

10.4.5　滚动轴承的装配与拆卸

设计滚动轴承装置时,必须考虑轴承的装拆问题,而且要保证不因装拆而损坏轴承或其他零件。为此,对装置内所有零件都应作结构分析,以利装配。例如在图 10.13 所示的圆锥齿轮轴支撑中,为了便于装左轴承,套杯中部的直径应增大些。装配轴承的轴颈宽度,在满足配合宽度和结构要求的条件下,应尽量设计得短一些,以便于装拆。另外要考虑装拆时是否便于使用拆卸工具,例如为了使用图 10.21 所示的拆卸工具,轴上或套筒上的凸肩高度就不允许超出套圈的厚度,且必须留出拆卸高度。若轴或套筒的凸肩是结构所必需的,那就应在轴或套筒上制成互隔 120°(对应 3 爪)或 180°(对应 2 爪)的槽,以便工具的钩爪伸入。

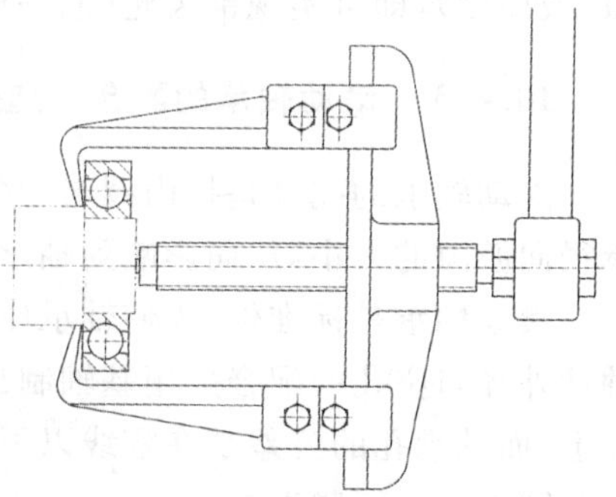

图 10.21　用钩抓器拆卸轴承

10.4.6 滚动轴承的润滑与密封

保证良好的润滑是维护保养轴承的主要手段。润滑不仅起降低摩擦阻力,减轻磨损的作用,对滚动轴承来说,还有降低接触应力,缓冲吸振及防腐蚀等作用。因此,在进行轴承装置设计时,对轴承的润滑和密封问题应给予应有的重视。

在工作转速不高的情况下,滚动轴承常用的润滑剂是润滑脂。润滑脂的油膜强度较高,可以承受较大的载荷,缓冲吸振的能力较好,黏附能力较强,可以防水。不必经常补充和更换,一般半年或一年更换一次即可,密封装置也较简单。润滑脂适用于轴颈圆周速度 $v < 4 \sim 5$ m/s,工作温度低于其滴点 10 ~ 20℃ 的情况使用(合成润滑脂使用温度应低于其滴点 20 ~ 30℃)。滚动轴承的装脂量一般为轴承内部空间的 1/3 ~ 2/3。

润滑油也是滚动轴承常用的润滑剂,其内摩擦力小,便于散热冷却,适用于高速工况。速度愈高,油的黏度应选得愈小。采用润滑油时可用简便的浸油润滑法,即将轴承浸入油池的方法,其油面一般以不超过最低滚动体的中心为限。当转速超过10 000 r/min时,不宜采用浸油法,因为此时搅动油液剧烈造成很大的能量损失,引起油液和轴承严重发热。所以在高速下宜采用喷油或喷油雾等润滑方法。采用润滑油容易产生渗漏,应特别注意密封问题。

采用何种润滑剂润滑,在较大程度上还取决于整台机器的供油系统,应在兼顾其他零件润滑要求的基础上进行统筹安排。

轴承的密封装置是为了防止灰尘、水,酸气和其他杂物进入轴承,并阻止润滑剂渗出而设置的。密封装置一般可分为两类:一类是图 10.22 所示的接触式密封,一类是图 10.23 所示的非接触式密封。

接触式密封常用的有毡圈密封(见图 10.22(a))和橡胶圈密封(见图 10.22(b))。这类密封的特点是密封件与轴直接接触,密封效果好,但工作时产生摩擦损耗。毡圈密封主要用于润滑脂润滑的轴承,其轴颈圆周速度 $v \leqslant 4 \sim 5$ m/s;橡胶圈密封用于要求较高、采用润滑油或润滑脂的轴承,密封性能较好,适用于轴颈圆周速度 $v < 6 \sim 7$ m/s 的情况。近年来出现的采用聚四氟乙烯(PTFE) 材料制成的唇形密封圈,其工作条件适用范围更广,在许多机械设备中得到应用。

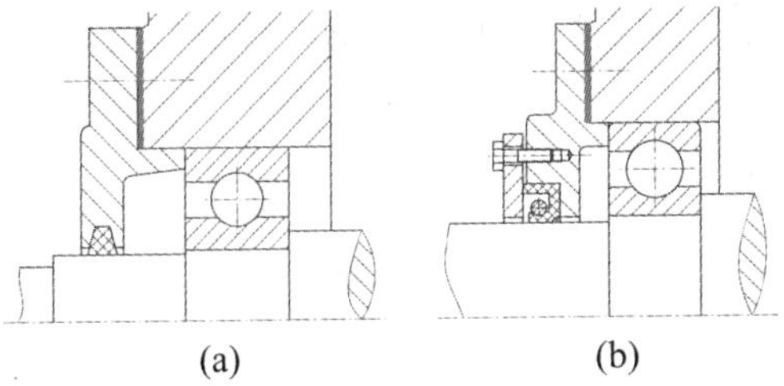

(a) (b)

图 10.22 接触式密封

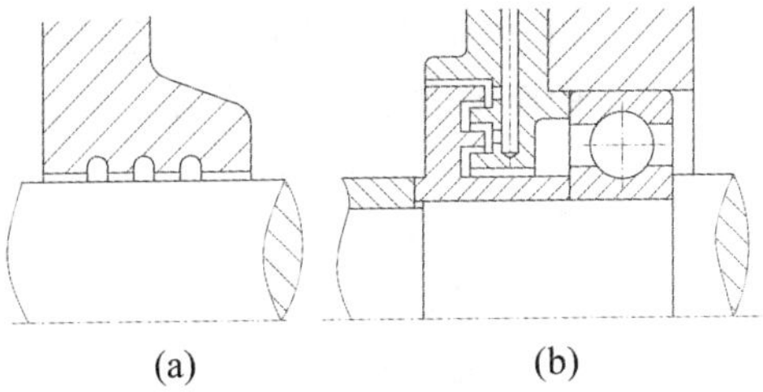

(a) (b)

图 10.23 非接触式密封

非接触式密封常用的是迷宫密封,如图 10.23(a) 所示的间隙密封和图 10.23(b) 所示的曲路密封。迷宫密封的特点是密封元件之间具有一定间隙,间隙宽度一般取为 0.2 ~ 0.3 mm,工作时不产生接触,磨损寿命长但密封效果不如接触式密封。间隙密封适用于润滑脂,其结构简单,在油沟内填充润滑脂以防止内部润滑脂泄漏和外界水气浸入,适用于圆周速度 $v \leqslant 5 \sim 6$ m/s,不与油液接触,温度不高的场合。当轴颈圆周速度较高,且环境比较脏和比较潮湿时，采用曲路密封是相当可靠的。曲路密封是由旋转和固定的密封零件之间拼合而成的曲折缝隙所形成的，缝隙中可填入润滑脂。此种密封对于采用润滑脂和润滑油润滑的轴承的密封均很有效，允许的轴颈圆周速度可达 30 m/s。

以上介绍的密封装置，工程中可以把它们适当组合起来使用。

10.5 滑动轴承及其润滑状态

滑动轴承与滚动轴承一样，也是用于支撑轴或其他转动零件的部件。所不同的是滑动轴承的轴颈和轴承的接触表面在工作时形成滑动摩擦。虽然在现代机械中，滑动轴承不如滚动轴承那样应用得普遍，但在某些设备中，如汽轮机、发电机、高速磨床中，仍然得到广泛应用。一般说来，滑动轴承在以下几个方面因优于滚动轴承而被采用：

1）工作转速很高的轴承。因为这时转速很高，滚动轴承的寿命将大为降低。

2）对轴的支撑位置要求特别精确的轴承。由于滑动轴承比滚动轴承中影响精度的零件数目要少，故可制造得更为精确。

3）重型轴承。此时若采用滚动轴承，必须单件生产，故造价很高，最大的困难是不便于装拆。

4）承受巨大冲击和振动载荷的轴承。滑动轴承相对运动的两工作表面间存在的油膜具有缓冲和阻尼作用，使其抗振性能大为提高。

5）剖分式轴承。当轴承不能从轴的两端安装而必须做成剖分式的轴承时，一般采用滑动轴承，如曲轴的轴承。

6）在特殊工作条件下的轴承。如在水或其他腐蚀性介质中工作的轴承。

10.5.1 滑动轴承的润滑状态

1. 边界润滑状态

边界润滑状态是指滑动轴承两相对运动表面间存在润滑油，由于润滑油的油性而在轴承表面吸附一层极薄的边界油膜（厚度通常小于1 μm，见图10.24(a)）。这层边界膜虽然能起一定的润滑作用，但由于不能完全避免轴承表面微凸峰的直接接触，所以仍有磨损产生。在边界润滑状态下的摩擦因数较大，约为 0.1 左右。

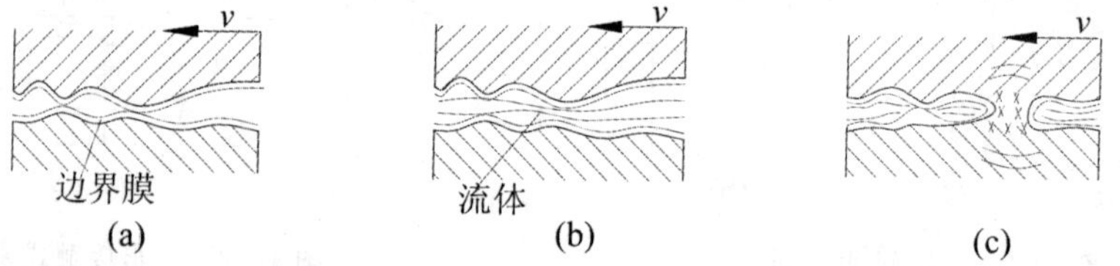

图 10.24 滑动轴承工作表面的润滑状态

2. 流体润滑状态

滑动轴承工作时，若两相对运动表面间的流体润滑膜厚度大到足以将两工作表面的微凸峰完全隔开，则称此润滑状态为流体润滑状态（见图 10.24(b)）。这时，摩擦是在流体内部的分子之间进行的，即运动阻力表现为流体的黏性（内摩擦力），所以摩擦因数很小。当流体为润滑油时，摩擦因数 f 约为 0.001～0.008，磨损十分轻微。但是要使滑动轴承实现流体润滑，必须满足一定的条件。

3. *混合润滑状态*

混合润滑状态是包含了流体润滑和边界润滑的润滑状态（见图 10.24(c)）。由图可见，两工作表面的某些部位为流体膜所隔开，有些部位以边界膜相接触，有些部位则因载荷作用导致边界膜破裂而形成工作表面的直接接触。混合润滑的摩擦因数比流体润滑的要大，但是否小于边界润滑的摩擦因数，则取决于因边界膜破裂而导致工作表面直接接触部分的比例。

实际上，滑动轴承是处于边界润滑状态还是处于混合润滑状态是很难区分的，因此将处于这两种润滑状态下工作的滑动轴承统称为不完全液体润滑滑动轴承（简称不完全液体润滑轴承）。而处于流体润滑状态下工作的滑动轴承称为完全液体润滑滑动轴承（简称液体润滑轴承）。

滑动轴承还可以按润滑剂的不同进行分类。常用的润滑剂有液体（润滑油）、气体、固体、半固体（润滑脂）以及磁流体等。

本章主要介绍润滑剂为润滑油的不完全液体润滑轴承，而对液体润滑轴承仅作一般原理性介绍。

10.5.2 液体润滑轴承的工作原理

根据轴承表面间液体油膜形成原理的不同，液体润滑滑动轴承可分为液体动压润滑滑动轴承和液体静压润滑滑动轴承。

1. *液体动压润滑轴承工作原理*

为了阐明液体动压润滑轴承的工作原理，首先必须对动压润滑形成的机理有一个初步的认识。显然，问题的中心是讨论轴承两相对运动表面间借以承受载荷的这层压力油膜是怎样形成的。

先考察在 z 轴方向无限长的两平行板的情况。如图 10.25(a) 所示，当板 A 以速度 v 运动，板 B 静止不动，且两板之间充满润滑油时，由于油分子与平板表面的吸附作用，贴近板 A 的油层将以同样的速度 v 随板移动，贴近板 B 的油层则静止不动。若油在两板间作层流流动，由于油的黏性，根据牛顿黏性液体的摩擦定律，在无垂直载荷作用下两平行板间油层的速度沿垂直（y 轴）方向呈三角形分布。因此，在板 A 和 B 之间流进的油量等于流出的油量，且各横剖面处的油流量均相等，故油压沿 x 轴方向没有变化，即无压差产生。此时若不提供压力油，则油膜对外载荷无承载能力。

当两平板相互倾斜使其间形成楔形油膜，且板 A 的移动方向是从间隙较大的一方移向间隙较小的一方时，同样根据牛顿黏性液体的摩擦定律，在此楔形空间沿 x 轴方向的各剖面处，应有图 10.25(b) 中虚线所示的三角形流速分布图。显然，这时通过入口处横剖面的流量大于出口处横剖面的流量，即单位时间内进入楔形空间的油量多于流出这个空间的油量。根据流体不可压缩及油沿垂直纸面（z 轴）方向无流动的假设，楔形空间必将形成能把板 A 向上托起的油压 p。这个压力同时迫使楔形空间内过剩的润滑油，按抛物线形的速度分布从出口处流出，同时阻碍入口处的润滑油流入，直至入口和出口处的油流量相等（亦即板 A 上作用的流体压力 p 的总和与外载荷 F 平衡）时为止。这时沿 x 轴方向的油压分布图及入口和出口处横剖面上的速度分布图如图 10.25(b) 的实线所示，在最大压力处速度仍呈三角形分布。这种借助于相互倾斜的两平板相对运动而在平板间形成压力油膜，以达到液体润滑的目的，就是液体动压润滑的实质。

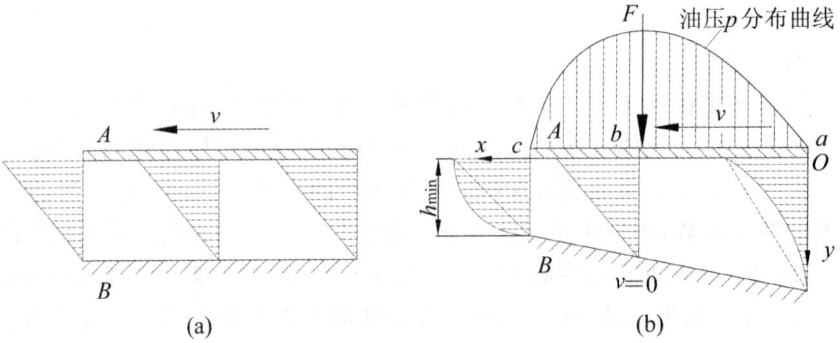

图 10.25　两相对运动平板间油层的速度分布和压力分布

由此可见,形成液体动压润滑的基本条件是:① 相对运动两表面必须形成楔形空间;② 被油膜分开的两表面必须有一定的相对运动速度;③ 充满楔形空间的润滑油必须有一定的黏性,且能连续供油。

根据动压润滑形成的机理,可进一步分析径向滑动轴承压力油膜的形成过程。径向滑动轴承在制造时,轴承孔的直径总要比轴颈的直径大一个配合间隙的值。如图 10.26(a) 所示,当轴颈静止时,轴颈处于轴承孔最下方的稳定位置,此时两表面间自然形成一个楔形空间。因此,径向轴承天然地满足了产生液体润滑的第一个条件。

当轴颈开始转动时,速度较低,这时轴颈与轴承直接接触,产生的摩擦为金属间的直接摩擦。作用在轴颈上的摩擦力的方向与轴颈表面的圆周速度方向相反,迫使轴颈向右滚动而偏移(见图 10.26(b))。随着转速增大,轴颈表面的圆周速度增大,带入楔形空间的油量也逐渐增多,金属接触面被分隔开的面积也逐渐加大,摩擦阻力逐渐减小,油层内各点压力的合力有把轴颈向左推的分力存在,促使轴颈又向左方移动。当轴颈转速增加到一定程度时,已能带入足够的油量把金属接触面分开,油层内的压力已建立到能支持轴颈上外载荷的程度,轴颈开始在液体润滑状态下工作,由于油压的作用,把轴颈抬起并偏向左边(见图 10.26(c))。此时,由于轴承内的摩擦阻力仅为润滑油的内阻力,故摩擦因数达到最小。

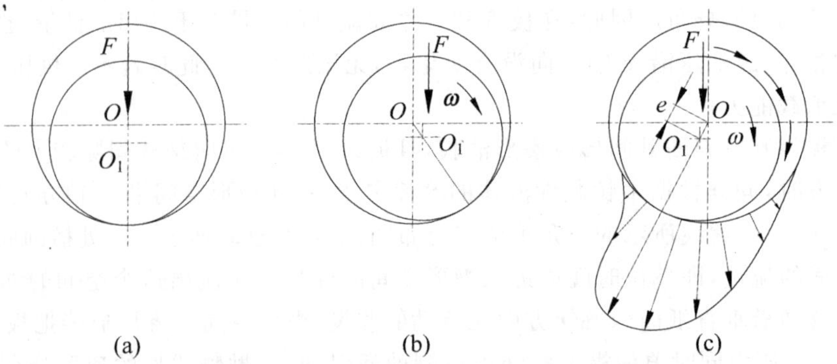

图 10.26　径向滑动轴承压力油膜的形成过程

当外载荷和轴颈的转速一定时,轴颈将在某一平衡位置稳定地旋转。轴颈中心(轴心)和轴承中心并不重合,它们之间的距离称为偏心距 e。其他条件相同时,转速越高,偏心距值 e 越小。显然，轴心位置将随载荷和转速不同而不断地改变。

2. 液体静压润滑轴承的工作原理

动压轴承在低速、重载、启动、停车及换向等条件下，都难以形成液体润滑状态，多呈现出混合润滑或边界润滑状态。此外，动压轴承的轴心位置随载荷和转速的改变而改变，亦即轴承的刚性差。为了使低速重载工况下工作的轴承或同时要保证在低速和高速时运转的轴承具有良好的工作性能且磨损小，采用液体静压润滑轴承是合适的。

所谓静压轴承是指在轴承外部用泵将高压油送入轴承，迫使轴瓦与轴颈之间形成一层压力油膜，将两表面完全分开并承受外载荷。

图 10.27 所示为静压止推轴承的工作原理的示意图，上部为被支撑件(如止推轴颈)；下部为轴承，它由一个深度比油膜厚度大得多的油腔和周围具有一定宽度的封油面组成。

图 10.27(a) 为采用定量供油的静压止推轴承的示意图。当高压油被油泵泵入油腔并从封油面溢出轴承时，油压从油腔压力 p_c 降至周围环境的压力(大气压力)。当整个封油面上保持有均匀油膜时，便形成了图示规律的分布压力，这种分布压力的总和与被支撑件上作用的外载荷 F_a 相等。显然，采用定量供油的目的是为了使单位时间送入油腔的油量等于从封油面溢出的流量，以保证轴承稳定地在液体润滑状态下工作。若外载荷加大，则被支撑件将下沉而使封油间隙 h 减小，由于定量泵供入的油量不变，因而油膜的压力增大，直至与外载荷平衡为止。

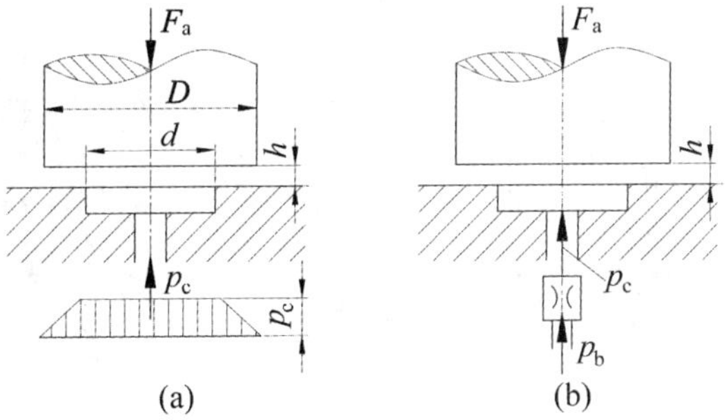

图 10.27 静压止推轴承示意图

在多支撑系统中，由于采用定量供油的系统复杂，费用昂贵，故一般采用定压供油的方法，以解决用一个油泵同时给几个轴承供油的问题。这时，在各静压轴承中均装有节流器，用以自动调节油腔的压力。

图 10.27(b) 是装有节流器的静压止推轴承的示意图。此时供油压力 p_b 不变，油流经节流器后，油压降为 p_c($p_c < p_b$) 并流入油腔。当外载荷增加时，轴颈下沉，使封油间隙 h 减小，于是流出轴承的油量也随之减小。根据流量连续性的原理，流经节流器的流量当然也随之减小，在节流器中产生的压力降亦随之减小。由于供油压力 p_b 不变，节流器的压力降减小意味着油腔压力 p_c 必然加大，造成油腔压力的总和增大，并与增大了的外载荷 F_a 相平衡，使得在封油间隙稍为变小的条件下，轴颈仍以液体润滑状态工作。反之，若外载荷减小，油腔压力会将轴颈上抬，使封油间隙 h 加大，流量加大，从而使节流器的压力降增加。在油泵压力 p_b 不变的条件下，油腔压力 p_c 自动减小，与减小了的外载荷 F_a 相平衡，使得在封油间隙稍为加大的条件下，轴颈以液体润滑状态工作。

由上述可见，对节流器的主要要求是，流经节流器的油流有一压力降。压力降的大小随油流量的增减而增减。常用的节流器有小孔节流器、毛细管节流器、滑阀节流器和薄膜节流器等。详细内容可参阅静压轴承方面的资料。

静压轴承虽有不少优点，但需要一套专用的较复杂的供油系统。因此，只有在动压轴承难以完成其任务时，才采用静压轴承。

10.6 滑动轴承的结构、材料与润滑

10.6.1 径向滑动轴承的结构

滑动轴承一般由轴承座、轴瓦、润滑装置等几部分组成。图 10.28 为普通径向滑动轴承的结构实例。

1. 轴承座

轴承座可做成整体式(见图 10.28(a))或剖分式(见图 10.28(b))。整体式轴承座的结构比剖分式的简单，刚度较大。但这种轴承在安装或拆卸时，轴或轴承需沿轴向移动，有时不方便。另外，轴承间隙在轴瓦磨损后也难以调整。剖分式轴承座便于轴的安装，也能够通过调整剖分面处的垫片厚度来调整因轴瓦磨损造成的轴承间隙变化。为确保轴承座盖与轴承座之间定位，可在接合面处做出定位台阶或装设定位销。

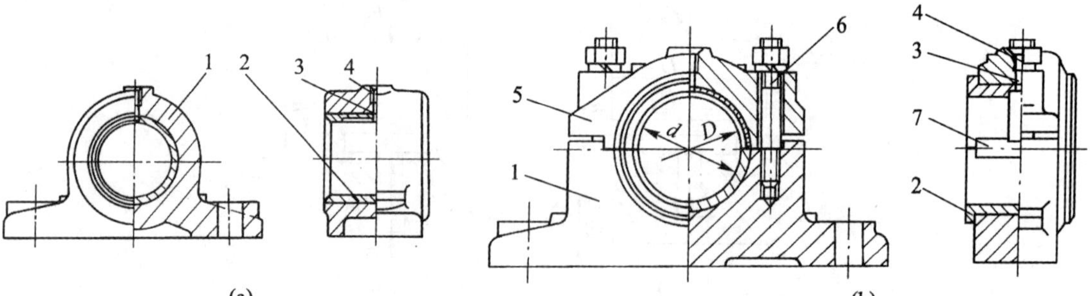

图 10.28 普通径向滑动轴承结构

1— 轴承座； 2— 轴瓦； 3— 油孔； 4— 油杯座； 5— 轴承座盖； 6— 双头螺柱； 7— 油槽

2. 轴瓦

轴瓦是轴承上直接与轴颈相接触的零件，主要起到减摩作用。采用轴瓦减摩既可节省贵重的减摩材料，又便于修理。在整体式轴承座中，轴瓦是整体的并呈套筒形状(又称轴套，见图 10.28(a))。为防止轴瓦在轴承座中转动，常装有止动螺钉。整体轴瓦在磨损后，轴承间隙无法调整。在剖分式轴承座中，轴瓦多是由两半组成的剖分轴瓦(见图 10.28(b) 和图 10.29)。剖分轴瓦具有能够在一定范围内调整轴承间隙的功能。

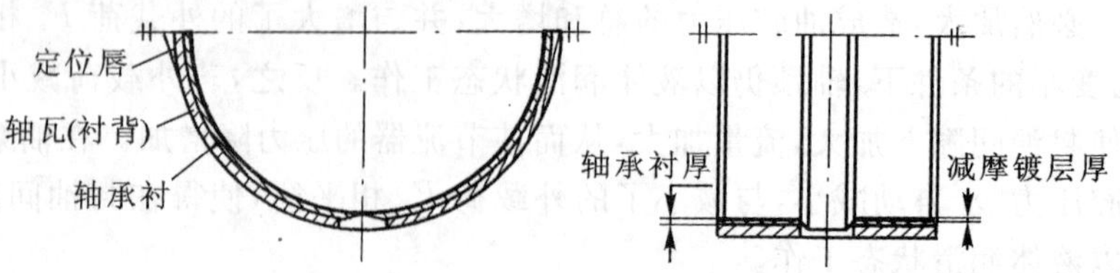

图 10.29 双金属轴瓦

从强度和工艺性考虑，轴瓦的厚度不能过薄。但为节省轴承的减摩材料，轴瓦可做成双金属的（或三金属的），即在钢、铸铁或青铜做的轴瓦上浇铸一层薄的减摩材料，称为轴承衬（见图10.29）。在小批和单件生产中，为制造简便，整个轴瓦也常全用强度较高的减摩材料制造。为了使轴承衬与轴瓦（轴承衬背）贴附得好，常在轴瓦上做出各种形式的沟槽，如图10.30所示。

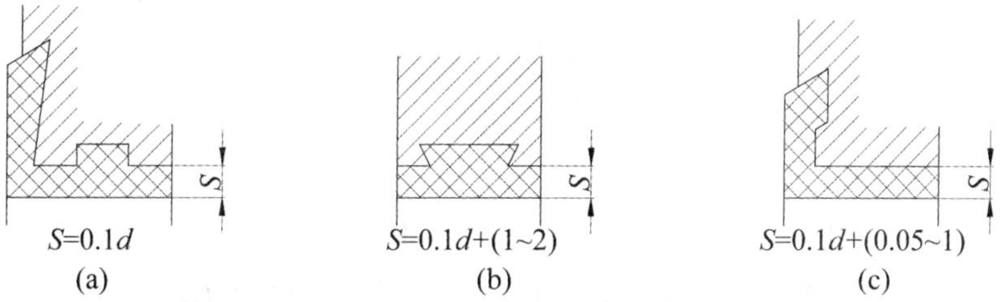

图10.30　轴承衬背沟槽形状

(a)$S=0.1d$；(b)$S=0.1d+(1\sim2)$；(c)$S=0.1d+(0.05\sim1)$

金属轴瓦的毛坯一般是铸造的。对于双金属轴瓦，除了可用轧制和烧结两种制法外，对于那些批量小或尺寸大的轴承，常将减摩材料用离心铸造法浇注在轴瓦内表面上。在大批量生产中，也常用表层附有减摩材料的钢带经冲裁、弯曲成形及精加工等工序制成。

3.油孔及油槽

为把润滑油导入轴承的整个摩擦面间，轴瓦或轴颈上需开设油孔及油槽。对于宽径比B/d（轴承宽度 / 轴颈直径）较小的轴承，只需开一个油孔即可。对于宽径比大，可靠性要求高的轴承还需开设油槽。常见的油槽形式如图10.31所示。

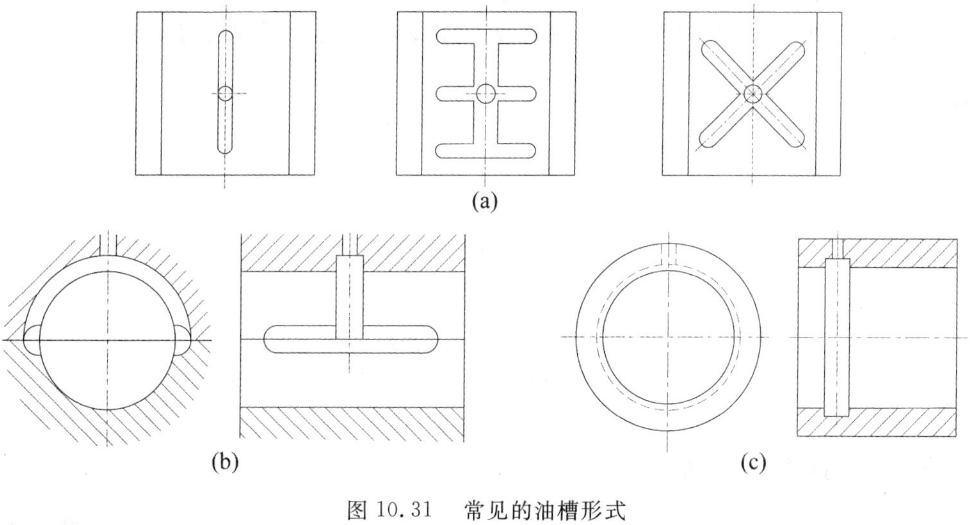

图10.31　常见的油槽形式

开设油槽的一般原则如下：

1）油槽不应开在压力区内，否则不仅对轴颈十分有害，而且会破坏液体动压润滑轴承中油膜的连续性，降低轴承的承载能力。图10.32(a)所示为开设在压力区的轴向油槽导致油膜压力降低的情况；图10.32(b)所示为开设位置不当的环形油槽导致油膜压力降低的情况。

2）对于轴向油槽，当径向载荷方向固定时，应开在轴承上；当径向载荷的方向相对轴承转动时，应开在轴上。轴向油槽的长度一般应稍短于轴瓦的长度，以免润滑油过多地从轴承两端流失，从而减少进入润滑部位的油量。

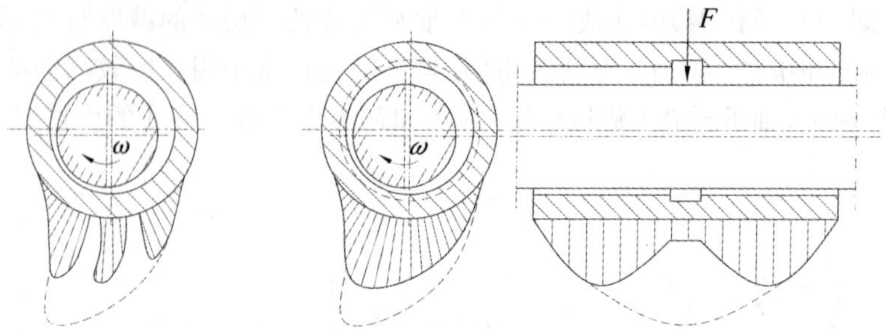

图 10.32　压力区的油槽对动压轴承承载能力的影响

3) 对环形油槽，当轴承的轴线水平时，最好开设成半环状，且不要延伸到承载区（见图 10.31(b)）。如必须开设全环油槽，则应开设在靠近轴承的端部（见图 10.31(c)）。

油槽的剖面形状应避免边缘有锐边及棱角，以便油能顺畅地流入需润滑的表面之间。

4. 滑动轴承的自动定位结构

当安装误差或轴的弯曲变形较大时，都会造成轴颈与轴瓦端部的局部接触，从而引起剧烈的磨损和发热。这种情况随着轴承宽径比的增大而加剧，因而一般将宽径比 B/d 限制在 0.5～1.5 范围内。当 $B/d>1.5$ 时，应采用自动调位的滑动轴承。图 10.33 所示为自动调位滑动轴承的结构示意图。由图可以看出，这种轴承的轴瓦 2（其上浇注有轴承合金层 3）做出凸球面，与轴承座盖 1 和轴承座 4 上的凹球面相配合，球面的中心在轴颈的轴线上。轴瓦可随轴的弯曲变形而自动调位，以适应轴颈的偏斜，从而保证轴颈与轴瓦的均匀接触。

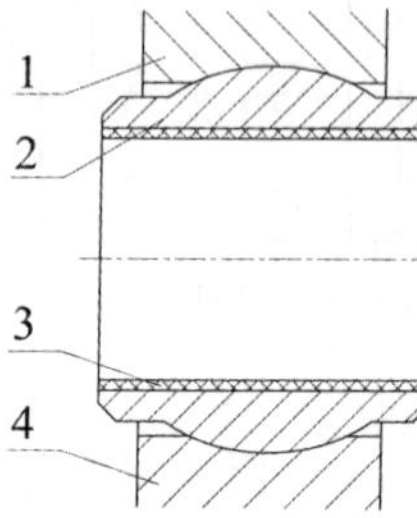

图 10.33　自动调位滑动轴承

1—轴承座盖；2—轴瓦；3—轴承合金层；4—轴承座

10.6.2　止推滑动轴承的结构

止推滑动轴承的结构如图 10.34 所示。它是由铸铁或铸钢制作的轴承座 1，轴承座盖 5，青铜或其他减摩材料制作的止推轴瓦 3 及防止轴瓦转动的止动销钉 2 等组成。止推轴瓦与轴承座做成球面配合，以起自动调位作用。径向轴瓦 4 有一定的承受径向载荷的能力。润滑油由底部的孔道供给，从上端油路排出。

止推滑动轴承的结构是与止推轴颈的结构相适应的。通常的止推轴颈的结构形式如图 10.35 所示。图(a) 为空心式，其压力分布情况较实心式均匀；图(b) 为轴肩式，图(c) 为单环式，压力分布情况较好，一般比空心式均匀；图(d) 为多环式，它不仅能承受较大的轴向载荷，而且可承受双向的轴向载荷。止推轴承的基本尺寸，可按表10.7中的经验公式确定。

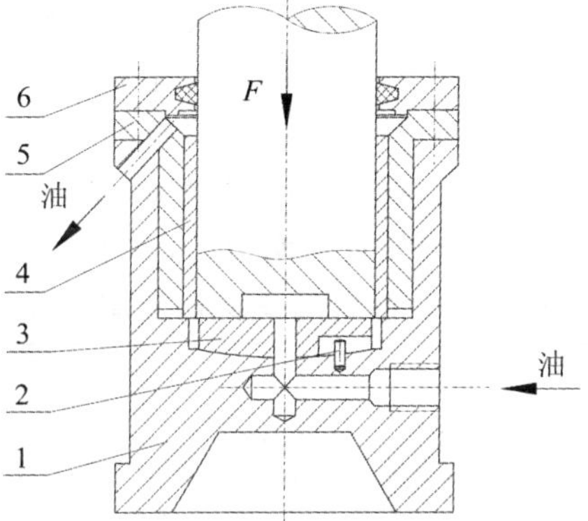

图10.34 立式平面止推滑动轴承

1—轴承座；2—止动销钉；3—止推轴瓦；4—径向轴瓦；5—轴承套；6—轴承座盖

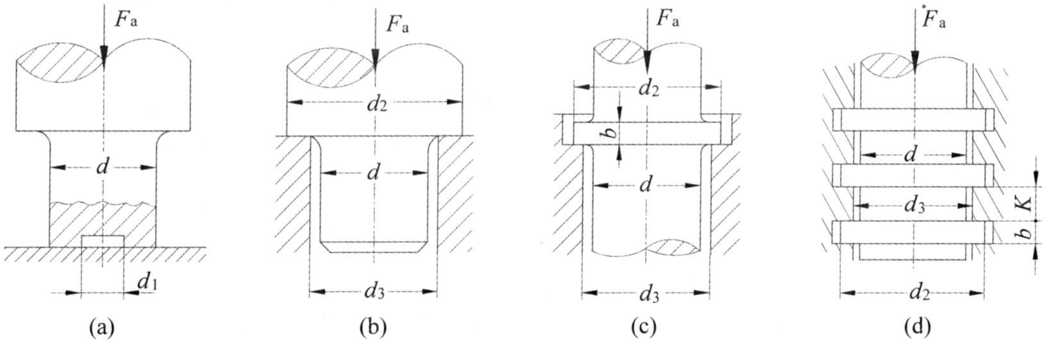

图10.35 止推轴颈的结构型式

表10.7 止推轴颈基本尺寸的计算公式

符号	名称	经验公式或说明
d	轴直径	由计算确定
d_1	空心轴内径	$d_1 \approx (0.4 \sim 0.6)d_0$
d_2	轴环外径	$d_2 \approx (1.2 \sim 1.6)d$
d_3	止推轴承内径	$d_3 \approx 1.1d$
b	轴环宽度	$b \approx (0.1 \sim 0.15)d$
K	轴环距离	$K \approx (2.0 \sim 3.0)b$
z	轴环数	$z \geqslant 1$ 由计算及结构确定

10.6.3 滑动轴承材料

所谓轴承材料，一般是指滑动轴承中直接与轴颈接触的轴承衬、轴瓦或轴承座所用的材料。由于轴通常用钢材制成，因此轴承材料就应选用那些与钢轴相互摩擦时，摩擦因数小和磨损小的减摩材料。

对轴承材料的基本要求是由轴承的失效形式决定的。轴承的失效形式主要是磨损和胶合等。此外，在变载荷作用下，也会发生疲劳点蚀。因此对轴承材料的主要要求是：具有良好的减摩耐磨性和磨合性(跑合性)；足够的强度；良好的导热性和热稳定性；良好的抗胶合能力；对润滑油的吸附能力强；易于加工等。在选择轴承材料时，应结合具体工作情况和使用经验来决定。常用的材料分为金属材料和非金属材料两大类，其主要特性见表 10.8。

表 10.8　常用轴承材料及其主要特性

材料名称		主要特性
灰铸铁		灰铸铁中的游离石墨能起润滑作用，但性脆，磨合性差。耐磨灰铸铁由于石墨细小而均匀分布，耐磨性较好，适用于制造轻载低速的滑动轴承
轴承合金(通称巴氏合金或白合金)		锡基轴承合金的摩擦因数小，抗胶合能力良好，对润滑油的吸附能力强，耐蚀性好，易磨合，适用于高速重载的滑动轴承；铅基轴承合金的性能较前者为脆，不宜承受冲击载荷，适用于中速中载的滑动轴承。不论哪类轴承合金，其强度均较低，熔点也较低(适用于低于 150℃ 的工况)，且价格较贵。轴承合金一般用作轴承衬材料
铜合金	铸造青铜	强度高，承载能力大，耐磨性和导热性优于轴承合金，高温工作性能好(可达 250℃)。但可塑性差，不易磨合，与之相配的轴颈必须淬硬。适用于中速重载、中速中载和低速重载的滑动轴承
	铸造黄铜	减磨性能和强度都不如铸造青铜，适用于轻载低速的滑动轴承
铝合金		强度高，耐磨性及导热性良好。但要求轴颈表面有高的硬度和低的表面粗糙度，轴承的间隙也要稍大一些。主要使用的有低锡和高锡的两类铝合金
陶质金属		有自润滑性，磨合性也较好，但韧性较低。青铜-石墨的陶质金属的化学稳定性好，可用于高速。铁-石墨的陶质金属易产生胶合和生锈，但价廉。可采用大量生产的加工方法制成尺寸比较准确的陶质金属的整体轴套，以部分地代替青铜轴套
塑料		耐磨性好，对润滑油的吸附能力强，摩擦因数小，耐腐蚀，价廉。但导热性差，易变形

10.6.4　滑动轴承润滑

滑动轴承润滑的主要目的是减少轴颈与轴承之间的摩擦与磨损，同时也起散热、防锈和冲洗磨屑的作用。

1. 润滑方式及装置

图 10.36(a) 所示为针阀式油杯。当轴承需要供油时，扳起手柄使之直立，针阀被提起，润滑油便经过油滤从油孔缓慢地流入轴承。不需要供油时，将手柄平放，针阀即堵住油孔。供油量的大小可通过手柄下方的螺母进行调节。这种油杯主要用于不连续供油润滑。

图 10.36(b) 所示为油芯式油杯。利用油芯(毛线或棉纱) 的毛细管吸油作用将油滴到轴承内。这种油杯虽然供油是自动连续的，但供油量无法进行调节。

图 10.37 所示为油环润滑。在轴颈上套一个油环，油环下部浸在油池(即轴承的油室)中。当轴颈旋转时，带动油环旋转，并把油带到轴颈上。这种润滑方式多用于大型电机等固定

设备中。油室中的温升是限制这种润滑方式使用的主要因素。经验证明其应用的滑动速度上限约为 10 ～ 13 m/s；当在油室中装有冷却水管时，使用速度可提高到 13 ～ 20 m/s。

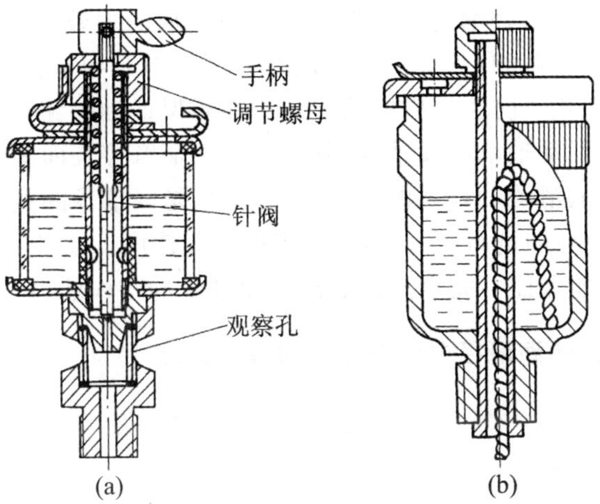

图 10.36　针阀式油杯和油芯式油杯

(a) 针阀式油杯；(b) 油芯式油杯

对于低速和间歇工作的滑动轴承，可用油壶向轴承油孔内注油。若用润滑脂进行润滑时，广泛采用黄油杯(见图 10.38)，定期旋拧杯盖即可将装在杯中的润滑脂压送到轴承中。

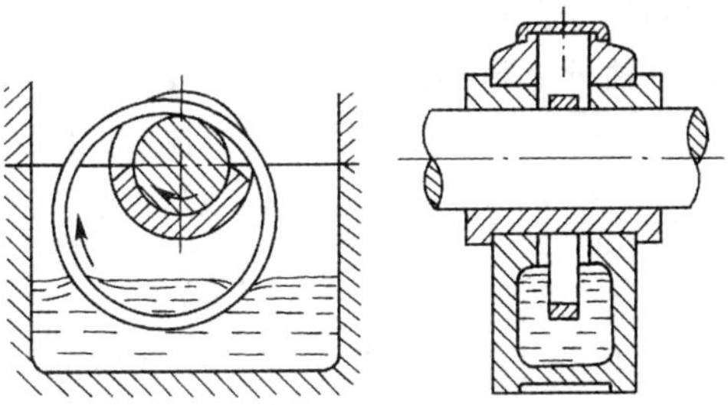

图 10.37　油杯润滑

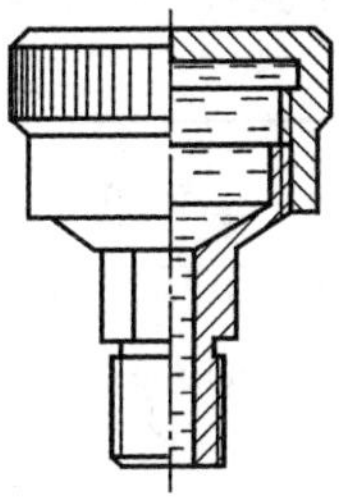

图 10.38　黄油杯

2. 润滑剂

润滑油是滑动轴承中应用最广的润滑剂。原则上讲，当转速高、压力小时，可选用黏度较低的润滑油；反之，当转速低、压力大时，应选黏度较高的润滑油。

润滑脂由于流动性差，无冷却效果，故常用在不完全液体润滑滑动轴承中那些要求不高，难以经常供油，或者特别低速重载及摆动运动之场合。

关于润滑剂的基本知识、滑动轴承的润滑油和润滑脂选择可参见第 16 章。

10.7　不完全液体润滑滑动轴承的设计

对于速度较低而载荷较大以及多数不太重要的轴承，要建立液体润滑状态，不仅技术上困难，经济上不合算，而且也是不必要的。这时往往设计成不完全液体润滑滑动轴承，然后在使用时勤加维护即可。

10.7.1 不完全液体润滑滑动轴承的设计准则

设计准则的确立取决于轴承的失效形式。滑动轴承的失效形式，如磨损、胶合、点蚀和擦伤等常常是相伴发生相互影响，很难把它们截然分开。但其中磨损和胶合是不完全液体润滑滑动轴承的主要失效形式。防止失效的关键在于能否保证轴颈和轴瓦间形成一层边界油膜。因此，不完全液体润滑滑动轴承的设计准则就是，应保证摩擦表面间吸附的边界油膜不破裂。

目前，不完全液体润滑滑动轴承的设计计算，主要是在轴承的宽度 B 和轴颈直径 d 确定之后，进行工作能力的验算，即进行压力 p，轴颈表面圆周速度 v 以及二者乘积 pv 的验算。实践证明，这种方法基本上能保证不完全液体润滑滑动轴承的工作能力。

10.7.2 不完全液体润滑径向滑动轴承的设计计算

设计时，一般已知轴颈直径 d(mm，已在轴的设计中确定)，轴的转速 n(r/min) 和轴承载荷 F(N)。然后按下述步骤进行：

1. 确定轴承结构形式及轴承材料

根据工作条件和使用要求，确定轴承的结构型式，并按表 10.9 选择轴承材料。

2. 确定轴承的宽度 B

宽径比 B/d 太小时，润滑油易从轴承两端流失，使轴瓦过快磨损；B/d 过大时，散热差，温升高，还易引起轴瓦边缘的局部磨损，故一般取 B/d 为 0.5～1.5。根据所选定的宽径比，由 d 便可确定轴承宽度 B。在确定轴承宽度时，还应考虑到机器结构尺寸的限制。

表 10.9 常用轴承材料的使用性能

类 别	材 料	$[p]$/MPa	$[v]$/($m\cdot s^{-1}$)	$[pv]$/($MPa\cdot m\cdot s^{-1}$)	轴颈硬度 HBS 或热处理要求	工作温度/℃
铸造青铜	ZCuSn10P1	15	10	15	300～400	<280
	ZCuSn5Pb5Zn5	8	3	15	300～400	<280
	ZCuAl10Fe3	30	8	12	淬火磨光	<280
	ZCuPb30	25	12	30	—	<280
铸造黄铜	ZCuZn16Si4	12	2	10	200	<200
	ZCuZn25Al16Fe3Mn3	10	1	10		
锡基轴承合金	ZSnSb8Cu4 ZSnSb11Cu6	平稳载荷时			<150	<150
		25	80	20		
		冲击载荷时				
		20	60	15		
铅基轴承合金	ZPbSb16Sn16Cu2	15	12	10	<150	<150
	ZPbSb15Sn5Cu3Cd2	5	8	5		
灰铸铁	HT150	4	0.5	—	—	<150
	HT200	2	1			
	HT250	1	2			
粉末冶金	铜基	55	6	1.8	—	<80
	铁基	65	2	1.0		
塑料	尼龙	7	5.0	0.10	—	95

3. 验算轴承的工作能力

1) 压力 p 的验算。

$$p=\frac{F}{dB}\leqslant[p] \quad (\text{MPa}) \tag{10.18}$$

式中 $[p]$ —— 轴承材料的许用压力，MPa，其值见表 10.9；

F —— 轴承的外载荷，N。

2) pv 值的验算。

$$pv=\frac{F}{dB}\times\frac{\pi dn}{60\ 000}=\frac{\pi Fn}{60\ 000B}\leqslant[pv] \quad (\text{MPa}\cdot\text{m/s}) \tag{10.19}$$

式中，$[pv]$ 为 pv 的许用值，MPa·m/s，见表 10.9。

3) 当压力 p 较小时，p 和 pv 值验算均合格的轴承，由于滑动速度过高，也会加速磨损而使轴承报废。这是因为 p 是平均压力，而实际上在轴发生弯曲或不同心等所引起的一系列误差及振动的影响下，轴承边缘可能产生相当高的压力，因而局部的 pv 值会超过许用值，故当 p 值较小时，还应保证

$$v\leqslant[v] \quad (\text{m/s}) \tag{10.20}$$

式中，$[v]$ 为许用圆周速度，m/s，见表 10.9。

4. 选择轴承的配合

根据不同的使用要求，为保证一定的旋转精度，必须合理地选择轴承的配合，以保证一定的间隙。具体选择时可参考表 10.10。

表 10.10 轴承配合的选择

精度等级	配合等级	应用举例
2	H7/g6	磨床和车床分度头轴承
2	H7/f7	铣床、钻床及车床的轴承，汽车发动机曲轴的主轴承及连杆轴承，齿轮减速器及蜗杆减速器的轴承
4	H9/f9	电机、离心泵、风扇的轴承，内燃机曲轴的主轴承和连杆轴承
2	H7/e8	汽轮发电机轴、内燃机凸轮轴、高速转轴、刀架丝杠等的轴承
6	H11/b11 或 H11/d11	农业机械用的轴承

10.7.3 不完全液体润滑止推滑动轴承的设计计算

止推滑动轴承的设计计算步骤与径向轴承类同。在已知轴向载荷 F_a，轴颈转速 n 等后，可按如下步骤进行设计计算。

1. 选定轴承的结构形式

根据载荷大小、方向和空间尺寸等条件，选定轴颈的结构形式(参看图 10.35)。

2. 初步定出轴颈尺寸

参照表 10.7 初步定出止推轴颈的基本尺寸。

3. 验算止推轴承的工作能力

1) 压力 p 值的验算。

$$p=\frac{F_a}{kA}\leqslant[p] \quad (\mathrm{MPa}) \tag{10.21}$$

式中 F_a —— 轴向载荷，N；

A —— 轴承支撑面积，mm^2；

k —— 考虑油槽使支撑面积减小的系数，一般取 $k=0.90\sim0.95$ 或按实际油槽的数目和尺寸来计算；

$[p]$ —— 许用压力，MPa，对单环轴承，$[p]$ 值见表 10.9，当环数大于 1 时，考虑到多环止推轴承各环间的载荷分布不均匀，应把表 10.9 中的许用值降低 50%。

2) pv_m 值的验算。

$$pv_m\leqslant[pv] \tag{10.22}$$

式中 v_m —— 止推轴颈平均直径处的圆周速度，即：

$$v_m=\frac{\pi d_m n}{60\times1\,000} \quad (\mathrm{m/s})$$

d_m —— 环形支撑面的平均直径，$d_m=\dfrac{d_2+d_3}{2}$，mm；

n —— 止推轴颈的转速，r/min；

$[pv]$ —— pv_m 的许用值，由于止推轴承采用平均速度计算，因而不能采用表 10.9 列出的 $[pv]$ 值，用于钢轴颈对金属轴瓦时，大致可取 $[pv]$ 为 2 ～ 4 MPa·m/s。

【例题 10.4】 试校核铸件清理滚筒上用的一对径向滑动轴承。已知装载量加自重为 20 000 N，转速为 40 r/min，轴颈直径为 100 mm，轴承宽度为 90 mm，轴瓦材料采用 ZCuSn5Pb5Zn5，用润滑脂润滑，轴颈与轴承采用 H9/f9 配合。

解 由题意知，每个滑动轴承承受的径向载荷为 $F=10\,000$ N，$d=100$ mm，$B=90$ mm。

1) 验算压力 p。

$$p=\frac{F}{dB}=\frac{10\,000}{100\times90}=1.11\ \mathrm{MPa}$$

2) 验算 v 值。

$$v=\frac{\pi dn}{60\times1\,000}=\frac{\pi\times100\times40}{60\times1\,000}=0.21\ \mathrm{m/s}$$

3) 验算 pv 值。

$$pv=\frac{\pi Fn}{60\,000B}=\frac{10\,000\times40\pi}{60\,000\times90}=0.23\ \mathrm{MPa\cdot m/s}$$

因轴瓦材料为 ZCuSn5Pb5Zn5，由表 10.9 查得 $[p]=8$ MPa，$[pv]=15$ MPa·m/s，$[v]=3$ m/s，故 $p<[p]$，$pv<[pv]$，$v<[v]$。该滑动轴承可用。

10.8 滚动轴承与滑动轴承的比较

由上面的介绍可以知道，滚动轴承和滑动轴承各有自己的特点，设计时应根据具体条件选择既能满足工作要求又较为经济的轴承。现将两种轴承的特点列于表 10.11 中，以供选用时参考。

表 10.11　滚动轴承与滑动轴承的比较

比较项目	滑动轴承		滚动轴承
	液体润滑轴承	不完全液体润滑轴承	
轴承来源	自行设计、加工	自行设计、加工	可购买标准件,方便
启动时的摩擦力矩	较大(对动压轴承) 较小(对静压轴承)	较大	很小
工作时的摩擦因数	$f\approx 0.001\sim 0.008$	$f\approx 0.008\sim 0.10$	$f\approx 0.0008\sim 0.005$
工作时的效率值	$\eta\approx 0.995\sim 0.999$ 或更高	$\eta\approx 0.95\sim 0.97$	$\eta\approx 0.99\sim 0.999$
适用的工作转速	中速或高速	低速	低速或中速,高速时对轴承及润滑要特别设计
工作时的噪声	轴承本身无噪声,但静压轴承的供油系统有噪声	无噪声	对低精度轴承或高速轴承噪声较大;对高精度轴承噪声较小
旋转精度	一般较低,但对大刚度静压轴承则较高	一般或更低	较高
承受冲击、振动的能力	强(有油膜缓冲)	较强(承压面积大)	弱(承压面积小)
外廓尺寸	径向小,轴向大	径向小,轴向大	径向大,轴向小
安装	要求精度高	容易	要求精度高,只能轴向装入
润滑	润滑装置复杂,用油量大,需常照料	除不需复杂的润滑装置外,其余同左	润滑简单,高速时较复杂

习　　题

10.1　说明下列滚动轴承代号的意义,并画出这几类轴承的结构示意简图。

N208/P5,　7312C,　6101,　30316,　5207

10.2　某设备中采用了一个单列深沟球轴承,装轴承处轴颈直径为 35 mm,转速为 3 000 r/min。已知径向载荷 $F_r=1\ 800$ N,轴向载荷 $F_a=750$ N,预期工作寿命为 8 000 h。试选择此轴承型号。

10.3　有一斜齿圆柱齿轮减速器,其低速轴的受载、几何尺寸及寿命要求等与例题10.3相同,若选用两个 30206 轴承且反装,验算轴承能否达到预期寿命要求。

10.4　在质量为 8 000 kg 的水闸起吊机构上安装上两个单列深沟球轴承,如果安装轴承处轴颈直径 $d=50$ mm。试确定此轴承型号。

10.5　某减速器的不完全液体润滑径向滑动轴承,轴的材料为 45 钢。轴瓦材料为 ZPbSb16Sn16Cu2,承受载荷 $F=35$ kN,轴颈直径 $d=190$ mm,轴承宽度 $B=250$ mm,转速 $n=150$ r/min。试验算轴承是否合用?

10.6　试设计某轻纺机械一个转轴上两个相同的不完全液体润滑径向滑动轴承。已知轴颈的直径 $d=55$ mm，轴承宽度 $B=44$ mm，轴颈上所受径向载荷 $F=24\ 200$ N，轴的转速 $n=2\ 000$ r/min，轴的材料为45钢。

10.7　主轴端部的止推滑动轴承，已知转速 $n=520$ r/min，为使磨损均匀，取空心轴颈内径 d_1 等于或大于1/2轴颈外径 d_2（见图10.35(a)），轴向力为2 000 N，$[p]=4$ MPa，$[pv]=2$ MPa·m/s。试选择轴承材料并设计此轴承尺寸。

10.8　船用止推轴承，轴的转速为400 r/min，轴向推力为4 200 N，轴的直径为90 mm，轴环外径为166 mm，$[pv]=0.5$ MPa·m/s。仅从 pv_m 值验算的角度出发需要几个轴环？

第 11 章　联轴器和离合器

联轴器和离合器主要用作轴与轴之间的连接，使它们一起回转并传递转矩。联轴器在工作中始终把两轴连接在一起，只有在机器停车后拆开联轴器，才能把两轴分离，例如汽轮机和发电机的连接。而离合器可在机器运转中，随时把两轴接合或分离，例如汽车发动机与汽车变速箱之间的连接。

联轴器和离合器的种类很多，本章仅介绍常用的几种类型，为读者选用标准件和自行设计提供必要的基础。

11.1　联轴器的种类和特性

联轴器所连接的两轴分属不同的部件。由于不可避免的制造和安装误差、外载荷作用以及温度变化，这两根轴的轴线不会位于同一条直线上，总会出现相对位置误差，如图 11.1 所示。按照对相对位置误差的适应能力，联轴器分为刚性联轴器和挠性联轴器。刚性联轴器内部的零件不能产生相对运动，也没有弹性元件和间隙，对轴间相对位置误差极度敏感。挠性联轴器内部的零件或者能够产生相对运动，或者产生弹性变形，也可能含有间隙，因此可以在一定程度上自动适应轴间相对位置误差。

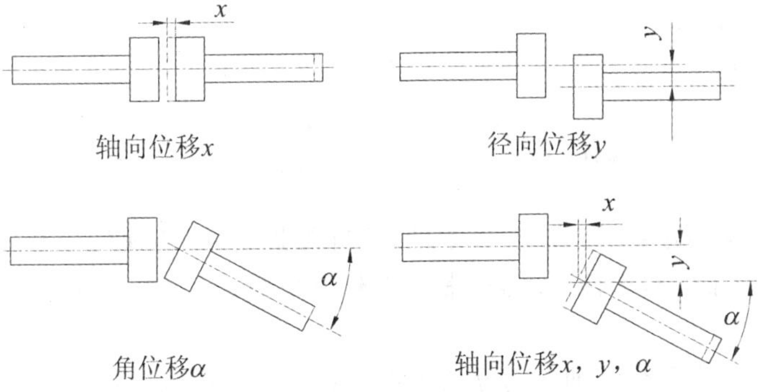

图 11.1　联轴器所联两轴可能的相对位移

11.1.1　常用联轴器的结构及特点

1. 刚性联轴器

常用的刚性联轴器有套筒式、凸缘式和夹壳式等。

1) 套筒式联轴器。套筒式联轴器(见图 11.2) 为一个圆柱形套筒，所连接的两轴直径相等。这种联轴器制造简单，一般用于低速轻载、直径较小的两轴的连接。由于装配时两轴所属的部件需沿轴向移动,因而增加了较长轴的安装和维修难度。

套筒式联轴器尚未标准化,用到时可自行设计。图 11.2 中,$D_1=(1.5\sim2)d$,$L=(2.8\sim4)d$。

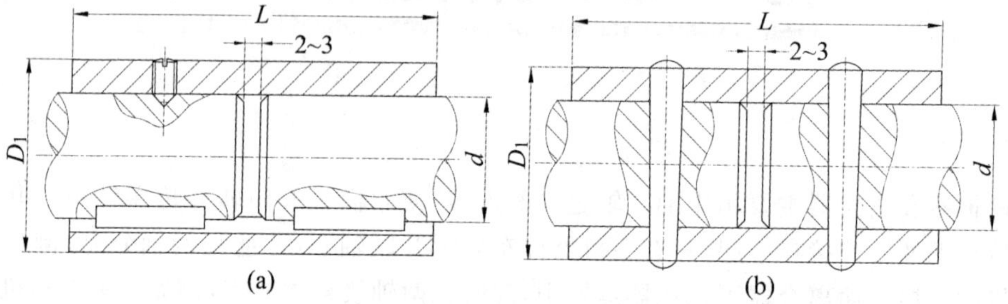

图 11.2　套筒式联轴器

(a) 平键连接；(b) 圆锥销连接

2)凸缘联轴器。凸缘联轴器由两个带凸缘的半联轴器用螺栓连接而成(见图 11.3)。标准的凸缘联轴器有三种对中定位形式(GB/T 5843—2003),图 11.3(a)为榫型对中定位,即用一个半联轴器上的凸肩与另一个半联轴器上的凹槽相配合实现对中定位,连接半联轴器的螺栓可以采用普通螺栓,也可以采用铰制孔螺栓;图 11.3(b)为铰制孔用螺栓对中定位,即依靠铰制孔用螺栓连接的高精度实现对中定位。图 11.3(c)为利用对中环实现对中定位。

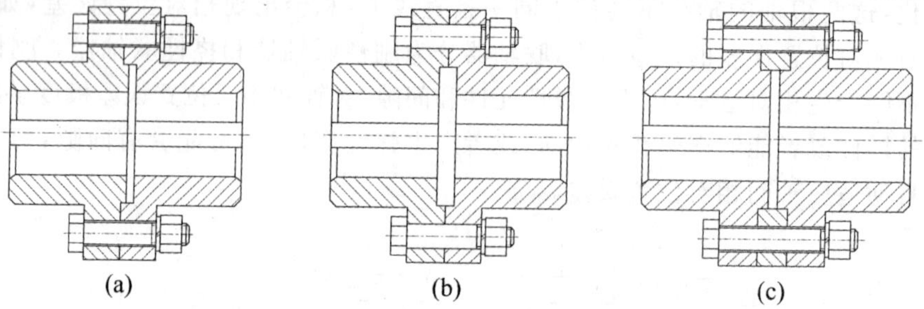

图 11.3　凸缘式联轴器

(a)榫型对中；(b)铰制孔用螺栓对中；(c)对中环对中

凸缘联轴器结构简单,制造方便,成本低,装拆维护简便,传递转矩较大,但不具备缓冲减振功能,安装时对两轴的对中性要求高,常用于载荷平稳、无冲击、轴的刚性大、对中性较好的场合。

3)夹壳联轴器。将两个沿轴向剖分的夹壳用螺栓连接在轴上(图 11.4),依靠夹壳与轴之间的摩擦力来传递转矩,其中的平键起到辅助连接的作用。

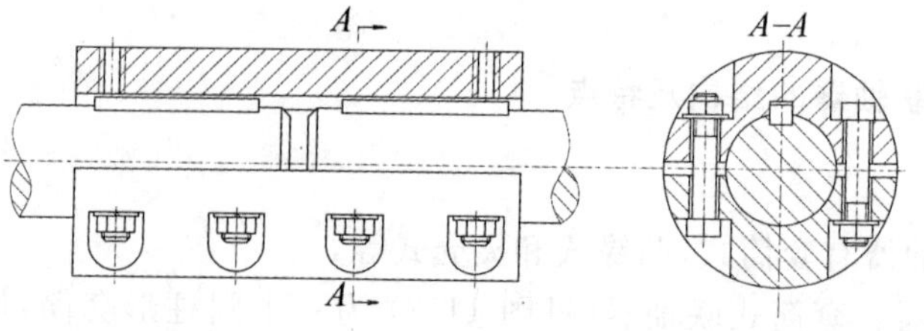

图 11.4　夹壳联轴器

夹壳联轴器结构简单，装拆方便。在装配和拆卸时，轴不需沿轴向移动。但夹壳联轴器中的夹壳形状复杂，制造及平衡精度较低，不具备轴向、径向和角向的补偿功能，只适用于低速和载荷平稳的场合。

2. 挠性联轴器

1)十字滑块联轴器。它由两个在端面上开有凹槽的半联轴器 1，3 和一个两面带有互相垂直的矩形凸牙的中间盘 2 组成(见图 11.5)。工作时，中间盘上的凸牙同时在两个半联轴器的凹槽中滑动，自动补偿两轴间的相对位置误差。为了减轻凸牙和凹槽因相对移动而产生的磨损，接合面需经硬化处理，同时在中间盘中加注润滑油或润滑脂。当转速较高时，中间盘会产生很大的离心力，加重磨损，因此，十字滑块联轴器只能用于低速、无剧烈冲击的场合，推荐的最大转速为 $n<250$ r/min。

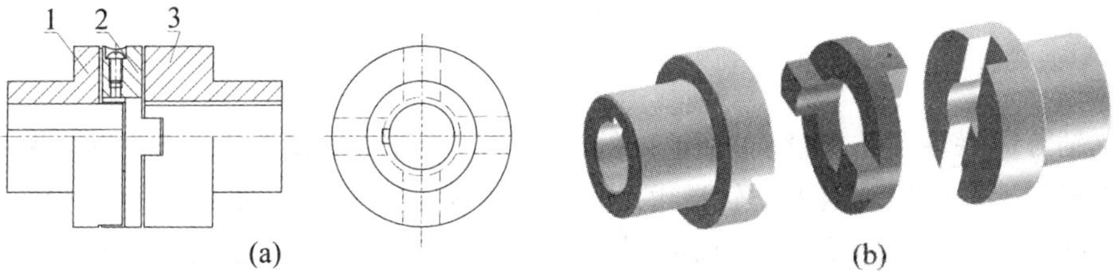

图 11.5　十字滑块联轴器

(a)平面图；(b)三维实体图

1，3—半联轴器；2—中间盘

2)滑块联轴器。把十字滑块联轴器的两半联轴器上的沟槽加宽，并用一个与之配合的方形滑块代替原来的中间盘，就变成滑块联轴器(见图 11.6)。中间方形滑块的材料通常为夹布胶木，也可以采用混有少量石墨或二硫化钼的尼龙，后者具有自润滑功能。因滑块质量小，有一定弹性，故能够在较高转速下工作。

滑块联轴器结构简单，尺寸紧凑，适用于小功率、高转速而无剧烈冲击处。

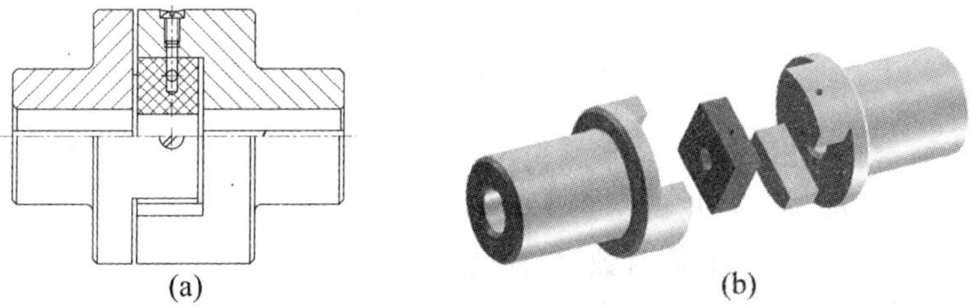

图 11.6　滑块联轴器

(a)平面图；(b)三维实体图

3)十字轴式万向联轴器。它由两个叉形接头 1，3，一个十字形元件 2 和轴销（包括销套 4 及铆钉 5)组成(见图 11.7(a))。十字元件与两个叉形接头构成铰链，能够动态补偿两轴的相对角度误差(最大可达 45°)。但这种联轴器不能保证从动轴与主动轴角速度时时相等，由此增大传动中的动载荷。为了防止出现这种情况，常将两个万向联轴器配对使用，组成双万向联轴器(见图 11.7(b))，此时，双万向联轴器的安装必须满足以下条件：① 中间轴与主、从动轴的夹角相等；② 中间轴两端的叉形接头共面；③ 中间轴、主动轴和从动轴三轴共面。

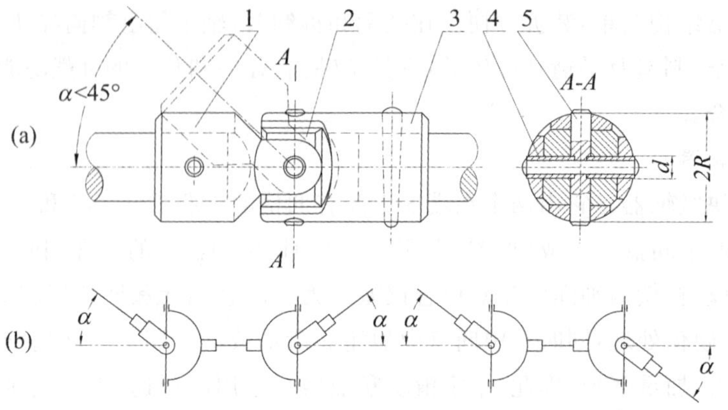

图 11.7　十字轴式万向联轴器

(a)单万向联轴器；（b)双万向联轴器

1,3—轴叉；　2—十字轴；　4—销套；　5—铆钉

十字轴万向联轴器结构紧凑，维护方便，广泛应用于汽车、多头钻床等的传动系统中。

4)鼓形齿式联轴器。这种联轴器由两个带有外齿的内套筒和两个带有内齿及凸缘的外套筒组成(见图 11.8(a))。两个内套筒分别用键与两轴连接，两个外套筒用螺栓联成一体，依靠内外齿啮合来传递转矩。外齿的齿顶近乎为球面，沿齿长方向呈外凸的鼓形，且内齿与外齿之间存在较大的顶隙和侧隙，所有这些都有助于补偿两轴的各种相对位置误差(见图 11.8(b))。

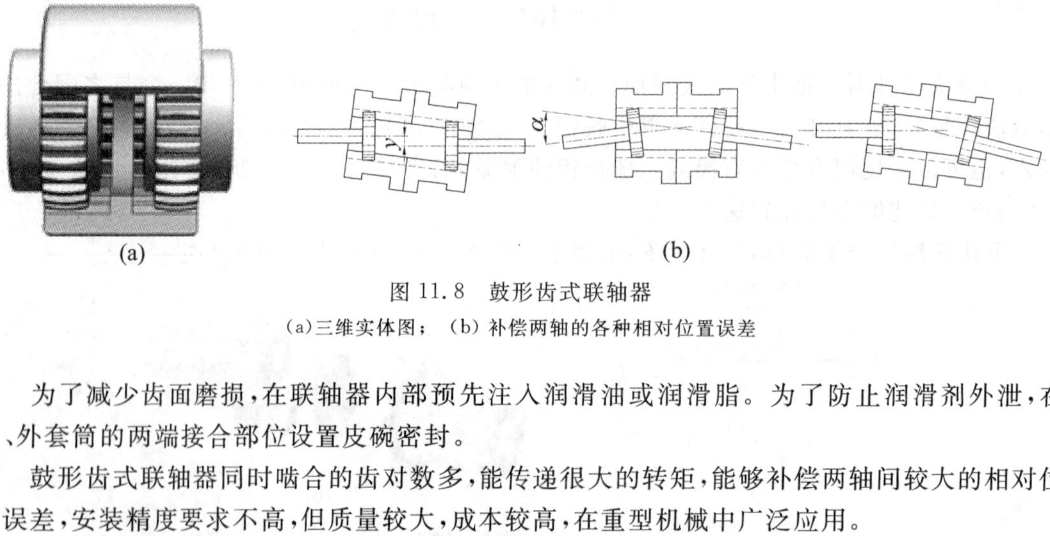

图 11.8　鼓形齿式联轴器

(a)三维实体图；（b) 补偿两轴的各种相对位置误差

为了减少齿面磨损，在联轴器内部预先注入润滑油或润滑脂。为了防止润滑剂外泄，在内、外套筒的两端接合部位设置皮碗密封。

鼓形齿式联轴器同时啮合的齿对数多，能传递很大的转矩，能够补偿两轴间较大的相对位置误差，安装精度要求不高，但质量较大，成本较高，在重型机械中广泛应用。

5)弹性柱销联轴器。将凸缘联轴器(非榫型对中)上连接两个半联轴器的螺栓，替换为用弹性材料制作的柱销，如尼龙、夹布胶木、胡桃木等，就变成弹性柱销联轴器(见图 11.9)。为了防止柱销脱落，在半联轴器的凸缘外侧安装有挡板。

这种联轴器结构简单，安装、维护方便，使用寿命长，弹性柱销有一定的缓冲和吸振能力，能够在一定程度上补偿两轴间的相对位置误差，适用于轴向窜动较大、经常正反转和起动频繁的场合。采用尼龙柱销时，使用温度应控制在－20～＋70℃的范围内。

6)弹性套柱销联轴器。用一端带有弹性套、另一端为锥面的螺栓取代凸缘联轴器中的螺栓，就变成弹性套柱销联轴器(见图 11.10)。弹性套外形呈蛹状，容易变形，有利于补偿两轴之间的相对位置误差，增大联轴器缓冲减振的能力。这种联轴器可按标准（GB/T 4323—2002）选用，必要时应验算联轴器的承载能力。

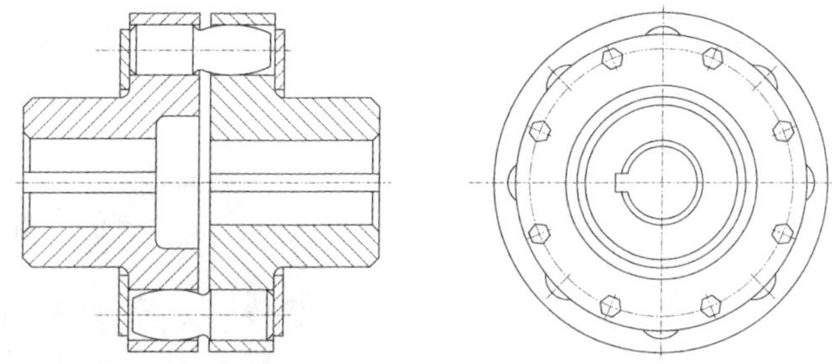

图 11.9　弹性柱销联轴器

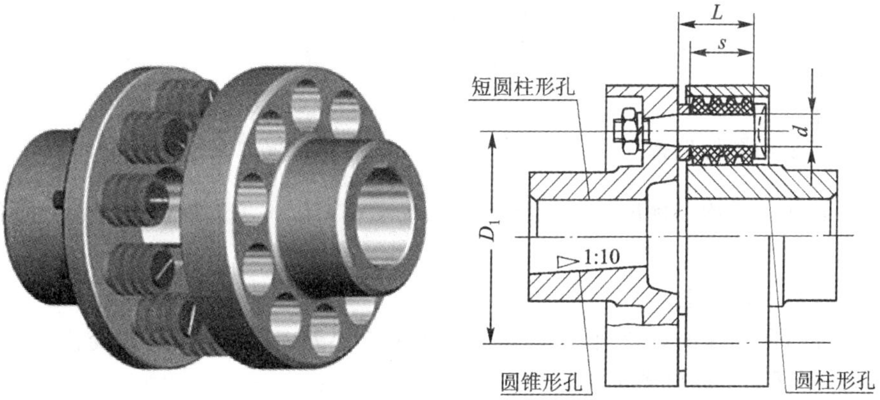

图 11.10　弹性套柱销联轴器

这种联轴器制造容易，装拆方便，成本较低，但弹性套易磨损，寿命较短。它适用于连接载荷平稳、需正反转或起动频繁、传递中小转矩的轴。

7）轮胎式联轴器。将两个半联轴器用外形像轮胎一样的弹性元件连接起来，就构成轮胎式联轴器（见图 11.11）。轮胎状弹性元件的材料为橡胶或橡胶织物，富有弹性。这种联轴器具有良好的消振能力，能有效地降低动载荷和补偿较大的相对轴向位置误差，运转时无噪声。缺点是径向尺寸较大，当转矩较大时，会因过大的扭转变形而产生附加轴向载荷。

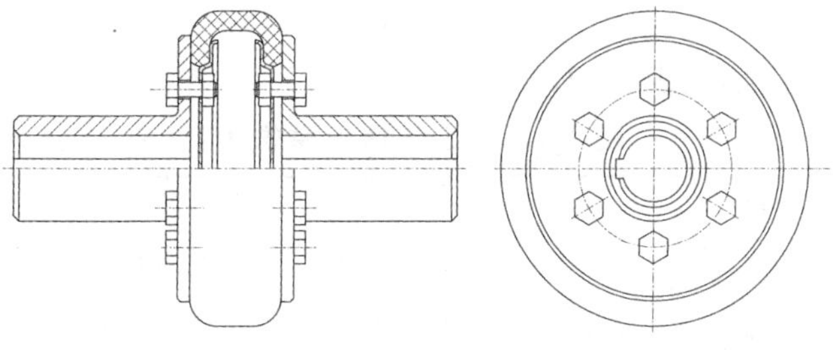

图 11.11　轮胎式联轴器

8）梅花形弹性联轴器。这种联轴器由两个半联轴器和梅花形弹性元件组成（见图11.12）。工作时，主动半联轴器上的凹槽挤压梅花形弹性元件的花瓣，并进而推动从动半离合器的凹槽来传递载荷。梅花形弹性元件的弹性保证了这种联轴器能够补偿两轴的相对位置误差,同时具有缓冲减振的作用。

这种联轴器结构简单,零件数量少,制造容易,工作可靠,不需要维护,但安装时,被连接的两轴需做轴向相对移动。

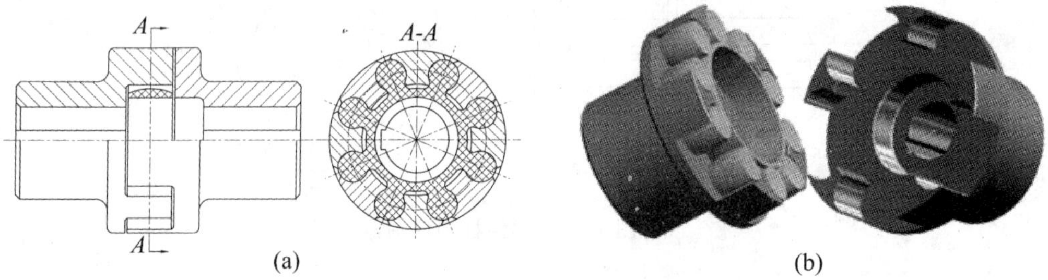

图 11.12　梅花形弹性联轴器

(a)平面图；(b)三维实体图

11.1.2　联轴器的选择

绝大多数联轴器均已标准化或规格化。机械设计工作属于选择性设计。下面介绍选用联轴器的基本步骤。

1. 选择联轴器的类型

根据联轴器所传递的载荷、轴的转速和相对位置误差、环境温度及其变化,参考各类联轴器的特性,选择适用的联轴器种类。

2. 联轴器的计算转矩

联轴器的公称转矩为

$$T = 9\,550\,\frac{P}{n} \tag{11.1}$$

式中　T—— 公称转矩,N·mm；

P—— 额定功率,kW；

n—— 转速,r/min。

考虑原动机的特性和工作机的载荷波动,修正联轴器的公称转矩,得到轴上的计算转矩为

$$T_{ca} = K_A T \tag{11.2}$$

式中,K_A 为工作情况系数,见表 11.1。

表 11.1　工作情况系数 K_A

工作机		原动机			
分类	工作情况及举例	电动机 汽轮机	四缸和四缸以上内燃机	双缸内燃机	单缸内燃机
Ⅰ	转矩变化很小,如发电机、小型通风机、小型离心泵	1.3	1.5	1.8	2.2
Ⅱ	转矩变化小,如透平压缩机、木工机床、运输机	1.5	1.7	2.0	2.4

续 表

工作机		原动机			
分类	工作情况及举例	电动机 汽轮机	四缸和四缸 以上内燃机	双缸内燃机	单缸内燃机
Ⅲ	转矩变化中等，如搅拌机、增压泵、有飞轮的压缩机、冲床	1.7	1.9	2.2	2.6
Ⅳ	转矩变化和冲击载荷中等，如织布机、水泥搅拌机、拖拉机	1.9	2.1	2.4	2.8
Ⅴ	转矩变化和冲击载荷大，如造纸机、挖掘机、起重机、碎石机	2.3	2.5	2.8	3.2
Ⅵ	转矩变化大并有极强烈冲击载荷，如压延机、无飞轮的活塞泵、重型初轧机	3.1	3.3	3.6	4.0

3. 确定联轴器的型号

根据计算转矩 T_{ca} 和所选联轴器的类型，按照

$$T_{ca} \leqslant [T] \tag{11.3}$$

的条件，从联轴器标准中选择适合的联轴器型号。式(11.3) 中的$[T]$为该型号联轴器的许用转矩。

4. 校核最大转速

联轴器所连接的轴的转速 n 不应超过所选联轴器的最高转速 n_{max}，即

$$n \leqslant n_{max} \tag{11.4}$$

5. 协调轴孔形状和尺寸

联轴器所连接的两轴的形状和尺寸可以相同，也可以不同。当被连接的两轴一个为圆柱形，一个为圆锥形时，半联轴器的轴孔也要做成相应的形状；当被连接的两轴的形状相同时，两轴的直径还可能不同，为此，标准中还给出联轴器轴孔直径的变化范围或尺寸系列。在选择联轴器时，将以上两条结合起来，从而实现联轴器对所连接的两个轴的形状和尺寸的协调。

6. 规定部件相应的安装精度

根据所选联轴器对轴的相对位置误差的许用值，需要相应地规定主、从动轴的相对位置误差。通常标准中只给出单项位置误差的允许值。如果所连接的两轴存在多种位置误差，则必须根据联轴器的尺寸大小计算出它们之间的关系，以此作为规定部件安装精度的依据。

7. 进行必要的校核

如有必要，应对联轴器的主要承载零件进行强度校核。当联轴器中包含非金属弹性元件时，还应注意联轴器所在部位的工作温度，以不超过该弹性元件材料所允许的最高温度为宜。

11.2　离　合　器

离合器可以在机器运转中随时实现传动系统的接合或分离。对离合器的基本要求有：接合平稳，分离彻底，调整、维修方便，尺寸小，耐磨、散热快，操纵方便省力。离合器主要分为牙嵌离合器和摩擦离合器两类。

11.2.1 牙嵌离合器

牙嵌离合器由两个端面上带有凸牙的半离合器组成(见图11.13)。其中,带有定心环3的左半离合器1固联在主动轴上,右半离合器2用导向平键(或花键)与从动轴连接。当右半离合器在操纵机构作用下向右移动时(图中双点画线位置),离合器分离,伸进定心环中的从动轴不动,而定心环随同主动轴转动;当右半离合器在操纵机构作用下向左移动并与左半离合器接合时(图中实线位置),主动轴带动从动轴一起转动。采用定心环有助于离合器的接合。

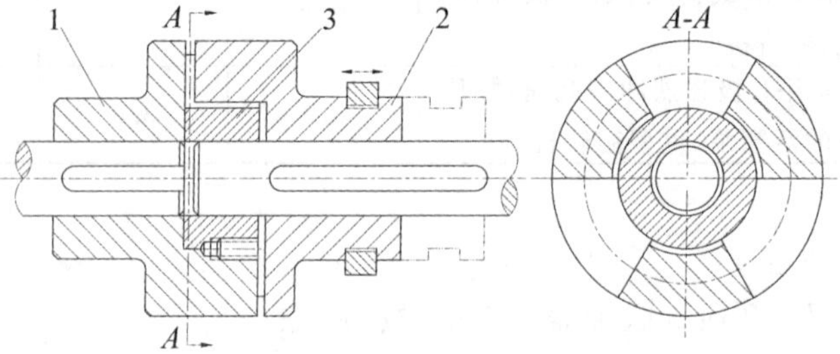

图 11.13 牙嵌离合器

1— 左半离合器; 2— 右半离合器; 3— 定心环

牙嵌离合器的半离合器常用低碳钢或低碳合金钢制造,牙侧表面经渗碳淬火处理。也可用中碳钢制造,经调质处理或牙侧表面淬火。对于载荷不大、速度较低的工况,也可以用强度较高的灰铸铁制造。

牙嵌离合器的主要尺寸可从有关手册中选取,必要时应校核牙面的挤压强度和牙根的弯曲强度。

11.2.1 摩擦离合器

圆盘摩擦离合器由主动摩擦盘和从动摩擦盘组成,依靠主、从动摩擦盘的接合面上产生的摩擦力矩来传递转矩。摩擦盘的接合面可以是平面,也可以是锥面;摩擦盘的数量有单盘的,也有多盘的。

1.单盘摩擦离合器

图 11.14 所示为单盘摩擦离合器的示意图。主、从动盘之间只有一个圆环形接合面。离合器工作时,接合面上的产生的摩擦力矩为

$$T_f = \frac{2}{3}\frac{fF(R_o^3 - R_i^3)}{R_o^2 - R_i^2} \tag{11.5}$$

式中 F —— 接合面正压力,N,正压力可由弹簧、液压、气压、电磁等产生;

f —— 接合面摩擦因数;

R_o —— 摩擦盘接合面圆环外半径,mm;

R_i —— 摩擦盘接合面圆环内半径,mm。

正常工作的条件为

$$T_f \geqslant T_{ca} \tag{11.6}$$

式中，T_{ca} 为计算转矩，N·mm，表示设计要求传递的转矩。

2. 锥面摩擦离合器

锥面摩擦离合器由外锥面和内锥面组成，其示意图如图 11.15 所示。锥面摩擦利用槽面摩擦效应，能够传递更大的摩擦力矩

$$T_f = \frac{2}{3}\frac{f_v F(R_o^3 - R_i^3)}{R_o^2 - R_i^2} \tag{11.7}$$

式中，f_v 为接合面的当量摩擦因数，$f_v = \dfrac{f}{\sin\alpha}$。

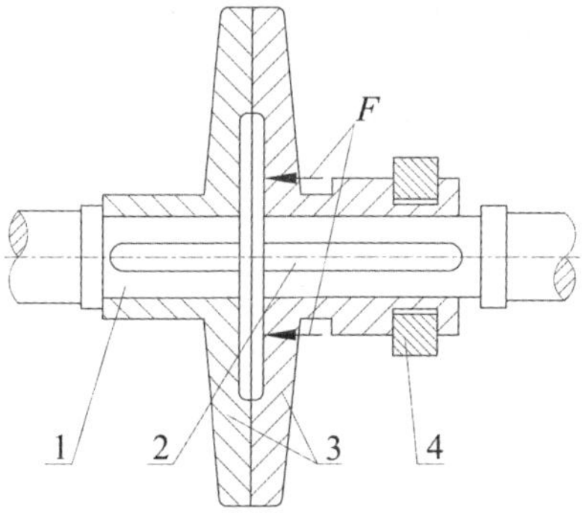

图 11.14　单盘摩擦离合器

1—主动轴；2—导向平键；3—摩擦盘；4—加压环

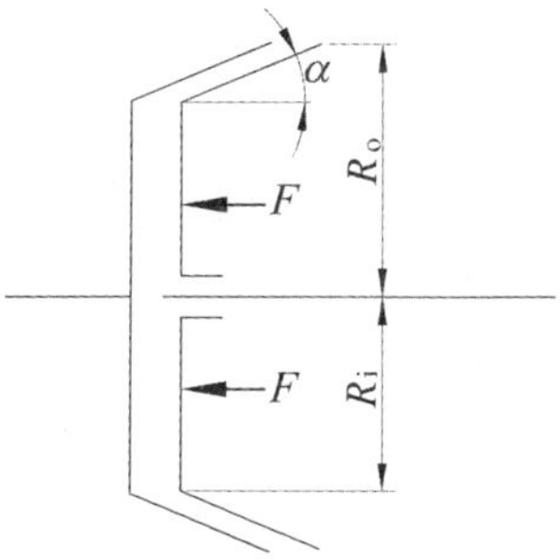

图 11.15　锥面摩擦离合器

3. 多盘摩擦离合器

多盘摩擦离合器由两组摩擦盘及其他零件组成(见图 11.16)。其中，外摩擦盘 5 用花键与主动轴上的外鼓轮 2 连接，内摩擦盘 6 用花键与从动轴上的套筒 4 连接。当滑环 7 向左移动时，曲臂压杆 8 顺时针转动，推动两组摩擦盘向右运动，直至压紧在调节螺母 10 上，离合器接合；当滑环向右移动时，曲臂压杆在其下方弹簧片的推动下逆时针转动，两组摩擦盘松开，离合器断开。调节螺母用于调整两组摩擦盘之间压紧力的大小。为了让两组摩擦盘快速分离，内摩擦盘做成如图 11.17(c) 所示的碟形。

多盘摩擦离合器传递的转矩为

$$T_f = \frac{2}{3}\frac{f_v F(R_o^3 - R_i^3)}{R_o^2 - R_i^2}z \tag{11.8}$$

式中，z 为摩擦盘接合面的数量。

摩擦离合器表面材料采用石棉、夹布胶木、皮革等时，不用润滑，称为干式离合器；采用钢、青铜等金属材料时，一般需要润滑，称为湿式离合器。

摩擦离合器的优点是可以在任何速度下接合或分离；接合过程平稳，冲击、振动小；从动轴的加速时间和所传递的最大转矩可调；过载时打滑，有利于限制系统的最大载荷。缺点是外廓尺寸较大；在接合、分离过程中因滑动摩擦而发热，加速磨损。为了散热和减轻磨损，可以把摩擦离合器浸入油中。

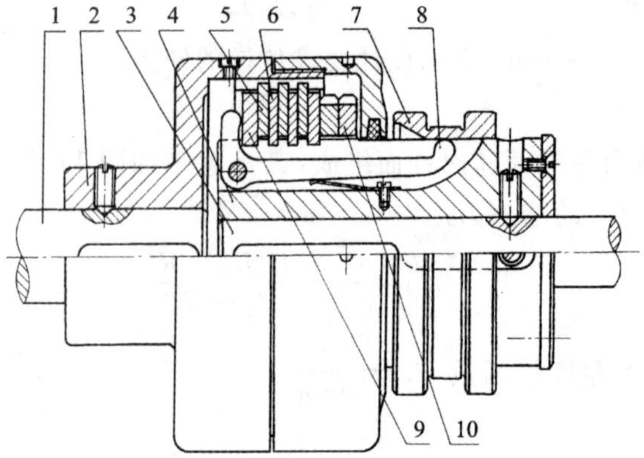

图 11.16　多盘摩擦离合器

1—主动轴；2—外鼓轮；3—从动轴；4—套筒；5—外摩擦盘；6—内摩擦盘；7—滑环；8—曲臂压杆；9—加压板；10—调节螺母

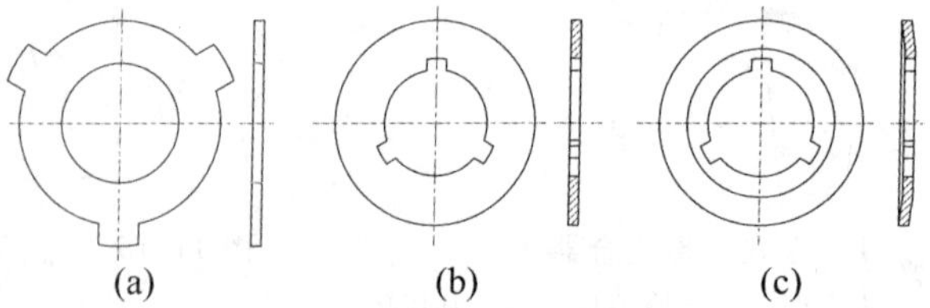

图 11.17　摩擦盘结构图

(a) 外摩擦盘；(b) 内摩擦盘；(c) 碟形内摩擦盘

11.3　特殊功用的联轴器和离合器

11.3.1　特殊功用的联轴器

这里仅介绍剪切销安全联轴器。这种联轴器有单剪式(见图 11.18(a))和双剪式(见图 11.18(b))两种。现以单剪式为例加以说明。单剪式联轴器用钢制销钉传递载荷。当传递的转矩超过销钉的剪切强度时,销钉被剪断,运动不能通过联轴器传递。将销钉装在两段钢制套管中,可减小销钉剪断时产生的飞边。有时为了剪断干净彻底,预先在销钉上切槽。销钉直径 d(单位为 mm) 按剪切强度条件确定。

这类联轴器由于销钉材料的力学性能和几何尺寸误差,导致销钉剪切强度分散性大;而且销钉剪断后,不能自动恢复工作能力,必须停车更换销钉。但由于其构造简单,所以当机器很少过载时,还是可以使用的。

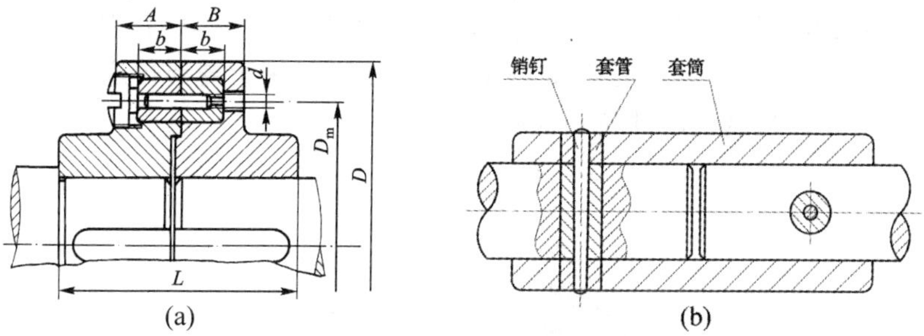

图 11.18　剪切销安全联轴器

(a) 单剪式；(b) 双剪式

11.3.2　特殊功用的离合器

1. 滚珠安全离合器

滚珠安全离合器的结构形式很多，这里只介绍较为常用的一种，其结构如图 11.19(a) 所示。图中，主动半离合器 1 与主动轴连接，从动半离合器 2 经花键与紧固在从动轴上的外套筒 3 连接。在主、从动半离合器的端面上各有一圈滚珠，相互交错排列(见图 11.19(b))，从动半离合器在弹簧 4 的推动下压向主动半离合器。当载荷没有超出许用值时，主动半离合器通过相互压紧的滚珠传递转矩，使从动半离合器转动，离合器接合；当载荷超出许用值时，弹簧被压缩，主动半离合器上的滚珠在从动半离合器的滚珠上划过，离合器分离；当载荷恢复正常时，离合器又重新接合。离合器的许用转矩可用螺母 5 来调节。

这种离合器由于滚珠表面冲击和磨损严重，故一般只用于传递较小转矩的装置中。

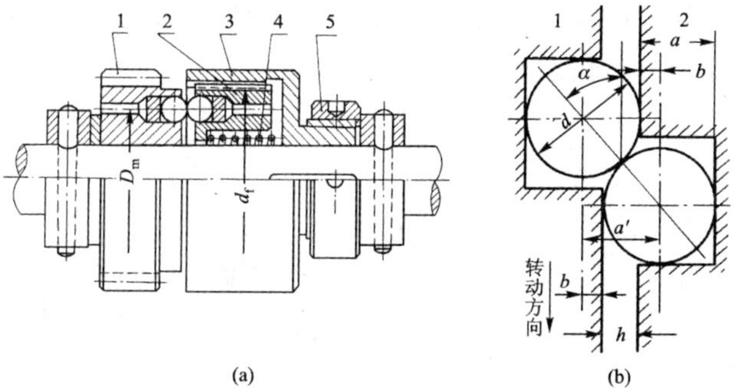

图 11.19　滚珠安全离合器

1— 主动半离合器；2— 从动半离合器；3— 外套筒；4— 弹簧；5— 调节螺母

2. 定向离合器

定向离合器只能传递单向的转矩，按工作原理分为摩擦式和棘轮式两种。

摩擦式滚柱定向离合器由星轮 1，套筒 2，滚柱 3，弹簧顶杆 4 等零件组成(见图 11.20)。星轮或套筒可以分别作为主动件或从动件。当星轮作主动件时，套筒为从动件，此时若星轮相对于套筒顺时针转动，滚柱在弹簧顶杆作用下向收缩的空间运动，并楔紧在星轮和套筒之间，使套筒随着星轮一同转动，离合器接合；若星轮相对于套筒逆时针转动，则滚柱在摩擦力的作用下向宽敞的空间运动，离合器分离。当套筒作主动件时，星轮为从动件，此时若套筒相对于星轮逆时针转动，滚柱在弹簧顶杆的作用下向收缩的空间运动，并楔紧在星轮和套筒之间，使星轮随着套筒一同转动,离合器接合;若套筒相对于星轮顺时针转动,滚柱在摩擦力的作用下向宽敞的空间运动,离合器分离。上述接合与分离的原理可用于需要传递单向转矩、防止从动件逆转同时允许从动件超越主动件转动的场合。

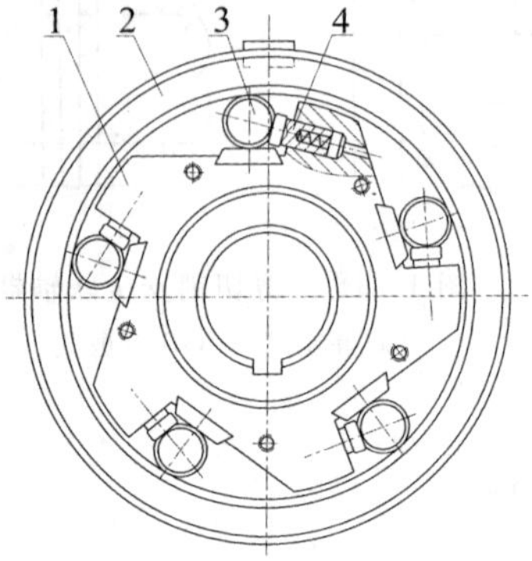

图 11.20　滚柱定向离合器

1— 星轮；　2— 套筒；　3— 滚柱；　4— 弹簧顶杆

3. 离心离合器

离心离合器分为常开式和常闭式两种。两种离合器只有当转速达到预定值时,主、从动部分才会接合或分离。

常开式离心离合器由鼓轮 1,闸块 2 和弹簧 3 等零件组成(见图 11.21(a))。离合器静止时,闸块与鼓轮分离。当闸块随着主动轴转动起来时,在离心力的作用下,闸块克服弹簧的拉力绕着支点 4 向外摆动,与鼓轮接合后,带动鼓轮同方向转动。主动轴转速越高,闸块把鼓轮压得越紧,离合器传递的载荷越大。若把主动轴的转速降下来,闸块在弹簧拉力的作用下与鼓轮分离,离合器也就处于分离状态。

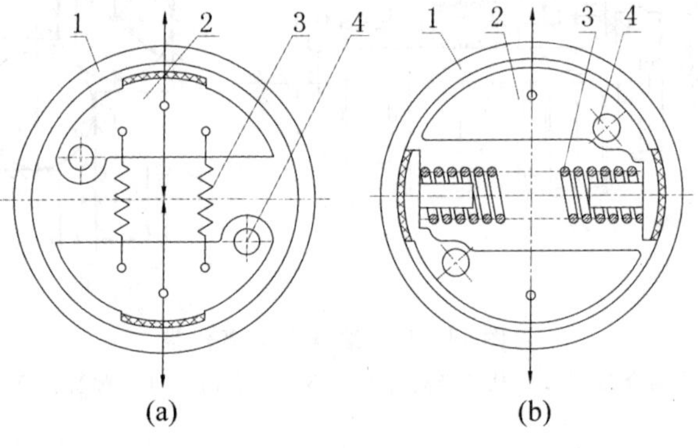

图 11.21　离心离合器的工作原理图

(a) 常开式；　(b) 常闭式

1— 鼓轮；　2— 闸块；　3— 弹簧；　4— 支点

常闭式离心离合器由鼓轮 1,闸块 2 和弹簧 3 等零件组成(见图 11.21(b))。离合器静止时,闸块在弹簧压力作用下与鼓轮接合。当闸块随着主动轴转动起来时,随着转速的逐步提高,闸块克服弹簧的压力绕着支点 4 向外转动,逐渐放松鼓轮。当转速达到预定值时,闸块与鼓轮彻底分离。若逐渐降低主动轴转速,闸块在弹簧压力作用下重新压向鼓轮,再次带着鼓轮一同转动。

常开式离心离合器在预定转速下接合，可使电动机无负载启动，有利于防止电动机过热；常闭式离合器在预定转速下分离，可以防止系统飞车。两种离合器均采用摩擦传递转矩，都具有过载保护作用。

4. 电磁粉末离合器

电磁粉末离合器由金属外筒 1 和绕有环形励磁线圈的电磁铁等零部件组成（见图 11.22）。金属外筒或电磁铁均可作为主动件或从动件，它们之间留有一定的间隙，以填充一些铁和石墨的电磁粉末。不通电时，电磁粉末呈散乱状，离合器分离；通电后（通常为直流电），电磁粉末在磁场作用下聚集在金属外筒和电磁铁之间，离合器接合。这种离合器在过载时，金属外筒与电磁铁之间会产生相对滑动，导致温度上升。当温度超过电磁粉末的居里点时，磁性消失，离合器分离，从而可以起到保护作用。

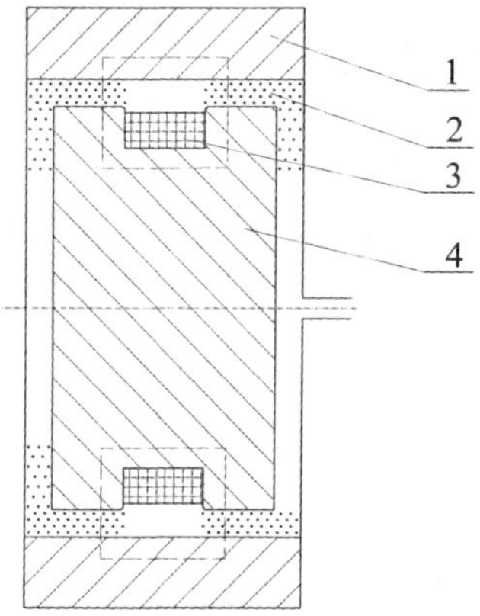

图 11.22　电磁粉末离合器

1— 外筒；　2— 磁粉；　3— 线圈；　4— 磁轭

习　　题

11.1　离心式水泵采用弹性柱销联轴器与电动机连接，传递功率 $P=11$ kW，转速 $n=970$ r/min，联轴器所连接轴端直径分别为 $d_1=40$ mm，$d_2=42$ mm。试选择该联轴器的型号。若原动机改为单缸内燃机，原先选择的型号是否需要改变？

11.2　拟用联轴器连接电动机和齿轮减速器。已知电动机功率 $P=15$ kW，转速 $n=1\,460$ r/min，电动机轴伸直径 $d_1=42$ mm，减速器输入轴端部直径 $d_2=45$ mm，中等冲击载荷。试选择电动机与减速器之间的联轴器类型和型号。

11.3　图 11.16 所示多盘摩擦离合器用于车床上，传递的功率 $P=1.5$ kW，转速 $n=600$ r/min。若摩擦盘接合面圆环外半径 $R_o=60$ mm，内半径 $R_i=40$ mm，摩擦盘材料用淬火钢，摩擦片间的压紧力 $F=260$ N，摩擦因数 $f=0.18$。问需要多少摩擦盘才能实现上述要求？

第12章 轴

12.1 概 述

12.1.1 轴的分类和用途

轴是机器中的一种重要零件，用于支撑回转零件并传递运动和动力。

根据轴上承受载荷的不同，轴可分为转轴、心轴和传动轴三种类型。工作中既承受弯矩又传递转矩的轴称为转轴（见图 12.1），这类轴在各种机器中最为常见。只承受弯矩而不传递转矩的轴称为心轴。心轴又分为转动心轴（见图 12.2(a)）和固定心轴（见图 12.2(b)）两种类型。主要用于传递转矩而不承受弯矩（或承受的弯矩很小）的轴称为传动轴（见图 12.3）。

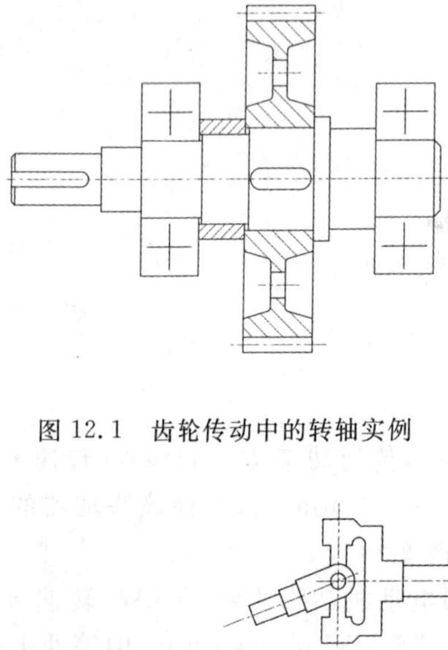

图 12.1 齿轮传动中的转轴实例

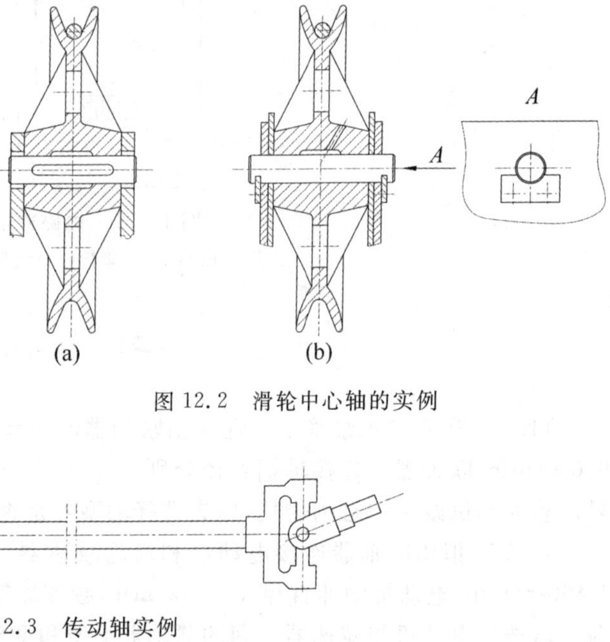

图 12.2 滑轮中心轴的实例

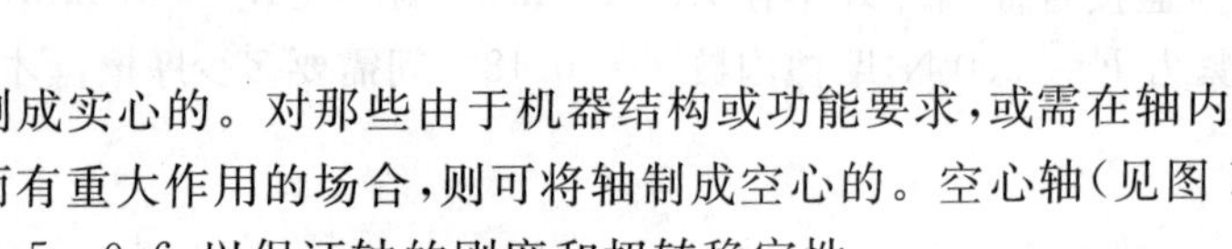

图 12.3 传动轴实例

根据轴线形状的不同，轴可分为直轴和曲轴。根据外形不同，直轴又可分为光轴和阶梯轴（见图 12.1）两种。

直轴一般均制成实心的。对那些由于机器结构或功能要求，或需在轴内装设其他零件，或因减轻轴的质量而有重大作用的场合，则可将轴制成空心的。空心轴（见图 12.4）的内径和外径之比通常取为 0.5～0.6，以保证轴的刚度和扭转稳定性。

曲轴（见图 12.5）可作为曲柄滑块机构的曲柄，将旋转运动转换为往复直线运动，或作相反的运动转换。

具有良好挠性的轴称为软轴。软轴一般都为钢丝软轴，其结构如图 12.6 所示，是由多组钢丝分层卷绕而成的。钢丝软轴可以穿过曲路把回转运动灵活地传到附近其他位置(见图 12.7)。

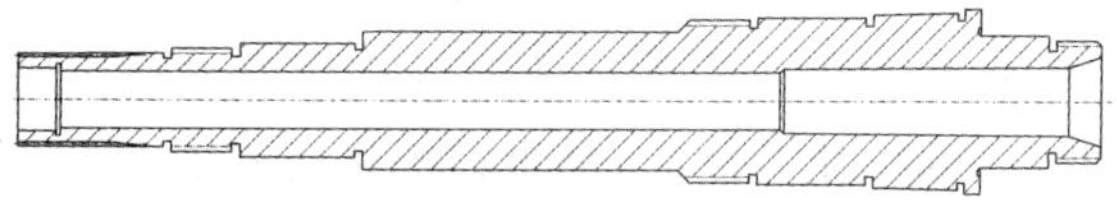

图 12.4　空心轴实例

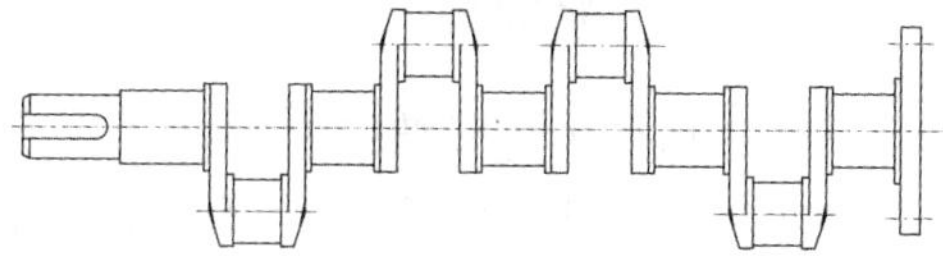

图 12.5　曲轴实例

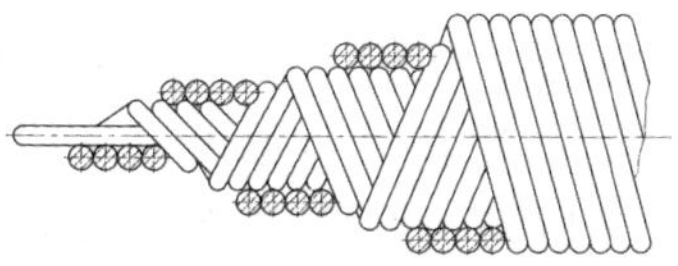

图 12.6　钢丝软轴的结构

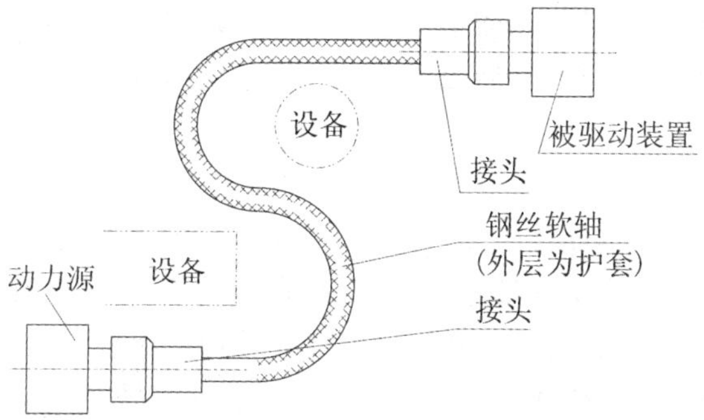

图 12.7　钢丝软轴的应用实例

12.1.2　轴的设计的主要内容

轴的设计内容可以概括为结构设计和承载能力设计两个方面。

1. 轴的结构设计

轴的结构取决于轴的工作要求，包括轴上零件的类型、尺寸、布置和固定方式等。同时，轴的毛坯、制造和装配工艺、安装和运输等因素也会影响到轴的结构设计。

轴的结构设计首先应尽量使轴上零件定位准确、固定可靠、装拆方便，以及良好的工艺性。为了提高轴的强度，应考虑受力合理和减小应力集中。为了保证轴的刚度，应着重在轴的结构和支撑点位置上着手，以达到减小轴的变形的目的。

2. 轴的工作能力设计

轴的工作能力一般包括强度、刚度和振动稳定性等。轴的工作条件不同，对轴工作能力的要求也各有侧重。如机床主轴、电动机转子等，对刚度要求严格，即应使轴的变形量(弯曲变形或扭转变形量)不超过允许的限度，以免破坏机器的正常工作条件；而对高速转动的轴，如航空发动机的涡轮轴等，则对振动稳定性的要求应特别加以考虑，即应使轴的工作转速避开产生共振时的临界转速，以免由于共振造成机器的严重损坏。至于强度要求，则是任何轴都必须满足的基本要求。

由于在轴的结构尺寸尚未设计确定之前，轴上的载荷大小和分布情况，以及支反力的作用点还不能确定，导致无法进行轴的工作能力的计算，所以，轴的设计步骤一般是先根据扭转强度(或扭转刚度)条件，初步确定轴的最小直径。然后，根据轴上零件的相互关系和定位要求，以及轴的加工工艺性及装配工艺性等，合理地拟定轴的结构形状和尺寸。在此基础上，再对较为重要的轴进行强度等工作能力的精确校核计算。需要说明的是，一般情况下只需对轴进行强度校核即可。只有在情况需要时，才进行轴的刚度或振动稳定性的校核。因此，轴的设计区别于其他零件的显著特点是，必须先进行结构设计，然后再进行工作能力校核计算。

12.1.3 轴的材料

由于轴在工作时通常受到交变应力的作用，轴最常见的失效形式是因交变应力的作用而产生断裂。因此，轴的材料具有一定的韧性和较好的抗疲劳性能，是对轴的材料的基本要求。

轴的主要材料是碳钢和合金钢。

碳钢比合金钢价廉，对应力集中的敏感性也较低，还可利用热处理提高其耐磨性和抗疲劳强度，因而常采用碳钢制造轴，其中最常用的是 45 钢。合金钢比碳钢具有更高的机械强度和优越的热处理性能，因而在传递较大动力，并要求减小尺寸和提高轴的耐磨性时，常采用合金钢。

应该明确，在一般工作温度（低于 200℃）下，各种碳钢和合金钢的弹性模量均相差不多，故在选择钢的种类和热处理方法时，所依据的是强度和耐磨性，而不是轴的刚度。另外，合金钢对应力集中的敏感性较高，故在设计合金钢轴时，应特别注意从结构上避免或降低应力集中，并减小表面粗糙度。对于某些结构形状复杂的轴（如曲轴、凸轮轴等），也可以采用球墨铸铁或高强度铸铁来制造。用这类材料铸造成型的轴，容易得到所需的形状，而且有较好的吸振性和耐磨性，对应力集中的敏感性也较低。

轴的常用材料及其主要机械性能见表 12.1。

表 12.1 轴的常用材料及其主要力学性能

材料牌号	热处理	毛坯直径 mm	硬度 HBS	抗拉强度极限 σ_B	屈服强度极限 σ_S	弯曲疲劳极限 σ_{-1}	剪切疲劳极限 τ_{-1}	许用弯曲应力 $[\sigma_{-1}]$	备注
				MPa					
Q235 - A	热轧或锻后空冷	≤100		400～420	225	170	105	40	用于不重要及受载荷不大的轴
		>100～250		375～390	215				
45	正火回火	≤100	170～217	600	300	240	140	55	应用最广泛
		>100～300	162～217	580	290	235	135		
	调质	≤200	217～255	650	360	270	155	60	
40Cr	调质	≤100	241～286	750	550	350	200	70	用于载荷较大，而无很大冲击的重要轴
		>100～300	229～269	700	500	335	185		
40CrNi	调质	≤100	270～300	900	735	430	260	75	用于很重要的轴
		>100～300	240～270	785	570	370	210		
38SiMnMo	调质	≤100	229～286	750	600	360	210	70	用于重要的轴，性能近于 40CrNi
		>100～300	217～269	700	550	335	195		

续 表

材料牌号	热处理	毛坯直径 mm	硬度 HBS	抗拉强度极限 σ_B	屈服强度极限 σ_S	弯曲疲劳极限 σ_{-1}	剪切疲劳极限 τ_{-1}	许用弯曲应力 $[\sigma_{-1}]$	备注
				MPa					
38CrMoAlA	调质	≤60	293～321	930	785	440	280	75	用于要求高耐磨性、高强度且热处理（氮化）变形很小的轴
		>60～100	277～302	835	685	410	270		
		>100～160	241～277	785	590	375	220		
20Cr	渗碳淬火回火	≤60	渗碳 HRC 56～62	650	400	280	160	60	用于要求强度及韧性均较高的轴
3Cr13	调质	≤100	≥241	835	635	395	230	75	用于腐蚀条件下的轴
1Cr18Ni9Ti	淬火	≤100	≤192	540	200	195	115	45	用于高、低温及腐蚀条件下的轴
		>100～200		500		185	105		
QT600-3			190～270	600	370	215	185		用于制造复杂外形的轴
QT800-2			245～335	800	480	290	250		

注：表中所列疲劳极限 σ_{-1} 值是按下列关系式计算的，供设计时参考。碳钢：$\sigma_{-1}\approx 0.43\sigma_B$；合金钢：$\sigma_{-1}\approx 0.2(\sigma_B+\sigma_s)+100$；不锈钢：$\sigma_{-1}\approx 0.27(\sigma_B+\sigma_s)$，$\tau_{-1}=0.156(\sigma_B+\sigma_s)$；球墨铸铁：$\sigma_{-1}=0.36\sigma_B$，$\tau_{-1}\approx 0.31\sigma_B$

12.2　轴的结构设计

轴的结构设计与许多因素有关，如机器的总体布局、空间尺寸、质量限制，轴上零件的类型及其定位方式，轴上载荷的大小、性质、方向和分布情况，轴的加工及装配工艺等。轴的结构设计就是综合考虑以上各方面的影响因素，合理地确定轴的结构形状和尺寸。由于轴的应用场合极为广泛，影响结构的因素较多，轴不可能有标准的结构形式。设计时必须针对轴安装、使用的不同情况进行具体的分析。但是，不论具体条件如何，轴的结构均应满足以下要求：

1）轴和装在轴上的零件要有准确和可靠的工作位置；

2）轴上零件应便于装拆和调整；

3）轴应具有良好的制造工艺性等。

下面讨论轴的结构设计中几个主要的问题。

12.2.1　拟定轴上零件的装配方案

在进行结构设计时，首先应按传动简图上所给出的各主要零件的相互位置关系拟定轴上零件的装配方案。所谓装配方案，就是轴上主要零件的装配方向、装配顺序和相互之间的定位关系和定位形式。装配方案是进行轴的结构设计的前提，决定着轴的基本形式。轴上零件的装配方案不同，轴的结构形状也就不同。

在实际设计过程中，往往拟定几种不同的装配方案进行分析比较，从中选定一种较好的方案。图 12.8 所给出的就是比较常见的一种轴上零件与轴装配的结构实例。在该实例中，所采用的装配方案是：齿轮、套筒、右端轴承、轴承端盖、半联轴器依次从轴的右端向左安装，左端只装轴承及其端盖。这样就需要对各轴段的粗细顺序作相应的安排。在考虑了轴的加工及轴和轴上零件的定位、装配与调整要求后，最终确定了图 12.8 中所示的轴的结构形式。

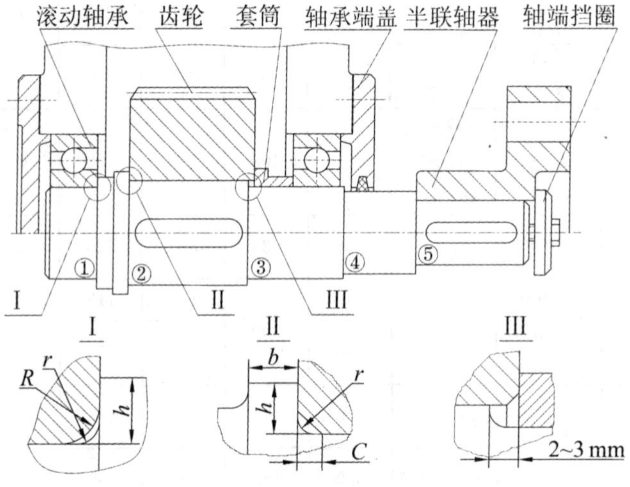

图 12.8　轴上零件装配与轴的结构实例

12.2.2　轴上零件定位方式的确定

安装在轴上的零件的位置通常是通过轴上的定位结构来保证的，定位的准确与可靠是定位结构设计的基本要求。零件在轴上的定位通常需从轴向和周向加以确定。

1. 轴上零件轴向定位方式

1)轴肩定位。利用轴肩定位是最方便而可靠的方法。但采用轴肩定位必然会使轴的直径加大，同时也会因轴肩处剖面突变而引起应力集中。因此，轴肩定位多用于轴向力较大的场合(如图 12.8 中的轴肩①②⑤)。

2)套筒定位。利用套筒定位，可简化轴的结构，又可减小应力集中。套筒结构简单，定位可靠，一般用于零件间距离较小的场合，以免过多增大结构的质量。但是，由于套筒与轴之间存在间隙，在高速情况下不宜采用。利用套筒定位的方法如图 12.8 中齿轮右侧的定位。

3)轴端挡圈。轴端挡圈适用于固定轴端零件，如图 12.8 中半联轴器右侧的定位，可以承受大的轴向力。一般有单螺钉(见图 12.9(a))和双螺钉(见图 12.9(b))两种形式。

4)轴承端盖定位。轴承端盖用螺钉或榫槽与箱体连接，以使滚动轴承的外圈得到轴向定位。在一般情况下，整个轴本身的轴向定位也常利用轴承端盖来实现。如图 12.8 中左右两边轴承外圈的定位，可以将轴在机箱中的位置完全确定下来。

5)圆螺母定位。用圆螺母定位可以承受较大的轴向力，一般用于固定装在轴端的零件。由于需在轴上切制螺纹，将有较大的应力集中，从而降低轴的疲劳强度。其固定方法有用双圆螺母(见图 12.10(a))及用圆螺母和止动垫圈(见图 12.10(b))两种。后者需把止动垫圈的内翅嵌入轴的纵向槽，并把外翅之一折入圆螺母的凹槽中。

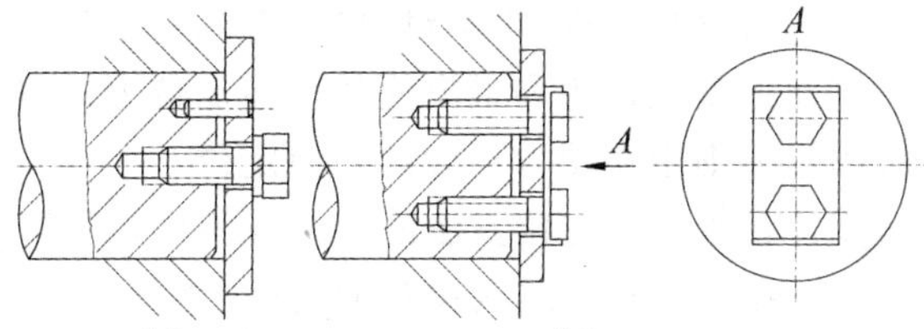

(a) (b)

图 12.9 轴端挡圈定位

(a)单螺钉固定轴端挡圈； (b)双螺钉固定轴端挡圈

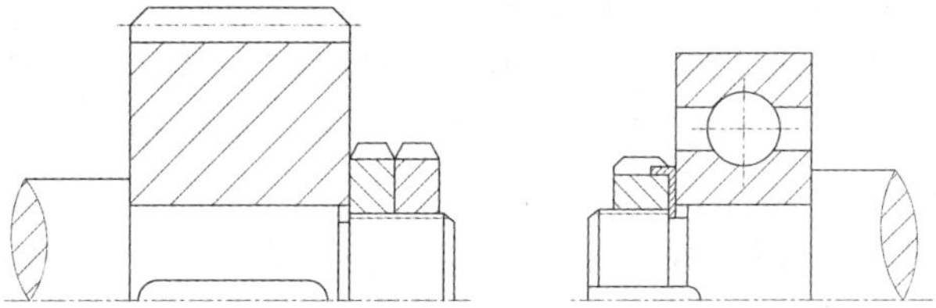

(a) (b)

图 12.10 圆螺母定位

(a)双圆螺母； (b)圆螺母与止动垫圈

6)其他定位方式。在轴向力不大的场合下，也常采用紧定螺钉定位(见图 12.11)、弹性挡圈定位(见图 12.12)、锁紧挡圈定位(见图 12.13)以及圆锥面定位(见图 12.14)等轴向定位方式。读者也可以参阅其他设计参考书，采用其他一些轴向方法，这里不再一一赘述。

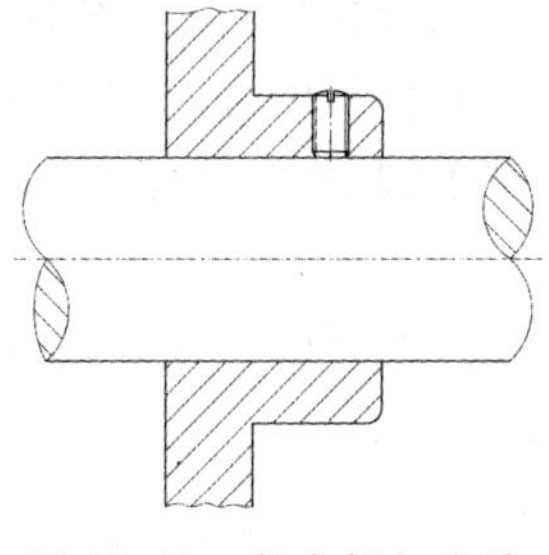

图 12.11 紧定螺钉定位

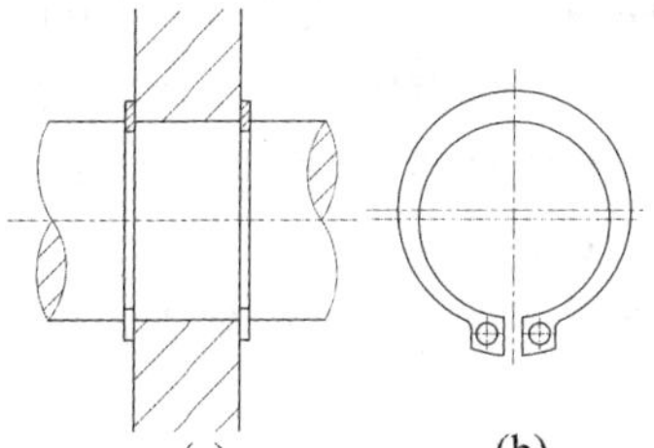

(a) (b)

图 12.12 轴用弹性挡圈定位

(a)定位处结构； (b)轴用弹性挡圈

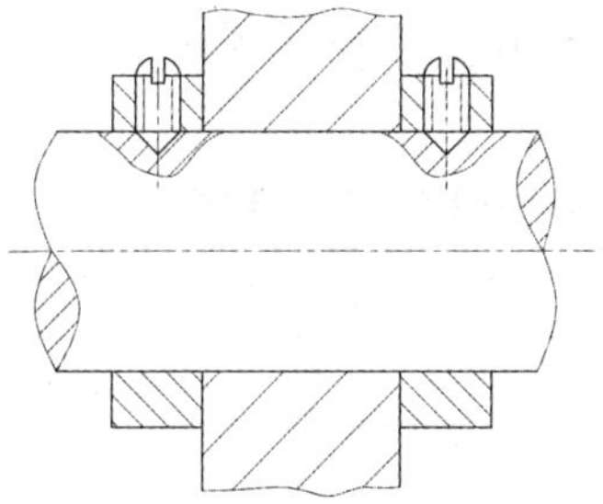

图 12.13 锁紧挡圈定位

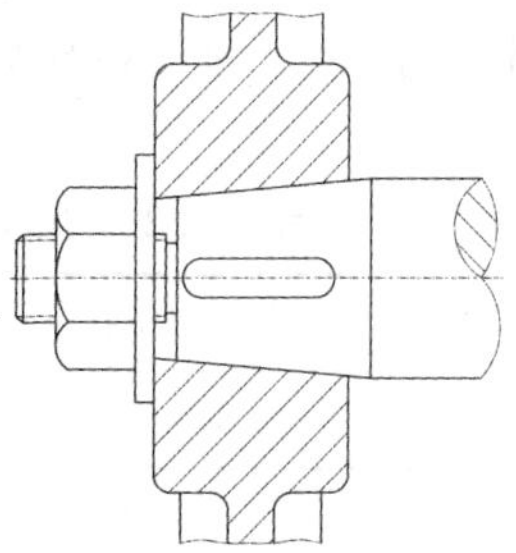

图 12.14 圆锥面定位

2. 轴上零件周向定位方式

轴上零件的周向定位可用键(如平键、半圆键、楔键等)、花键、型面连接、过盈配合、紧定螺钉和销等来实现。其中,键连接是最常用和最方便的周向定位方式,过盈配合常用于轴与轴承的周向定位,而紧定螺钉和销等则用在受力不大的周向定位。

工作条件的不同,对零件在轴上的定位方法的要求也不同,而轴上零件的定位方法又直接影响到轴的结构形状。因此,在进行轴的结构设计时,必须综合考虑轴上载荷的大小及性质,轴的转速,轴上零件的类型及其使用要求等,合理地选择定位方法。

12.2.3 轴上各轴段直径和长度的确定

轴上零件的装配方案和定位方式确定后,轴的形状便基本确定。轴的直径大小与轴所受到的载荷有关,但是初步设计轴的尺寸时,往往不知道支反力作用点的位置,从而不能确定弯矩的大小和分布情况。因此,只能用轴所受的转矩先估计轴的最小直径。

1. 轴段直径的确定

在轴类零件的设计,通常是按扭转强度条件来初步估算轴的直径(具体估算方法根据12.3节内容进行),并将这一估算直径作为受扭轴段的最小直径。当然,轴的最小轴径也可凭经验或参考同类机械用类比的方法确定。

轴的最小直径确定后,可按轴上零件的装配方案和定位要求,逐步确定各轴段的直径。在确定各轴段直径时,还应遵循以下几个原则和方法:

1)与标准件相配合的轴段直径,应符合标准件的直径标准、定位要求和配合要求。如与滚动轴承相配合的轴段应符合滚动轴承的直径标准和安装尺寸要求;与标准联轴器相配合的轴段应与标准联轴器的孔径范围相适应。

2)与外购件相配合的轴段直径,应根据外购件与之相配合孔的直径、安装要求来确定。

3)与轴上一般零件有配合要求的轴段直径,为了减少配合孔的加工刀具和量具种类,轴径尺寸应尽量取标准值系列,并根据装配和使用要求以及精度设计方案,优先采用基孔制配合,确定配合的公差等级。

4)与轴上零件无配合要求的轴段直径可以采用标准值,也可以采用非标准值,但最好取成整数值。

5)轴上的螺纹直径应符合与之配合零件的螺纹标准。

6)为确保零件可靠定位,应使定位轴肩的高度 $h=(2\sim3)C$,C 为与轴相配零件的孔边倒角尺寸(见表12.2)。滚动轴承的定位轴肩(如图12.8中的轴肩①)高度必须低于轴承内圈端面的高度,以便拆卸轴承,轴肩的高度可查手册中轴承的安装尺寸。

7)非定位轴肩是为了加工和装配方便而设置的,其高度没有严格规定,一般根据结构和装配需要确定。

表12.2 零件倒角 C 与圆角半径 R 的推荐值 单位:mm

直径 d	$>6\sim10$	$>10\sim18$	$>18\sim30$	$>30\sim50$	$>50\sim80$	$>80\sim120$	$>120\sim180$
C 或 R	0.6	0.8	1.0	1.6	2.0	2.5	3.0

2. 轴段长度的确定

在确定了轴上各轴段直径后,根据轴上零件的轴向尺寸(如齿轮轮毂宽度、轴承宽度等)、各零件的相互位置关系、零件加工精度、零件所需的装配或调整空间以及零件的运动精度等因素，确定轴的各段长度。

在确定轴上各轴段长度时，应注意如下几个问题：

1）与轴上零件相配合部分的轴段长度（见图 12.8 中安装齿轮的轴段）应比轴上零件配合段长度略短一些（见图 12.8 中的 Ⅲ），一般装配可以短 2 ～ 3 mm，以保证零件的轴向定位可靠。

2）若在轴上装有需要滑移的零件（如变速箱中的滑移齿轮等），则该段轴长应按零件滑移的距离与轴上零件配合段长度之和进行确定。

3）装有紧固件（如螺母、挡圈等）的轴段，其长度应保证装拆或调整紧固件时有一定的轴向空间。

4）各轴段长度的确定还应注意轴上零件之间及与其他零件之间应留有适当的间隙，以防止运转时发生碰撞。具体间隙的大小与旋转轴以及各运动零件的加工精度、运动速度和刚度等因素有关，一般可取 5 ～ 15 mm。

5）轴环（见图 12.8 中的 Ⅱ）的宽度一般应满足 $b \geqslant 1.4h$，h 为轴环处的轴肩高。

通过确定轴上的各段基本直径和基本长度，形成一个中间大、两端小的阶梯轴。这种结构形式不仅适应轴上零件的装配需要，同时也比较符合等强度梁的概念。为便于加工，且减少应力集中，轴的结构应力求简单，并符合加工工艺性和装配工艺性的要求。

12.2.4　轴的结构工艺性

轴的基本结构形状确定之后，还需按工艺要求，对轴的结构细节进行合理设计，以利于提高轴的加工和装配工艺性，并改善轴的疲劳强度。

1. 过渡圆角的设计

为了减小应力集中，应在轴剖面的突变处制成适当的过渡圆角。在条件允许的情况下，应适当增大其过渡圆角半径 r（见图 12.8）。为了使轴上零件能靠紧轴肩而得到准确可靠的定位，轴肩处的过渡圆角半径 r 必须小于与之相配的零件毂孔端部的圆角半径 R 或倒角尺寸 C（见图 12.8 中的 Ⅰ 和 Ⅱ）。轴和零件上的倒角和圆角半径 r 的常用范围见表 12.2，或参照 GB/T 6403.4 确定。

当与轴相配的零件必须采用很小的圆角半径时，为减小轴肩处的应力集中，必要时可以采用内凹圆弧（见图 12.15(a)）或加装隔离环（见图 12.15(b)）等结构形式。

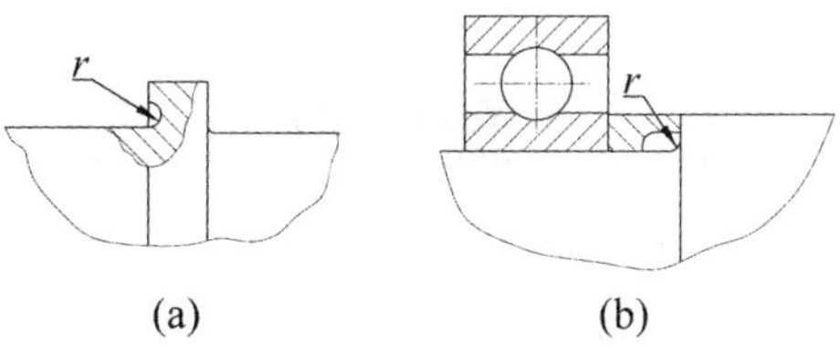

图 12.15　内凹圆弧与过渡环

(a) 采用内凹圆弧；(b) 加装隔离环

2. 有配合要求轴段的设计

轴上的配合面与非配合面应尽可能采用不同的直径，以免装拆零件时损伤配合面的精度和表面粗糙度（例如图 12.8 中轴肩 ②③ 处）。对于同一公称直径而加工精度和表面粗糙度要求不同的轴段，应注明其区域，以减少精加工工量，降低加工成本。为便于装配零件时导向和避免毛刺擦伤配合面，轴的两端以及有过盈配合的台阶处，可制成倒角或引导锥（见图 12.16）；或在同一轴段的两个部位上制出不同尺寸公差的引导段（见图 12.17）。

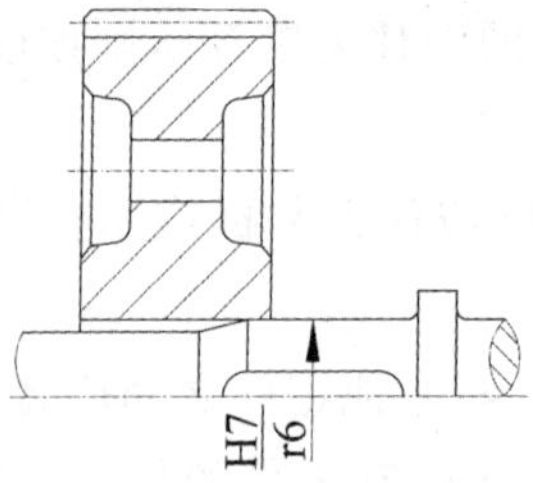

图 12.16　引导锥

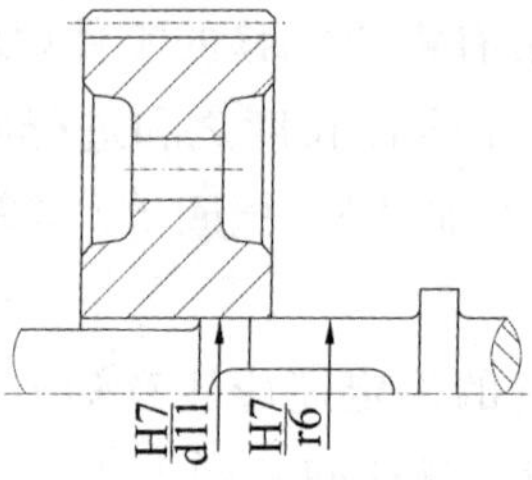

图 12.17　不同尺寸公差的引导段

3. 其他常见的工艺性处理要求

为了减少装卡工件的时间，同一轴上有两个以上的键槽时，键槽宽度应尽可能统一，且应布置在轴的同一母线上，以方便加工。

为了减少加工刀具种类和提高劳动生产率，轴上直径相近处的圆角、倒角、砂轮越程槽和退刀槽等应尽可能采用相同的结构尺寸。

当轴的某段加工精度高而需要磨削时，应留出砂轮越程槽（见图 12.18）；或者轴上螺纹旋合段需要车削螺纹时，应留出螺纹退刀槽（见图 12.19）。其尺寸可参考表 12.3，表 12.4 或有关标准和手册。需要注意的是，在轴上受力较大之处，应尽量避免制出螺纹或销孔等，以免对轴造成过多的强度削弱或过大的应力集中。

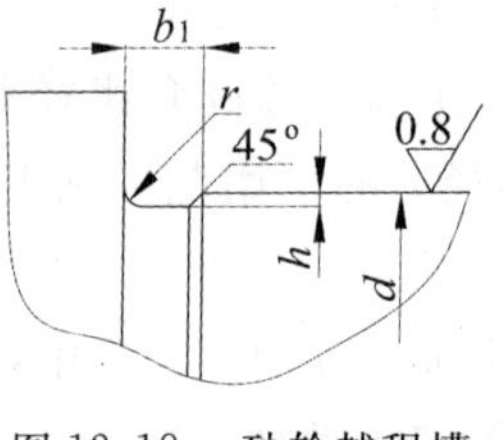

图 12.18　砂轮越程槽

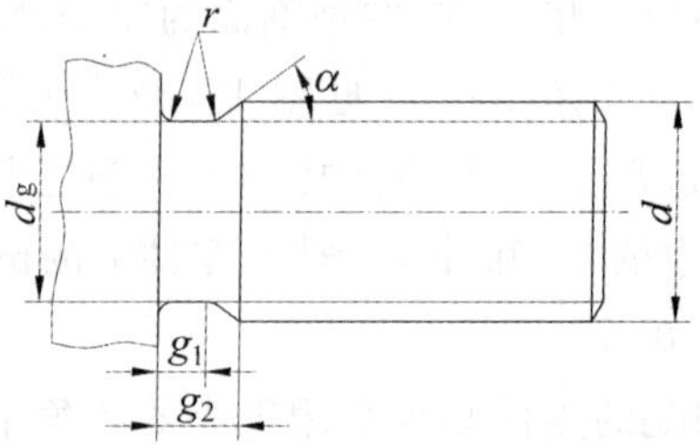

图 12.19　外螺纹退刀槽

表 12.3　砂轮越程槽推荐尺寸值　　单位：mm

b_1	0.6	1.0	1.6	2.0	3.0	4.0	5.0	8.0	10
h	0.1	0.2		0.3	0.4		0.6	0.8	1.2
r	0.2	0.5		0.8	1.0		1.6	2.0	3.0
d	～10			＞10～50		＞50～100		＞100	

表 12.4　螺纹退刀槽推荐尺寸值　　单位：mm

螺距 P	g_2(max)	g_1(min)	d_g	$r\approx$
1	3	1.6	$d-1.6$	0.6
1.25	3.75	2	$d-2$	0.6
1.5	4.5	2.5	$d-2.3$	0.8
1.75	5.25	3	$d-2.6$	1
2	6	3.4	$d-3$	1
2.5	7.5	4.4	$d-3.6$	1.2
3	9	5.2	$d-4.4$	1.6

12.3　轴的强度验算

轴的结构设计完成后，已确定了轴的形状和几何尺寸。这时轴上零件的位置已确定，即外载荷及支反力的作用位置已知，便可进行轴的强度校核，其目的在于检验轴的工作能力及结构设计的合理性。

进行轴的强度验算时，应根据轴的具体受载及应力情况，采取相应的计算方法：

1) 对于仅用于或主要用于传递转矩的传动轴，应按扭转强度条件验算；

2) 对于仅承受弯矩的心轴，可按弯曲强度条件验算；

3) 对于既传递转矩又承受弯矩的转轴，应按弯扭合成强度条件进行验算。

下面介绍轴的强度验算方法。

12.3.1　按扭转强度条件验算

用这种方法对轴进行强度验算时，只需知道轴所传递的转矩。因此，这种方法也常用于转轴结构设计时，初步估算轴的最小直径。

轴在承受转矩 T 作用时，其扭转强度条件可表示为

$$\tau_T=\frac{T}{W_T}\approx\frac{9\ 550\ 000\,\dfrac{P}{n}}{0.2d^3}\leqslant[\tau_T] \tag{12.1}$$

式中　T —— 轴所受到的转矩，N·mm；

W_T —— 轴的抗扭剖面模量，mm^3，计算见表 12.6；

n —— 轴的转速，r/min；

P —— 轴所传递的功率，kW；

d —— 计算剖面处轴的直径，mm；

$[\tau_T]$ —— 许用扭转剪应力，MPa，见表 12.5。

由式(12.1)可得出轴的直径

$$d\geqslant\sqrt[3]{\frac{9\ 550\ 000P}{0.2n[\tau_T]}}=A_0\sqrt[3]{\frac{P}{n}} \tag{12.2}$$

式中，$A_0=\sqrt[3]{\dfrac{9\ 550\ 000}{0.2[\tau_T]}}$ 是仅与材料强度有关的常数，可查表 12.5。

表 12.5 轴常用几种材料的$[\tau_T]$及 A_0 值

轴的材料	Q235,20	Q275,35,1Cr18Ni9Ti	45	40Cr,35SiMn,38SiMnMo,3Cr13
$[\tau_T]$/MPa	15 ~ 25	20 ~ 35	25 ~ 45	35 ~ 55
A_0	149 ~ 126	135 ~ 112	126 ~ 103	112 ~ 97

注：① 表中所列的$[\tau_T]$及 A_0 值，当只受转矩或弯矩的作用较转矩为小时，$[\tau_T]$取较大值，A_0 取较小值；反之，$[\tau_T]$取较小值，A_0 取较大值。

② 当用 Q235 及 35SiMn 时，$[\tau_T]$取较小值，A_0 取较大值

应当指出，当剖面上开有键槽时，考虑到键槽对轴强度的削弱，在有一个键槽时，应把轴径增大 3% 左右；有两个键槽时，则应增大 7% 左右，然后圆整至标准直径。

12.3.2 按弯扭合成强度条件验算

对于既传递转矩又承受弯矩的转轴，应按弯扭合成强度条件进行验算。其验算步骤如下：

1. 绘制轴的计算简图

轴所受载荷是由安装在轴上的零件传来的。计算时，常将轴上的载荷简化成集中力，力的作用点取为载荷分布段的中点。作用在轴上的转矩，一般从传动件轮毂宽度的中点算起。轴上支撑反力的作用点与轴承的类型和布置方式有关，近似计算时可取轴承宽度的中点。

通常，轴所受到的外载荷不是作用在轴的同一平面内，这时应先将这些力分解到水平面和垂直面内，并求出各支撑处的水平反力 F_{NH} 和垂直反力 F_{NV}(见图 12.20(a))。

2. 计算和绘制弯矩图

由上述计算简图，分别计算水平面和垂直面上由各力产生的弯矩，并绘制出相应的水平面的弯矩 M_H 图(见图 12.20(b))和垂直面的弯矩 M_V 图(见图 12.20(c))，再绘出合成弯矩 M 图(见图 12.20(d))，合成弯矩可按式(12.3)求出。

$$M=\sqrt{M_H^2+M_V^2} \tag{12.3}$$

3. 计算和绘制转矩图

由计算简图，计算轴受到的转矩 T，并绘制出相应的转矩图(见图 12.20(e))。

4. 确定和绘制计算弯矩图

根据已绘出的合成弯矩图和转矩图，按第三强度理论(式(12.4))求出计算弯矩 M_{ca}，并绘制相应的计算弯矩 M_{ca} 图(见图 12.20(f))。

$$M_{ca}=\sqrt{M^2+(\alpha T)^2} \tag{12.4}$$

式中，α 是考虑弯矩和转矩在轴剖面内所引起的应力变化差异的系数。由于通常由弯矩产生的弯曲应力是对称循环变应力，而由转矩产生的扭转剪应力则常常不是对称循环变应力，因而在确定计算弯矩时，必须考虑这种应力特性差异的影响。

当扭转剪应力为静应力时，取 $\alpha=0.3$；

当扭转剪应力为脉动循环变应力时，取 $\alpha=0.59$；

当扭转剪应力为对称循环变应力时，取 $\alpha=1$。

对于单向转动的轴，考虑到启动、停机及运转中的不均匀性，一般将转矩产生的扭转剪应力视为脉动循环变应力；对于双向运转的轴，一般认为转矩产生的扭转剪应力为对称循环变应力。

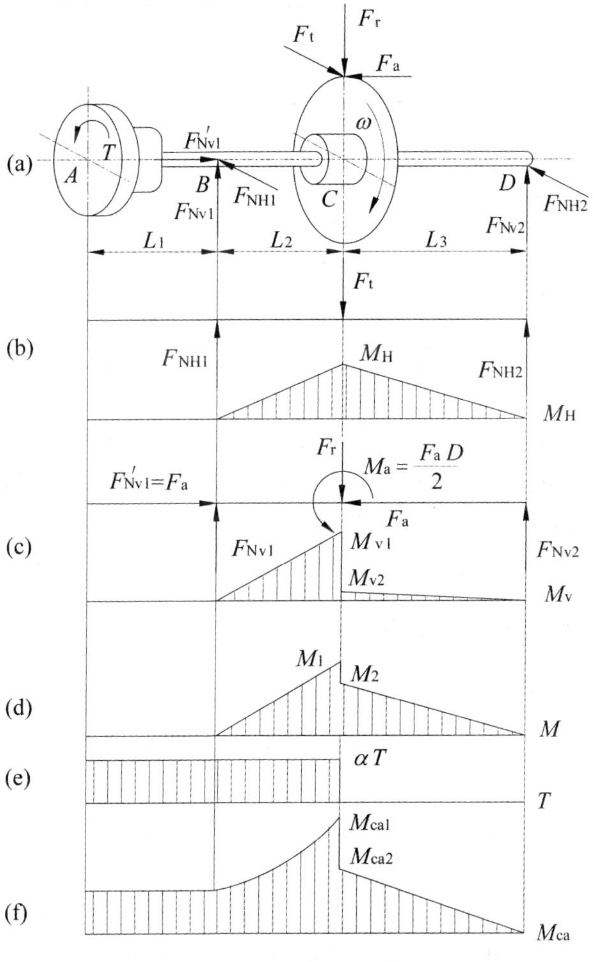

图 12.20　轴的载荷分析图

5. 确定轴的危险剖面

轴的危险剖面是指轴的强度薄弱之处，也即轴的最大应力位置。轴的危险剖面通常在直径相对较小而计算弯矩较大的剖面。在设计时，须找出轴的危险剖面，并对其进行强度校核。

6. 校核轴的强度

危险剖面确定后，便可根据轴的计算弯矩进行轴的强度校核计算，即

$$\sigma_{ca}=\frac{M_{ca}}{W_M}=\frac{\sqrt{M^2+(\alpha T)^2}}{W_M}\leqslant[\sigma] \tag{12.5}$$

式中　W_M—— 危险剖面处的抗弯截面模量，mm^3，见表 12.6；

$[\sigma]$—— 轴的许用弯曲应力，MPa。

式(12.5)也适用于只承受弯矩的心轴的强度校核。此时，应取 $T=0$。该式中$[\sigma]$的确定与轴的受载性质有关。当轴转动时，弯矩在轴截面上所引起的应力是对称循环变应力，许用应

力应为$[\sigma_{-1}]$。而对于固定心轴，考虑启动、停车等的影响，弯矩在轴截面上所引起的应力可视为脉动循环变应力，许用应力应为$[\sigma_0]$，$[\sigma_0]\approx 1.7[\sigma_{-1}]$)。

表 12.6　抗弯、抗扭截面系数计算公式

截面	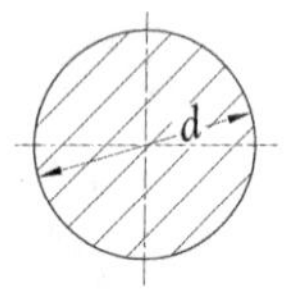	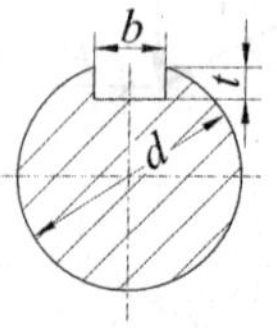	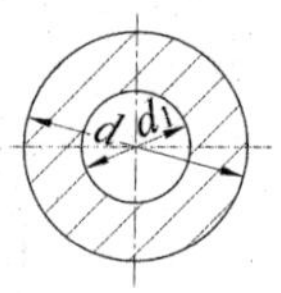
W_M	$\dfrac{\pi d^3}{32}\approx 0.1d^3$	$\dfrac{\pi d^3}{32}-\dfrac{bt\,(d-t)^2}{2d}$	$\dfrac{\pi d^3}{32}(1-\beta^4)\approx 0.1d^3(1-\beta^4)$，　$\beta=\dfrac{d_1}{d}$
W_T	$\dfrac{\pi d^3}{16}\approx 0.2d^3$	$\dfrac{\pi d^3}{16}-\dfrac{bt\,(d-t)^2}{2d}$	$\dfrac{\pi d^3}{16}(1-\beta^4)\approx 0.2d^3(1-\beta^4)$，　$\beta=\dfrac{d_1}{d}$

应当指出，经校核后有时会发现轴的强度比较富裕。若单从强度观点考虑，轴的几何尺寸似乎可以缩小。但是，由于轴的结构尺寸还受到刚度、振动稳定性，以及制造、装配工艺性等条件的限制，因此设计时，必须全面地考虑问题，只有在其他条件允许时，才可修改原结构尺寸。

如果强度不足，可采取适当措施来提高轴的工作能力。

12.3.3　提高轴强度的常用措施

轴和轴上零件的结构、工艺以及轴上零件的安装布置等对轴的强度有很大的影响，所以应在这些方面进行充分考虑，以提高轴的承载能力，减小轴的尺寸和机器的质量，降低制造成本。

1) 合理布置轴上零件，改善轴的受载结构，减小轴的载荷。为了减小轴所承受的弯矩，传动件应尽量靠近轴承，并尽可能不采用悬臂的支撑形式，力求缩短支撑跨距及悬臂长度等。

2) 改进轴的结构，减小应力集中的影响。轴通常是在变应力条件下工作的，轴的截面尺寸发生突变处要产生应力集中，轴的疲劳破坏往往在此处发生。为了提高轴的疲劳强度，应尽量减少应力集中源和降低应力集中的程度。可通过适当增大过渡圆角半径，降低表面粗糙度以减小应力集中。

3) 采取各种热处理(如表面淬火、渗碳或渗氮等)和表面滚压、喷丸等强化工艺方法，以提高材料的综合机械性能和疲劳强度。

4) 必要时，可改用高强度材料或加大轴的剖面尺寸。

12.4　轴的刚度验算

轴的刚度不足，在工作中将会产生过大的变形而影响轴上零件的工作能力，甚至影响机器的工作性能。所以对有刚度要求的轴，必须进行刚度验算。

轴的刚度分为弯曲刚度和扭转刚度两种。前者以挠度和偏转角来度量，后者以扭转角来度量。轴的刚度验算通常是计算轴受载时的变形量，使其不大于允许值。

12.4.1　轴的弯曲刚度验算

常见的轴大多可视为简支梁。若是光轴，可直接用材料力学中的公式计算其挠度、偏转角或扭转角；若是阶梯轴，如果对计算精度要求不高，则可用当量直径法作近似计算。当量直径法是把阶梯轴看成是当量直径为 d_v 的等直径光轴，然后再按材料力学中的公式计算。当量直径可按下式确定：

$$d_v = \sqrt[4]{\frac{L}{\sum_{i=1}^{z} \frac{l_i}{d_i^4}}} \ \text{(mm)} \tag{12.6}$$

式中　l_i—— 阶梯轴第 i 段的长度，mm；

d_i—— 阶梯轴第 i 段的直径，mm；

L—— 阶梯轴的计算长度，mm；

z—— 阶梯轴计算长度内的轴段数。

当载荷作用于两支撑之间时，$L=l$（l 为支撑跨距）；当载荷作用于悬臂端时，$L=l+k$（k 为轴的悬臂长度）。

轴的弯曲刚度条件为

$$y \leqslant [y] \ \text{(mm)}, \quad \theta \leqslant [\theta] \ \text{(rad)}$$

式中　$[y]$—— 轴的允许挠度，mm；

$[\theta]$—— 轴的允许偏转角，rad。

$[y]$ 和 $[\theta]$ 的值可参见表 12.7。

表 12.7　轴的允许挠度及允许偏转角

名　称	允许挠度 $[y]$/mm	名　称	允许偏转角 $[\theta]$/rad
一般用途的轴	$(0.000\,3 \sim 0.000\,5)l$	滑动轴承	0.001
刚度要求较严的轴	$0.000\,2l$	向心球轴承	0.005
感应电动机轴	0.1Δ	调心球轴承	0.05
安装齿轮的轴	$(0.01 \sim 0.03)m$	圆柱滚子轴承	0.002 5
安装蜗轮的轴	$(0.02 \sim 0.05)m$	圆锥滚子轴承	0.001 6
		安装齿轮处轴的截面	0.001 ～ 0.002

注：l 为轴的跨距，mm；Δ 为电动机定子与转子间的气隙，mm；m 为齿轮、蜗轮的端面模数，mm

12.4.2　轴的扭转刚度验算

轴的扭转变形用每米长的扭转角 φ 来表示。圆形轴扭转角 φ，对于光轴按下式计算：

$$\varphi = 5.73 \times 10^4 \frac{T}{GI_p} \tag{12.7}$$

对于阶梯轴按下式计算：

$$\varphi = 5.73 \times 10^4 \frac{1}{LG} \sum_{i=1}^{z} \frac{T_i l_i}{I_{pi}} \tag{12.8}$$

式中 T —— 轴所受的转矩，N·mm；

G —— 轴选用材料的剪切弹性模量，MPa，对于钢材，$G=8.1\times10^4$ MPa；

I_p —— 轴截面的极惯性矩，mm⁴，对于圆轴，$I_p=\dfrac{\pi d^4}{32}$；

L —— 阶梯轴受转矩作用的长度，mm；

T_i, l_i, I_{pi} —— 阶梯轴第 i 段上所受的转矩、长度和极惯性矩；

z —— 阶梯轴受转矩作用的轴段数。

式(12.9)为轴的扭转刚度条件。

$$\varphi \leqslant [\varphi] \tag{12.9}$$

式中，$[\varphi]$ 为轴每米长的允许扭转角，与轴的使用场合有关。对于一般传动轴，可取 $[\varphi]=(0.5^\circ\sim1^\circ)/\text{m}$；对于精密传动轴，可取 $[\varphi]=(0.25^\circ\sim0.5^\circ)/\text{m}$；对于精度要求不高的轴，$[\varphi]$ 可大于 $1^\circ/\text{m}$。

【例题 12.1】 某设备中的输送装置运转中，工作转矩有中等变化，以圆锥-圆柱齿轮减速器作为减速装置，试设计该减速器的输出轴。减速器的装置简图如图 12.21 所示。输入轴与电动机相联，输出轴通过弹性柱销联轴器与工作机相联，输出轴为单向旋转（从装有半联轴器的一端看为顺时针方向）。已知电动机功率 $P=10$ kW，转速 $n_1=1\,450$ r/min，齿轮机构的主要参数列于表 12.8。

表 12.8 齿轮机构的主要参数

级别	z_1	z_2	m_n/mm	β	α_n	h_a^*	齿宽/mm
高速级	20	75	3.5	—	20°	1	大锥齿轮轮毂长 $L=50$
低速级	23	95	4	8°6′34″			$B_1=85, B_2=80$

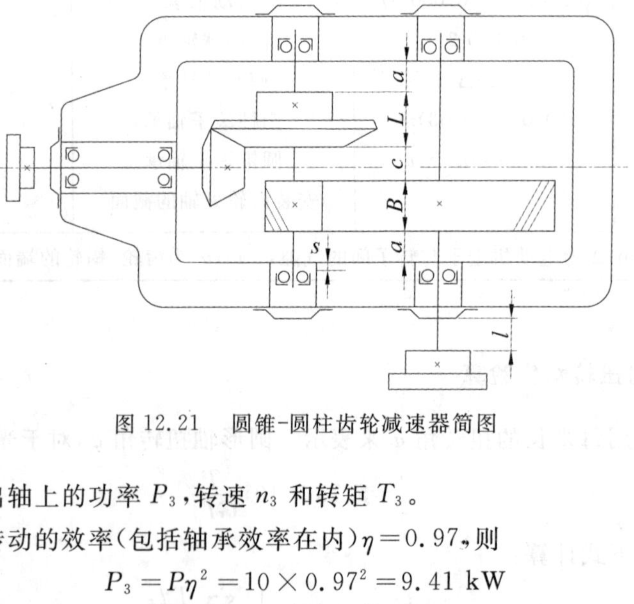

图 12.21 圆锥-圆柱齿轮减速器简图

解 (1) 求输出轴上的功率 P_3，转速 n_3 和转矩 T_3。

若取每级齿轮传动的效率（包括轴承效率在内）$\eta=0.97$，则

$$P_3=P\eta^2=10\times0.97^2=9.41\ \text{kW}$$

又
$$n_3 = \frac{n_1}{i} = 1\,450 \times \frac{20}{75} \times \frac{23}{95} = 93.61 \text{ r/min}$$

于是
$$T_3 = 9.55 \times 10^6 \times \frac{P_3}{n_3} = 9.55 \times 10^6 \times \frac{9.41}{93.61} \approx 960\,000 \text{ N} \cdot \text{mm}$$

(2) 求作用在齿轮上的力。

因已知低速级大齿轮的分度圆直径为

$$d_2 = mz_2/\cos\beta = 4 \times 95/\cos 8°6'34'' = 383.84 \text{ mm}$$

而
$$F_t = \frac{2T_3}{d_2} = \frac{2 \times 960\,000}{383.84} = 5\,002 \text{ N}$$

$$F_r = F_t \frac{\tan \alpha_n}{\cos \beta} = 5\,002 \times \frac{\tan 20°}{\cos 8°6'34''} = 1\,839 \text{ N}$$

$$F_a = F_t \tan\beta = 5\,002 \times \tan 8°6'34'' = 713 \text{ N}$$

圆周力 F_t，径向力 F_r 及轴向力 F_a 的方向如图 12.20 所示。

(3) 初步确定轴的最小直径。

先按式(12.2)初步估算轴的最小直径。选取轴的材料为 45 钢，调质处理。根据表 12.5，取 $A_0 = 112$，于是得

$$d_{\min} = A_0 \sqrt[3]{\frac{P_3}{n_3}} = 112 \times \sqrt[3]{\frac{9.41}{93.61}} = 52.1 \text{ mm}$$

输出轴的最小直径显然是安装联轴器处轴的直径 $d_{\text{I-II}}$（见图 12.22）。为了使所选的轴直径 $d_{\text{I-II}}$ 与联轴器的孔径相适应，故需同时选取联轴器型号。

联轴器的计算转矩 $T_{ca} = K_A T_3$，考虑到转矩有中等变化，故取 $K_A = 1.4$，则

$$T_{ca} = K_A T_3 = 1.4 \times 960\,000 = 1\,344\,000 \text{ N} \cdot \text{mm}$$

按照计算转矩 T_{ca} 应小于联轴器公称转矩的条件，查标准 GB/T 5014—2003 或手册，选用 LX4 型弹性柱销联轴器，其公称转矩为 2 500 kN · mm。半联轴器的孔径 $d_{\text{I}} = 55$ mm，故取 $d_{\text{I-II}} = 55$ mm；半联轴器长度 $L = 112$ mm，半联轴器与轴配合的毂孔长度 $L_1 = 84$ mm。

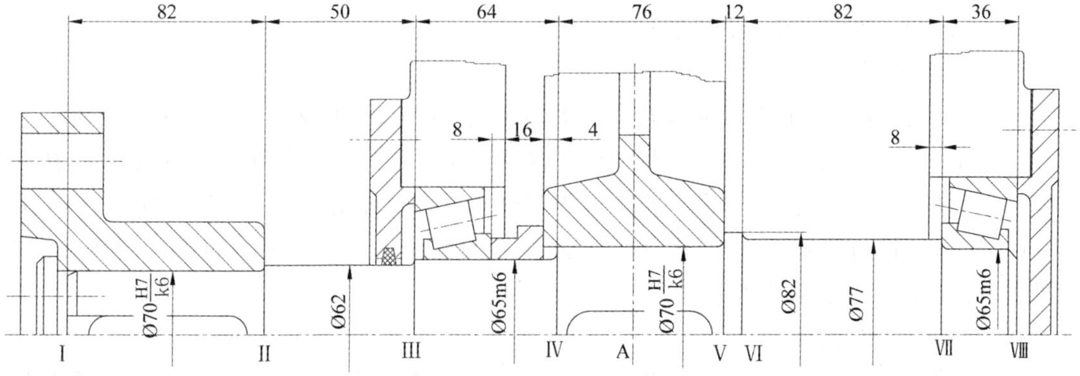

图 12.22　轴的结构与装配

(4) 轴的结构设计。

1) 拟定轴上零件的装配方案。

本题的装配方案选用图 12.22 所示的装配方案。

2) 根据轴向定位的要求确定轴的各段直径和长度。

a) 为了满足半联轴器的轴向定位要求，Ⅰ-Ⅱ 轴段右端需制出一轴肩，故取 Ⅱ-Ⅲ 段的直径 $d_{\text{Ⅱ-Ⅲ}}=62$ mm；左端用轴端挡圈定位，按轴端直径取挡圈直径 $D=65$ mm。半联轴器与轴配合的毂孔长度 $L_1=84$ mm，为了保证轴端挡圈只压在半联轴器上而不压在轴的端面上，故 Ⅰ-Ⅱ 段的长度应比 L_1 略短一些，现取 $L_{\text{Ⅰ-Ⅱ}}=82$ mm。

b) 初步选择滚动轴承。因轴承同时受有径向力和轴向力的作用，故选用单列圆锥滚子轴承。参照工作要求并根据 $d_{\text{Ⅱ-Ⅲ}}=62$ mm，由轴承产品目录中初步选取 0 基本游隙组、标准精度级的单列圆锥滚子轴承 30313，其尺寸为 $d\times D\times T=65\ \text{mm}\times 140\ \text{mm}\times 36\ \text{mm}$，故 $d_{\text{Ⅲ-Ⅳ}}=d_{\text{Ⅶ-Ⅷ}}=65$ mm；而 $L_{\text{Ⅶ-Ⅷ}}=36$ mm。

右端滚动轴承采用轴肩进行轴向定位。由轴承手册上查得 30313 型轴承的定位轴肩高度 $h=6$ mm，即取 $d_{\text{Ⅵ-Ⅶ}}=77$ mm。

c) 取安装齿轮处的轴段 Ⅳ-Ⅴ 的直径 $d_{\text{Ⅳ-Ⅴ}}=70$ mm；齿轮的左端与左轴承之间采用套筒定位。已知齿轮轮毂的宽度为 80 mm，为了使套筒端面可靠地压紧齿轮，此轴段应略短于轮毂宽度，故取 $L_{\text{Ⅳ-Ⅴ}}=76$ mm。齿轮的右端采用轴肩定位，轴肩高度 $h=(2\sim3)C$。由于轮毂孔径为 70 mm，按表 12.2，$C=2$ mm，故取 $h=6$ mm，则轴环处的直径 $d_{\text{Ⅴ-Ⅵ}}=82$ mm。轴环宽度 $b\geqslant 1.4h$，取 $L_{\text{Ⅴ-Ⅵ}}=12$ mm。

d) 轴承端盖的总宽度为 20 mm（由减速器及轴承端盖的结构设计而定）。根据轴承端盖的装拆及便于对轴承添加润滑脂的要求，取端盖的外端面与半联轴器右端面间的距离 $l=30$ mm（参看图 12.21），故取 $L_{\text{Ⅱ-Ⅲ}}=50$ mm。

e) 取齿轮距箱体内壁之距离 $a=16$ mm，锥齿轮与圆柱齿轮之间的距离 $c=20$ mm（参看图 12.21）。考虑到箱体的铸造误差，在确定滚动轴承位置时，应距箱体内壁一段距离 s，取 $s=8$ mm（参看图 12.21），已知滚动轴承宽度 $T=36$ mm，大锥齿轮轮毂长 $L=50$ mm，则

$$L_{\text{Ⅲ-Ⅳ}}=T+s+a+(80-76)=36+8+16+4=64\ \text{mm}$$

$$L_{\text{Ⅵ-Ⅶ}}=L+c+s+a-L_{\text{Ⅴ-Ⅵ}}=50+20+16+8-12=82\ \text{mm}$$

至此，已初步确定了轴的各段直径和长度。

3) 轴上零件的周向定位。

齿轮、半联轴器与轴的周向定位均采用平键连接。按 $d_{\text{Ⅳ-Ⅴ}}$ 由表 3.1 查得平键截面 $b\times h=20\ \text{mm}\times 12\ \text{mm}$，键槽长为 63 mm，同时为了保证齿轮与轴配合有良好的对中性，故选择齿轮轮毂与轴的配合为 H7/n6。同样，半联轴器与轴的连接，选用平键为 16 mm × 10 mm × 70 mm，半联轴器与轴的配合为 H7/k6。滚动轴承与轴的周向定位是由过渡配合来保证的，此处选轴的直径尺寸公差为 m6。

(5) 求轴上的载荷。

首先根据轴的结构图（见图 12.22）做出轴的计算简图（见图 12.20）。其中，轴承的支点位置可近似按轴承中点确定。因此，图 12.20 中的 $L_2=76/2+64-36/2=84$ mm，$L_3=76/2+12+82+36/2=150$ mm。作为简支梁的轴的支撑跨距 $L_2+L_3=84+150=234$ mm。根据轴的计算简图做出轴的弯矩图和转矩图（见图 12.20）。

根据轴的结构图以及弯矩和转矩图，可以估计截面 A 是轴的危险截面之一。现将计算出的截面 A 处的 M_H，M_V 及 M 的值列于表 12.9（参看图 12.20）。

表 12.9　危险截面 A 处的载荷值

载荷	水平面 H	垂直面 V
支反力 F	$F_{NH1}=3\ 206$ N，　$F_{NH2}=1\ 796$ N	$F_{NV1}=1\ 764$ N，　$F_{NV2}=75$ N
弯矩 M	$M_H=269\ 400$ N·mm	$M_{V1}=148\ 176$ N·mm， $M_{V2}=11\ 337$ N·mm
总弯矩	$M_1=\sqrt{269\ 400^2+148\ 176^2}=307\ 461$ N·mm， $M_2=\sqrt{269\ 400^2+11\ 337^2}=269\ 638$ N·mm	
转矩 T	$T_3=960\ 000$ N·mm	

(6) 按弯扭合成应力校核轴的强度。

进行校核时，通常只校核轴上承受最大弯矩和转矩的截面(即危险截面 A)的强度。根据式(12.5)及表 12.9 中的数据，以及轴单向旋转，扭转切应力为脉动循环变应力，取 $\alpha=0.6$，轴的计算应力为

$$\sigma_{ca}=\frac{\sqrt{M_1^2+(\alpha T_3)^2}}{W}=\frac{\sqrt{307\ 461^2+(0.6\times960\ 000)^2}}{0.1\times70^3}=19.0\ \text{MPa}$$

前已选定轴的材料为 45 钢，调质处理，由表 12.1 查得$[\sigma_{-1}]=60$ MPa。因此 $\sigma_{ca}\leqslant[\sigma_{-1}]$，故安全。

(7) 绘制轴的零件图。

绘制轴的零件图时，应特别注意能够根据装配设计要求，完整准确地标注出轴的各部分尺寸、公差。轴的零件图如图 12.23 所示。

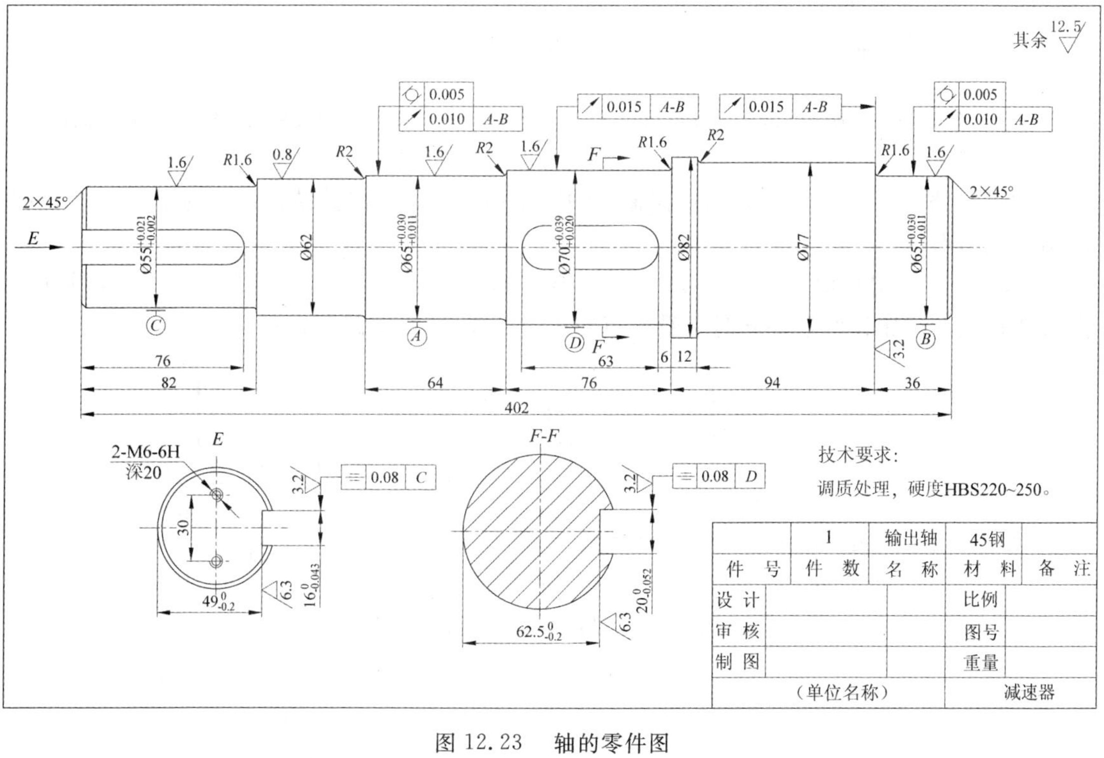

图 12.23　轴的零件图

习　　题

12.1　某轴传递功率 $P=10$ kW，转速 $n=600$ r/min，所受最大弯矩为 $M=4\times10^5$ N·mm，若其材料为 20Cr 调质钢。试按弯扭合成强度条件确定其最大弯矩处轴的直径。

12.2　在轴上安装有 4 个带轮(见图 12.24)。带轮 1 把电动机的功率 55 kW 分别通过带轮 2,3 和 4 传给工作机，其功率 $P_2=25$ kW，$P_3=19$ kW，$P_4=11$ kW；带轮的直径 $D_1=500$ mm，$D_2=450$ mm，$D_3=320$ mm，$D_4=600$ mm；各带轮的包角 $\alpha=180°$，带的紧边拉力为松边拉力的 2 倍，转速 $n=400$ r/min。试按弯扭合成强度条件确定轴的危险剖面的直径。

12.3　设计图 12.25 所示的单级斜齿圆柱齿轮减速器的低速轴。已知电动机功率 $P=4$ kW，转速 $n_1=750$ r/min，$n_2=136$ r/min，大齿轮的分度圆直径 $d_2=300$ mm，齿宽 $B_2=90$ mm，轮齿螺旋角 $\beta=12°$，法面压力角 $\alpha_n=20°$，箱体宽度(内壁间距离)为 140 mm。要求：

(1) 完成轴的全部结构设计；

(2) 验算所设计轴的强度。

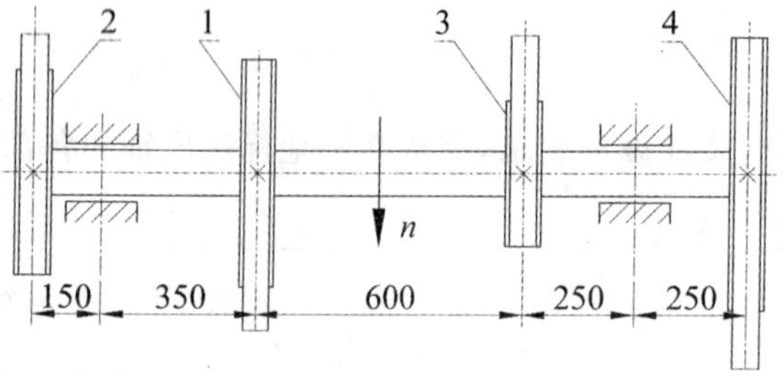

图 12.24　采用带传动的轴系结构图

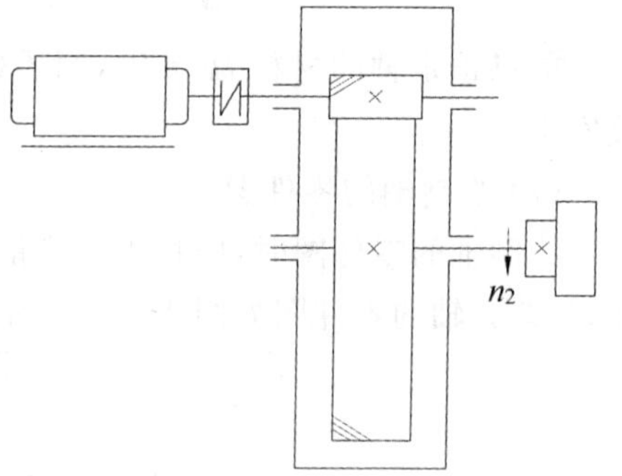

图 12.25　单级斜齿圆柱齿轮减速器简图

12.4　图 12.26 所示为某减速器输出轴的结构图。试指出其结构设计的不合理之处，并画出改正图形。

12.5　有一实心轴直径为 80 mm，另一空心轴外径为 80 mm，内径为 40 mm。两轴用相同材料制成。试比较两根轴同时承受弯矩和扭矩的能力(简支跨距自定)。

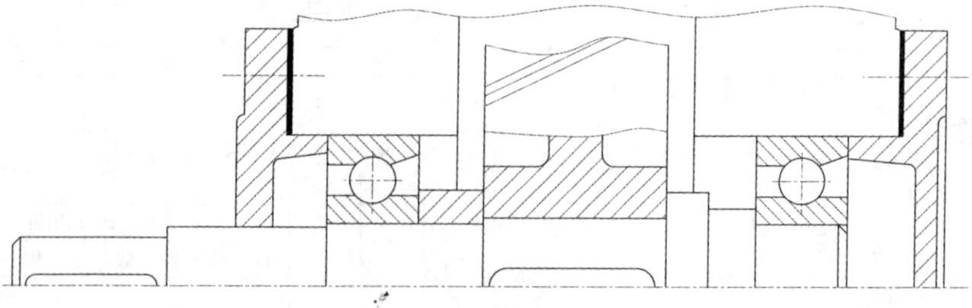

图 12.26　设计不合理的轴结构图

第13章 弹　簧

13.1 概　述

弹簧应用广泛，种类繁多。按照弹簧的结构不同，可以分为丝形弹簧（见图13.1(a)(b)(c)）、板形弹簧（见图13.1(d)）、碟形弹簧（见图13.1(e)）、环形弹簧（见图13.1(f)）等；按照承受的载荷不同，可以分为拉伸弹簧（见图13.1(a)）、压缩弹簧（见图13.1(b)）、扭转弹簧（见图13.1(c)）和弯曲弹簧（见图13.1(d)）等。

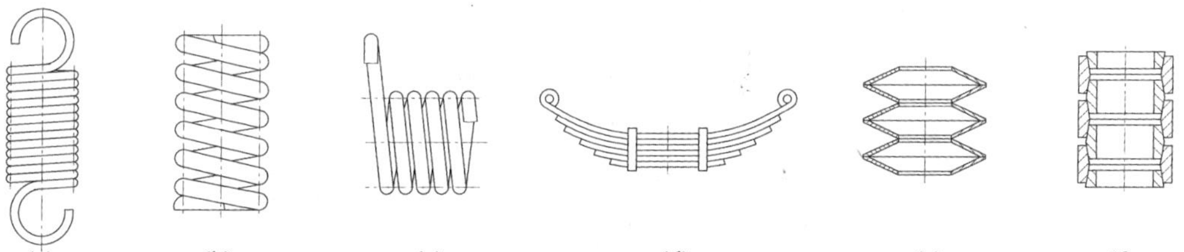

图13.1　常用弹簧类型

(a) 拉伸弹簧；(b) 压缩弹簧；(c) 扭转弹簧；(d) 板形弹簧；(e) 蝶形弹簧；(f) 环形弹簧

弹簧的主要功用有：

1) 控制运动，如控制内燃机气缸阀门的压缩弹簧，使房门自动关闭的扭转弹簧。

2) 缓冲减振，如火车车厢下的压缩弹簧，汽车车厢下的板形弹簧（简称板簧）。

3) 测量力的大小，如弹簧秤及测力器中的拉伸弹簧。

4) 储存及输出能量，如钟表中的蜗卷弹簧（简称发条）。

本章主要讲述丝形弹簧中的圆柱螺旋弹簧，对于板形弹簧、蝶形弹簧及环形弹簧只作简略介绍。

13.2 圆柱螺旋弹簧的结构、材料及制造

13.2.1 结构

1. 圆柱螺旋压缩弹簧

圆柱螺旋压缩弹簧如图13.2所示，在自由状态下，弹簧长度为 H_0，螺旋升角为 α，节距为 p，各圈间留有供压缩变形需要的间隙 δ。为了有利于弹簧回复原状，在最大载荷作用下，各圈

仍应留有间隙 δ_1。设计中常取 $\delta_1 = 0.1d \geqslant 0.2$ mm，其中 d 为弹簧钢丝的直径，mm。

弹簧的两个端圈起支撑作用，不参与弹簧变形，故称为死圈。当弹簧的工作圈数 $n \leqslant 7$ 时，每端死圈约为3/4圈；$n > 7$ 时，每端死圈约为 $1 \sim 1.75$ 圈。压缩弹簧常用的端部结构有图13.3所示的三种形式：两个端圈均与邻圈并紧且磨平的YⅠ型（见图13.3(a)）；锻扁后并紧的YⅡ型（见图13.3(b)）；并紧不磨平的YⅢ型（见图13.3(c)）。YⅠ型可用于冷卷或热卷，YⅡ及YⅢ型只用于不重要弹簧。重要的压缩弹簧应采用YⅠ型，以保证两端支撑面与弹簧轴线垂直，防止压缩变形时产生歪斜。

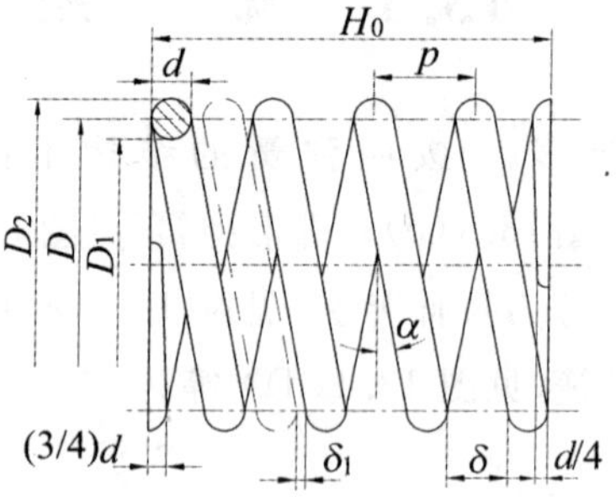

图13.2　圆柱螺旋压缩弹簧

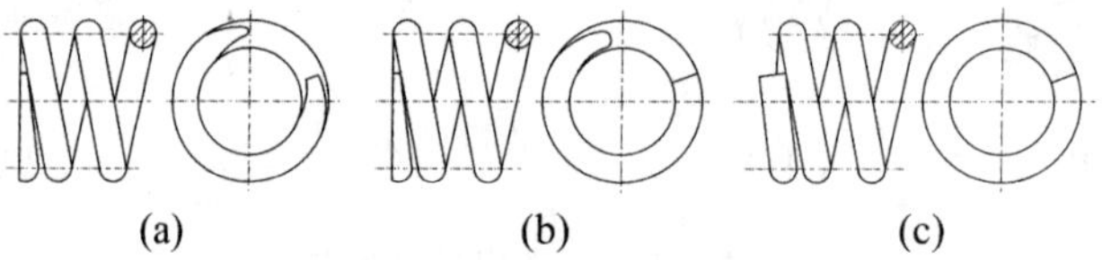

图13.3　圆柱螺旋弹簧的端面

(a)YⅠ型；　(b)YⅡ型；　(c)YⅢ型

端圈磨平部分的长度应不少于周长的3/4，端头的厚度一般不小于 $d/8$。当 $d \leqslant 0.5$ mm 时，端圈则可不必磨平。

2. 圆柱螺旋拉伸弹簧

圆柱螺旋拉伸弹簧如图13.1(a)所示。空载时各圈相互并拢，受拉时邻圈间才产生间隙。另有一种拉伸弹簧，在卷绕过程中同时使弹簧钢丝绕其本身的轴线产生扭转，这样制成的拉伸弹簧不仅各圈相互并拢，而且具有一定的压紧力，即弹簧钢丝中已有一定的预应力，故称为有预应力的拉伸弹簧。这种弹簧只有在拉力超过初拉力 F_0 后，邻圈间才出现间隙（即弹簧才有伸长变形），因而可较无预应力的拉伸弹簧节省轴向的工作空间。

为了便于安装和加载，拉伸弹簧端部制有不同形式的挂钩，如图13.4所示。其中，LⅠ型和LⅡ型便于制造，应用很广。但因挂钩过渡处有很大的弯曲应力，只宜用于弹簧钢丝直径 $d \leqslant 10$ mm 的弹簧上。LⅦ和LⅧ型挂钩是在弹簧体上另外安装的，避免了上述过渡处的缺点，且挂钩可以转到任意方向，安装时较为方便。LⅦ型挂钩适用于承受较大的拉力，但制造成本较高。

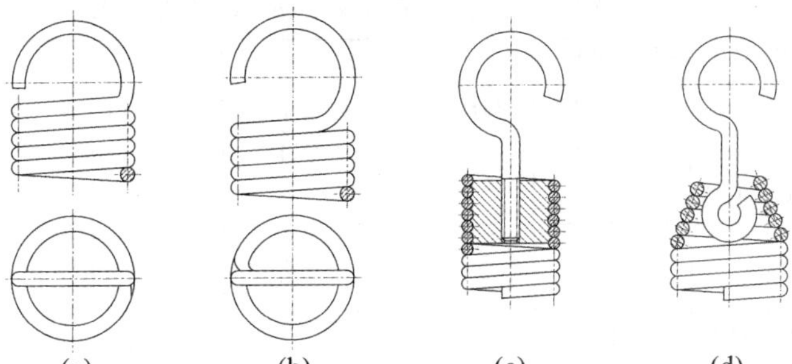

图 13.4　圆柱螺旋拉伸弹簧挂钩的形式

(a)LⅠ 型；(b)LⅡ 型；(c)LⅦ 型；(d)LⅧ 型

13.2.2　材料

弹簧材料需具有高的弹性极限和疲劳极限，并应具有足够的韧性和塑性，以及良好的可热处理性。选择弹簧材料时，应全面考虑弹簧的功用、重要程度、载荷大小及性质、工作环境条件、加工及热处理方法、安装空间限制以及经济性等多种因素。例如图 13.5 中的两个压缩弹簧承受同样的载荷，因材料不同，几何尺寸有明显的差别。

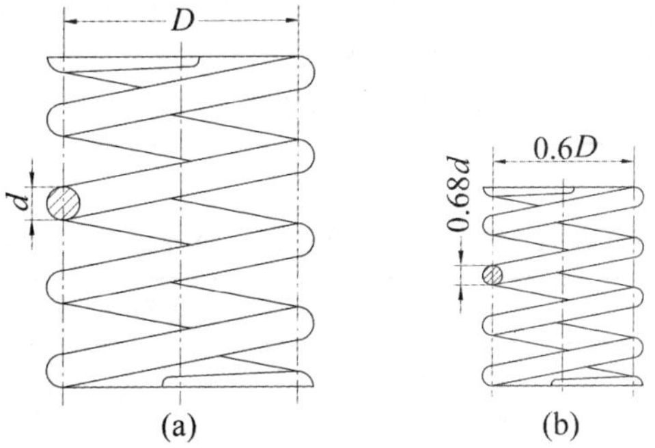

图 13.5　不同材料的弹簧尺寸对比

(a)65Mn 的弹簧；(b)50CrVA 的弹簧

常用弹簧钢丝的材料及其许用应力见表 13.1。碳素弹簧钢丝和 65Mn 弹簧钢丝的许用应力与材料的抗拉强度 σ_B 有关，这两类材料的抗拉强度见表 13.2 和表 13.3。

在国家标准中，将碳素弹簧钢丝按照抗拉强度极限的高低分类为低抗拉强度、中等抗拉强度和高抗拉强度的钢丝，分别用符号 L，M 和 H 表示。按照弹簧载荷特点，又将碳素弹簧钢丝分类为受静载荷和受动载荷的钢丝，分别用 S 和 D 表示。综合上述两分类，碳素弹簧钢丝可分为 SL，SM，DM，SH 和 DH 五个类型，详见表 13.2。

表 13.1　常用弹簧材料及其许用应力

材料	许用剪应力 [τ]/MPa 弹簧类别			许用弯曲应力 [σ_b]/MPa 弹簧类别		弹性模量 E/MPa	切变模量 G/MPa	推荐使用温度 /℃	推荐硬度 HRC	性质及用途
	Ⅰ类	Ⅱ类	Ⅲ类	Ⅱ类	Ⅲ类					
碳素弹簧钢丝	$0.3\sigma_B$	$0.4\sigma_B$	$0.5\sigma_B$	$0.5\sigma_B$	$0.625\sigma_B$	$0.5\leqslant d\leqslant 4$ 207 500～20 500 $d>4$ 200 000	$0.5\leqslant d\leqslant 4$ 83 000～80 000 $d>4$ 80 000	－40～＋130	—	强度高，加工性能好，适宜做小尺寸弹簧
65Mn										常用于做重要用途弹簧
60Si2Mn 60Si2MnA	480	640	800	800	1 000	200 000	80 000	－40～＋200	45～50	弹性好，回火稳定性好，易脱碳，用于制造受大载荷的弹簧
50CrVA	450	600	750	750	940	200 000	80 000	－40～＋210	45～50	抗疲劳性能高，淬透性和回火稳定性好
1Cr18Ni9 1Cr18Ni9Ti	330	440	550	550	690	197 000	73 000	－250～＋300	—	耐腐蚀，耐高低温，工艺性好，但不能淬火硬化，适宜做小弹簧

注：① 按弹簧承受的变载荷作用次数，常将弹簧钢丝分为三类：Ⅰ类—作用次数在 10^6 以上；Ⅱ类—作用次数在 10^3～10^6 之间及冲击载荷；Ⅲ类—作用次数在 10^3 以下。

② 表中的许用剪切应力[τ]适用于压缩弹簧，拉伸弹簧应取其 80%

表 13.2　冷拉碳素弹簧钢丝拉伸强度极限 σ_B（摘自 GB/T 4357—2009）

钢丝直径 d/mm	拉伸强度极限 σ_B/MPa				
	SL 型	SM 型	DM 型	SH 型	DH 型
2.00	1 520～1 750	1 760～1 970	1 760～1 970	1 980～2 200	1 980～2 200
2.10	1 510～1 730	1 740～1 960	1 740～1 960	1 970～2 180	1 970～2 180
2.25	1 490～1 710	1 720～1 930	1 720～1 930	1 940～2 150	1 940～2 150
2.40	1 470～1 690	1 700～1 910	1 700～1 910	1 920～2 130	1 920～2 130
2.50	1 460～1 680	1 690～1 890	1 690～1 890	1 900～2 110	1 900～2 110
2.60	1 450～1 660	1 670～1 880	1 670～1 880	1 890～2 100	1 890～2 100
2.80	1 420～1 640	1 650～1 850	1 650～1 850	1 860～2 070	1 860～2 070
3.00	1 410～1 620	1 630～1 830	1 630～1 830	1 840～2 040	1 840～2 040
3.20	1 390～1 600	1 610～1 810	1 610～1 810	1 820～2 020	1 820～2 020
3.40	1 370～1 580	1 590～1 780	1 590～1 780	1 790～1 990	1 790～1 990
3.60	1 350～1 560	1 570～1 760	1 570～1 760	1 770～1 970	1 770～1 970
3.80	1 340～1 540	1 550～1 740	1 550～1 740	1 750～1 950	1 750～1 950

续表

钢丝直径 d/mm	拉伸强度极限 σ_B/MPa				
	SL 型	SM 型	DM 型	SH 型	DH 型
4.00	1 320 ～ 1 520	1 530 ～ 1 730	1 530 ～ 1 730	1 740 ～ 1 930	1 740 ～ 1 930
4.25	1 310 ～ 1 500	1 510 ～ 1 700	1 510 ～ 1 700	1 710 ～ 1 900	1 710 ～ 1 900
4.50	1 290 ～ 1 490	1 500 ～ 1 680	1 500 ～ 1 680	1 690 ～ 1 880	1 690 ～ 1 880
4.75	1 270 ～ 1 470	1 480 ～ 1 670	1 480 ～ 1 670	1 680 ～ 1 840	1 680 ～ 1 840
5.00	1 260 ～ 1 450	1 460 ～ 1 650	1 460 ～ 1 650	1 660 ～ 1 830	1 660 ～ 1 830
5.30	1 240 ～ 1 430	1 440 ～ 1 630	1 440 ～ 1 630	1 640 ～ 1 820	1 640 ～ 1 820
5.60	1 230 ～ 1 420	1 430 ～ 1 610	1 430 ～ 1 610	1 620 ～ 1 800	1 620 ～ 1 800
6.00	1 210 ～ 1 390	1 400 ～ 1 580	1 400 ～ 1 580	1 590 ～ 1 770	1 590 ～ 1 770
6.30	1 190 ～ 1 380	1 390 ～ 1 560	1 390 ～ 1 560	1 570 ～ 1 750	1 570 ～ 1 750
6.50	1 180 ～ 1 370	1 380 ～ 1 550	1 380 ～ 1 550	1 560 ～ 1 740	1 560 ～ 1 740
7.00	1 160 ～ 1 340	1 350 ～ 1 530	1 350 ～ 1 530	1 540 ～ 1 710	1 540 ～ 1 710

注：中间尺寸钢丝抗拉强度的值可按表中相邻较大直径钢丝的值

表 13.3 65Mn 弹簧钢丝拉伸强度极限 σ_B

钢丝直径 d/mm	1 ～ 1.2	1.4 ～ 1.6	1.8 ～ 2	2.2 ～ 2.5	2.8 ～ 3.4
拉伸强度极限 σ_B/MPa	1 800	1 750	1 700	1 650	1 600

13.2.3 制造

螺旋弹簧的制造工艺包括卷制、端部制作、热处理、工艺试验及强压处理等环节。

1. 卷制

卷制是把合乎技术要求的弹簧钢丝卷绕在心棒上。单件或小批生产时，常在手动卷绕机或普通车床上卷制；大量生产时则在万能自动卷簧机上卷制。材料经过预先热处理后，若拉成直径 $d < 8 \sim 10$ mm 的碳素弹簧钢丝，可用冷卷法制成弹簧；而对于直径较大的弹簧钢丝，则需用热卷法制成弹簧。热卷温度视弹簧钢丝粗细在 800 ～ 1 000℃ 的范围内选择。弹簧在冷卷或热卷成形后，均应对弹簧节距作适当的调整。

2. 端部制作

弹簧的端部制作有端圈精加工和钩环制作之分。端圈精加工是把压缩弹簧两端支撑圈的位置进行调整，并按要求在专用磨床上磨平。钩环制作是对拉伸或扭转弹簧的两端制出钩环或杆臂(参看图 13.4 及图 13.11)，以便弹簧的固定与加载。

3. 热处理

热处理是在完成弹簧成形工序后进行的。热卷的或用合金钢丝卷制的弹簧，须经淬火及回火处理。冷卷的弹簧只作低温回火，以消除卷制时产生的内应力。

4. 工艺试验及强压处理

工艺试验是根据弹簧设计的技术要求，进行精度、冲击、疲劳等试验，以检验弹簧是否符合技术指标。应该指出，弹簧的持久强度和抗冲击能力，在很大程度上取决于弹簧钢丝的表面质量，故在验收弹簧的技术要求中，应对弹簧钢丝的表面粗糙度以及有无脱碳层、裂纹、伤痕等缺陷，做出明确的限制性规定。

强压处理是使弹簧在极限载荷作用下持续 6 ～ 48 h，以便在弹簧钢丝剖面的危险区产生塑性变形和有利的残余应力，从而提高弹簧的静载强度。用于长期振动、高温或腐蚀性介质中的弹簧以及一般用途的弹簧不应进行强压处理。经过强压处理的弹簧，不应再作任何处理，以保持残余应力。

13.3 圆柱螺旋压缩(拉伸)弹簧的设计计算

13.3.1 几何参数计算

由图 13.2 可知，圆柱螺旋弹簧的几何参数有外径 D_2，中径 D，内径 D_1，节距 p，螺旋升角 α 及弹簧钢丝直径 d。弹簧的旋向可为右旋或左旋，如无特殊要求时均用右旋。对压缩弹簧，螺旋升角一般取 $\alpha = 5° \sim 9°$。

圆柱螺旋压缩(拉伸)弹簧的结构尺寸及质量的计算公式见表 13.4。

13.3.2 特性曲线

弹簧应工作在弹性范围内，以防产生塑性变形。图 13.6 和图 13.7 分别为压缩弹簧和拉伸弹簧在轴向载荷作用下的变形过程示意图。图中，用于反映载荷与弹簧变形的曲线被称为弹簧的特性曲线，图 13.6(b) 为压缩弹簧的特性曲线，图 13.7(b) 为无预应力拉伸弹簧的特性曲线，图 13.7(c) 为有预应力拉伸弹簧的特性曲线。在弹性范围内，特性曲线一般为直线。

在安装压缩弹簧时，应预加一个最小工作载荷 F_{min}，以便使弹簧可靠地稳定在安装位置上。此时弹簧由自由长度 H_0 被压缩到 H_1，压缩变形量为 λ_{min}(见图 13.6(b))。弹簧加载至最大工作载荷 F_{max} 时，弹簧长度减到 H_2，压缩变形量增加到 λ_{max}。弹簧在极限载荷 F_{lim} 作用下的变形量为 λ_{min}，此时弹簧钢丝中的应力已达到材料的弹性极限，弹簧长度减到 H_3。

表 13.4 圆柱螺旋压缩(拉伸)弹簧的结构尺寸及质量的计算公式

参数名称及代号	计算公式		备　注
	压缩弹簧	拉伸弹簧	
中径 D/mm	$D = Cd$		C 为弹簧旋绕比，见表 13.5
内径 D_1/mm	$D_1 = D - d$		
外径 D_2/mm	$D_2 = D + d$		
工作圈数为 n 的弹簧自由高度 H_0/mm	$H_0 \approx pn + (1.5 \sim 2)d$ $H_0 \approx pn + (3 \sim 3.5)d$	$H_0 = nd +$ 钩环轴向长度	两端磨平 两端不磨平

续 表

参数名称及代号	计算公式		备　注
	压缩弹簧	拉伸弹簧	
工作高度 $H_1, H_2, \cdots, H_n$/mm	$H_n = H_0 - \lambda_n$	$H_n = H_0 + \lambda_n$	λ_n 为变形量
总圈数 n_1	$n_1 = n + (2 \sim 2.5)$（冷卷） $n_1 = n + (1.5 \sim 2)$ （YI型热卷）	$n_1 = n$	n_1 的尾数推荐用0和0.5
节距 p/mm	$p = d + \frac{\lambda_{max}}{n} + \delta_1$	$p = d$	λ_{max} 为压缩弹簧的最大工作变形量
展开长度 L/mm	$L \approx \frac{\pi D n_1}{\cos\alpha}$	$L \approx \pi D n$ + 钩环展开长度	
螺旋升角 α	$\alpha = \arctan\frac{p}{\pi D}$		对圆柱螺旋压缩弹簧，推荐 α 为 $5° \sim 9°$
质量 m_s/kg	$m_s = \frac{\pi d^2}{4} L\gamma$		γ 为材料的密度 对各种钢，$\gamma = 7\,800$ kg/m³ 对铍青铜，$\gamma = 8\,100$ kg/m³

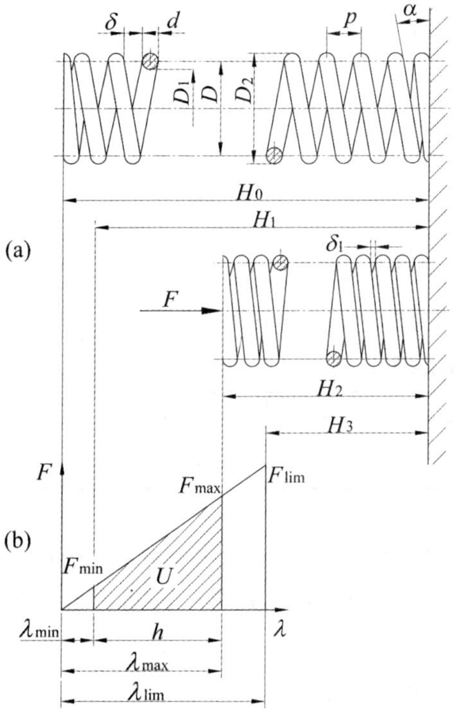

图 13.6　圆柱螺旋压缩弹簧的特性曲线

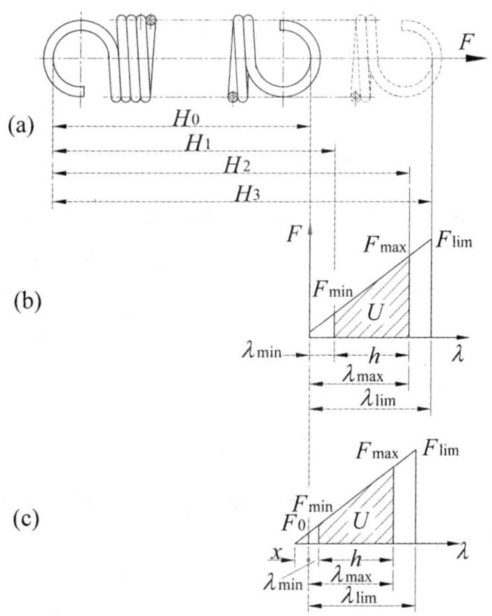

图 13.7　圆柱螺旋拉伸弹簧的特性曲线

弹簧的工作行程 $h=\lambda_{\max}-\lambda_{\min}$。弹簧的最大工作载荷 $F_{\max}$ 必须小于其极限载荷 $F_{\lim}$。

压缩弹簧的最小工作载荷一般取为 $F_{\min}=(1/3\sim1/2)\,F_{\max}$；对图 13.7(c) 所示的有预应力的拉伸弹簧，应使 $F_{\min}>F_0$，F_0 为使有预应力拉伸弹簧开始变形时所需的初拉力。

弹簧的特性曲线应绘在弹簧工作图中，因为它是对弹簧进行检验和试验的依据之一。

13.3.3 圆柱螺旋压缩(拉伸)弹簧受载时的应力及变形

因为圆柱螺旋拉伸弹簧在受力时的应力状态与圆柱螺旋压缩弹簧类似，所以下面仅分析圆柱螺旋压缩弹簧的载荷、变形及其应力。

图 13.8(a) 中，因弹簧钢丝有螺旋升角 α，所以在通过弹簧轴线的剖面上，钢丝的剖面 $A-A$ 为椭圆形，上面作用有力 F 及扭矩 $T=FD/2$。因此，在弹簧钢丝的法向剖面 $B-B$ 上则作用有横向力 $F\cos\alpha$，轴向力 $F\sin\alpha$，弯矩 $M=T\sin\alpha$ 及扭矩 $T'=T\cos\alpha$。但由于升角 α 一般很小($5^\circ\sim9^\circ$)，故 $\sin\alpha\approx0$，$\cos\alpha\approx1$。亦即可以近似地用法向剖面 $B-B$ 代替轴向剖面 $A-A$(见图 13.8(b)) 来计算弹簧钢丝中的剪切应力 τ(见图 13.8(c))。

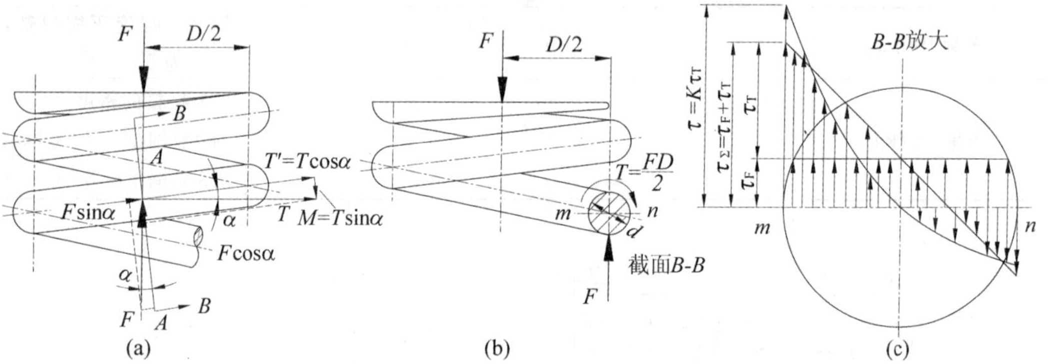

图 13.8 圆柱螺旋弹簧的受力及应力分析

这时，剪切应力 τ 可按下式计算：

$$\tau=\tau_F+\tau_T=\frac{F}{\pi d^2/4}+\frac{FD/2}{\pi d^3/16}=\frac{4F}{\pi d^2}\left(1+\frac{2D}{d}\right)=\frac{4F}{\pi d^2}(1+2C) \tag{13.1}$$

式中，弹簧旋绕比 C 值的范围一般为 $4\sim16$(见表 13.5)，常用值为 $5\sim8$。

表 13.5 常用弹簧旋绕比 C 值

d/mm	$0.2\sim0.4$	$0.45\sim1$	$1.1\sim2.2$	$2.5\sim6$	$7\sim16$	$18\sim42$
$C=D/d$	$7\sim14$	$5\sim12$	$5\sim10$	$4\sim10$	$4\sim8$	$4\sim6$

当 C 为 $4\sim16$，$2C\gg1$ 时，为了简化计算，可取 $1+2C\approx2C$，即不再考虑横向力产生的剪切应力。另外，考虑到升角和曲率对弹簧钢丝中应力的影响，修正式(13.1) 可得弹簧钢丝中的最大应力及强度条件为

$$\tau_{\max}\approx K\tau_T=K\frac{8CF_{\max}}{\pi d^2}\leqslant[\tau] \tag{13.2}$$

式中，K 称为曲度系数，对于圆剖面的弹簧钢丝可按下式计算：

$$K=\frac{4C-1}{4C-4}+\frac{0.615}{C} \tag{13.3}$$

根据材料力学关于圆柱螺旋压缩(拉伸)弹簧变形量的计算公式,可求得弹簧的轴向变形量λ,即

$$\lambda=\frac{8FD^3n}{Gd^4}=\frac{8FC^3n}{Gd} \tag{13.4}$$

式中　n—— 弹簧的工作圈数;

G—— 弹簧材料的剪切弹性模量,见表13.1。

若以F_{max}代替式(13.4)中的F,则弹簧的最大变形量为:

对于压缩弹簧和无预应力的拉伸弹簧

$$\lambda_{max}=\frac{8F_{max}C^3n}{Gd} \tag{13.5}$$

对于有预应力的拉伸弹簧

$$\lambda_{max}=\frac{8(F_{max}-F_0)C^3n}{Gd} \tag{13.6}$$

拉伸弹簧的初拉力F_0可根据C值在图13.9所示的阴影区内选取初应力τ'_0,然后按下式计算:

$$F_0=\frac{\pi d^3\tau'_0}{8KD} \tag{13.7}$$

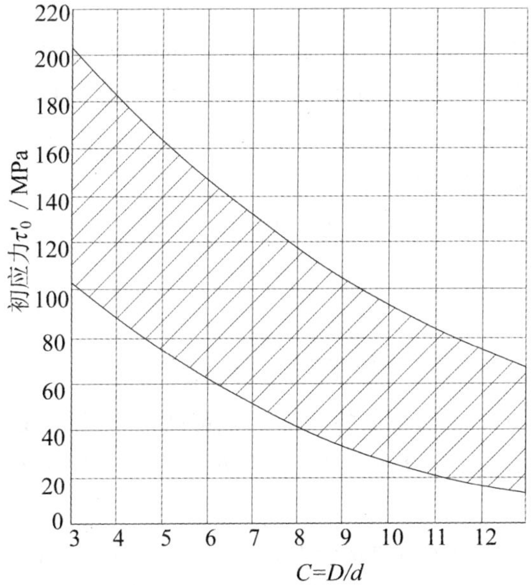

图13.9　弹簧初应力的选择范围

使弹簧产生单位变形所需的载荷k_F称为弹簧刚度,即

$$k_F=\frac{F}{\lambda}=\frac{Gd}{8C^3n}=\frac{Gd^4}{8D^3n} \tag{13.8}$$

影响弹簧刚度的因素很多,而C值对k_F的影响最大。当然,G,d,n等也可用于调整弹簧刚度。

弹簧的变形功U可用特性曲线下的阴影面积表示(见图13.6和图13.7),即

$$U=h(F_{min}+F_{max})/2 \tag{13.9}$$

13.3.4 圆柱螺旋压缩(拉伸)弹簧的设计

当弹簧承受的载荷不随时间变化,或承受的稳定循环变载荷的次数不超过 10^3 时,可按静强度设计。设计时的原始数据通常为最大载荷 F_{max},最大变形量 λ_{max} 及有关的结构尺寸限制(例如安装空间对弹簧尺寸限制)等。通过设计应确定出弹簧材料,弹簧钢丝直径 d,工作圈数 n,总圈数 n_1,螺旋升角 α 及其他尺寸(外径、内径、长度等)。

弹簧的设计方法和步骤是:

1) 根据工作情况及具体条件选定材料,并确定有关的力学性能数据。

2) 选择弹簧旋绕比 C,通常可取 $C\approx 5\sim 8$(不超过 $4\sim 16$),并按式(13.3)算出曲度系数 K 值。

3) 根据安装空间初估弹簧中径 D,按 D/C 计算出弹簧钢丝直径 d,再由表 13.1 查取弹簧钢丝的许用应力。

4) 由式(13.2)计算所需的弹簧钢丝直径 d。

若选用表 13.1 中所列的前两种弹簧钢丝,因其 σ_B 与簧丝直径有关,所以先要试算弹簧钢丝直径 d',即

$$d'\geqslant\sqrt{\frac{8F_{max}KC}{\pi[\tau]}} \tag{13.10}$$

并与原来的 d 进行比较。若二者相等或相近,即可圆整为临近的标准弹簧钢丝直径 d;若二者相差较大,则应参考计算结果重新估计 d 值。重复上述过程,直到获得可接受的结果。对于表 13.1 所列的其他材料,因钢丝直径变化对 σ_B 的影响很小,故可直接取值计算。

5) 根据变形条件求出弹簧工作圈数 n。由式(13.5)和式(13.6)可知:

对于压缩弹簧和无预应力的拉伸弹簧

$$n=\frac{Gd}{8F_{max}C^3}\lambda_{max} \tag{13.11}$$

对有预应力的拉伸弹簧

$$n=\frac{Gd}{8(F_{max}-F_0)C^3}\lambda_{max} \tag{13.12}$$

6) 根据已确定的 C,d,n 及所选取的升角 α,端部结构(并紧圈数、钩环形式等)按表 13.4 算出 D,D_1 和 H_0 等结构尺寸,并检查其是否符合安装条件。如不符合,则应改选有关参数(如 C 值)重新设计。

7) 验算稳定性。细而长的压缩弹簧受力后易于失去稳定性,如图 13.10(a)所示。为了避免失稳并便于制造,对一般压缩弹簧,建议其长细比 $\mu=H_0/D$ 按下列情况选取:

当两端固定时,取 $\mu<5.3$;

当一端固定,另一端自由转动时,取 $\mu<3.7$;

当两端自由转动时,取 $\mu<2.6$。

如不满足上述条件,则需验算其稳定性(参看文献[1]),或重新选取参数另行设计,或加装导杆(或导套),如图 13.10(b)(c)所示。导杆或导套与弹簧之间的直径间隙 c 按表 13.6 选取。

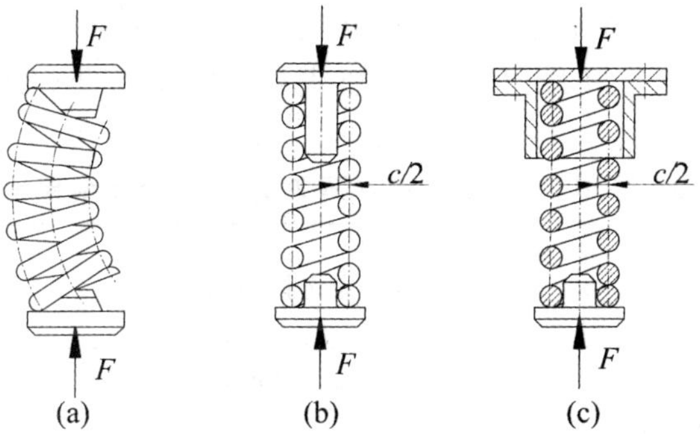

图 13.10 弹簧的稳定性

(a) 失稳； (b) 加装导杆； (c) 加装导套

表 13.6 导杆或导套与弹簧间的直径间隙 单位：mm

中径 D	$\leqslant 5$	$>5 \sim 10$	$>10 \sim 18$	$>18 \sim 30$	$>30 \sim 50$	$>50 \sim 80$	$>80 \sim 120$	$>120 \sim 150$
间隙 c	0.6	1	2	3	4	5	6	7

8) 绘制弹簧工作图。确定弹簧的全部结构尺寸、形式、工艺要求等后，按照制图标准绘制弹簧工作图。图中应注明相应的技术要求，包括总圈数 n_1，工作圈数 n，旋向、弹簧钢丝展开长度 L，表面处理，以及特性曲线等。

【例题 13.1】 设计一圆柱螺旋压缩弹簧，载荷平稳，工作环境干燥，温度一般。要求 $F_{max}=800$ N 时，$\lambda_{max}=40$ mm，弹簧总的工作次数小于 10^3；弹簧中要能松宽地穿过一根直径为 30 mm 的轴；弹簧安装为一端固定，另一端自由转动；外径 $D_2 \leqslant 50$ mm，自由长度 $H_0 \leqslant 120$ mm。

解 由弹簧工作条件可知，对材料无特殊要求，现选用 SL 型碳素弹簧钢丝，$G=7.85\times 10^5$ MPa。因弹簧载荷性质属于 Ⅲ 类，$[\tau]=0.5\sigma_B$。考虑到题中对弹簧结构尺寸的限制较多，故取 3 个方案并行设计计算如下，以便比较取舍(见表 13.7)。

表 13.7 3 个方案的初步计算结果比较

设计项目	计算或选择根据	各方案计算结果对比		
		方案 1	方案 2	方案 3
选择弹簧旋绕比 C	C 的常用值为 5 ～ 8	6	7	8
按 $D_2 \leqslant 50, D_1 > 30$ 取 D/mm	设计要求	42	42	40
估计弹簧钢丝直径 d/mm	$d = D/C$	7	6	5
曲度系数 K	式(13.3)	1.24	1.21	1.18
弹簧钢丝的 σ_B/MPa	表 13.2	1 160	1 210	1 260
许用剪应力$[\tau]$/MPa	表 13.1，$[\tau]=0.5\sigma_B$	580	605	630
试算弹簧钢丝直径 d'/mm	式(13.10)	5.13	5.35	5.54

此时已看出，方案 3 不能满足强度要求（因为 $d=5<d'=5.54$ mm），故舍弃。方案 1 和方案 2 中，$d>d'$，虽然方案 1 的强度裕度较大，但均可用，故以下仅进行方案 1 和方案 2 的计算（见表 13.8）。

表 13.8　方案 1 和方案 2 进一步计算结果比较

设计项目	计算或选择根据	各方案计算结果对比	
		方案 1	方案 2
工作圈数 n	$n=Gd\lambda_{max}/(8F_{max}C^3)$	$15.9\approx 16$	$8.75\approx 9$
总圈数 n_1（因 $n>7$，两端各取死圈 1 圈；$d<8$，用冷卷）	$n_1=n+2$	18	11
节距 p/mm，现取 $\alpha=5°$	$p=\pi D\tan\alpha$	11.48	11.48
自由高度 H_0/mm	$H_0\approx pn+(1.5\sim 2)d$，两端磨平	≈ 198	≈ 115

至此，方案 1 的自由长度 H_0 显然已超过题中规定的 125 mm，故予淘汰。方案 2 中的自由长度则满足要求；按节距 p 算得的邻圈间隙 $\delta=p-d=11.48-6=5.48$ mm，而弹簧单圈的最大变形量 $\lambda_{max}/n=40/9=4.45$ mm，故在最大载荷作用下仍有间隙 $\delta_1=5.48-4.45=1.03>0.1d=0.6$ mm，合适（对于 δ 及 δ_1 的检查，也可提前一步到算出 p 后即行检查。若不满足要求，则增大 α）。方案 2 的进一步计算结果见表 13.9。

表 13.9　选定方案的进一步计算结果

设计项目	计算或选择根据	方案 2
验算稳定性	$\mu=H_0/D<3.7$（一端固定，另一端自由转动）	2.74
弹簧钢丝展开长度 L/mm	$L=\pi Dn_1/\cos\alpha$	1 457.2
质量 m_s/g	$m_s=\pi d^2L\gamma/4$	437.4

绘制弹簧工作图（略）。

设计结论：选用 SL 型碳素弹簧钢丝，中径 $D=42$ mm，钢丝直径 $d=6$ mm，弹簧圈数为 11，弹簧自由高度 $H_0=115$ mm（两端磨平），钢丝展开长度 $L=1\ 457.2$ mm。

对于承受循环变载荷且循环次数超过 10^3 的弹簧，应进行疲劳强度验算；如果加载频率很高时（如内燃机气缸阀门弹簧），还应进行振动验算。具体验算方法可参看文献[1]。

13.4　圆柱螺旋扭转弹簧的设计计算

13.4.1　结构及特性曲线

圆柱螺旋扭转弹簧常见的结构形式如图 13.11 所示，弹簧两端带有用于固定或加载的杆臂或挂钩，相邻两圈间留有轴向间隙 $\delta_1=0.1\sim 0.5$ mm，以免扭转变形时相互摩擦。

在弹性范围内，圆柱螺旋扭转弹簧的特性曲线如图 13.12 所示。图中，横坐标为弹簧的扭转角，纵坐标为弹簧受到的扭矩，图中其他符号的含义为：

$T_{\min}$—— 最小工作扭矩(安装扭矩),常取为(0.1 ～ 0.5) $T_{\max}$,此时弹簧的扭转角为 $\varphi_{\min}$;
$T_{\max}$—— 最大工作扭矩,此时弹簧钢丝中的应力已达到许用值,扭转角为 $\varphi_{\max}$;
$T_{\lim}$—— 极限工作扭矩,此时弹簧钢丝中的应力已接近其弹性极限,扭转角为 $\varphi_{\lim}$。

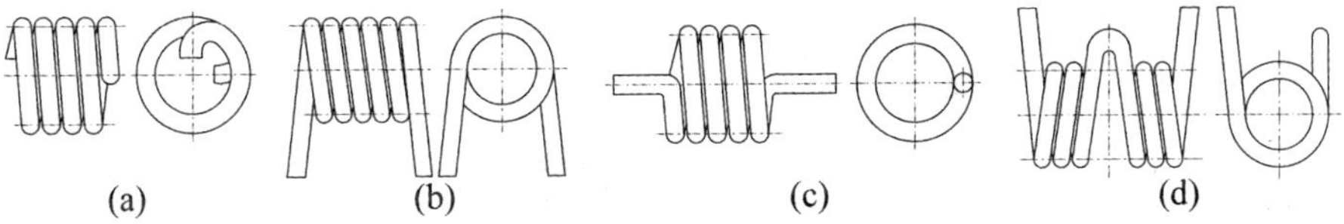

图 13.11 圆柱螺旋扭转弹簧

(a)NⅠ 型(内臂型); (b)NⅡ(外臂型); (c)NⅢ 型(中心型); (d)NⅣ(双臂型)

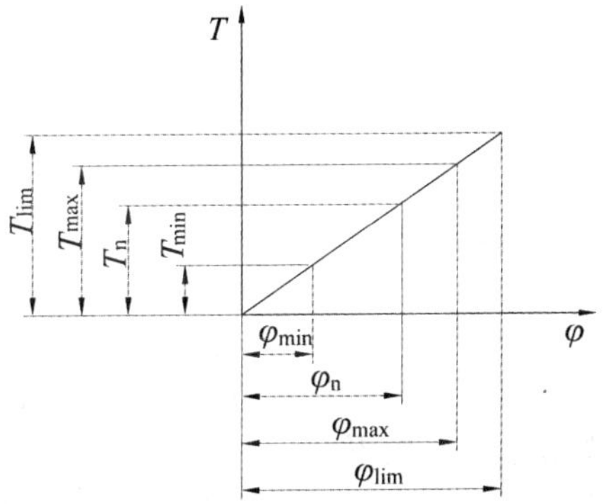

图 13.12 圆柱螺旋扭转弹簧的特性曲线

圆柱螺旋扭转弹簧的自由长度为

$$H_0 = n(d + \delta_0) + H_h \tag{13.13}$$

式中,H_h 为杆臂或挂钩的轴向长度。

圆柱螺旋扭转弹簧的弹簧钢丝展开长度为

$$L \approx \pi Dn + L_h \tag{13.14}$$

式中,L_h 为制作杆臂或挂钩的弹簧钢丝长度。

13.4.2 工作应力及变形

圆柱螺旋扭转弹簧在扭矩 T 作用下(见图 13.12),弹簧钢丝的法向剖面上作用有力矩 $M = T\cos\alpha$ 引起的弯曲应力,扭矩 $T' = T\sin\alpha$ 引起的扭转剪应力。但因 α 很小,故可认为 $M \approx T$,$T' = 0$,考虑忽略弹簧钢丝曲率及螺旋升角的影响而引入曲度系数 K_1 后,弹簧钢丝的最大弯曲应力及强度条件为

$$\sigma_{\max} = \frac{K_1 T_{\max}}{W} \leqslant [\sigma_b] \tag{13.15}$$

式中 K_1—— 扭转弹簧的曲度系数,对圆剖面弹簧钢丝的扭转弹簧,$K_1 = (4C-1)/(4C-4)$,弹簧旋绕比 C 值常取为 4 ～ 16;

W —— 抗弯剖面模量,对圆剖面弹簧钢丝,$W = \pi d^3/32 \approx 0.1d^3$;

$[\sigma_b]$—— 弹簧钢丝的许用弯曲应力,查表 13.1。

在工作扭矩 T 作用下，圆柱螺旋扭转弹簧的扭转角可按材料力学中的公式作近似计算，即

$$\varphi \approx \frac{180TDn}{EI}\ (^\circ) \tag{13.16}$$

圆柱螺旋扭转弹簧的刚度为

$$k_T = \frac{T}{\varphi} = \frac{EI}{180Dn} \tag{13.17}$$

式中 I —— 弹簧钢丝剖面的极惯性矩，对圆剖面弹簧钢丝，$I=\pi d^4/64$；

E —— 弹簧材料的拉压弹性模量，查表 13.1。

弹簧的变形功 U 仿前可得

$$U = \frac{\theta}{2}(T_{min} + T_{max}) \tag{13.18}$$

式中，θ 为扭转角，$\theta = \varphi_{max} - \varphi_{min}$。

13.4.3 圆柱螺旋扭转弹簧的设计

圆柱螺旋弹簧的设计方法及步骤：

1）根据工作要求选定材料，查取其力学性能数据，并确定许用应力。

2）选择弹簧旋绕比 C，算出曲度系数 K_1。

3）计算所需的弹簧钢丝直径，用圆剖面弹簧钢丝时，以 $W=\pi d^3/32 \approx 0.1d^3$ 代入式(13.15) 求出 d 值。若选用表 13.1 所列的前两种钢丝时，仿前试算弹簧钢丝直径，即

$$d' = \sqrt[3]{\frac{K_1 T_{max}}{0.1[\sigma_b]}} \tag{13.19}$$

并检查 d' 与原估计的 d 值是否接近，满意后将 d' 圆整为邻近的标准直径 d。

4）计算出弹簧的全部尺寸。

5）绘制弹簧工作图(要求同前)。

13.5 其他形式弹簧简介

13.5.1 板形弹簧

板形弹簧(简称板簧)通常是由 6～15 片弹簧钢板预制成不同的曲率(见图 13.13(a))，然后用 U 形夹等类零件固装在一起，使各钢板相互贴紧(见图 13.13(b))，此时各板中已有预应力。这样做的目的是：① 防止因空载时(如所支撑的车厢因陡然震动而跳起) 各弹簧板间存在间隙而在受载时发生冲击；② 使短板的工作应力与预应力相加，长板的工作应力与预应力相减，这样就使主板(最长板) 及其相邻板(较长板) 中的总应力降低，从而提高了板簧的强度。

板形弹簧广泛地应用于汽车车厢的减震。

13.5.2 碟形弹簧

碟形弹簧是用弹簧钢板冲制成无底的碟形盘片，经过淬火及回火处理后，如图 13.14 所示

组装起来(还可先把 2 ～ 3 片重叠起来,然后再大口对大口、小口对小口地组装起来)。通常是把弹簧片套在导杆上或装在导套内。当受到工作载荷 F 时,弹簧片的 α 角将减小,即产生压缩变形。

碟形弹簧是一种刚度很大的压缩弹簧,常用于一些重型机械、锻压机械等的缓冲器中。

13.5.3　环形弹簧

环形弹簧是由一些制有锥面的内、外圆环组装而成的一种强力压缩弹簧(见图 13.15)。在工作载荷的作用下,内、外环的接触锥面上相互作用有很大的压力和摩擦力。正压力使外环直径增大,内环直径减小,从而使弹簧产生轴向压缩变形。摩擦力则产生缓冲吸震作用。当卸载时,因各圆环锥角 σ 大于摩擦角,弹簧即可借助弹性内力而恢复原状。

环形弹簧具有很大的缓冲吸震能力,常用于火炮、飞机起落架等的缓冲装置中。

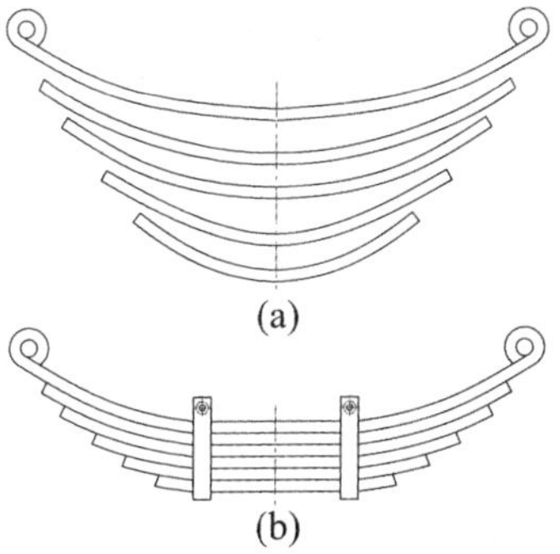

图 13.13　板形弹簧

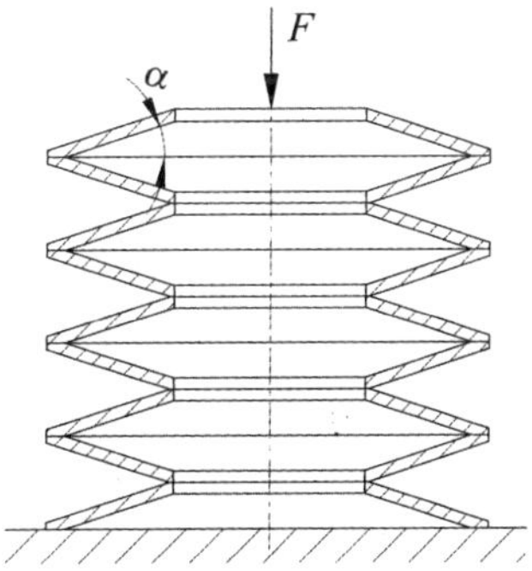

图 13.14　碟形弹簧

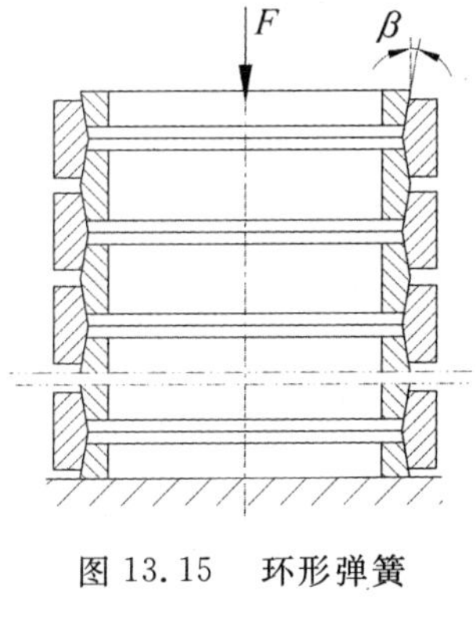

图 13.15　环形弹簧

习　　题

13.1　现有一圆柱螺旋压缩弹簧,外径 $D_2=36\ \text{mm}$,$d=3\ \text{mm}$,$n=5$,材料为 SL 型碳素弹簧钢丝,最大工作载荷 $F_{max}=100\ \text{N}$,载荷性质属于 Ⅱ 类。试校核其强度,并计算其最大变形量 λ_{max}。

13.2　设计一圆柱螺旋拉伸弹簧,工作环境条件及载荷性质一般。要求外径 $D_2\leqslant$

16 mm，中径 $D\approx 11$ mm，当 $F_1=180$ N 时，$\lambda_1=7.5$ mm；当 $F_2=340$ N 时，$\lambda_2=17$ mm。

13.3　设计一具有预应力的圆柱螺旋拉伸弹簧，要求外径 $D_2<16$ mm，中径 $D\approx$ 10 mm；当 $F_1=160$ N 时，$\lambda_1=6$ mm；当 $F_2=320$ N 时，$\lambda_2=15$ mm。

13.4　设计一圆柱螺旋扭转弹簧，载荷平稳，工作条件一般。最小工作扭矩 $T_{min}=$ 2 N·m，最大工作扭矩 $T_{max}=6.5$ N·m，工作时杆臂的扭转角为 $\theta=\varphi_{max}-\varphi_{min}=45°$。

第 14 章　减速器和变速器

14.1　减　速　器

14.1.1　概述

减速器是原动机和工作机之间的独立的闭式传动装置，用来降低转速和增大转矩以满足各种工作机械的需要。在原动机和工作机之间用来提高转速的独立的闭式传动装置称为增速器。减速器的种类很多，这里仅讨论由齿轮传动、蜗杆传动以及由它们组合而成的减速器，主要包括普通齿轮减速器、蜗杆减速器以及行星齿轮减速器。

14.1.2　普通齿轮减速器

由圆柱齿轮和(或）圆锥齿轮及其他们的组合所构成的减速器称为普通齿轮减速器。普通齿轮减速器传动效率和可靠度高，工作寿命长，维护简便，应用范围很广。全部由圆柱齿轮组成的普通齿轮减速器可以分为展开式、分流式和同轴式。表 14.1 列出了普通齿轮减速器的几种主要形式和它们的应用特点。

表 14.1　普通齿轮减速器

<table>
<tr><th colspan="2">名 称</th><th>运 动 简 图</th><th>推荐传动比</th><th>特 点 及 应 用</th></tr>
<tr><td colspan="2">单级圆柱齿轮减速器</td><td>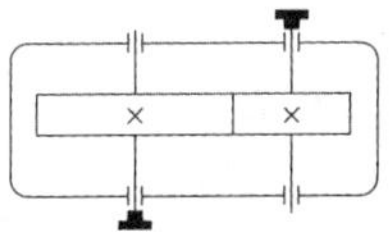</td><td>$i \leqslant 5 \sim 8$</td><td>齿轮的轮齿可做成直齿、斜齿和人字齿。直齿轮用于速度较低($v \leqslant 8$ m/s)载荷较轻的传动，斜齿轮用于速度较高的传动，人字齿轮用于载荷较重的传动</td></tr>
<tr><td rowspan="2">两级圆柱齿轮减速器</td><td>展开式</td><td>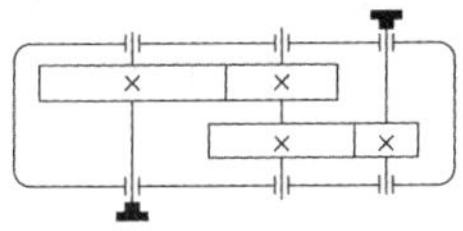</td><td>$i = i_1 i_2$
$i = 8 \sim 60$</td><td>结构简单，但齿轮相对于轴承的位置不对称，因此要求轴有较大的刚度。高速级齿轮布置在远离转矩输入端，这样，轴在转矩作用下产生的扭转变形和在载荷作用下轴产生的弯曲变形可部分地互相抵消，以减缓沿齿宽载荷分布不均匀的现象。用于载荷比较平稳的场合</td></tr>
<tr><td>分流式</td><td>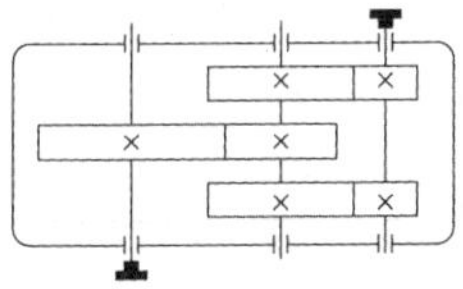</td><td>$i = i_1 i_2$
$i = 8 \sim 60$</td><td>结构复杂，由于齿轮相对于轴承对称布置，与展开式相比，载荷沿齿宽分布均匀、轴承受载较均匀。中间轴危险截面上的转矩只相当于轴所传递转矩的一半。适用于变载荷的场合</td></tr>
</table>

续表

名称		运动简图	推荐传动比	特点及应用
两级圆柱齿轮减速器	同轴式	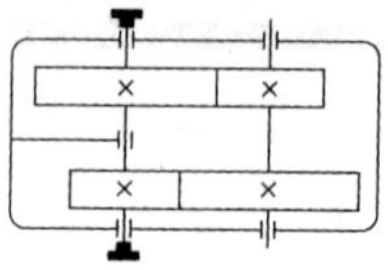	$i = i_1 i_2$ $i = 8 \sim 60$	减速器横向尺寸较小，两对齿轮浸入油中深度大致相同。但轴向尺寸大和质量较大，且中间轴较长、刚度差，沿齿宽载荷分布不均匀，高速轴的承载能力难于充分利用
	同轴分流式	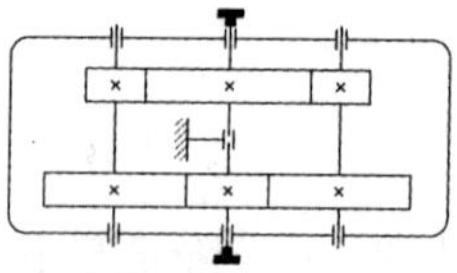	$i = i_1 i_2$ $i = 8 \sim 60$	每对啮合齿轮仅传递全部载荷的一半，输入轴和输出轴只承受扭矩，中间轴只受全部载荷的一半，故与传递同样功率的其他减速器相比，其输入输出轴的尺寸可以缩小
三级圆柱齿轮减速器	展开式	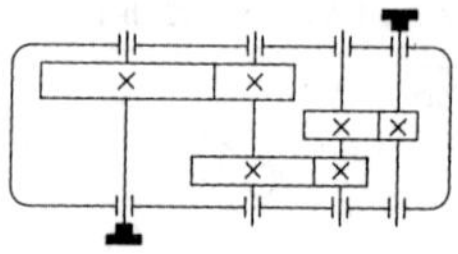	$i = i_1 i_2 i_3$ $i = 40 \sim 400$	同两级展开式
	分流式	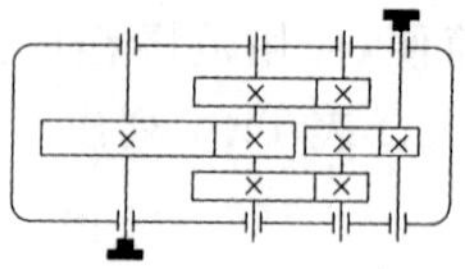	$i = i_1 i_2 i_3$ $i = 40 \sim 400$	同两级分流式
单级圆锥齿轮减速器		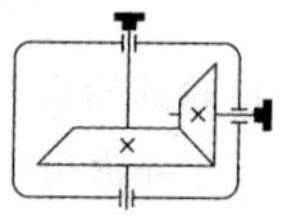	$i = 8 \sim 10$	轮齿可做成直齿、斜齿或曲线齿。既可用于两轴垂直相交的传动中，也可用于两轴垂直相错的传动中。由于制造安装复杂、成本高，所以仅在传动布置需要时才采用
两级圆锥-圆柱齿轮减速器		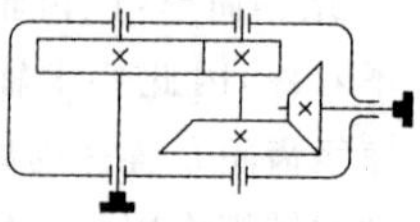	$i = i_1 i_2$ 直齿圆锥齿轮 $i = 8 \sim 22$ 斜齿或 曲线齿锥齿轮 $i = 8 \sim 40$	特点同单级圆锥齿轮减速器，圆锥齿轮在高速级，以使圆锥齿轮尺寸不致太大，否则加工困难
三级圆锥-圆柱齿轮减速器		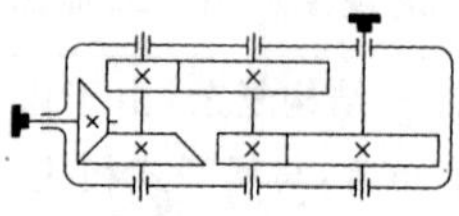	$i = i_1 i_2 i_3$ $i = 25 \sim 75$	同两级圆锥-圆柱齿轮减速器

14.1.3　蜗杆减速器

包含有蜗杆传动的减速器称为蜗杆减速器。与齿轮减速器相比，在相同的外廓尺寸下，蜗杆减速器可以获得更大的传动比，工作平稳，噪声较小，但传动效率较低。单级蜗杆减速器应用较多。当需要更大的传动比时，可采用双级蜗杆减速器或蜗杆与齿轮组合的减速器。当采用蜗杆与齿轮组合的减速器时，一般蜗杆传动作为高速级，有利于提高蜗杆传动的效率。表 14.2 列出了蜗杆减速器的几种方案。

表 14.2　蜗杆减速器

名称		运动简图	推荐传动比	特点及应用
单级蜗杆减速器	蜗杆下置	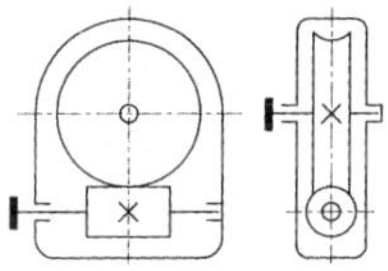	$i = 10 \sim 80$	蜗杆在蜗轮下方啮合处的冷却和润滑都较好，蜗杆轴承润滑也方便，但当蜗杆圆周速度高时，搅油损失大，一般用于蜗杆圆周速度 $v < 10$ m/s 的场合
	蜗杆上置	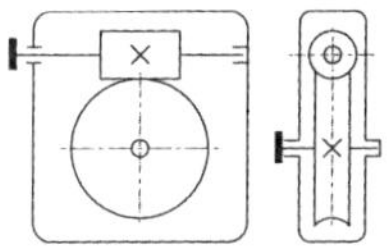	$i = 10 \sim 80$	蜗杆在蜗轮上方，蜗杆的圆周速度可高些，但蜗杆轴承润滑不太方便
	蜗杆侧置	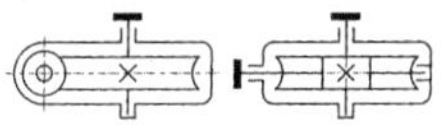	$i = 10 \sim 80$	蜗杆在蜗轮侧面，蜗轮轴垂直布置，一般用于水平旋转机构的传动
两级蜗杆减速器		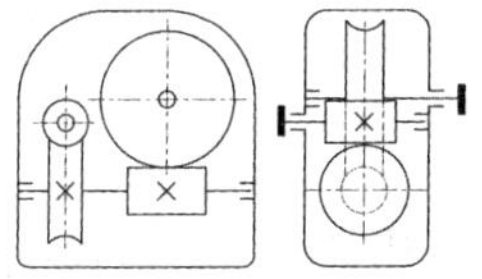	$i = i_1 i_2$ $i = 43 \sim 3\ 600$	传动比大，结构紧凑，但效率低，为使高速级和低速级传动浸油深度大致相等，可取高速级的中心距等于低速级的 1/2
两级齿轮-蜗杆减速器		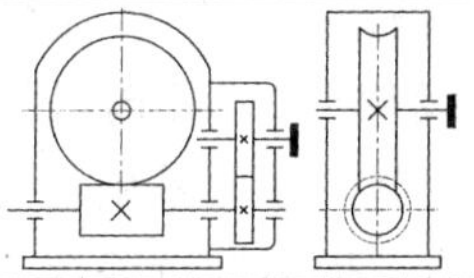	$i = i_1 i_2$ $i = 15 \sim 480$	有齿轮传动在高速级和蜗杆传动在高速级两种形式。前者结构紧凑，而后者传动效率高

14.1.4　行星齿轮减速器

行星齿轮减速器由于具有减速比大、体积小、质量轻、效率高等优点，在许多情况下可代替二级、三级的普通齿轮减速器和蜗杆减速器。表 14.3 列出了几种常用的方案。

14.1.5　标准减速器选用简介

本节所介绍的几类减速器已有标准系列产品（参见文献[26]），使用时只需结合所需传动功率、转速、传动比、工作条件和机器的总体布置等具体要求，从产品目录或有关手册中选择即可。只有在选不到合适的产品时，才自行设计制造。非标准减速器的设计内容与方法可参见文献[27]或有关书籍。

标准减速器的选用步骤为确定减速器工况条件、选择减速器类型以及确定减速器规格，主要步骤简述如下：

1. 确定减速器工况条件

依据实际需求，确定减速器的工况条件，如减速器所需要传送的最大功率、减速器的输入转速和输出转速或传动比、减速器输出轴与输入轴的相对位置及距离、减速器的传动效率、减速器工作环境温度、工作中有无冲击振动、有无正反转要求、是否频繁启动以及在使用寿命上的要求等。

表 14.3　行星齿轮减速器

名称		运动简图	推荐传动比	特点及应用
NGW 型行星齿轮减速器	单级行星齿轮减速器	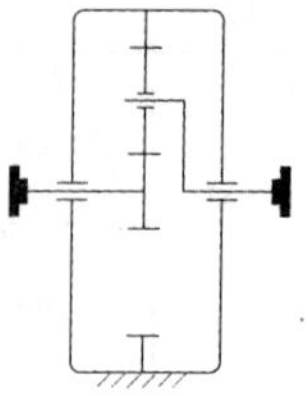	$i = 2.8 \sim 12.5$	与普通圆柱齿轮减速器相比，尺寸小，质量轻，但制造精度要求较高，结构较复杂，在要求结构紧凑的动力传动中应用广泛
	两级行星齿轮减速器	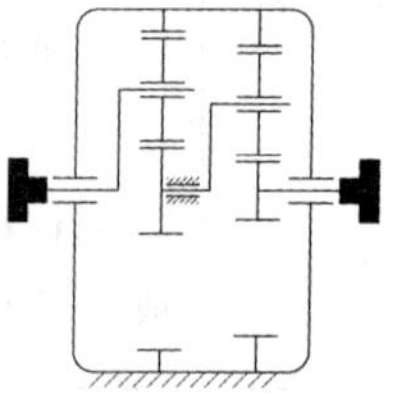	$i = i_1 i_2$ $i = 14 \sim 160$	同单级

2. 选择减速器类型

在选择减速器的类型时，首先要求减速器能够满足使用要求，包括传动比需求、输入轴与输出轴的相对位置要求等。如当需要减速器的输入轴与输出轴在同一轴线上时，可选用同轴式的圆柱齿轮减速器；若输入轴与输出轴成 90° 角且轴线相交时，可选用圆锥齿轮减速器；若需要大的传动比，可考虑选用蜗杆减速器或行星齿轮减速器。在此基础上，再结合不同类型减速器的效率、外廓尺寸或质量、使用范围、制造及运转费用等指标进行综合分析比较，从而选择最合理的减速器类型。如当要求减速器具有较高的传动效率时，一般不选择蜗杆减速器。

3. 确定减速器规格

在确定减速器类型的基础上，需要进一步依据功率、散热及强度等条件确定减速器的具体规格。主要步骤包括减速器的功率校核、减速器的热平衡校核及减速器轴伸部位的强度校核，有关的校核方法可以参考相关技术资料。

关于减速器的设计可参看文献[26]和[27]或有关书籍。

14.2　变　速　器

14.1 节所述的减速器其传动比是固定不变的。但在许多情况下，机器需要在工作过程中根据不同的要求随时改变速度，如汽车要根据具体情况改变行车速度；机床要根据被加工零件的具体情况调整主轴的转速，以达到最有利的切削速度。变速器就是能随时改变传动比的传动机构。它一般是一台机器整个传动系统的一部分，很少作为独立的传动装置使用，所以也常称其为变速机构。变速器可分为有级变速器（或分级变速器）和无级变速器两大类。前者的传动比只能按既定的设计要求通过操纵机构分级地改变；而后者的传动比则可在设计预定的范围内无级地改变。

本节介绍几种常用变速器的变速原理及特点。

14.2.1　有级变速器

1. 塔轮变速器

如图 14.1(a) 所示，两个塔形带轮分别固定在轴 Ⅰ 和轴 Ⅱ 上，传动带可在带轮上移换三个不同位置。由于两个塔形带轮对应各级的直径比值不同，所以当轴 Ⅰ 以固定不变的转速旋转时，通过移换带的位置可使轴 Ⅱ 得到三级不同的转速。这种变速器较多采用平带传动，也可用 V 带传动。其特点是传动平稳，结构简单，但尺寸较大，变速不方便。

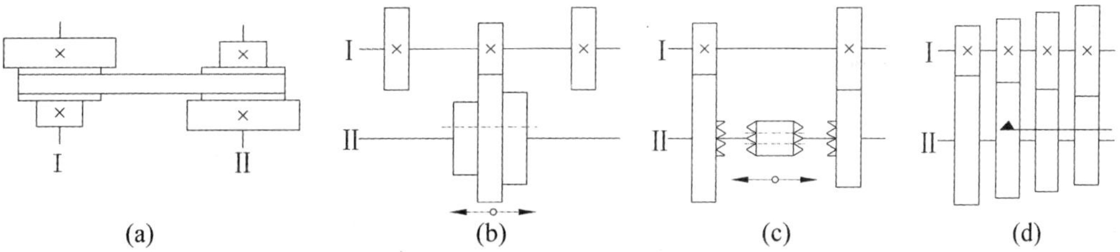

图 14.1　各式有级变速器

(a) 塔式变速器；(b) 滑移齿轮变速器；(c) 离合器式齿轮变速器；(d) 拉键式变速器

2. 滑移齿轮变速器

如图 14.1(b) 所示，三个齿轮固联在轴 Ⅰ 上，一个三联齿轮由导向花键连接在轴 Ⅱ 上。这个三联齿轮可移换左、中、右三个位置，使传动比不同的三对齿轮分别啮合，因而主动轴 Ⅰ 转速不变时，从动轴 Ⅱ 可得到三级不同的转速。这种变速器变速方便，结构紧凑，传动效率高，应用广泛。

3. 离合器式齿轮变速器

如图 14.1(c) 所示，固定在轴 Ⅰ 上的两个齿轮与空套在轴 Ⅱ 上的两个齿轮保持经常啮合。轴 Ⅱ 上装有牙嵌式离合器，轴 Ⅱ 上两齿轮在靠离合器一侧的端面上带有能与离合器相啮合的牙齿。当离合器向左或向右移动并与齿轮接合时，齿轮才通过离合器带动轴 Ⅱ 同步回转。因此当轴 Ⅰ 以固定的转速旋转时，轴 Ⅱ 可获得两种不同的转速。这种变速器的最大特点是可以采用斜齿轮或人字齿轮，使传动平稳。若采用摩擦式离合器，则可在运转中变速。其缺点是齿轮处于常啮合状态，磨损较快，离合器所占空间较大。

4. 拉键式变速器

如图 14.1(d) 所示，有 4 个齿轮固定连接在轴 Ⅰ 上，另 4 个齿轮空套在轴 Ⅱ 上，两组齿轮成对地处于常啮合状态。轴 Ⅱ 上装有拉键，当拉键沿轴向移动到不同位置时，可使轴 Ⅰ 上的某一齿轮与轴 Ⅱ 上对应的齿轮啮合，从而变换轴 Ⅰ 和轴 Ⅱ 间的传动比，使轴 Ⅱ 得到不同转速。这种变速器的特点是，结构比较紧凑，但拉键的强度、刚度通常较低，因此不能传递较大的转矩。

14.2.2 无级变速器

为了获得最合适的工作速度，机器通常应能在一定范围内任意调整其转速，这就需要使用无级变速器。实现无级变速的方法有机械的、电气的（如利用变频器使交流电动机的转速作连续变化）和液动的（如采用液力偶合器液力调速）。这里只介绍机械无级变速器，以下简称无级变速器。机械无级变速器主要是依靠摩擦轮（或摩擦盘、球、环等）传动原理，通过改变主动件和从动件的传动半径，使输出轴的转速无级地变化。机械无级变速器的类型很多，下面仅举几例略作说明。

1. 滚轮-平盘式变速器

如图 14.2(a) 所示，主动滚轮与从动平盘用弹簧压紧，工作时靠接触处产生的摩擦力传动，传动比 $i=r_2/r_1$。当操纵滚轮作轴向移动，即可改变 r_2，从而实现无级变速。这种无级变速器结构简单，制造方便。但因其存在较大的相对滑动，所以磨损严重，不宜用于传递大功率。

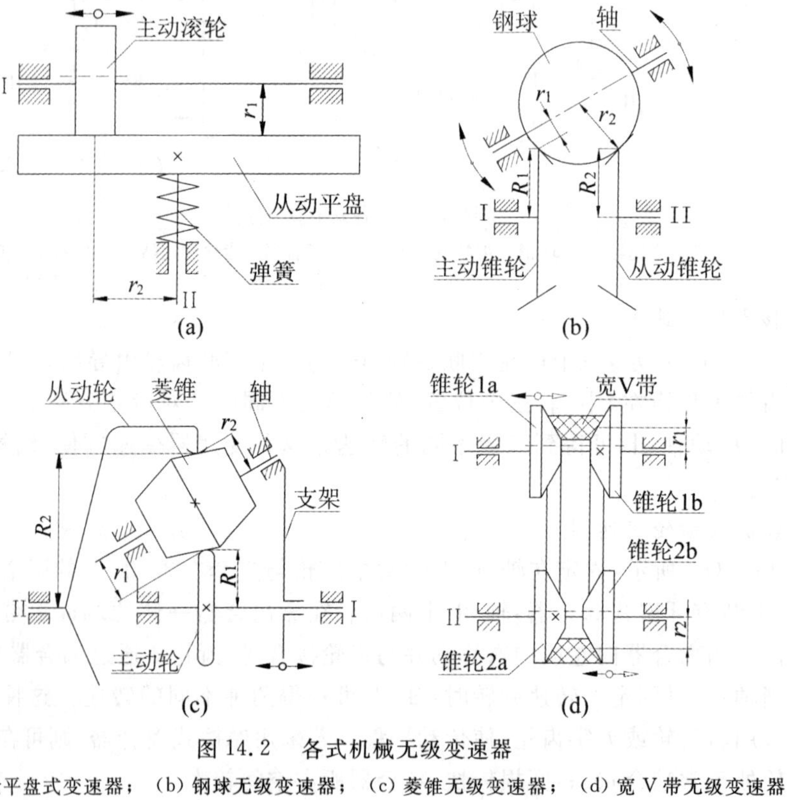

图 14.2　各式机械无级变速器

(a) 滚轮平盘式变速器；(b) 钢球无级变速器；(c) 菱锥无级变速器；(d) 宽 V 带无级变速器

2. 钢球无级变速器

如图 14.2(b) 所示，这种变速器主要由两个锥轮和一组钢球（通常为 6 个）组成。主、从动锥轮分别装在轴 Ⅰ 和轴 Ⅱ 上，钢球被压紧在两锥轮的工作锥面上，并可在轴上自由转动。工作时，主动锥轮依靠摩擦力带动钢球绕轴旋转，钢球同样依靠摩擦力带动从动锥轮转动。轴 Ⅰ 和轴 Ⅱ 间的传动比 $i=(r_1/R_1)(R_2/r_2)$，由于 $R_1=R_2$，所以 $i=r_1/r_2$。调整支撑轴的倾斜角与倾斜方向，即可改变钢球的传动半径 r_1 和 r_2，从而实现无级变速。这种变速器结构简单，传动平稳，相对滑动小，结构紧凑，但钢球加工精度要求高。

3. 菱锥无级变速器

如图 14.2(c) 所示，空套在轴上的菱锥（通常为 5 ～ 6 个）被压紧在主、从动轮之间。轴支撑在支架上，其倾斜角度是固定的。工作时，主动轮靠摩擦力带动菱锥绕轴旋转，菱锥又靠摩擦力带动从动轮旋转。轴 Ⅰ 和轴 Ⅱ 间的传动比 $i=(r_1/R_1)(R_2/r_2)$，水平移动支架时，可改变菱锥的传动半径 r_1 和 r_2，从而实现无级变速。

4. 宽 V 带无级变速器

如图 14.2(d) 所示，在主动轴 Ⅰ 和从动轴 Ⅱ 上分别装有锥轮 1a，1b 和 2a，2b，其中锥轮 1b 和 2a 分别固定在轴 Ⅰ 和轴 Ⅱ 上，锥轮 1a 和 2b 可以沿轴 Ⅰ 和轴 Ⅱ 同步同向移动。宽 V 带套在两对锥轮之间，工作时如同 V 带传动，传动比 $i=r_2/r_1$。通过轴向同步移动锥轮 1a 和 2b，可改变传动半径 r_1 和 r_2 的大小，从而实现无级变速。

靠摩擦传动的无级变速器的优点是：构造简单；过载时可利用摩擦传动元件间的打滑而避免损坏机器；运转平稳、无噪声，可用于较高转速的传动；易于平缓连续地变速；有些（如上述的第 2，3，4 种）无级变速器可在较大的变速范围内具有传递恒定功率的特性，这是电气和液压无级变速所难以达到的。但其缺点是：不能保证精确的传动比；承受过载和冲击能力差；传递大功率时结构尺寸过大；轴和轴承上的载荷较大。另外，各种机械无级变速器的变速范围都比较小，一般为 $i_{max}/i_{min}=10$ 左右。为了扩大变速范围，通常可将无级变速器与有级变速器串联使用。

关于无级变速器的设计方法可参看文献[28] 和[29] 或有关书籍。

第 15 章　机械零件结构设计简介

15.1　概　　述

大多数金属零件的制造过程是：先由铸造、锻造或焊接制出毛坯；接着进行切削加工；经检验合格的零件，最后再装配到机器上。在以上过程中有时会根据需要穿插一些热处理。机械零件的结构设计就是要通盘考虑上述各种工序施工的可能性与方便性，从而制造出在保证使用性能的前提下，材料用量少，劳动量小，生产率高而成本低的零件来。

零件结构设计的基本目标是确定零件的形状和尺寸。其中，零件的基本形状一般根据零件应具有的功能而定，而零件的尺寸则需要综合考虑机器对零件提出的工作能力要求以及加工、检验、安装、拆卸、调整、维修、再生循环等因素，忽视或偏废任何一个方面，都有可能导致零件设计的不合理甚至失败。

15.2　机械零件结构设计要点

15.2.1　毛坯选择要点

在结构设计中，毛坯的选择是否合理至关重要。究竟应该选用什么方法制取毛坯，这要取决于材料性能及用量、生产设备条件、零件形状复杂程度、生产批量、制造工时等一系列因素。一般地说，如为单件或小批量生产时，要避免采用模锻或铸造的毛坯，因为锻模或木模的造价高而这时的利用率低；如果选用自由锻、焊接或锻-焊的毛坯，往往能显著地缩短工期和节约工时；如果零件形状复杂，生产批量大，尺寸也较大时（如箱体、机架等），就应考虑采用铸造的毛坯；生产批量大，形状不太复杂，体积不大又要求强度较高时，应考虑采用模锻的毛坯；形状比较简单的薄壁零件又要求大量生产时，应考虑采用冲压毛坯。为了节省材料及加工工时，应使毛坯尽可能接近零件的形状，并尽可能采用平面、圆柱面等基本几何形状，使之易于加工、检验、装配及检修。

15.2.2　锻造及冲压零件结构设计要点

1）锻件的质量及外廓尺寸要在锻造设备容许的范围内。

2）形状力求简单并具有对称性（见图 15.1）、过渡圆角及斜度等，具体尺寸可查阅有关手册取定。

3）在非工作面上要锻制出不深的凹槽，以减小材料用量（见图 15.2）和后续切削加工量。

4）冲压的毛坯均应采用板材，并应根据毛坯形状适当拼配占用面积，以提高板材的利用率。如图 15.3 所示，图(a) 中板材的利用率 $\eta \approx 52\%$，而图(b) 中 $\eta \approx 81\%$。

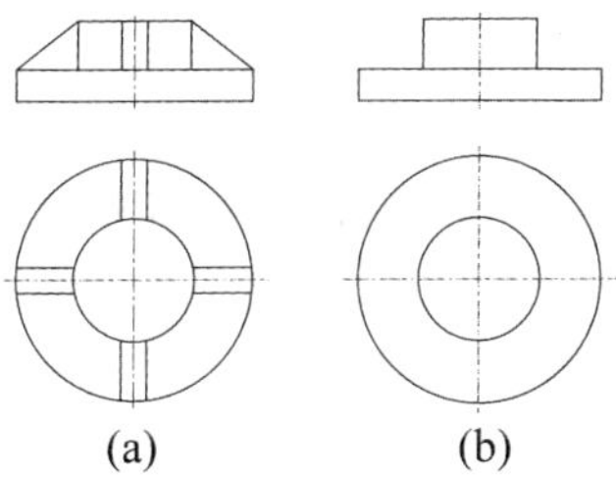

图 15.1　形状力求简单

(a) 不合理；(b) 合理

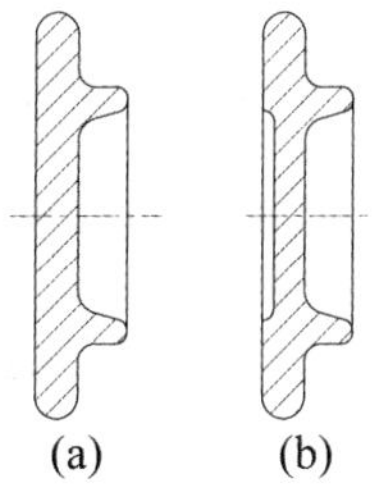

图 15.2　减少切削加工量

(a) 不合理；(b) 合理

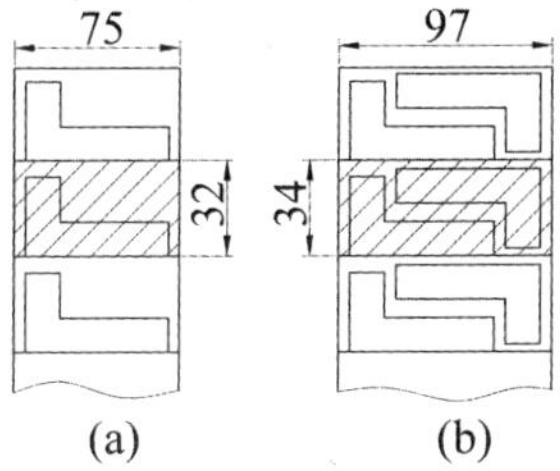

图 15.3　提高板材的利用率

(a) 不合理；(b) 合理

15.2.3　铸造零件结构设计要点

1）铸件的壁厚既不能过薄，也不能过厚。过薄（如铸铁件壁厚 $\delta < 6$，铸钢件 $\delta < 10$）时，由于受到液态金属流动性的限制，往往不能充满铸模而出现缺陷；过厚时则又易于出现缩孔。所以在满足强度或刚度要求的条件下，以适当减小铸件的壁厚为宜。

2）铸件的壁厚不应发生突变，不同壁厚拼接处，如 $b > 2a$，应采用图 15.4(a) 所示的过渡结构。对铸铁，过渡段长 $l \geqslant 4(b-a)$；对铸钢，$l \geqslant 5(b-a)$；如 $b \leqslant 2a$，则可采用适当的圆角过渡。不同壁厚转角处，应采用图 15.4(b) 所示的结构，取 $r \geqslant (1/6 \sim 1/3)(a+b)/2$，$R \geqslant r+(a+b)/2$。如 $b > 2a$ 时，应取 $x \approx 2\sqrt{b-a}$，且 $a+x \leqslant b$；$y \geqslant 4x$（对铸铁），$y \geqslant 5x$（对铸钢）。

3）对于垂直于分箱面的表面，要做出 1∶20～1∶50 的斜度，以便于造型及拔模。

4）注意消除死角，如图 15.5 所示，以免造型发生困难。

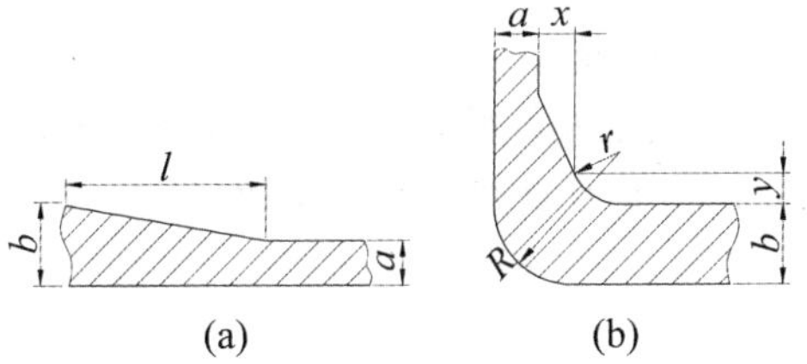

图 15.4　铸件壁厚过渡结构

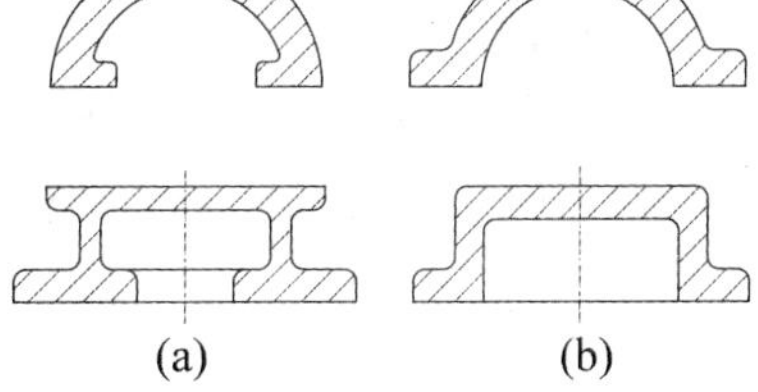

图 15.5　避免铸造死角

(a) 不合理；(b) 合理

5）如需增大铸件的刚性时，应合理地布置加强肋，肋的厚度一般取为其所连接的壁厚的 80%～100%，由于铸件的抗压强度大于抗拉强度，故应使加强肋处于受压的状态（见图 15.6）。

15.2.4　焊接零件结构设计要点

1）焊接零件毛坯选用的材料组合应易于焊接，对不同的材料和形状应考虑选择不同的焊接方法。

2）焊缝应避免交叉或集中（见图 15.7），以免产生翘曲。

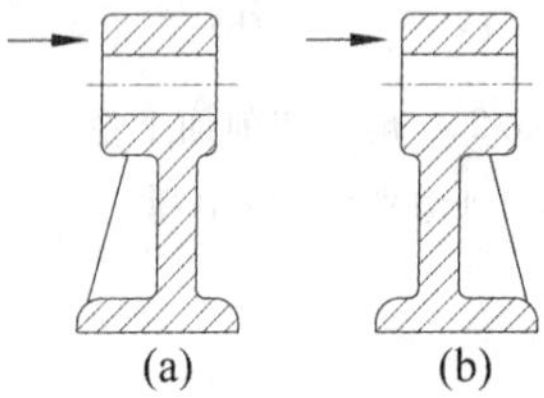

图 15.6　合理布置加强肋

（a）不合理；（b）合理

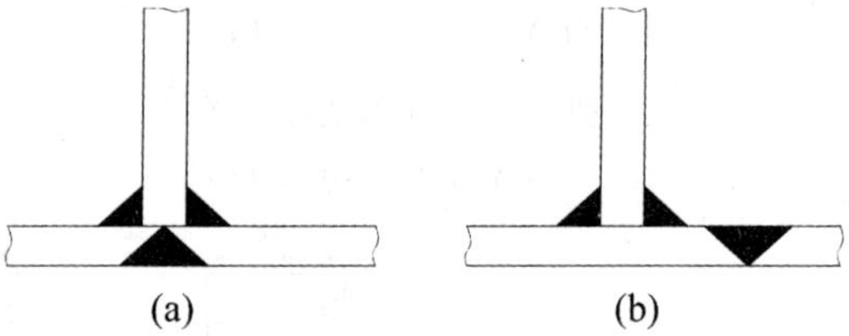

图 15.7　合理布置焊缝

（a）不正确；（b）正确

3）焊接接头的搭接应易于施工（见图 15.8）。

4）毛坯形状要适合焊接要求。如采用接触焊制作小型齿轮轴毛坯时，应制成图 15.9 中上图所示的形状，才能便于焊接成图 15.9 中下图所示的毛坯。

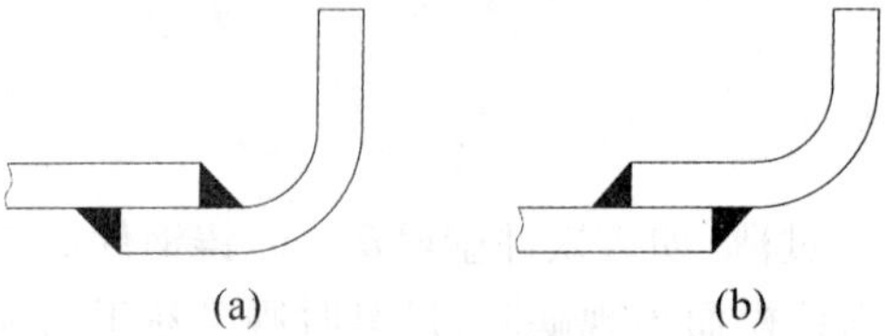

图 15.8　合理布置焊接接头的搭接

（a）不正确；（b）正确

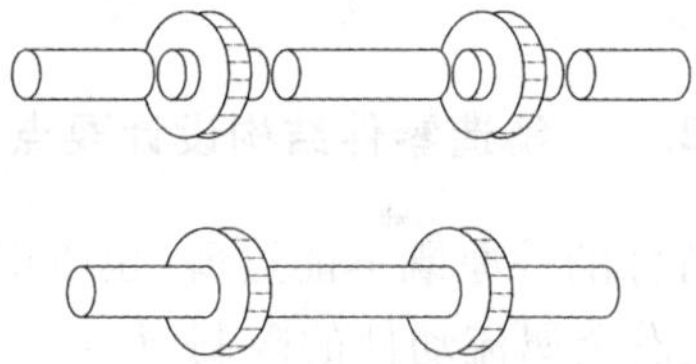

图 15.9　适合焊接要求

15.2.5　切削加工零件结构设计要点

切削加工零件的结构首先要能够加工，然后要考虑易于加工，并力求减少加工面积，注意防止毛坯在装夹或加工时变形。为此要求：

1）保证刀具能够到达加工的位置，并有足够的工作空间，如图 15.10 和图 15.11 所示的情况。

2）便于刀具、磨具退出工件，如图 15.12 所示的情况。

3）注意减少所用刀具及量具的种类，使之便于加工及检验，如图 15.13 所示的情况。

4）零件毛坯应便于在机床上装夹（见图 15.14），并尽量减少装夹次数（见图 15.15）。

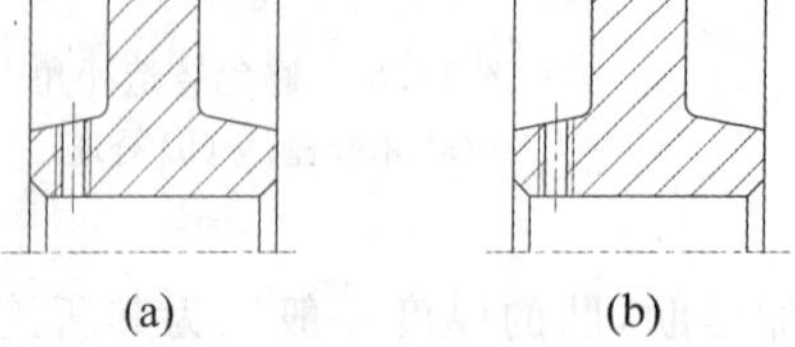

图 15.10　便于制作螺纹孔

（a）不正确；（b）正确

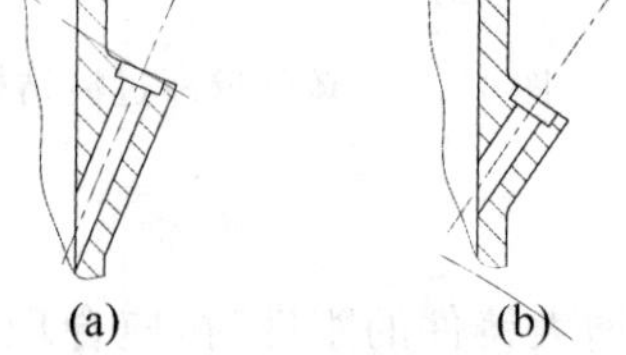

图 15.11　便于制作油标孔

（a）不正确；（b）正确

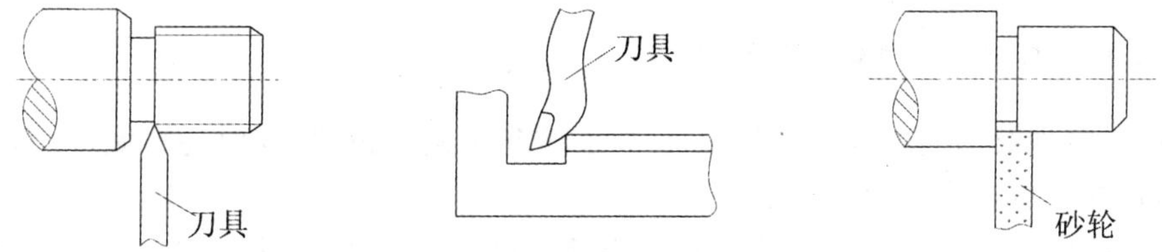

(a)　(b)　(c)

图 15.12　便于退刀

(a) 退刀槽；(b) 刨刀越程槽；(c) 砂轮越程槽

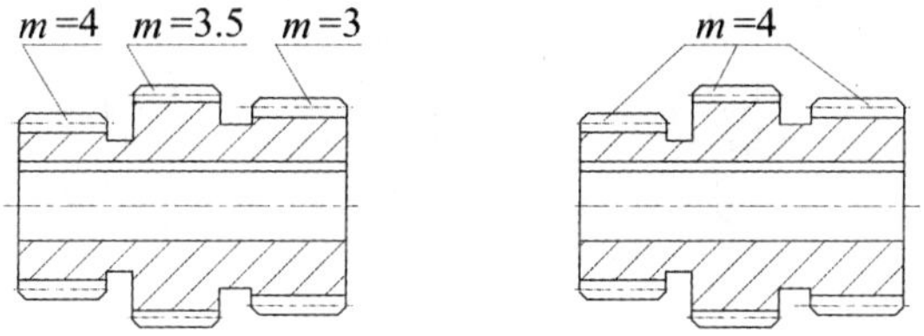

(a)　(b)

图 15.13　便于加工及检验

(a) 不合理；(b) 合理

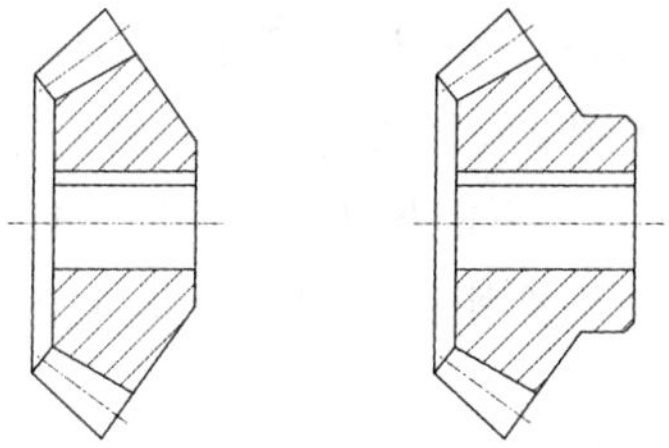

(a)　(b)

图 15.14　便于在机床上装夹

(a) 不合理；(b) 合理

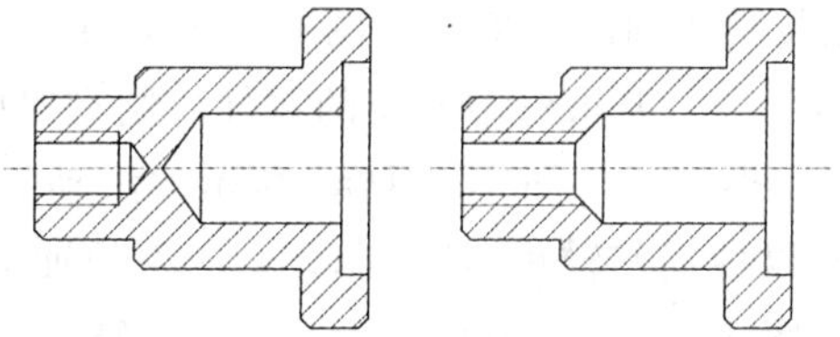

(a)　(b)

图 15.15　尽量减少装夹次数

(a) 不合理；(b) 合理

5）尽量减少加工面积，如图 15.16 所示。

6）防止工件在装夹及加工时变形，应利用加强肋来提高毛坯的刚性，以保证加工精度，如图 15.17 所示。

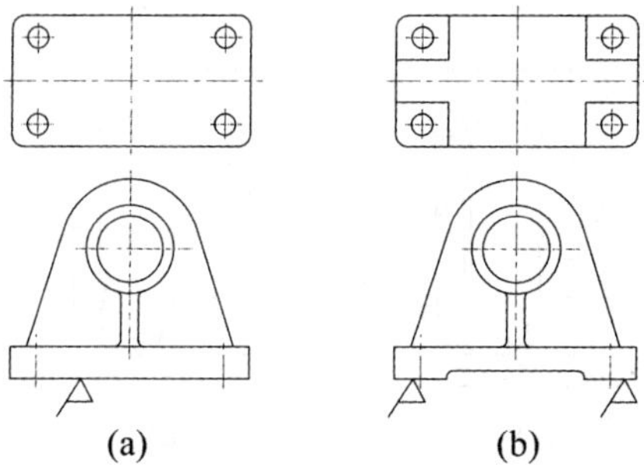

(a)　(b)

图 15.16　减少加工面积

(a) 不合理；(b) 合理

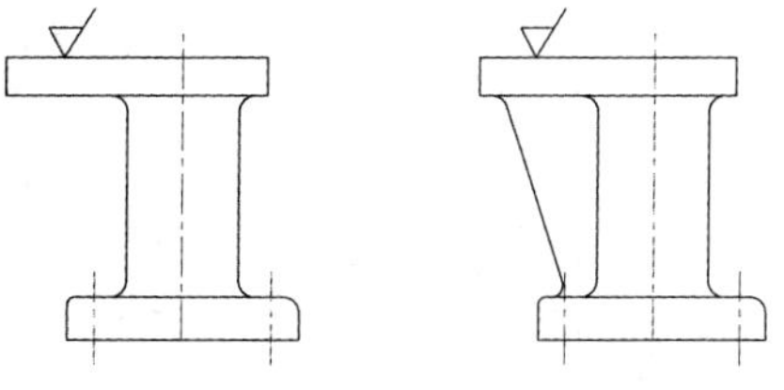

(a)　(b)

图 15.17　提高毛坯的刚性

(a) 不合理；(b) 合理

15.2.6 装配对零件结构的要求

装配对零件结构的要求首先是能装，并能装到正确的位置，同时还要能拆；然后是便于装拆，并防止拆下后装错。为此要求：

1）能够安装。如图 15.18(a) 中的螺钉不能放入钉孔，故应改成图 15.18(b) 或图 15.18(c) 所示的结构。

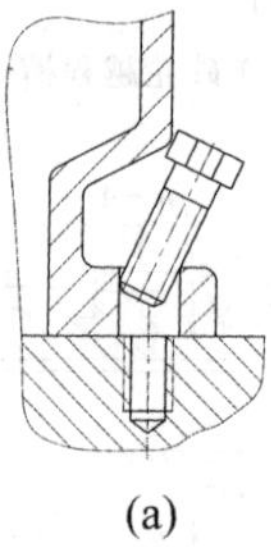

图 15.18 保证安装空间

(a) 不合理；(b) 合理；(c) 合理

2）便于安装。如安装螺钉(螺栓) 的地方，要有足够的扳手空间，所需的空间尺寸可查手册取定。

3）能装到正确的位置。如图 15.19(a) 中由于 $r > R$，轮毂不能靠紧轴肩，应如图15.19(b) 所示，使 $R > r$。要求对中安装的零件应制有对中榫，如图 15.20 所示。

4）便于拆卸。如图 15.21(a) 所示的滚动轴承，装上了不能拆下(不允许用打击外圈的办法来拆卸，以免损伤轴承)，图 15.21(b) 中的轴承则可利用抓钳拆卸，图 15.21(c) 中的外圈也无法拆卸，图 15.21(d) 中则可从左端将外圈顶出。

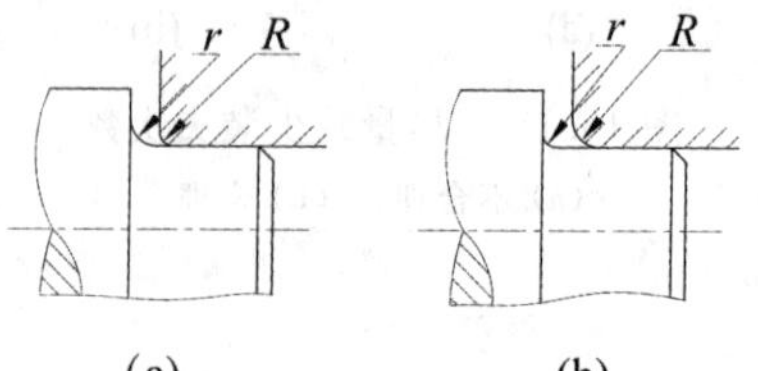

图 15.19 保证装配到位

(a) 不正确；；(b) 正确

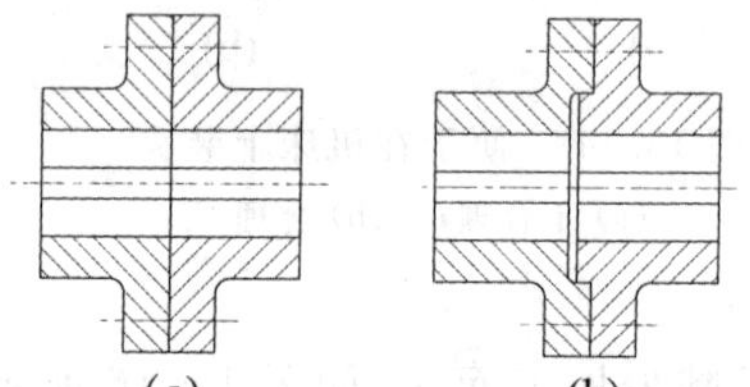

图 15.20 留出定位结构

(a) 不合理；(b) 合理

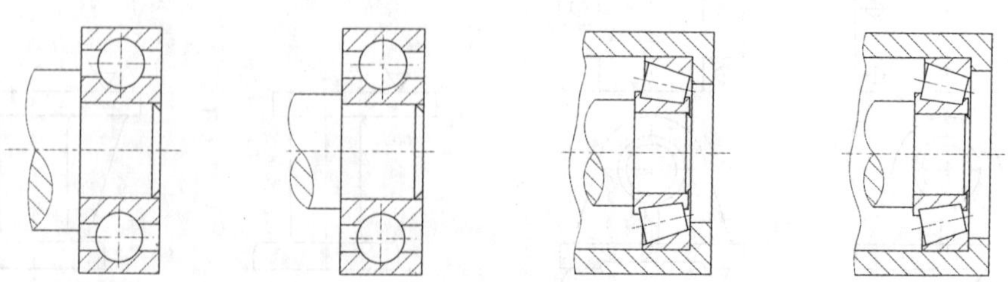

图 15.21 便于拆卸

(a) 不正确；(b) 正确；(c) 不正确；(d) 正确

5）防止装错。如图 15.22 所示的底座，定位销孔的位置应按 $a \neq b$ 来布置，这样就不会装反。

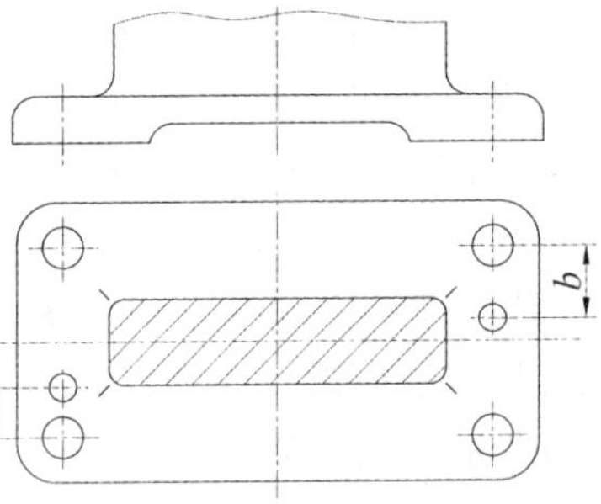

图 15.22　防止装错的措施

6）以低的加工精度来保证设计要求。如一对圆柱齿轮传动，可将小齿轮宽度有意识地加大一点（如 5 mm 左右），这样在装配时即使有点轴向位置偏差，两个齿轮仍能沿整个齿宽啮合传动。又如安装齿轮、蜗轮等的轴段长度要比轮毂长度短 2 ～ 3 mm，这样在降低轮毂和轴段加工精度时，依然能够保证轮毂得到可靠的轴向定位。

7）便于维修和调整。如螺旋传动用的螺母，常常设计成可调式的；对开式滑动轴承的盖与座之间，应加入一组调整垫片进行调整。

15.2.7　改善零件受力或应力分布状态的结构设计要点

从结构上设法改善零件的受力或应力分布状态，途径还是很多的：

1）尽量减小轴的悬臂长度。如图 15.23 所示的 V 带轮，由于把腹板制在靠近轮毂的外端，减小了轴的悬臂长度 L，提高了轴的强度、刚度和使用寿命，也减小了机器的外廓尺寸。

2）力求降低应力集中的程度。如 5.7 节中介绍的悬置螺母（参见图 5.24(a)），就可以显著降低连接螺纹内的应力集中程度。这对于在变应力下工作的零件，无疑有着重要的意义。

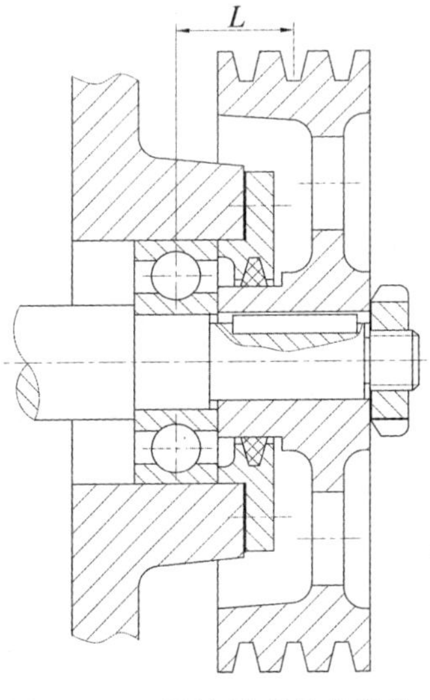

图 15.23　轴端 V 带轮的结构

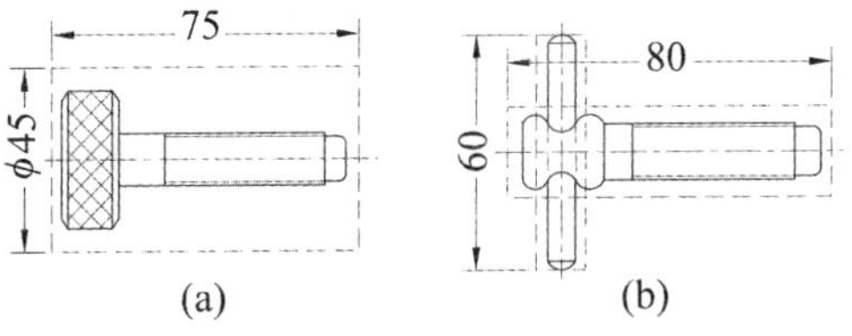

图 15.24　节约材料

(a) 不合理；；(b) 合理

15.2.8 减少零件材料用量的结构设计要点

1）对于零件的非受力部位，应尽量采用薄壁或板材来代替。

2）结合零件的具体形状来设计零件的结构。如图 15.24 所示的调整螺钉，若设计成图 15.24(a) 中的结构，不但用料多，而且加工工时长。若采用图 15.24(b) 中的结构，则可节约材料 60%，显著地降低成本。

3）结合零件工作特点来设计零件结构，也是不可忽视的原则。如图 15.25 所示的顶杆，因它只有用于工作的头部 1 要求很高，故应设计成组合结构，只在它的头部采用昂贵的材料（如 GCr15），杆部 2 则可用优质碳钢（如 35 钢）制造。这样也遵循了 2.5 节中的“局部品质原则”，提高了零件的经济性。

机械零件的结构设计涉及多方面的知识，上面只作了简单的介绍。初学设计时，要努力熟悉材料和工艺方面的知识，并随时注意细心观察和分析所接触到的各种零件的结构设计情况，逐步提高结构设计的水平。

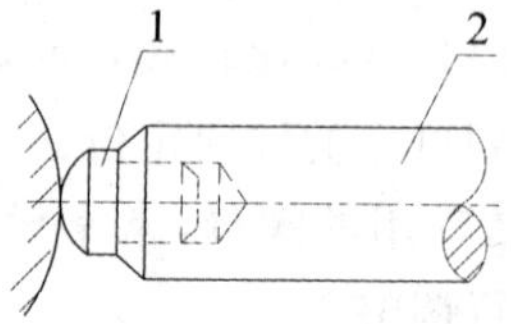

图 15.25 体现选材的局部品质原则

1—顶杆头部； 2—顶杆杆部

第16章 润 滑 剂

润滑剂是机械装置中的重要组成部分。润滑剂主要起减小摩擦和减轻磨损的作用，同时还能起到冷却、防锈、吸振和清洁等作用。机械工业中常用的润滑剂主要指润滑油、润滑脂和固体润滑剂三类，其中润滑油和润滑脂的应用最为普遍。

16.1 润 滑 油

16.1.1 润滑油及其主要性质

目前工业常用的润滑油为矿物油和合成油。矿物油多是从石油中提炼而得，它的来源丰富，价格便宜，应用最广泛。合成油是通过化学合成方法制成的润滑油，它能适用于一些有特殊要求的场合，如：高温、低温、高压、高速和重载等。合成油价格较贵，在航空工业中应用较多。润滑油的性能指标较多，现介绍其中主要的几项。

1. 黏度

润滑油抵抗变形的能力称为黏度。它标志着润滑油流动时内摩擦阻力的大小。黏度大的润滑油，其流动的内摩擦阻力大。黏度既是润滑油重要的质量指标，也是多数润滑油牌号区别的标志。润滑油黏度的单位与其定义有关，我国常用的润滑油黏度单位有：

1)动力黏度。通常，润滑油流动时的内摩擦阻力与垂直于流动方向的速度梯度成正比，其比例系数就是润滑油的动力黏度。动力黏度以符号 η 表示，单位是 Pa·s。

2)运动黏度。一般黏度计不能直接测量动力黏度，而是测量比值 η/γ(γ 为润滑油的密度)，该比值称为运动黏度。运动黏度以符号 ν 表示，国际标准单位是 m^2/s，常用单位是 St(斯)，1 St=1 cm^2/s。因单位 St 过大，实际使用中多采用 cSt(厘斯)，1 cSt=1 mm^2/s。

影响润滑油黏度的主要因素有：

1)温度。温度对润滑油黏度的影响十分显著，温度升高时，黏度随之降低。因此测定润滑油的黏度时，都是在规定的温度下进行的，否则就没有意义。我国规定的温度为 40℃，与国际标准中推荐的温度一致。在实际工业应用中，如果使用温度与规定温度不一致，则必须换算成规定温度下的黏度，这样才能选择出相应牌号的润滑油。有关这方面的换算资料称为润滑油的黏温特性图表，在设计手册中已汇集有这类资料，供直接使用。从使用方面考虑，希望润滑油的黏度随温度的变化愈小愈好。但实际上纯矿物油并不具备这种性能，因此，在必要时可给油料中加入少量的添加剂，以改善其黏温特性。这种添加剂称为黏度指数改进剂。

2)压力。当压力增大时，润滑油的分子间被迫接近，从而增大了分子间的作用力，黏度也随着增大。就矿物油来讲，在普通压力下，这种作用并不明显。但当压力大约超过 20 MPa 时，黏度随压力的变化就较显著。当压力增大到 35 MPa 时，典型的矿物油的黏度约为大气压时的两倍。当压力非常大时，甚至可以失去液态流动性，而变成蜡状的固体。在弹性流体动力润滑条件下，如研究齿轮和滚动轴承的润滑问题时，润滑油的黏压特性即应加以考虑。对一般矿物油，黏度随压力变化的关系可查手册。

2. 润滑性与极压性

润滑性（又称油性）是指润滑油在被润滑表面上的吸附能力。润滑油的分子与固体表面的物理吸附作用形成的分子膜称为边界膜，一般不超过 0.1 μm。边界膜形成的润滑作用称为边界润滑。润滑油的润滑性愈好，边界润滑愈容易保持。因此润滑油应有良好的润滑性，特别是在不易形成流体动力润滑的条件下（如低速、重载）更为重要。

一般来说，黏度大的润滑油比黏度小的具有更好的润滑性。在重要的油品系列中，如导轨油、主轴油、轧钢机油与蜗轮油中，大多加有油性添加剂。这类添加剂本身是由极性分子所组成的物质，能与摩擦表面形成较强的吸附膜。膜的厚度可以由单个分子层到几百个分子层。常用的油性添加剂为动植物油脂、脂肪酸、酯类和硫化油脂等物质，这类物质均含有极性基团。

在更苛刻的条件下，仅具有边界膜还是很不够的。这是因为在严重的条件下，物理吸附膜很容易受到破坏。为了进一步防止表面的磨损与胶合，常加入含有活性元素的添加剂。这类添加剂多含有硫、磷、氯等元素，在温度较高的苛刻条件下能与金属摩擦表面形成化学反应膜，利用这类化学反应膜（此时摩擦因数较低）对表面能起保护作用。油品的这种性能称为极压性，相应的添加剂称为极压添加剂。含有极压添加剂的油称为极压油，如工业齿轮油等。一般通用润滑油中不必加入极压添加剂。

3. 抗氧化安定性

润滑油在使用过程中，会不断发生氧化变质，逐渐失去润滑性，抵抗氧化的能力称为抗氧化安定性。润滑油在常温下是很安定的，一般储存 6～8 年时，性能指标不会发生明显的变化。但在使用过程中，由于摩擦或环境温度升高，氧化速度将迅速增快。

氧化速度与油的化学组成有关，也与工作条件有关。工作温度愈高，氧化反应速度愈快，纯矿物油若使用温度超过 60℃以上，氧化速度就会明显加快。在浸油润滑条件下，因油被不断地搅动，与空气有充分接触的机会，这也会加速氧化。许多金属对油的氧化也有催化作用，特别是铜的催化作用很强，铅有时也很强。

油品氧化以后会产生分子量很大的酸性沉积物，成为油泥或胶状物。同时油的颜色变暗，黏度增大，润滑性能下降。因此各种润滑油的使用温度常不允许超过规定的使用温度，而且润滑油的使用寿命和换油期限，也多是以测定油中的酸性沉积物含量和酸值来决定的。

为了提高油品的抗氧化安定性，常在某些系列的润滑油中加入一些抗氧添加剂，以延缓润滑油的氧化变质，如汽轮机油、压缩机油、航空发动机油、冷冻机油等。

4. 其他性质

除上述润滑油的主要性质外，对它的凝点、闪点、抗乳化性、机械杂质含量、腐蚀性等，在某些具体使用条件下也应加以考虑，如在高、低温工作条件下对闪点和凝点的要求；在潮湿工作环境中对油品抗乳化性的要求等。

16.1.2 润滑油的种类和选择

1. 润滑油的种类

在国家标准中，根据不同的使用条件和对象将润滑油分为 12 个组，如全损耗系统用油（A 组）、齿轮油（C 组）、轴承油（F 组）、汽轮机油（T 组）、压缩机油（D 组）、液压油（H 组）以及导轨油(G 组)等。按运动黏度的大小又将润滑油划分 20 个黏度等级(见表 16.1)。常用润滑油的黏度等级及特性见表 16.2。

表 16.1　润滑油的黏度等级

黏度等级	2	3	5	7	10	15	22	32	46	68
运动黏度 ν/cSt	1.98～2.42	2.88～3.52	4.14～5.06	6.12～7.48	9.00～11.00	13.5～16.5	19.8～24.2	28.8～35.2	41.4～50.6	61.2～74.8
黏度等级	100	150	220	320	460	680	1 000	1 500	2 200	3 200
运动黏度 ν/cSt	90.0～110	135～165	198～242	288～352	414～506	612～748	900～1 100	1 350～1 650	1 980～2 420	2 880～3 520

表 16.2　常用润滑油的黏度等级及特性

名称	黏度等级	应用及特性说明
全损耗系统用油(L－AN)	5～150	是一种通用润滑油，曾称为机械油。主要用于一次性润滑或换油期较短、对润滑无特殊要求、低负荷机械零部件的润滑，如轴承、齿轮、锭子等。以一般精制的矿物基础油，不加或少量加入添加剂制成。只有一般的理化指标要求，对抗磨性及安定性等均未提出要求，因而不适用于循环系统用油
中负荷工业齿轮油(L－CKC)	68～680	适用于齿面接触应力 $\sigma_H=500\sim1\ 100$ MPa 的闭式齿轮传动装置的润滑。例如，冶金矿山机械、化工机械、船舶海港机械以及水利电力机械等的齿轮传动
蜗轮蜗杆齿轮油(L－CKE)	220～1 000	适用于铜-钢配对、承受载荷较小、传动平稳无冲击载荷的蜗轮蜗杆副的润滑
轴承油(L－FC)	2～100	在深度精制矿物油中，加入适量抗氧、防锈、抗泡、抗磨和油性添加剂调制而成。适用于滑动轴承、滚动轴承、主轴和离合器的油浴润滑、压力润滑和油雾润滑等
汽轮机油(L－TSA)	32～100	是在深度精制矿物油中加有抗氧化、抗锈蚀添加剂，属一般用途的汽轮机油。用于汽轮机组的轴承、减速箱、调速器和液压系统

在一些特殊工作条件下，可以采用合成润滑油，它是由人工合成方法制成的高性能的润滑油。合成油的主要特点是润滑性好，使用寿命长，不污染，耐高温，低凝点等，但价格很贵，所以只用于某些特殊的场合，如航空、航天和核动力装置等。

2. 润滑油的选择

润滑油的选择，主要是确定润滑油的种类和黏度等级。许多重要的工业部门，如汽车、航空、船舶、冶金、化工等，针对其行业部门的特点，对其设备润滑所用润滑油的选用，制定有本行业的规范或标准。通用零部件的润滑也推荐有不少的经验资料(数据、图表等)，如滚动轴承、齿轮和蜗杆传动、链传动的润滑等。这些标准、规范和经验资料都可作为参考，需要时可查相关手册。

选择润滑油时，首先要确定黏度等级，然后再结合工作环境条件和其他特殊要求确定油品的种类(系列)。润滑油的黏度大小虽然可利用润滑理论进行计算决定,但在多数情况下都采用推荐的经验数据和类比方法决定,因为后者更为简便。对于速度高、轻载的工作条件,原则上应选用黏度小的油,反之应选用黏度较大的油。低速重载连续运转的重要设备,还应考虑选用有抗磨添加剂(油性剂、极压剂)的油。工作环境温度变化范围较大时,应选用黏温特性好或加有抗氧化、抗锈蚀和增黏降凝等多种添加剂的油。

具体设备的润滑往往要从润滑系统的全局考虑,而不是从单独的零部件考虑选用润滑油。为了避免把油品和润滑系统搞得很复杂,往往只选用一种或两种油来润滑系统中所有需要润滑的各部位。在这种情况下,应该以满足最容易被磨坏的或最重要的摩擦部位的要求为主,例如齿轮传动、蜗杆传动、轴承和螺旋传动部分等。

减速器齿轮传动、滚动轴承和滑动轴承用润滑油的黏度选择可参考表 16.3～表 16.5。

表 16.3　减速器齿轮润滑油黏度选用

小齿轮转速/(r·min^{-1})	功率/kW	黏度等级	
		减速比 1∶10 以下	减速比 1∶10 以上
2 000～5 000	<3.75	32～46	46～68
	3.75～15	46～68	68～100
	>15	68～100	100～150
1 000～2 000	<7.5	46～68	68～100
	7.5～37.5	68～100	100～150
	>37.5	100～150	150～220
300～1 000	<15	46～150	68～150
	15～57	100～220	100～220
	>57	150～320	220～460
<300	<22.5	150～220	220～320
	22.5～75	220～320	320～460
	>75	320～460	460～680

表 16.4　滚动轴承润滑油黏度选用

运转温度/℃	速度指数 $d\times n$ 值	黏度等级(40℃)	
		普通负荷	高负荷或冲击负荷
−10～0	各种	15～32	22～46
0～60	<15 000	46～68	100
	15 000～80 000	32～46	46～68
	80 000～150 000	15～32	32～46
	150 000～500 000	10～15	15～32
60～100	<15 000	100～150	150～220
	15 000～80 000	68～100	100～150
	80 000～150 000	46～68	68～100
	150 000～500 000	22～32	46～68
0～60	调心轴承	32～68	
60～100		100～150	

表16.5　滑动轴承润滑油黏度选用

低～中负荷(＜2.94 N/mm²)		中～高负荷(2.94～7.35 N/mm²)	
转速/(r·min^{-1})	黏度等级(40℃)	转速/(r·min^{-1})	黏度等级(40℃)
＜50	150～220	＜50	320
50～100	100～150	50～100	220～320
100～150	68～100	100～250	150～220
500～1 000	68	250～500	100～150
1 000～3 000	22～46		
3 000～5 000	22～32	500～750	100
＞5 000	10～22		

注:运转温度≤60℃

16.2　润　滑　脂

16.2.1　润滑脂的组成及其性质

1.润滑脂的组成

润滑脂是由润滑油(称为基础油)、稠化剂和稳定剂所组成的半固体膏状物,根据需要也常加入一些添加剂,以改善其某些方面的性质。润滑脂中主要包含有:

1)润滑油。润滑油是润滑脂的最主要组分,一般含量约占70%～90%,它决定着润滑脂的润滑性能,主要起润滑作用。

2)稠化剂。稠化剂的种类很多,常用的大多属于皂类。它是由动植物油脂或脂肪酸与金属的氢氧化物相作用而生成的物质。皂分子能聚结成纤维状的结构,从而将润滑油大量地吸附在其结构的空隙中,形成油的载体,组成一种不流动的膏状物。它在润滑脂中的含量约占10%～30%。

使用不同的金属碱时,可制成不同的皂类,如钙皂、钠皂、锂皂、铝皂等,润滑脂就是根据所用的皂作为稠化剂来命名的,如钙基脂、钠基脂、锂基脂、铝基脂等;也可用两种皂混合成稠化剂制成复合脂,如钙钠基脂等。

3)稳定剂。稳定剂是稠化剂和润滑油的结合剂,起稳定油和皂的吸附作用,防止油皂分离。钙基脂的稳定剂是水,钠基脂的稳定剂是甘油。

2.润滑脂的主要性质

1)锥入度。锥入度是表示润滑脂稠度(硬度)的指标。用一个标准的圆锥体,在其自身所受重力(1.5N)的作用下,在5 s内沉入25℃的润滑脂中的深度即为锥入度,并以0.1 mm为单位来表示。国家标准按润滑脂锥入度的大小来划分稠度等级,共划分了9个稠度等级(见表16.6)。锥入度愈大的润滑脂,其稠度愈小,稠度等级的数字也愈小。

2)滴点。润滑脂在试验规定的条件下加热时,从滴点试验仪器中滴下第一滴时的温度称为滴点。它表示润滑脂的耐热能力。钙基脂的滴点为 90～100℃，钠基脂的滴点为 150～180℃。润滑脂的使用温度一般应比滴点低 20～30℃，甚至低 40～60℃更为合适。

此外，与润滑脂使用性能有关的重要指标还有：胶体安定性，它代表油与稠化剂可分离的程度；化学安定性，它代表润滑脂抗氧化的能力。胶体安定性与稠化剂的加入量有关，化学安定性与稠化剂的种类和性质有关。为了增加润滑脂的化学安定性，可加入抗氧化添加剂。

表 16.6 润滑脂的稠度等级

稠度等级	000	00	0	1	2	3	4	5	6
锥入度/0.1 mm	445～475	400～430	355～385	310～340	265～295	220～250	175～205	130～160	85～115

16.2.2 润滑脂的种类和选择

润滑脂的种类非常多。根据用途的不同，润滑脂的种类有通用润滑脂、车辆润滑脂、工业润滑脂和精密轴承润滑脂。以下介绍通用润滑脂的选择。

1. *润滑脂种类的选择*

润滑脂的种类主要根据工作温度来选择。上面曾经谈到过润滑脂的使用温度应低于滴点 20～30℃，否则容易流失。其次要考虑到价格问题，例如可以用锂基脂或其他更高性能的润滑脂代替常用的钙基脂、钠基脂和钙钠基脂等。但考虑到价格问题，在一般不是十分必要的情况下，仍可采用后几种润滑脂。这是因为锂基脂的价格要高出其他润滑脂几倍。

此外，还应当考虑到各种润滑脂的其他性质，如钙基脂耐水性较好，适用于潮湿或易与水接触的摩擦部位，钠基脂则不耐水。锂基脂属于多效脂，不但耐高温，而且抗水性好，适用于换脂和加脂不便及重要的场合。

在某些特殊情况下，润滑脂中还可以加入抗磨性强的各种添加剂，如石墨、二硫化钼和极压添加剂等。在温度特别高的情况下，可选用硅脂和其他专用高温润滑脂。

2. *润滑脂稠度的选择*

润滑脂的稠度可由稠度等级(锥入度)来表示。当速度低、载荷大时，应选用稠度等级大的润滑脂；反之，应选用稠度等级小的润滑脂。此外，还应考虑到供脂方法等其他问题。例如当采用脂枪供脂时，可选用稠度等级较大的润滑脂，因为脂枪可以加压。而当采用集中供脂时，应选用稠度等级小的润滑脂，以便于通过较长管路送到各个润滑点上。如需润滑脂兼有密封作用时，则应选用稠度等级大的润滑脂，因其不易流失。在一般情况下无特别需要时，多选用 2 号或 3 号润滑脂。常用润滑脂的选择，可参考表 16.7。

表 16.7 常用润滑脂的性质与用途

名 称	稠度等级	滴点/℃	特性与用途
钠基润滑脂	2 3	160 160	适用于－10～＋110℃温度范围内一般中等负荷机械设备的润滑，不适用于与水相接触的润滑部位
钙基润滑脂	1 2 3 4	80 85 90 95	抗水性好，用于冶金、纺织等机械设备和拖拉机等农用机械的润滑与防护，使用温度范围一般在－10～＋60℃

续表

名　称	稠度等级	滴点/℃	特性与用途
通用锂基润滑脂	1 2 3	170 175 180	良好的抗水性、机械安全性、氧化安定性和缓蚀性，适用于－20～＋120℃内各种设备的滚动和滑动轴承及其他摩擦部位的润滑
钙钠基润滑脂	1 2	120 135	性能介于钙基脂和钠基脂之间，具有一定的耐水性和耐温性，适用于中低速运转的中负荷电机、拖拉机、汽车及其他设备的轴承润滑，温度不超过100℃
复合铝基润滑脂	0 1 2	235 235 235	具有良好的耐高温性、抗水性、防锈性、机械安定性和氧化安定性等，适用于润滑冶金、化工、造纸及其他行业的高温、高湿条件下运转的设备，使用温度为－20～＋150℃

16.3 固体润滑剂

固体润滑剂大体可分为四大类：剪切强度很低的软金属，如铟、铅等；层状固体，如石墨和二硫化钼；无机固体，如一氧化铅和氟化钙等；塑料，如有名的聚四氟乙烯等。其中最常用的为二硫化钼、石墨和聚四氟乙烯。

16.3.1 石墨和二硫化钼

石墨和二硫化钼都属于层状结构的固体润滑剂，在每一层内部原子键结合力很牢固，而在各层之间却易发生滑动。在滑动开始后，它能在摩擦表面上形成一层黏附牢固的转移膜，滑移就发生在润滑剂的各层之间。另一特点是相互摩擦的两表面上的膜都呈现从优取向的特点，这种取向能减小两表面间的滑动阻力。研究证明，在有一定水气或其他汽化物存在的条件下，石墨的润滑效果较为明显，能降低摩擦和磨损。在空气中的摩擦因数大约平均为0.2。

二硫化钼是用途最广泛的固体润滑剂，效果也最显著。它一般以微粉状态来供应，可用干粉直接涂擦在摩擦表面上，或分散在溶剂中，待溶剂蒸发后就留下一层干膜。也常用有机树脂作为黏结剂制成黏结膜使用，更简便的方法为用作抗磨添加剂分散在润滑油或润滑脂中使用，效果都很明显。二硫化钼在真空条件下的摩擦因数要比在水蒸气中低(这与石墨的情况很不相同)，已普遍用于如飞机、火箭和宇宙飞船等高空器械和装置中。二硫化钼在空气中的实际使用温度为80～360℃，但温度低于－60℃时，其润滑效果并不降低。摩擦因数一般不大于0.09。

16.3.2 聚四氟乙烯

采用聚四氟乙烯润滑时，主要利用其在摩擦表面上能很容易地形成转移膜，摩擦就发生在转移膜内各层分子之间，所以具有很低的摩擦因数。在大气条件下的摩擦因数约为0.04～0.2。使用这种润滑剂时，摩擦因数会随着滑动速度的提高而增大。因此，一般要求用于滑动轴承时，线速度不宜超过5～10 m/s；用于活塞环时，线速度不宜超过4～5 m/s。如能在滑动表面上再加一些润滑油，会显著改善其润滑性能。

附录 常用量的名称、单位、符号及换算关系表

量的名称(符号)	单位名称	单位符号	其他表示	换算关系和说明
长度(L,l,a,b,c 等)	米	m		1 m = 10 dm = 10^2 cm = 10^3 mm = 10^6 μm
质量(m)	千克(公斤)	kg		1 kg = 10^3 g = 10^{-3} t
时间(t)	秒	s		1 s = (1/60) min = (1/3 600) h = (1/86 400) d
力,重力(F,P)	牛[顿]	N	kg·m/s^2	
力矩,扭矩(转矩)(M,T)	牛[顿]米	N·m		
压力,压强,应力(P,p,σ,τ)	帕[斯卡]	Pa		1 Pa = 10^{-3} kPa = 10^{-6} MPa = 1 N/m^2 = 10^{-6} N/mm^2
能量,功,热(E,W,H)	焦[耳]	J		
功率(P)	瓦[特]	W		1 W = 10^{-3} kW
温度(t)	摄氏度	℃		
热力学温度(T)	开[尔文]	K		T(K) = 273.5 + t(℃)
体积(V)	升	L,l		1 L = 1 dm^3 = 10^{-3} m^3
密度(γ)	千克每立方米	kg/m^3		1 kg/m^3 = 10^{-3} g/cm^3
平面角($\alpha,\beta,\gamma,\delta,\psi,\theta$)	弧度 度	rad (°)		1 rad = 180°/π 1° = 60′ = 3 600″ = (π/180°) rad
速度,圆周速度(V,v,U,u)	米每秒	m/s		
加速度,重力加速度(a,g)	米每二次方秒	m/s^2		
旋转速度(n)	转每分	r/min	rpm	1 r/min = (π/30) rad/s
角速度(ω)	弧度每秒	rad/s		1 rad/s = (30/π) r/min
动力黏度(η)	帕[斯卡]秒	Pa·s	N·s/m^2	1 Pa·s[≈ 10 P(泊) = 10^3cP(厘泊)]
频率(f)	赫[兹]	Hz		
传热系数(α)	瓦[特]每平方米摄氏度	W/(m^2·℃)		

参考文献

［1］ 濮良贵，纪名刚．机械设计．8 版．北京：高等教育出版社，2006．
［2］ 西北工业大学机械原理及机械零件教研组．机械设计．北京：人民教育出版社，1978．
［3］ 濮良贵，纪名刚．机械设计学习指南．4 版．北京：高等教育出版社，2001．
［4］ 李育锡．机械设计基础．北京：高等教育出版社，2007．
［5］ 吴宗泽．机械设计．北京：高等教育出版社，2001．
［6］ 李柱国．机械设计与理论．北京：科学出版社，2001．
［7］ 喻怀正．机械设计基础．2 版．北京：高等教育出版社，1985．
［8］ 余长庚，卢玉明．机械设计基础．5 版．北京：高等教育出版社，1989．
［9］ Mott Robert L. Machine Elements in Mechanical Design. New Jersey: Prentice Hall，2004．
［10］ 吴宗泽，罗圣国．机械设计课程设计手册．2 版．北京：高等教育出版社，1999．
［11］ 李育锡．机械设计课程设计．北京：高等教育出版社，2008．
［12］ 吴宗泽．机械设计习题集．2 版．北京：高等教育出版社，1991．
［13］ 秦大同，谢里阳．现代机械设计手册．北京：化学工业出版社，2011．
［14］ 机械工程手册编辑委员会．机械工程手册．北京：机械工业出版社，1982．
［15］ 紧固件连接设计手册编写委员会．紧固件连接设计手册．北京：国防工业出版社，1990．
［16］ 中国机械工程学会带传动技术委员会．中国机械工业标准汇编·带传动卷．北京：中国标准出版社，1989．
［17］ 全国链传动标准化技术委员会．零部件及相关标准汇编·链传动卷．北京：中国标准出版社，2008．
［18］ 机械设计手册编委会．机械设计手册·齿轮传动．北京：机械工业出版社，2007．
［19］ 卜炎．实用轴承技术手册．北京：机械工业出版社，2004．
［20］ 库特略夫采夫 B H．齿轮减速器结构与计算．上海：上海科技出版社，1982．
［21］ 阮忠唐．联轴器、离合器设计与选用．北京：化学工业出版社，2006．
［22］ Rujput R K. Elements of Mechanical Engineering. New Delhi Katson Publishers，1985．
［23］ Orlov P. Fundamentals of Machine Design. Moscow Mir Publishers，1986．
［24］ Mahadevan K，et al. Design Data Handbook for Mechanical Engineers. New Delhi: CBS Publishers and Distributors，1984．
［25］ 王先会．新编润滑油品选用手册．北京：机械工业出版社，2004．
［26］ 减速机标准样本大全编委会．减速机标准样本大全．北京：清华大学出版社，2008．
［27］ 减速器实用技术手册编委会．减速器实用技术手册．北京：机械工业出版社，1992．
［28］ 张毅．离合器及机械变速器．北京：化学工业出版社，2005．
［29］ 周有强．机械无级变速器．北京：机械工业出版社，2001．
［30］ 王步瀛．机械零件强度计算的理论和方法．北京：高等教育出版社，1986．

